HYPOGEAN ARCHAEOLOGY
Research and Documentation of Underground Structures
Edited under the Aegis of the
Federazione Nazionale Cavità Artificiali (F.N.C.A.)
No 11

Le acque del passato: opere idrauliche dall'antichità al XX secolo

IV Congresso di Archeologia del Sottosuolo

a cura di
Sara Fumagalli
e Gianluca Padovan

BAR INTERNATIONAL SERIES 2907 | 2018

BAR
PUBLISHING

Published in 2018 by
BAR Publishing, Oxford

BAR International Series 2907

Hypogean Archaeology II
Le acque del passato: opere idrauliche dall'antichità al XX secolo

ISBN 978 1 4073 1677 2

COVER IMAGE *Cloaca Massima. Affluenza dal condotto proveniente dalla Salita del Grillo*

Printed in England

BAR
PUBLISHING

BAR titles are available from:

BAR Publishing
122 Banbury Rd, Oxford, OX2 7BP, UK
EMAIL info@barpublishing.com
PHONE +44 (0)1865 310431
FAX +44 (0)1865 316916
www.barpublishing.com

HYPOGEAN ARCHAEOLOGY

Research and Documentation of Underground Structures

The study and registration of artificial cavities means the documentation of underground structures. Just as Man started creating buildings on the surface of the Earth, over the course of time, he also perforated the surface thus creating new spaces and handing down structures which are essentially intact, which can be studied, restored and even utilised. In fact there exists an underground heritage, consisting of structures both built and buried underground over the passing of time. Our interpretation and understanding of such structures is a source of interesting information on our past, in favour of the present.

This series was created under the aegis of the Federazione Nazionale Cavità Artificiali (F.N.C.A.). Both the logo and the title were especially created by the editors of this series (c/o British Archaeological Reports Publishing, 122 Banbury Road, Oxford OX2 7BP, England, Tel. +44 (0)1865 310431; e-mail: info@barpublishing.com) and their use is reserved for the sole purpose of this product.

The aim is to create a base for the disclosure of relevant, scientific research studies, whether monographs, the works of various authors or documentation from conferences and conventions and a series of easily consultable tools for the development of artificial cavity research.

ARCHEOLOGIA DEL SOTTOSUOLO

Ricerca e Documentazione delle Strutture Sotterranee

Censire e studiare le cavità artificiali vuol dire documentare le architetture sotterranee. Come ha costruito in superficie, così nel corso del tempo l'essere umano ha perforato il sottosuolo creando spazi e lasciando architetture sostanzialmente integre, leggibili e pertanto studiabili, recuperabili e talora fruibili. Difatti nel mondo esiste un patrimonio sia ricavato nel sottosuolo, sia rimasto in esso sepolto nel corso del tempo. La sua lettura e la sua comprensione forniscono interessanti dati sul nostro passato, auspicabilmente in funzione del presente.

L'edizione di questa serie è creata sotto l'aegis della Federazione Nazionale Cavità Artificiali (F.N.C.A.). Sia il marchio sia il titolo sono stati creati appositamente dagli editori di questa serie (c/o British Archaeological Reports Publishing, 122 Banbury Road, Oxford OX2 7BP, England, Tel. +44 (0)1865 310431; e-mail: info@barpublishing.com) e sono utilizzabili solo in rapporto a questo prodotto.

Lo scopo è la costituzione di una sede nella quale possano trovare divulgazione i lavori di ricerca meritevoli sul piano scientifico, siano essi monografie, opere di autori vari e atti di convegni e congressi, mettendo a punto una serie di strumenti di agevole consultazione ed utilizzo per lo sviluppo degli studi sulle cavità artificiali.

Atti a cura di / *Congress Proceedings by*:
Sara Fumagalli, Gianluca Padovan

Coordinamento editoriale di / *Editorial co-ordinator by*:
Gianluca Padovan

Grafica e impaginazione / *Design and layout*
Sara Fumagalli

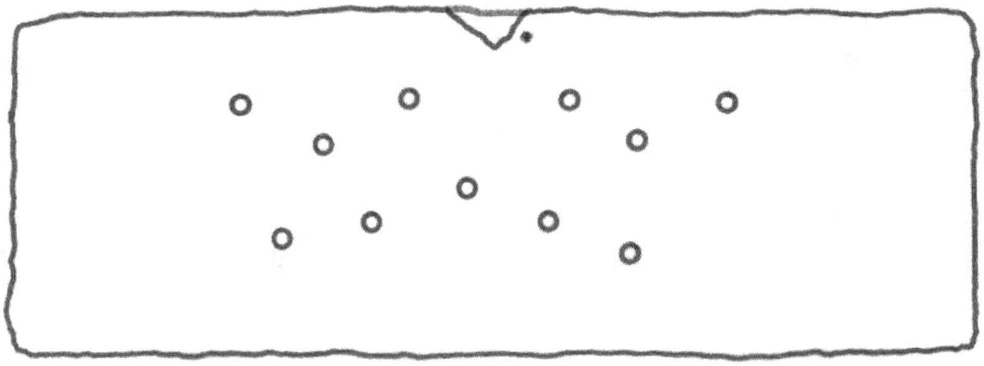

Riproduzione grafica della "lastra di fonte" situata presso la chiesa di Santa Maria alla Fontana a Milano

«Ma sotto quella radice che è nel mondo dei giganti c'è la fonte Mímir, in essa sono celati saggezza e acume e colui che la possiede si chiama Mímir; egli è ricco di conoscenza, poiché beve alla fonte con il corno Giallarhorn. Un tempo venne Allfödr e chiese di bere un sorso alla fonte, ma lo ottenne soltanto dopo aver lasciato in pegno un occhio»

Snorri Sturluson, *Edda*, 15

Ninfeo di Villa Borromeo Visconti Litta (Lainate – Milano).

IV CONGRESSO DI ARCHEOLOGIA DEL SOTTOSUOLO

Le acque del passato: opere idrauliche dall'antichità al XX secolo

(Congresso Telematico)

Organizzazione
Il Congresso è stato organizzato da Napoli Underground (NUg), dalla Federazione Nazionale Cavità Artificiali (F.N.C.A.) e dall'Associazione Speleologia Cavità Artificiali Milano (S.C.A.M.) solidali nella nuova iniziativa per la diffusione dell'Archeologia del Sottosuolo, disciplina che si occupa della ricerca, dello studio e della catalogazione delle opere ipogee.
Il Congresso, tenutosi il 26 e 27 settembre e il 3 e 4 ottobre 2009, ha costituito un momento d'incontro virtuale per scambiare e confrontare le proprie idee e le metodologie d'indagine applicate alla conoscenza dei manufatti idraulici, considerandone i molteplici aspetti: captazione, trasporto, distribuzione, conservazione e smaltimento.

Il tema: le opere idrauliche
L'acqua, la sua ricerca e la sua fruizione hanno accompagnato la vita degli esseri umani sin dagli albori del Tempo. I lavori presentati al Congresso hanno trattato le opere idrauliche realizzate dall'antichità al XX secolo, seguendo le tipologie e sottotipologie già messe in evidenza nei precedenti volumi di *Hypogean Archaeology* e soprattutto negli antecedenti testi che hanno inaugurato la nuova disciplina:

- *Civita di Tarquinia: Indagini Archeologiche. Catalogazione e studio delle cavità artificiali rinvenute presso il Pian di Civita e il Pian della Regina*, British Archaeological Reports, International Series 1039, 2002.

- *Archeologia del Sottosuolo. Lettura e studio delle cavità artificiali*, British Archaeological Reports, International Series 1416, 2005.

- *Italian Cadastre of Artificial Cavities, Part 1 (Including introductory comments and a classification)*, Hypogean Archaeology, N° 1, British Archaeological Reports, International Series 1599, 2007.

Tipologie delle cavità artificiali
La disciplina Archeologia del Sottosuolo ha catalogato le cavità artificiali secondo la seguente suddivisione tipologica:

1. OPERE DI ESTRAZIONE
cava, miniera.

2. OPERE IDRAULICHE

- 2 a. PRESA E TRASPORTO DELLE ACQUE
acquedotto, canale artificiale sotterraneo, canale artificiale voltato, condotto di drenaggio, cunicolo di deflusso, corso d'acqua naturale voltato, emissario sotterraneo, galleria filtrante, pozzo di collegamento.

- 2 b. PERFORAZIONI AD ASSE VERTICALE DI PRESA
pozzo artesiano, pozzo a gradoni, pozzo a scalinata, pozzo graduato, pozzo ordinario, pozzo ordinario a raggiera.

- 2 c. CONSERVA
cisterna, ghiacciaia, neviera.

- 2 d. SMALTIMENTO
fognatura, pozzo chiarificatore (o biologico), pozzo di drenaggio, pozzo nero, pozzo perdente.

3. OPERE DI CULTO
cripta, eremo rupestre, eremo sotterraneo, favissa, luogo di culto rupestre, luogo di culto sotterraneo, mitreo.

4. OPERE DI USO FUNERARIO
catacomba, cimitero, colombario, domus de janas, foiba, mausoleo, morgue, necropoli, ossario, tomba.

5. OPERE DI USO CIVILE
abitazione rupestre, abitazione sotterranea, apiario rupestre, butto, cantina, carcere, camera dello scirocco, colombaia, cripta, criptoportico, frantoio ipogeo, fungaia, galleria ferroviaria, galleria pedonale, galleria stradale, granaio a fossa, grotta artificiale, grotta tamponata, insediamento rupestre, insediamento sotterraneo, ipogeo a fossa, magazzino, ninfeo, palmento ipogeo, polveriera, sotterraneo, strada in trincea, tempio della notte.

6. OPERE DI USO MILITARE
bastione, batteria, batteria corazzata, batteria in caverna, blocco, blockaus, bunker, capponiera, casamatta, caverna per proiettore, cofano, contromina, corona e covalo, cupola, flack tower, forte, fossato, galleria, galleria di controscarpa, galleria di demolizione, galleria stradale, grotta di guerra, grotta fortificata, magazzino, malloppo, mina, mina di demolizione, opera in caverna, opera Tipo 7000, osservatorio in caverna, polveriera, pozzo alla Boule, pusterla, ridotta, ridotto, rifugio anti bombardamento, rifugio anti aereo, rifugio per sommergibili, ringstände, riservetta, rivellino, sotterraneo, tobruk, traditore, traversa, trincea.

7. OPERE NON IDENTIFICATE
opere di cui s'ignora l'esatta funzione.

L'idea del Congresso Telematico

L'idea di organizzare il Congresso via internet è di Napoli Underground ed è stata concepita da Fulvio Salvi durante il viaggio di ritorno dal III Congresso Nazionale di Archeologia del Sottosuolo, tenutosi a Massa il 5-7 ottobre 2007 (*Atti III Congresso Nazionale di Archeologia del Sottosuolo: Massa 5-7 Ottobre 2007, Archeologia del rifugio antiaereo: utilizzo di opere ipogee antiche e moderne per la protezione dei civili*, Hypogean Archaeology, N° 6, British Archaeological Reports, International Series 2218, 2011).
L'iniziativa è stata pensata ed elaborata per ovviare agli impegni economici e temporali che necessariamente accompagnano questo tipo di manifestazioni. Oltre al classico "lavoro sul campo", seguito dall'analisi e dalla sintesi dei risultati conseguiti, si devono affrontare costi di trasferimento e di permanenza nel luogo della manifestazione, in taluni casi dovendo versare anche la quota di partecipazione.
Sempre più spesso tali condizioni frenano il ricercatore, privando sia gli altri relatori sia il pubblico di una parte d'informazioni utili alla crescita culturale.
Per ovviare a tali inconvenienti, dando così a tutti la possibilità di partecipare, si è pensato di applicare la moderna tecnologia alla diffusione delle conoscenze sui manufatti del passato. Il desiderio è anche quello di costituire uno strumento di reale ed egualitaria trasmissione delle conoscenze. Spirito e modello operativo di NUG e di FNCA si possono tradurre in: collaborazione per l'ottenimento del risultato migliore e diffusione delle metodologie operative.

Le nuove tecnologie al sevizio della ricerca

Il Congresso si è tenuto via *Internet* utilizzando le tecnologie che la rete ha messo a disposizione: in particolare l'innovazione che ha consentito questo nuovo modo di concepire l'attività congressuale è il servizio ***live broadcast*** proposto da **Mogulus** attraverso il quale Napoli Underground ha offerto l'omonimo canale "Napoli Underground Channel".
Questo sistema ha permesso di realizzare una vera e propria televisione dalla quale trasmettere filmati, dirette, interviste e teleconferenze consentendo, con un totale abbattimento dei costi, di partecipare al congresso senza doversi accollare inevitabili impegni economici legati agli spostamenti e alla permanenza in altre città.
La partecipazione al congresso è avvenuta direttamente dalla propria sede e l'intervento è stato trasmesso attraverso la "web-tv" in ***live streaming***. I singoli contributi, preventivamente concordati, sono stati trasmessi in diretta e séguiti dai relativi dibattiti con gli ascoltatori, che hanno potuto porre le domande attraverso la "*chat*" al lato del widget Mogulus.

Il contenuto del lavoro

Lo studio delle "opere ipogee" o "cavità artificiali" necessita di un addestramento di base che solo la tecnica e la pratica speleologica possono fornire. Non si pensi solamente a dover rilevare e studiare una tomba ipogea, oppure un'antica cantina. Si tenga invece presente che cosa voglia dire l'indagare un'antica miniera con andamento labirintico, oppure discendere un pozzo ordinario profondo più di 80 metri come quello studiato dall'Ass.ne S.C.A.M. presso Moncrivello in provincia di Vercelli (Maria Antonietta Breda, Gianluca Padovan, *Archeologia dell'Acqua potabile a Milano. Dagli antichi pozzi ordinari al moderno sistema di acquedotto urbano*, Hypogean Archaeology N. 10, British Archaeological Reports, International Series 2894, Oxford 2018, pp. 31-36).

I lavori contenuti in questi Atti offrono un panorama sulle indagini condotte nelle opere idrauliche presenti in contesti differenti, così da offrire un incentivo e uno stimolo ai futuri ricercatori. Difatti, per quanto fino ad oggi sia stato fatto, si è ancora ben lungi dall'avere documentato tutte le opere idrauliche sotterranee più importanti dell'Italia e delle Nazioni vicine e lontane.

Tre sono le opere idrauliche ipogee scoperte di recente dagli speleologi ed esplorate, ma certamente occorrerebbero ulteriori interventi, soprattutto di disostruzione, per poterle esaminare nella loro totalità. A questo punto occorrerebbe da parte delle Autorità competenti una chiara e fattiva attenzione nei confronti del patrimonio archeologico, architettonico e storico del Paese per poter concludere le tante e troppe operazioni che per essere complete necessitano di fondi e attrezzature ben diversi da quello che possono mettere in campo le sole singole associazioni speleologiche.

I lavori inerenti i tre nuovi acquedotti sono i seguenti:

- *Il complesso ipogeo in località San Fortunato (Marsciano – Perugia)* (p. 77).
- *Un antico acquedotto sotto Palazzo Frizzoni a Bergamo* (p. 157).
- *Bolsena – Volsinii (Viterbo): documentazione di un tratto d'acquedotto ipogeo* (p. 213).

Per quanto riguarda l'esplorazione di cisterne e pozzi abbiamo invece:
Opere idrauliche e giochi d'acqua alla Villa Borromeo Visconti Litta (Lainate – Milano) (p. 1).
L'acqua in casa. L'approvvigionamento idrico in una casa-torre dell'Alta Valsassina (Vendrogno – Lecco) (p. 57).
Esplorazione di un pozzo idraulico a San Vito (Pozzuoli – Napoli) (p.109).

Sono numerosi i sistemi idraulici sotterranei in cui di recente le operazioni archeologiche e speleologiche sono proseguite:

- *La Cloaca Maxima: nuove tecnologie applicate e nuove scoperte* (p. 17).
- *Prime indagini su alcune opere di captazione idraulica in Basilicata* (p. 123).
- *Water supply system of Palmyra, ancient city on the Syrian desert* (p. 199).

Lo studio dei documenti e le indagini sul campo hanno portato alla composizione dei seguenti contributi:

- *Il sistema irriguo di primo Novecento nell'OltrePo mantovano: la Botte sotto il fiume Secchia a San Benedetto Po* (p. 29).
- *«Instrumento dell'anno 1700 per la bronzatura dell'acqua nelle fontane». Il Canale delle Fontane (Napoli)* (p. 87).
- *Partenope e la fonte di tutte le acque* (p. 141).
- *Liquidi nel sottosuolo napoletano: la storia dell'ambiente interpreta i cunicoli interrati di Partenope* (p. 187).

Per concludere, si può ricordare come lo studio di testi del passato sia utile al completamento degli studi su talune opere idrauliche sotterranee:

- *Guerra greco-gota e opere sotterranee* (p. 173).

Si ricorda che nulla è più utile del poter percorrere con le "proprie gambe" ciò che s'intende studiare: l'esperienza non solo professionale, ma innanzitutto personale così "costruita" è impagabile.

Gli speleologi Roberto Basilico e Davide Padovan presso uno degli ambienti di Villa Borromeo Visconti Litta dedicati ai "giochi d'acqua" (Lainate – Milano).

INDICE – CONTENTS

SCAM®

ASSOCIAZIONE
SPELEOLOGIA CAVITÀ ARTIFICIALI MILANO

Ninfeo di Villa Borromeo Visconti Litta (Lainate – Milano).

I

OPERE IDRAULICHE E GIOCHI D'ACQUA ALLA VILLA BORROMEO VISCONTI LITTA (LAINATE - MILANO)

Autori:
Roberto Basilico — Ass.ne Speleologia Cavità Artificiali Milano – Federazione Nazionale Cavità Artificiali
Maria Antonietta Breda — Politecnico di Milano

Fotografia:
Gianluca Padovan — Ass.ne Speleologia Cavità Artificiali Milano – Federazione Nazionale Cavità Artificiali

Sommario

L'indagine al sistema delle acque della storica dimora e del suo ampio giardino è stata concordata tra la Federazione Nazionale Cavità Artificiali, l'Amministrazione comunale e l'Associazione Amici di Villa Litta, che da circa trent'anni cura la promozione di questo patrimonio architettonico e artistico. Il contributo presenta i risultati delle indagini e dei rilievi svolti nell'autunno del 2008.

Abstract

This paper presents a survey of the water system of the Villa Borromeo Visconti Litta Lainate, agreed between the FNCA, the Municipal Administration and the Association of Friends of Villa Litta, which for thirty years has been responsible for the promotion of the site.

1 - *La storia della villa Borromeo Visconti Litta*

Villa Borromeo Visconti Litta è una storica dimora le cui le origini risalgono al XV secolo. Pirro I Visconti Borromeo, che ereditò nel 1569 la tenuta di Lainate dal padre Filippo, pur mantenendo la sua originaria funzione agricolo amministrativa, arricchì il complesso di elementi ludici e decorativi quali il primo nucleo del giardino e il Ninfeo (fig.1), creando una sontuosa dimora signorile. Il Ninfeo, che richiama ancora oggi numerosi visitatori, in particolare per i suoi giochi d'acqua, fu realizzato tra il 1587 ed il 1589. La sua progettazione é attribuita all'architetto Martino Bassi. Al complesso hanno lavorato inoltre Camillo Procaccini, artista emiliano artefice delle decorazioni, e Francesco Brambilla scultore a cui sono attribuite le najadi in marmo bianco all'ingresso della galleria. Così viene citato in una cronaca dell'epoca «E per ornamento dell'edificio nobilissimo di Leinate, in cui oltra all'ingegnoso artificio delle acque, si vede una nobilissima fabbrica con molte nicchie ripiene di bellissime statue».[1] La facciata esterna del Ninfeo che oggi ammiriamo é però opera successiva. Infatti attorno al 1750 il proprietario marchese Pompeo Litta rifece ex novo il fronte nord rivolto all'esedra e alle orangeries che chiudono la parte più antica del giardino all'italiana. Diverse e importanti furono le trasformazioni di questo complesso nel tempo (figg. 2 e 3), le fortune e i momenti di crisi delle famiglie che si sono avvicendate ne hanno determinato gli assetti. Il complesso della villa e del giardino è di proprietà pubblica dal 1970.

2 - *Lo studio del sito: il rinvenimento della cisterna antistante le serre in ferro e vetro*

I nostri studi sono stati condotti dall'autunno del 2008 alla fine dell'anno successivo. Si sono studiate e rilevate le principali opere idrauliche ipogee presenti nel complesso della villa e nell'ampio parco storico. È stata inoltre effettuata la ricognizione di una cisterna, venuta alla luce a causa dello sprofondamento della volta nell'area a parterre antistante le serre in ferro e vetro. Si è inoltre verificato lo stato degli ambienti sotterranei delle stesse serre e si è effettuata la ricognizione con rilievo del pozzo sottostante il Cortile della Girandola presso il Ninfeo. La cisterna rinvenuta potrebbe essere quella citata in una memoria di stima del 1837 e così descritta da due ingegneri che hanno verificato la consistenza della proprietà: «Le pluviali all'ingiro del Palazzo defluiscono in appositi recipienti di cotto coperti da lastre di granito forte comunicanti tra loro per mezzo di un condotto di cotto, unendosi tutte in recipiente davanti alla facciata di ponente».[2]

3 - *Le fontane*

L'acqua era l'elemento fondamentale per la vita del parco. Cisterne per la sua raccolta, pozzi, condotti in cotto, andavano a costituire il sistema delle acque che alimentava le fontane, il Ninfeo - con i suoi affascinanti e ludici giochi d'acqua - le serre e garantiva l'irrigazione. Tale sistema richiedeva una manutenzione continua tanto che al 1837 è documentata e dichiarata nella mappa di stima la presenza stabile di un macchinista idraulico.

Le due grandi fontane sono ancora oggi collocate nella loro posizione originaria: la Vasca di Nettuno, di fronte alle serre in ferro e vetro, e la Gran Vasca di Galatea di fronte al Ninfeo. La Vasca di Nettuno é così descritta dagli ingegneri che fecero la stima dei beni al 1836: «Tra i quattro tappeti verdi trovasi una vasca di 16 lati, 8 dei quali retti e gli altri curvilinei, di marmo bianco di fabbrica sagomati esternamente e all'ingiro della quale vi é fascia a mosaico di diversi colori. Ai quattro lati curvilinei di Levante, Mezzogiorno, Ponente, Tramontana vi é lo stemma gentilizio sostenuto da puttini il tutto dello stesso marmo. Nel mezzo della vasca la quale è con fondo di cotto, si eleva un masso del detto marmo su cui trovansi tre tritoni di grandezza maggiore del naturale, due maschi e una femmina, tenendo ciascuno una conchiglia alla bocca per getto d'acqua. Sulle spalle dei medesimi é appoggiata una grande conchiglia cui siede Nettuno col tridente e col delfino, e due altri piccoli Tritoni il tutto di marmo bianco (...) L'Acqua della descritta vasca é somministrata dal serbatoio frascritto, posto a mezzogiorno del giardino D (oggi scomparso) scaricandosi la medesima in apposita cisterna di cotto, la quale è coperta con lastra di beola».

La Vasca di Galatea, che ancora oggi possiamo ammirare, è stata restaurata alcuni anni or sono ed è considerata uno dei tesori del parco. Così venne descritta nel 1837: «Questa vasca consiste in un bacino con sponde di vari pezzi di marmo di fabbrica collegati fra loro con chiavelle di ferro colla forma di un poligono di sedici lati, otto dei quali curvilinei, e gli altri retti sagomati all'antica. Nei quattro lati di Levante, Mezzogiorno, Ponente, Tramontana trovansi due puttini con stemma gentilizio nel mezzo in un sol pezzo con la sponda. Il fondo del detto bacino é di sotto coperto di lastre di bevola, trovandosi in aderenza alla sponda una bocchetta di bronzo con piletta simile alla quale é annesso un tubo di piombo che scarica in una cisterna di cotto che trovasi esternamente e presso alla vasca. Nel mezzo della medesima sopra basamento in vari pezzi di tufo s'innalza un gruppo di tre Tritoni, due maschi ed una femmina, più grandi del vero, i quali siedono sopra tre grossi delfini aventi le loro code all'ingiro dei Tritoni, e formanti con essi un solo gruppo. A tramontana di questo gruppo sorge dall'acqua la testa di un drago, il cui corpo si perde sotto i Tritoni. Collocato sulle spalle dei nominati Tritoni trovasi una grande conchiglia nella quale é seduta Galatea sopra altro delfino con Amore al fianco, armato di faretra, e turcasso; altro piccolo Tritone é seduto sul davanti della conchiglia con piccola conchiglia nelle mani. Dalle quattro bocche dei tre delfini, ai piedi dei Tritoni, e del drago, che sono aperte, nonché da quella del delfino nella conchiglia e dalla piccola conchiglia tenuta dal piccolo tritone sorgono tubi di rame, i quali alimentati dalle acque che derivano dall'infrascritto serbatoio della torre, formano ombrelle, fiocchi, vele e rosette. Tutto il descritto gruppo è di marmo di Carrara».

4 - *Le serre*

Il parco presentava fin dalla prima metà del XVIII secolo un complesso sistema di serre fredde e calde, destinate a differenti tipi di coltura. È però agli albori del XIX secolo che la costruzione delle serre giunge a compiutezza, secondo le prescrizioni dell'arte dei giardini che affermavano l'importanza di queste fabbriche nel parco, da un lato come elemento d'arredo e dall'altro come edificio di utilità, necessario per arricchire e sostituire stagionalmente la vegetazione presente. Nei primi decenni dell'Ottocento, secondo una descrizione dei beni, esistevano almeno dieci edifici destinati a serra, collocati nelle differenti porzioni del sito, in rapporto all'orientamento a alla struttura necessari alle specie coltivate. Vi erano serre per camelie, serre mobili e fisse per limoni e cedri, serre per ananas; serre calde e tiepide (figg. 2, 2a e 3) adatte ad accogliere le più svariate specie provenienti dai diversi climi dei paesi tropicali. Le serre in ferro e vetro (figg. 4 - 6 e 6a) di cui abbiamo verificato gli impianti di riscaldamento sotterranei e cercato, senza trovarlo, un condotto di collegamento verso il pozzo sotto il Ninfeo, furono costruite tra il 1892 ed il 1898. Esse si sovrapposero a serre interrate, probabilmente costruite tra il 1837 ed il 1850, costituite da una muratura di mattoni con copertura angolare vetrata, i cui serramenti in un primo momento lignei furono poi sostituiti con altri di materiale metallico.

5 - *L'impianto idraulico*

Non é stato al momento possibile ricostruire nella sua interezza il sistema idraulico che alimentava le diverse fabbriche del parco. La già citata mappa del 1837 mostra un collegamento fra le serre, le fontane e il ninfeo. Oltre alle cisterne e ai due pozzi oggetto della nostra indagine, altri pozzi oggi scomparsi andavano a costituire il complesso degli elementi che garantiva la presenza dell'acqua. La stessa mappa mostra inoltre anche l'esistenza di una grande ghiacciaia di forma ottagonale, posta nell'allora corte rustica collocata nella zona orientale del complesso e oggi purtroppo scomparsa. Comunque si ritiene che la struttura fosse almeno in parte sotterranea e si conservi ancora, interrata, al di sotto dell'attuale piccolo posteggio esterno alla cancellata della villa. I lavori hanno visto una fase preliminare di analisi del territorio supportata dalla documentale; ci si è subito orientati all'individuazione delle opere ipogee, soprattutto di natura idraulica, date le peculiarità di utilizzo dell'acqua nella villa.

6 - *Lo studio del Ninfeo*

Il primo luogo indagato è stato il Ninfeo (fig. 7) nel cui sottosuolo esistono importanti sistemi di conserva e distribuzione delle acque. Il Ninfeo, posto a nord della villa, è uno di più fulgidi esempi di questa categoria architettonica; ciò è dovuto essenzialmente al complesso sistema di giochi d'acqua tuttora funzionante.

Nell'ala occidentale è collocato l'accesso ad articolati ambienti sotterranei caratterizzati da una chiara impronta idraulica che attualmente non assolvono più questa funzione. Lo studio degli ambienti sotterranei è partito con un approccio metodico, proprio della metodologia di studio elaborata dalla Federazione Nazionale Cavità Artificiali per l'analisi delle strutture artificiali ipogee, che prevede una classificazione in sette tipologie principali. È stato effettuato un rilievo di tipo architettonico in quanto il più adatto all'analisi di questi ambienti. Per ottenere la massima precisione si è stabilito un sistema di riferimento fisso nello spazio, sul quale si sono effettuate e collegate le trilaterazioni degli ambienti (fig. 8). Il comples+2439so si configura come un'infilata di ambienti quadrangolari di varie dimensioni posti in successione; gli spazi terminano con un corridoio, obliterato nella parte occidentale, che sovrasta un pozzo. Il tutto è stato visibilmente rimaneggiato nelle sue funzioni nel corso del tempo. Possiamo distinguere quattro aree principali

Fig. 1. *Statua in marmo all'interno del ninfeo.*

partendo da est a ovest: nella planimetria generale (fig. 9) si evidenziano due sezioni, una longitudinale A-A' (fig. 10) e una trasversale B-B' (fig. 11), utili a descrivere al meglio le caratteristiche morfo-strutturali dell'ipogeo. Nella sezione longitudinale si distinguono una prima stanza di accesso (1), una seconda stanza (2), il corridoio obliterato (3) e il pozzo con il sovrastante passaggio (4).

La prima stanza (fig. 12) è quella che collega i sotterranei all'esterno mediante una scalinata. L'ambiente presenta a nord il punto d'accesso e un collegamento con la stanza successiva ad est. Sempre sul lato nord si ha un collegamento con la scala; la volta è di tipo a botte e le murature in laterizio, spesse più di 50 cm, mostrano segni di malta impermeabilizzante. Elemento interessante è la presenza di un cutino posto sul pavimento della stanza (fig. 13).

La seconda stanza (figg. 14-17), più grande, ha morfologia e apparato strutturale simili a quella precedente. Sul lato ovest si nota la presenza di un vano tamponato che appare interamente ricavato in rottura di muro. La volta a crociera mostra una cura costruttiva precisa e sobria perfettamente legata all'aspetto funzionale. Le pareti hanno varie tracce di malta impermeabilizzante e segni di riutilizzo dell'ambiente nel corso del tempo.

Il terzo ambiente, ovvero il corridoio (figg. 18-20), è impostato sull'asse longitudinale e ha la volta ad arco ribassato. La muratura in laterizi è rivestita nella prima metà con intonaco, mentre è a vista a partire dal passaggio aereo, posto sopra il pozzo. Gli ambienti sono caratterizzati da spalle con strombature e cardini infissi nelle pareti che ne indicano i sistemi di chiusura. Sui pavimenti si notano detriti e tubazioni che penetrano tra gli ambienti. Il passaggio sopra il ponte aereo è impostato su un arco in laterizi che assolve anche alla funzione di una prima volta del pozzo. Questo arco è protetto da un parapetto in laterizi originariamente disposto su entrambi i lati. Il fondo del corridoio è segnato da un diaframma in muratura che ne oblitera la prosecuzione.

Il quarto ambiente coincide con il pozzo. La morfologia è di tipo circolare con pareti in laterizi caratterizzate dalla presenza di pedarole e buche pontaie. L'altezza del pozzo, dalla volta alla base, supera i dieci metri. Il passaggio del corridoio si imposta sulla seconda volta, posta a circa otto metri dal fondo. Aspetto interessante è la presenza anomala di un ambiente quadrangolare, lungo la direttrice nord sud, posto sulla parete sud, che si sviluppa lungo l'asse longitudinale del pozzo, dalla volta fina a una quota di circa 2,5 metri dal fondo.

Dalla passerella si scende con cautela lungo le pareti del pozzo data la presenza di varie parti instabili; la discesa avviene preferibilmente dal lato nord (fig. 21). Si notano da subito la fattura della camicia in laterizi e la morfologia circolare estremamente regolare lungo tutto lo sviluppo del pozzo. Il fondo è pieno di detriti grossolani dovuti presumibilmente a riempimenti e a crolli.

Nelle operazioni di rilievo si è notato come i corsi in laterizi

Figg. 2 e 2a. *Ai margini del Parco vi è l'impianto di riscaldamento delle serre in ferro e vetro: a sinistra abbiamo la parte in elevato e a destra quella ipogea; il tutto è realizzato in mattoni e rari elementi lapidei.*

siano posti di testa lungo il lato maggiore; tra il susseguirsi dei corsi regolari ve ne sono alcuni di livellamento, sempre in laterizio, ma posti di testa lungo il lato minore (fig. 22). I fori pontai e le pedarole sono realizzati in fase con il pozzo e hanno una piattabanda superiore. L'ambiente quadrangolare pare realizzato in fase con il pozzo o, se antecedente, stranamente inglobato con la costruzione; anchíesso ha la stessa morfologia in laterizio.

Un aspetto preponderante delle ultime due stanze è lo stato di degrado ambientale (fig. 19). La camicia si è staccata in più punti generando una situazione potenzialmente pericolosa per tutta la struttura.
La seconda volta (fig. 23), quella più bassa che coincide con il passaggio aereo del pozzo, presenta preoccupanti segni di cedimento con parti già danneggiate e crepe lungo i punti di innesto dei laterizi.

Anche la camicia del vano quadrangolare presenta rotture dovute a radici d'alberi insinuatesi tre le murature che hanno creato vere e proprie brecce, la cui pericolosità si estende anche all'ambiente soprastante. Le parti superiori mostrano crolli di importanti porzioni delle spalle che sorreggono la volta.

Si auspica che l'amministrazione intraprenda operazioni di consolidamento e restauro, onde evitare che il fenomeno di crollo si amplifichi, dando origine a fenomeni irreversibili e gravissimi, vista le presenza del sovrastante ninfeo.

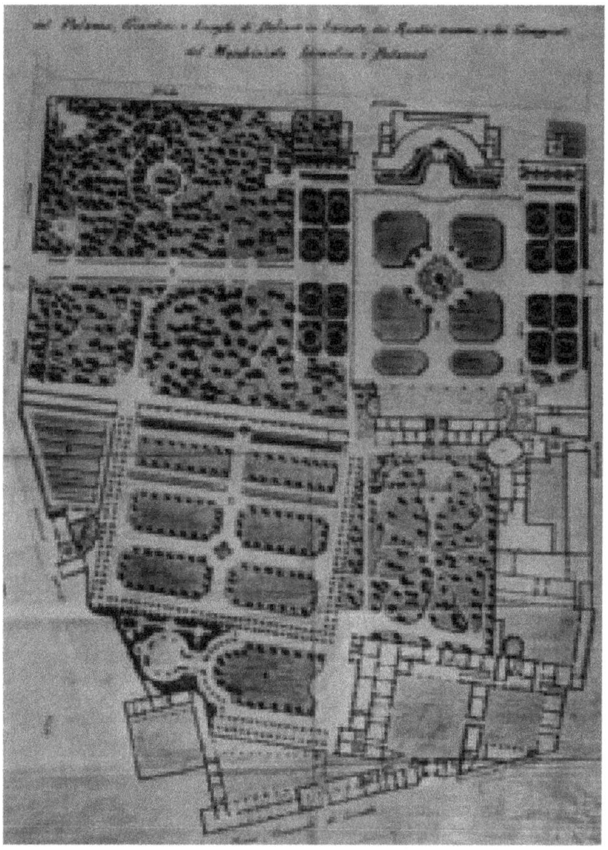

Fig. 3. *Planimetria del complesso della Villa Borromeo Visconti Litta al 1840.*

Fig. 4. *Vasca di decantazione ipogea collocata nel centro delle serre in ferro e vetro.*

Fig. 5. *Le ottocentesche serre in ferro e vetro.*

Figg. 6 e 6a. *Vedute del corridoio sotterraneo delle serre in ferro e vetro.*

Fig. 7. *Vista aerea del Ninfeo; la freccia indica la posizione degli ambienti ipogei.*

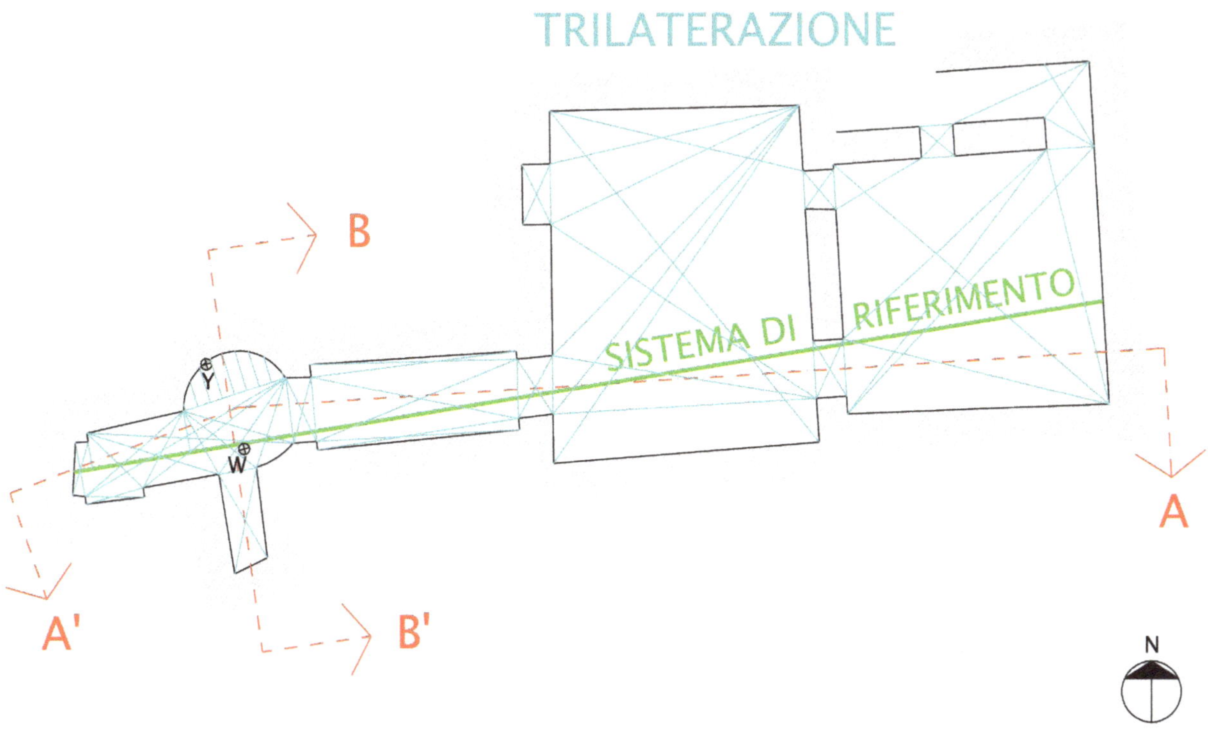

Fig. 8. *Indicazione del tipo di rilievo effettuato. Per ottenere la massima precisione si è stabilito un sistema di riferimento fisso nello spazio, sul quale si sono effettuate e collegate le trilaterazioni degli ambienti (Elaborato R. Basilico).*

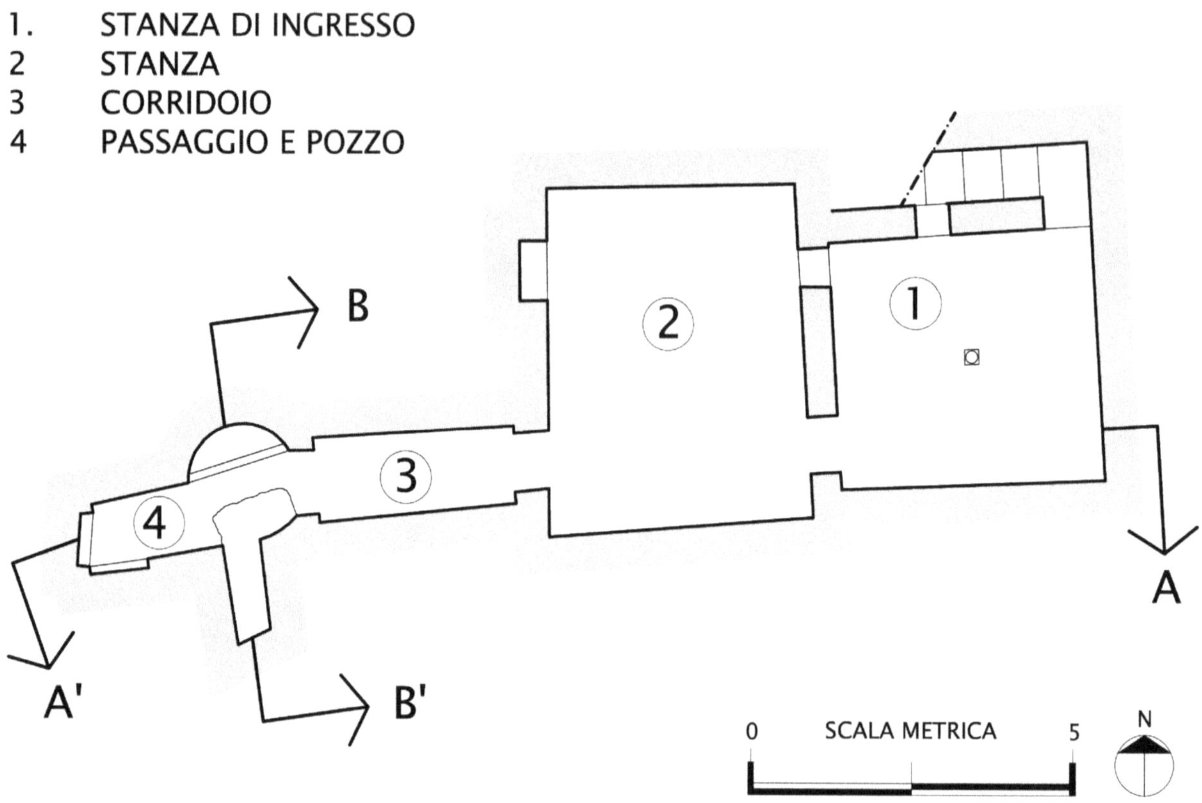

Fig. 9. *Planimetria generale con indicazioni delle sezioni e degli ambienti ipogei: 1 Stanza di ingresso; 2 Stanza; 3 Corridoio; 4 Passaggio e pozzo (Elaborato R. Basilico).*

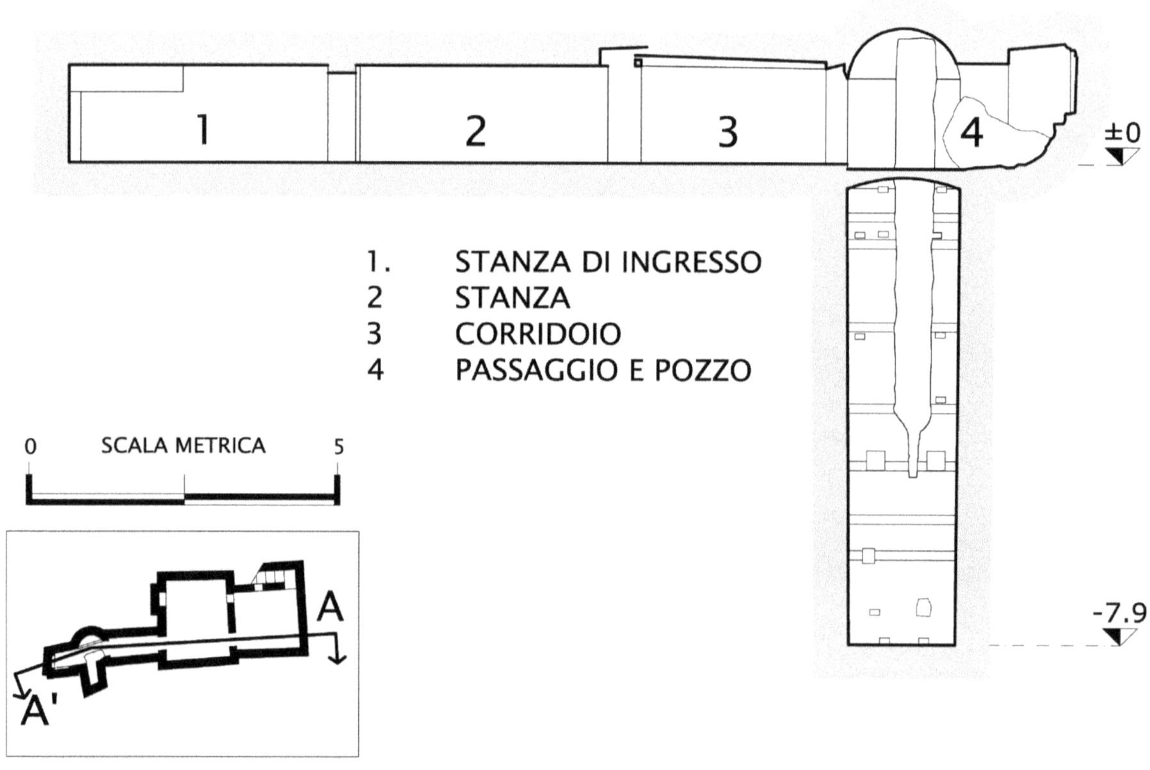

Fig. 10. *Sezione longitudinale con l'indicazione degli ambienti ipogei: 1. Stanza di ingresso; 2. Stanza; 3. Corridoio; 4 Passaggio e pozzo (Elaborato R. Basilico).*

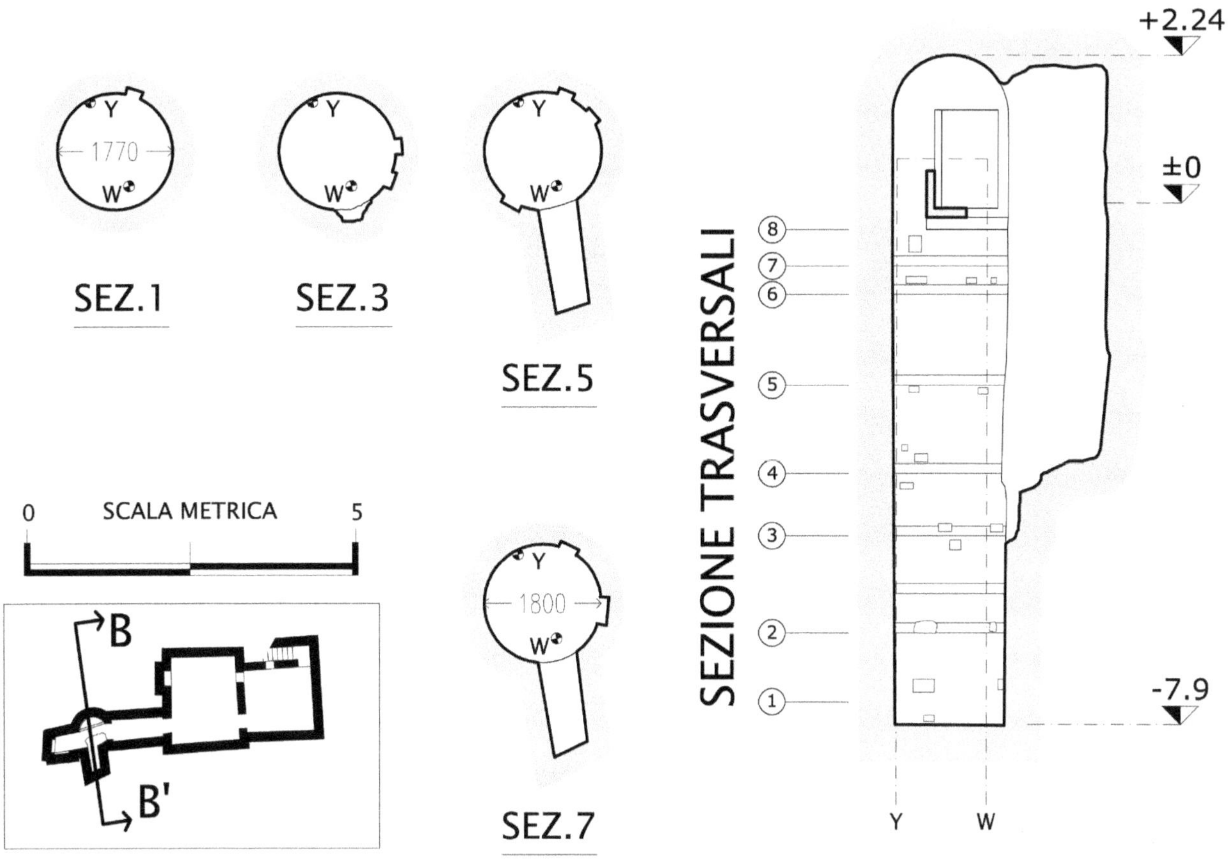

Fig. 11. *Sezione trasversale effettuata sul pozzo. Si noti nelle sezione 5 e 7 lo spazio in muratura a sviluppo longitudinale presente nel pozzo (Elaborato R. Basilico).*

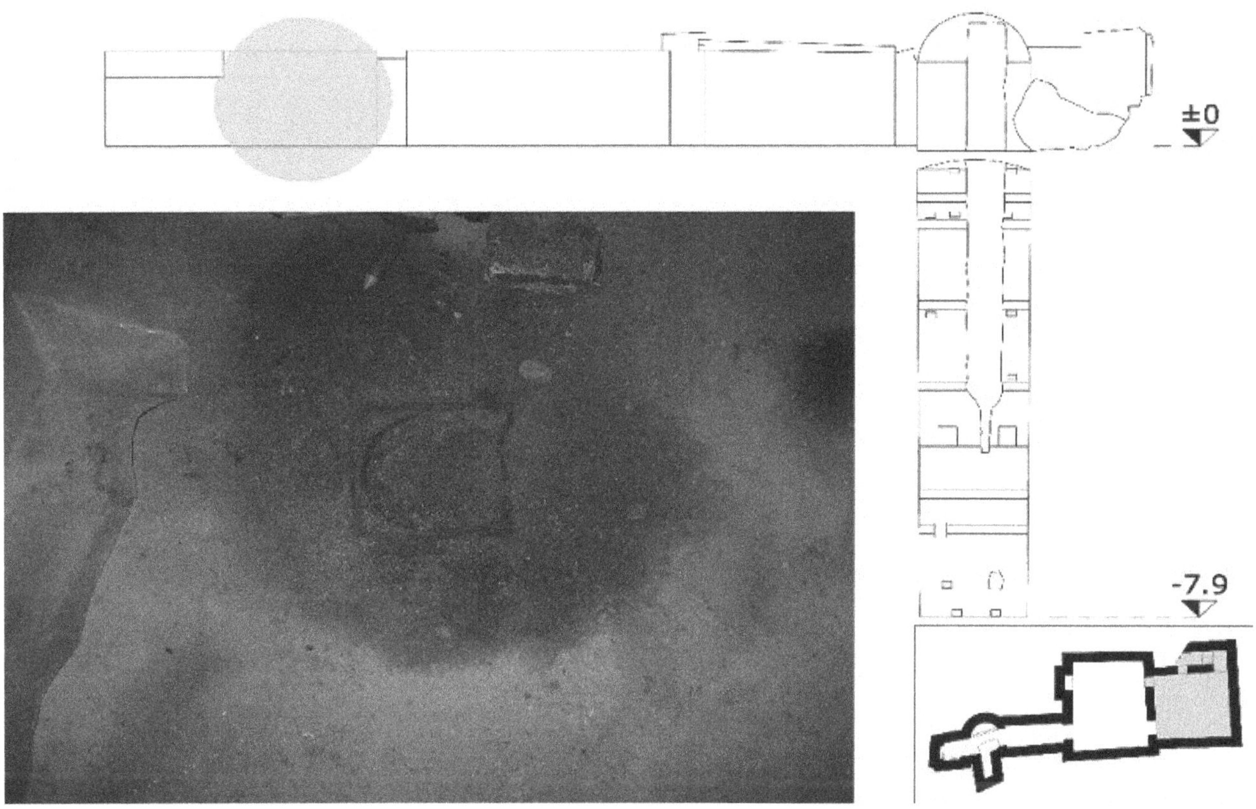

Fig. 12. *Sezione longitudinale A-A': particolare del cutino nella stanza d'ingresso (Elaborato R. Basilico).*

Fig. 13. *Sezione longitudinale A-A': visione generale della stanza d'ingresso (Elaborato R. Basilico).*

Fig. 14. *Sezione longitudinale A-A': seconda stanza, preparativi per la discesa nel pozzo (Elaborato R. Basilico).*

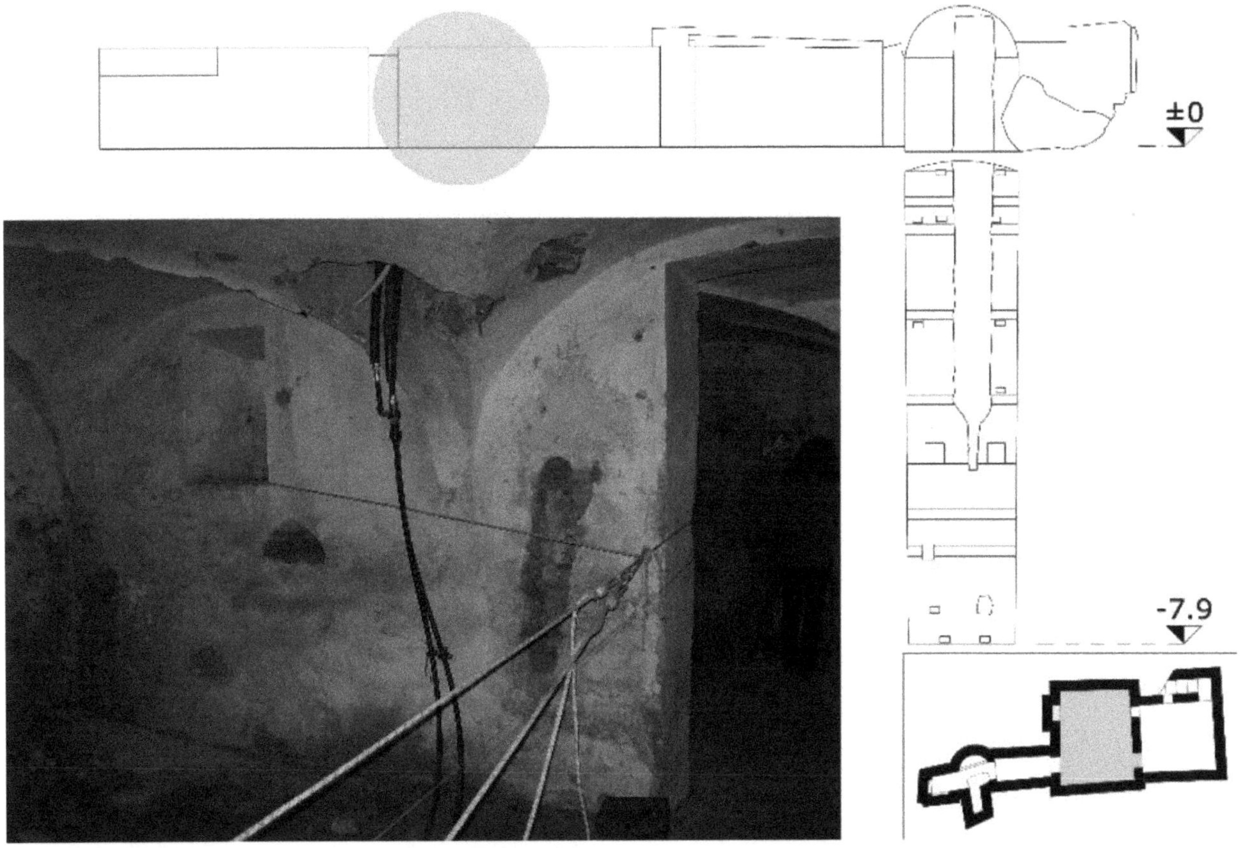

Fig. 15. *Sezione longitudinale A-A': l'ambiente ipogeo tra la prima e la seconda stanza (Elaborato R. Basilico).*

Fig. 16. *Sezione longitudinale A-A': seconda stanza (Elaborato R. Basilico).*

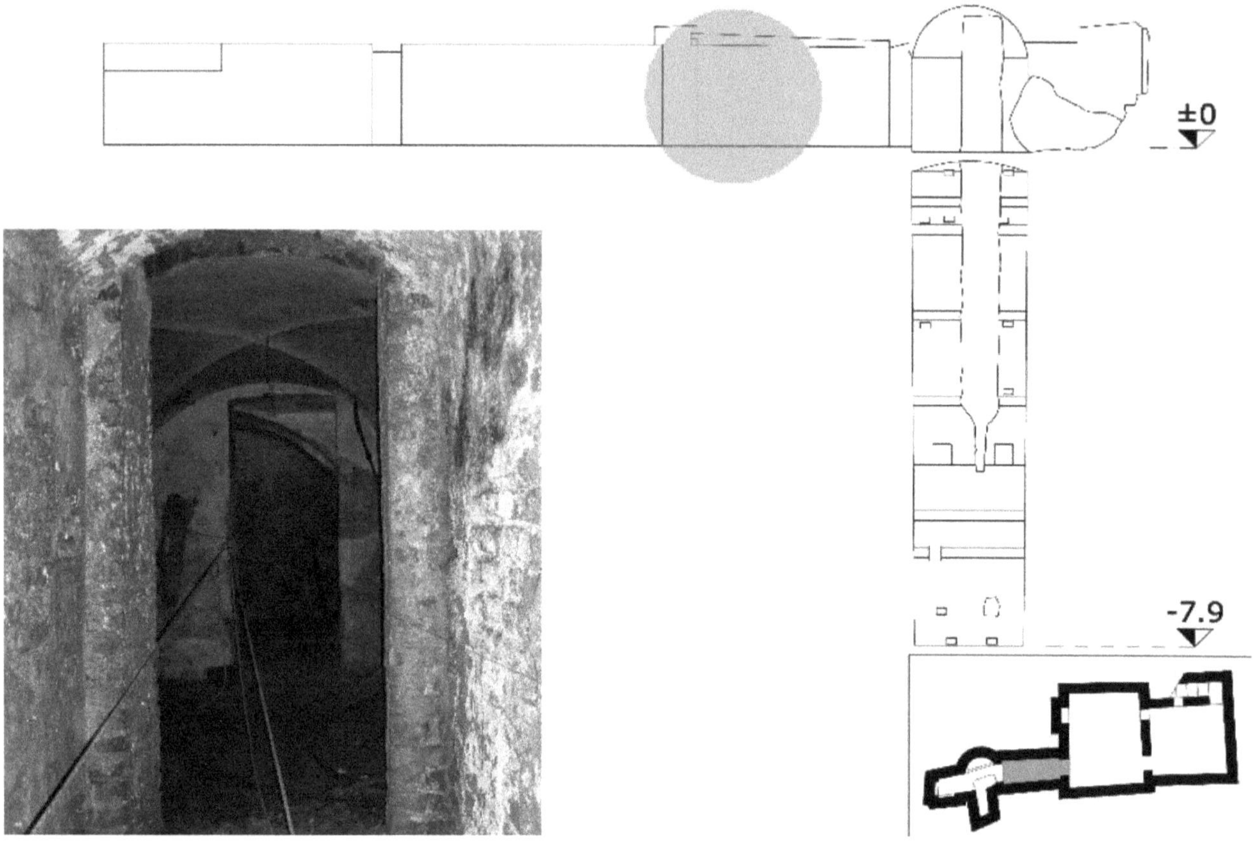

Fig. 17. *Sezione longitudinale A-A': l'ambiente ipogeo tra la seconda stanza e il corridoio verso il pozzo (Elaborato R. Basilico).*

Fig. 18. *Sezione longitudinale A-A': il corridoio (Elaborato R. Basilico).*

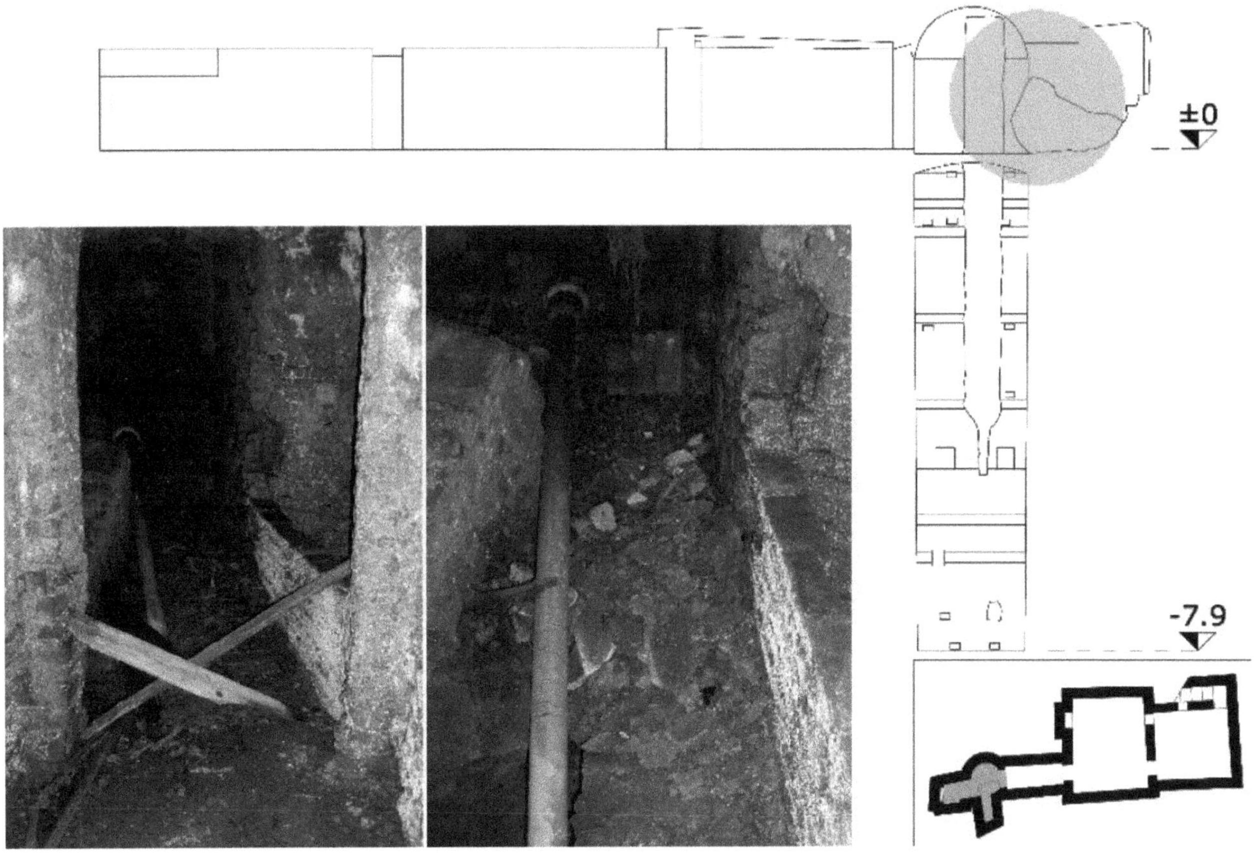

Fig. 19. *Sezione longitudinale A-A': il passaggio per il pozzo (Elaborato R. Basilico).*

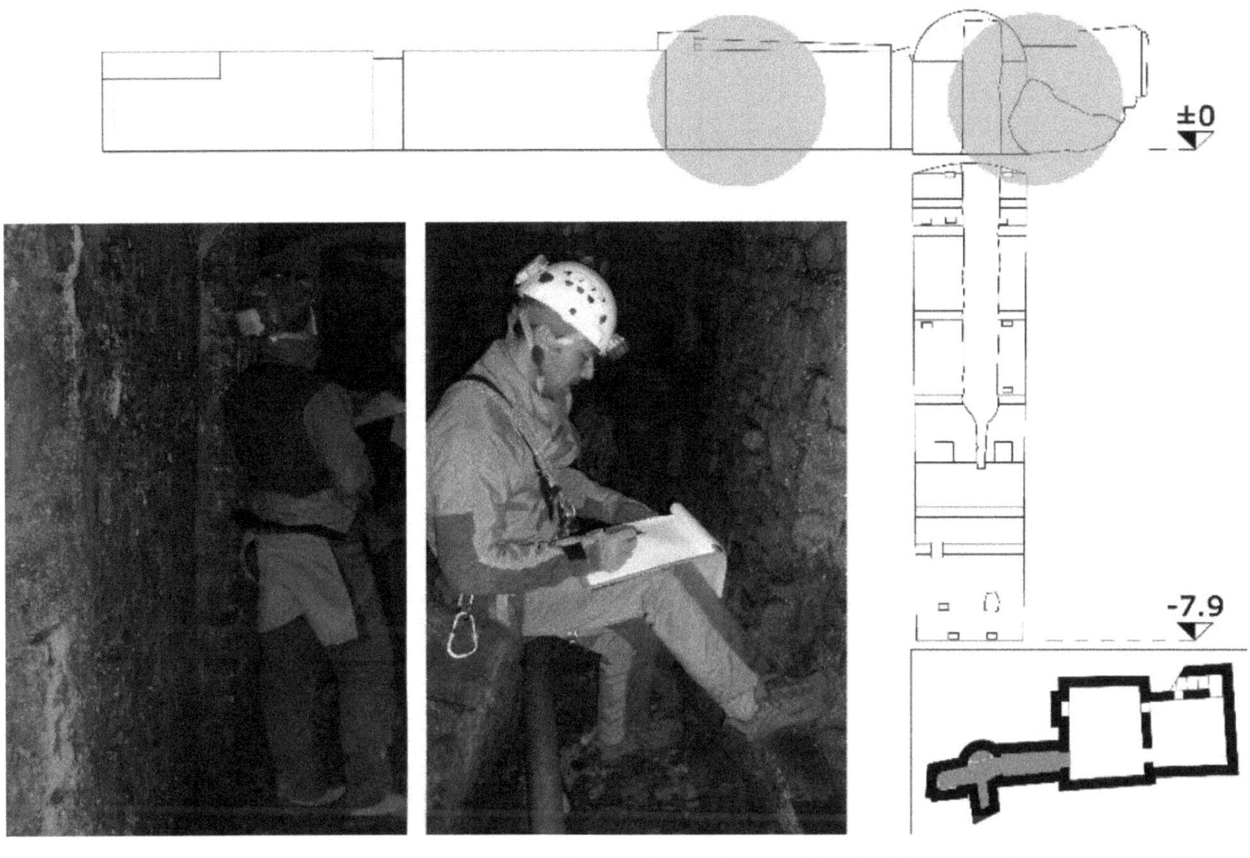

Fig. 20. *Sezione longitudinale A-A': operazioni di rilievo nel corridoio enel locale del pozzo (Elaborato R. Basilico).*

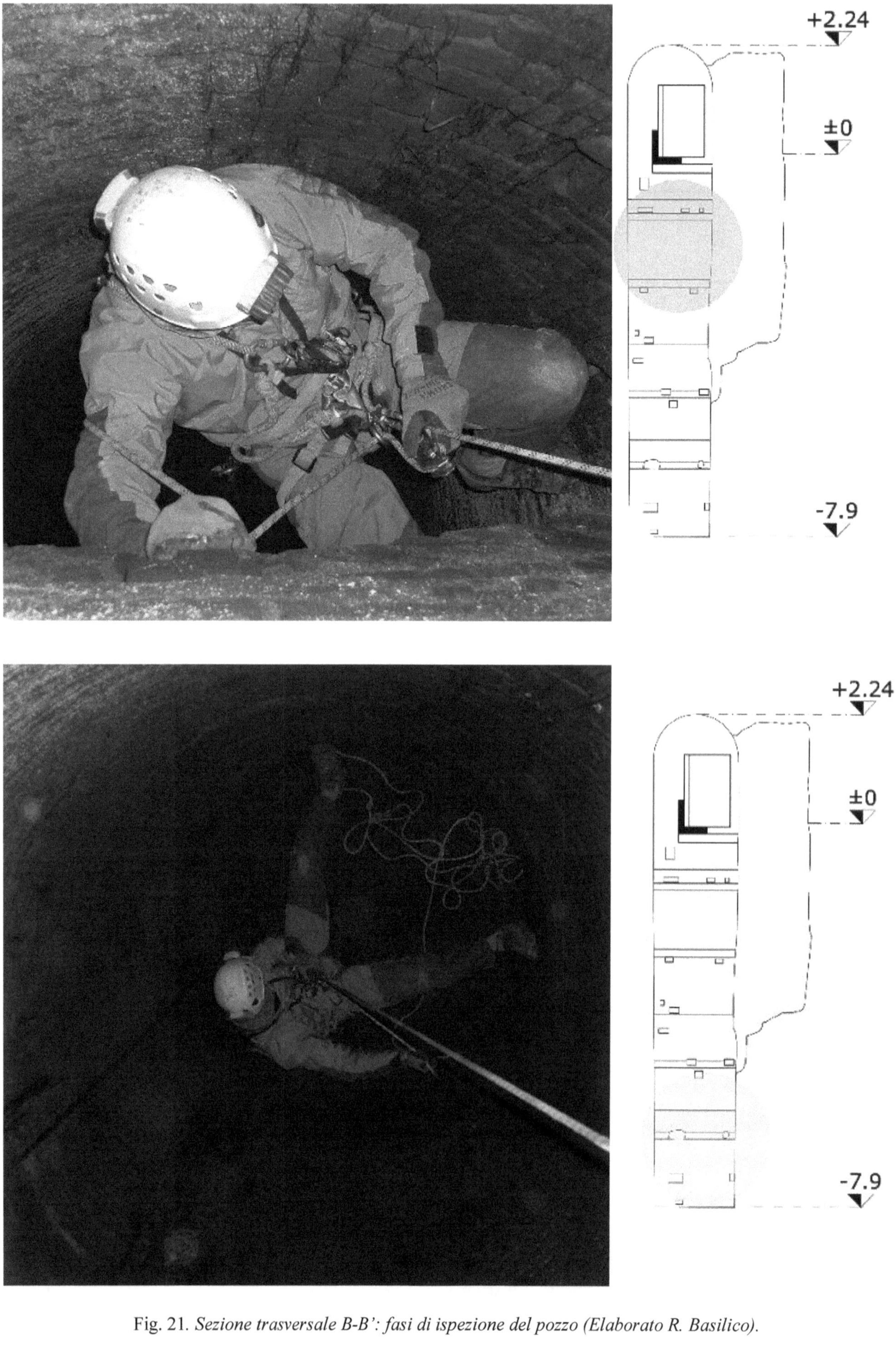

Fig. 21. *Sezione trasversale B-B': fasi di ispezione del pozzo (Elaborato R. Basilico).*

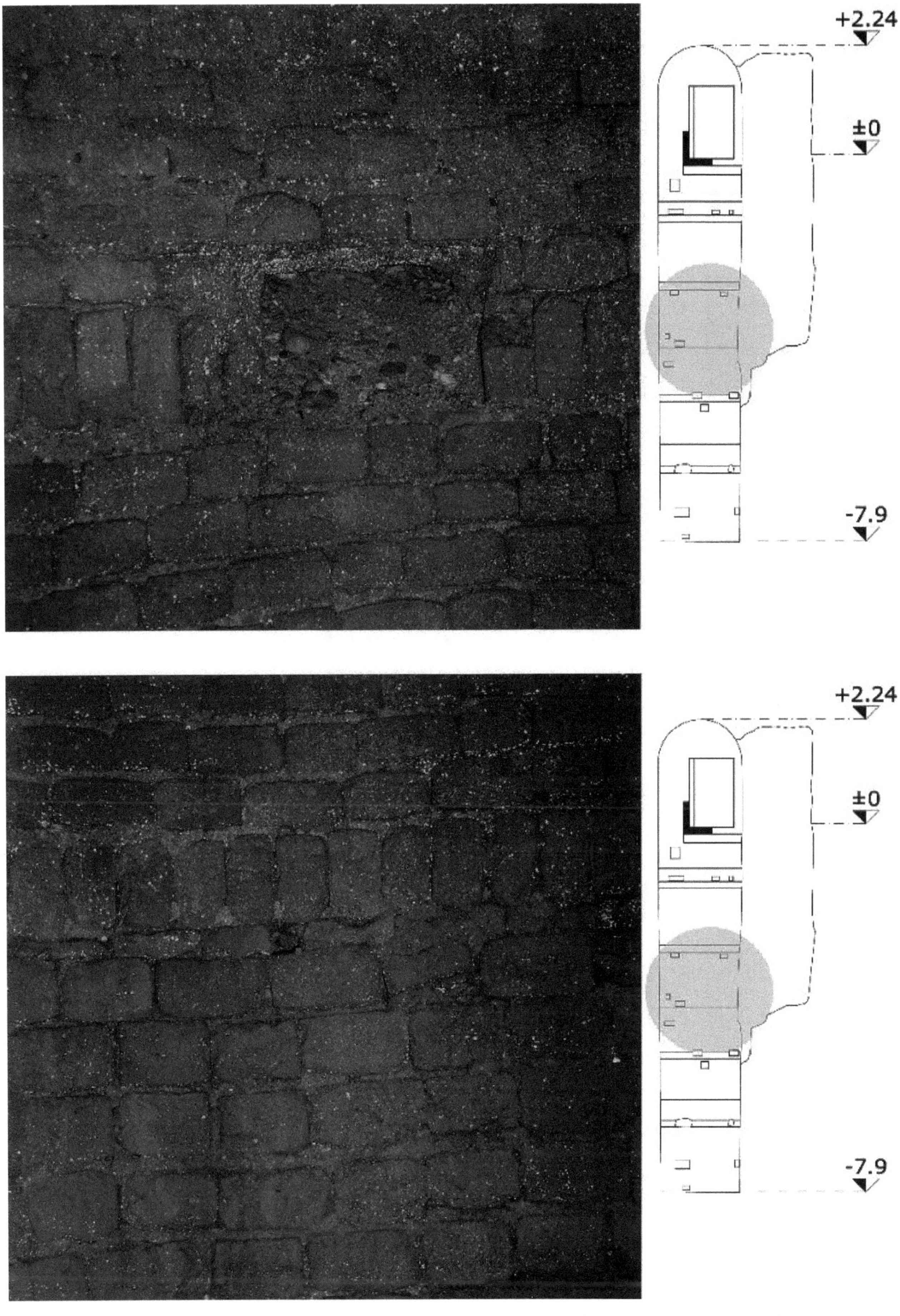

Fig. 22. *Sezione trasversale B-B': dettagli della parete interna del pozzo (Elaborato R. Basilico).*

Fig. 23. *Sezione trasversale B-B': stato di degrado della volta del pozzo (Elaborato R. Basilico).*

7 - *Note*

[1] Tomai Thomaso, *Idea del giardino nel mondo*, Milano 1589, trascrizione 1969, Archivio Comunale di Lainate.

[2] Trascrizione dattiloscritta effettuata nel 1969, del documento originale poi scomparso; una descrizione dei beni del defunto Duca Pompeo Litta scritta nel 1837 è conservata presso l'archivio del Comune di Lainate.

8 - *Bibliografia*

Associazione Amici di Villa Litta di Lainate, *Villa Borromeo Visconti Litta Lainate. Guida ragionata*, Lainate 2006.

AA.VV., *Il ninfeo di villa Visconti Borromeo Litta a Lainate. Progetto di valorizzazione e restauro*, Lainate 1996.

Beltrami L., *La villa Weil-Weiss a Lainate*, Menotti Bassani & C., Milano 1905.

Breda M.A., Fianchini M., Giambruno M., *Le serre di villa Borromeo Litta a Lainate (Milano): conservazione di una architettura da giardino*, Politecnico di Milano, Tesi di specializzazione in Restauro dei monumenti, Milano 1994.

Morandotti A., *Milano profana nell'età dei Borromeo*, Electa, Milano 2005.

Righetti G., Rossi F., *Tenimento di Lainate col palazzo e luoghi di delizia*, Torino 1837.

II

LA CLOACA MAXIMA: NUOVE TECNOLOGIE APPLICATE E NUOVE SCOPERTE

Autori:
Elisabetta Bianchi — Sovraintendenza BB.CC. di Roma Capitale
Luca Antognoli — Associazione Roma Sotterranea

Sommario

Gli autori di questo contributo, un'archeologa e uno speleologo urbano, che da diversi anni si dedicano con esplorazioni dirette allo studio della Cloaca Massima, spiegano in maniera sintetica le ipotesi geologiche e storiche che hanno determinato la realizzazione di questa grandiosa opera e le sue molteplici modifiche, dovute alle imponenti e spesso radicali trasformazioni della Città attraverso i secoli. Al termine di un ventennio di scavi nell'area dei Fori Imperiali era opportuno riesaminare le strutture del principale antico collettore fognario di Roma alla luce dei nuovi dati archeologici utili ad una più corretta conoscenza dei complessi monumentali in superficie, sia mediante l'applicazione di un metodo di ricerca rigoroso rispetto ai precedenti studi, sia con l'impiego di moderne tecnologie.

Abstract

The authors of this article, an archaeologist and an urban speleologist who have for many years pursued the study of the Cloaca Maxima by direct exploration, here explain in brief the theoretical, geological and historical contexts that lay behind both the creation of this imposing monument and the various modifications that it has undergone as a result of the substantial and often radical transformations of the city of Rome through the centuries. The conclusion of two decades of excavations carried out in the area of the Imperial Fora offered an opportunity to re-examine the structures of the main sewer of ancient Rome. New archaeological data have contributed to a more accurate conception of the monumental complexes on the surface, both through a methodological approach more rigorous than that applied in previous research, and through the application of modern technologies.

1 - *Inquadramento idrogeologico*

L'assetto idrogeologico del territorio su cui è nata Roma ha subito nel tempo enormi mutamenti, fino ad arrivare all'VIII secolo a.C., quando la città iniziò a prendere forma attorno a un primitivo nucleo urbano, da identificarsi probabilmente con la Città quadrata di Romolo (LIV., *Ab Urbe Condita*, I, VII, 3) (Carafa 1996). In questa epoca, nelle valli, ai piedi dei colli, scorrevano numerosi torrenti che, portando grandi quantità d'acqua verso il Tevere, formavano estese paludi nelle zone più depresse (Mocchegiani Carpano 1984).

La valle situata tra Esquilino e Viminale proseguiva naturalmente tra Fagutale e Quirinale e il corso d'acqua di fondovalle era un vero e proprio torrente chiamato Spinon (Lanciani 1975), che scorreva nell'area e sul tracciato poi denominati Argiletum (VARRO, *De ling.lat.*, V,157; Tortorici 1991), proseguiva nella valle dei Fori, dove separava il Palatino e il Campidoglio, impedendo la comunicazione diretta tra i due colli, e infine si dirigeva verso il Velabro e quindi verso il Tevere (fig. 1). La presenza del torrente, alimentato oltre che dalle acque meteoriche provenienti dalle alture circostanti anche da una notevole quantità di sorgenti situate nei dintorni e dalle continue inondazioni del Tevere, rendevano questa valle impraticabile (Corazza, Lombardi 1995, 1996).

2 - *Le opere idrauliche*

Il primo re etrusco ad occuparsi concretamente di bonificare l'area e renderla utilizzabile fu Tarquinio Prisco. In un periodo compreso tra la fine dell'VII secolo a.C. e la fine del secolo successivo, la valle situata tra Palatino e Campidoglio, grazie ad un imponente lavoro, fu colmata con migliaia di metri cubi di terra, ghiaia e altro materiale di riempimento, sopra i quali furono stesi in poco tempo i primi livelli pavimentali del Foro Romano a quote variabili tra 1 m circa e 2 m sopra quella naturale del terreno in corrispondenza del fondovalle (circa 7 m s.l.m.) (Ammermann 1990).

Contestualmente, dovette essere realizzato un *canalis* per raccogliere le acque e convogliarle verso il Velabro e quindi nel Tevere, ma l'opera fu poi portata a compimento soltanto da Tarquinio il Superbo (DION. HAL. IV, 44, 1-9). Ad essa pensiamo possa riferirsi un lungo tratto della Cloaca Massima al di sotto del fianco meridionale della Basilica Giulia, formato, come risulta da un più attento esame, da due canali paralleli, della larghezza totale di circa 3,5 m – finora interpretati come raddoppio tardo-repubblicano di un unico canale originario (Coarelli 1983, pp. 282-286, 294-298) – costruiti in blocchi di cappellaccio disposti su filari aggettanti soltanto sulle due pareti esterne, mentre quelle interne sono costituite da un muro mediano, anch'esso in cappellaccio avente la funzione di sostenere i giunti delle lastre di copertura (figg. 2, 4a), evidentemente marcanti un originario livello di calpestio del Foro più basso di quello attuale, compatibile con le quote dei lavori di riempimento della valle, osservate sia dal Boni che dal Gjerstad nella prima metà del secolo scorso (Filippi 2004). Le pareti esterne e il muro oggi appaiono rialzati con una muratura in opera reticolata posta a sostegno di due volticelle parallele in calcestruzzo, segno che in questo punto la struttura subì vari rimaneggiamenti almeno fino alla tarda età repubblicana per adeguarsi alle trasformazioni edilizie della piazza forense.

Doveva trattarsi di una imponente opera idraulica del tutto simile ai canali di drenaggio costruiti nello stesso periodo a Cuma (D'Agostino 1996, pp. 35-37) e in Grecia, secondo la tecnica con filari aggettanti e copertura piana, come per esempio quello imponente realizzato ad Atene per canalizzare il fiume Eridano (Shear 1997, pp. 514-521), formati da un doppio canale coperto da lastre disposte in piano. L'impresa a Roma fu probabilmente compiuta da maestranze etrusche, esperte nella costruzione delle grandi tombe a Tumulo, caratterizzate da lunghi *dromoi* di accesso dotati di copertura formata da grandi blocchi posti su filari aggettanti (c.d. falsa volta) (Bodon, Riera, Zanovello 1994, pp. 393-395; Carafa 1996, pp. 10-13; Cifani 2008).

Fig. 1. *Plastico di Roma arcaica di I. Gismondi (Museo della Civiltà romana) (Foto L. Antognoli).*

Fig. 2. *Foro Romano. Il tratto della Cloaca Massima sottostante l'area centrale.*

Non sembra quindi ipotizzabile una copertura del *canalis* soltanto in un'epoca successiva alla sua costruzione, come sembrerebbe indicare il passo di una commedia di Plauto (PLAUT., Curcul. IV, I, 475; Sommella 2005). Secondo la corrente interpretazione di questo passo, ancora nel II secolo a.C., momento nel quale si svolge il racconto, nel Foro Romano doveva scorrere un canale a cielo aperto. Controverse interpretazioni delle fonti letterarie antiche farebbero inoltre attribuire il completo restauro, ampliamento e copertura definitiva della Cloaca, all'opera di Marco Vipsanio Agrippa, console ed edile durante il principato di Augusto (PLIN. Nat. Hist., XXXVI, 104).

3 - *La Cloaca Maxima*

La presenza di resti di un tratto non più funzionante della Cloaca Massima sotto la Basilica Aemilia e la notizia del rinvenimento nel 1890, in occasione dei lavori per la realizzazione della fogna di via Cavour, di un lungo tratto pertinente a una grande fognatura antica, posta a monte sul prolungamento di quel tratto, nell'area del futuro Foro della Pace (attualmente sotto Via dei Fori Imperiali) (Colini 1937, Tav. II) dimostra che ancora in epoca augustea la Cloaca Maxima per drenare acque dalla Suburra, dal Viminale, dall'Esquilino, raggiungere il Foro Romano e dirigersi verso il Velabro, doveva seguire un percorso più a sud rispetto a quello attuale che si trova sotto il Foro di Nerva e che è stato oggetto delle indagini che qui si presentano (Antognoli, Bianchi 2009). La Cloaca Massima, passando sotto il Vicus Cuscus (figg. 3, 4b), sul fianco del Tempio dei Castori, attraversata la valle del Foro Boario terminava sulla riva sinistra del Tevere, tra Ponte Emilio e il Tempio di Ercole con uno sbocco monumentale, formato da un triplice arco di blocchi di Peperino tuttora visibile (Lanciani 1890; Id. 1985; Richter 1891; Platner, Ashby 1929; Lugli 1956; Bauer 1989; Id. 1993) (fig. 4). All'imperatore Domiziano si deve una grandiosa opera edilizia quale la costruzione del Foro Transitorio (poi inaugurato da Nerva nel 97 d.C.) che monumentalizzò l'unico spazio rimasto libero tra i Fori di Cesare, di Augusto, di Vespasiano (Foro della Pace) e il Foro Romano (fig. 5) (Anderson 1982; Meneghini, Bianchi 2010).

Il progetto di costruzione del nuovo Foro e la sua realizzazione in due fasi successive, come messo in evidenza dagli scavi effettuati nell'area tra il 1985 e il 1996 (Morselli, Tortorici 1989; La Rocca 1998; Meneghini 2009; Viscogliosi 2009), che vide la edificazione di due diversi templi, rese necessari importanti interventi di modifica al tracciato della Cloaca Massima. Per gettare le fondazioni del primo tempio situato sul lato ovest del complesso e per porre in opera quelle di un vestibolo sul lato opposto, al posto del quale nella seconda fase sarebbe stato costruito il Tempo di Minerva, fu defunzionalizzato un lungo tratto della cloaca appena ricostruita da Vespasiano (circa 75 d.C.) lungo tutto il lato settentrionale del *Templum Pacis* (figg. 6, cfr. 4c), mentre più a est il tracciato del condotto fu deviato sul fianco delle nuove strutture (fig. 7). Grazie a un sistema di bypass, dunque, il nuovo condotto, di

Fig. 3. *Foro Romano. Il tratto della Cloaca Massima sottostante il* Vicus Tuscus.

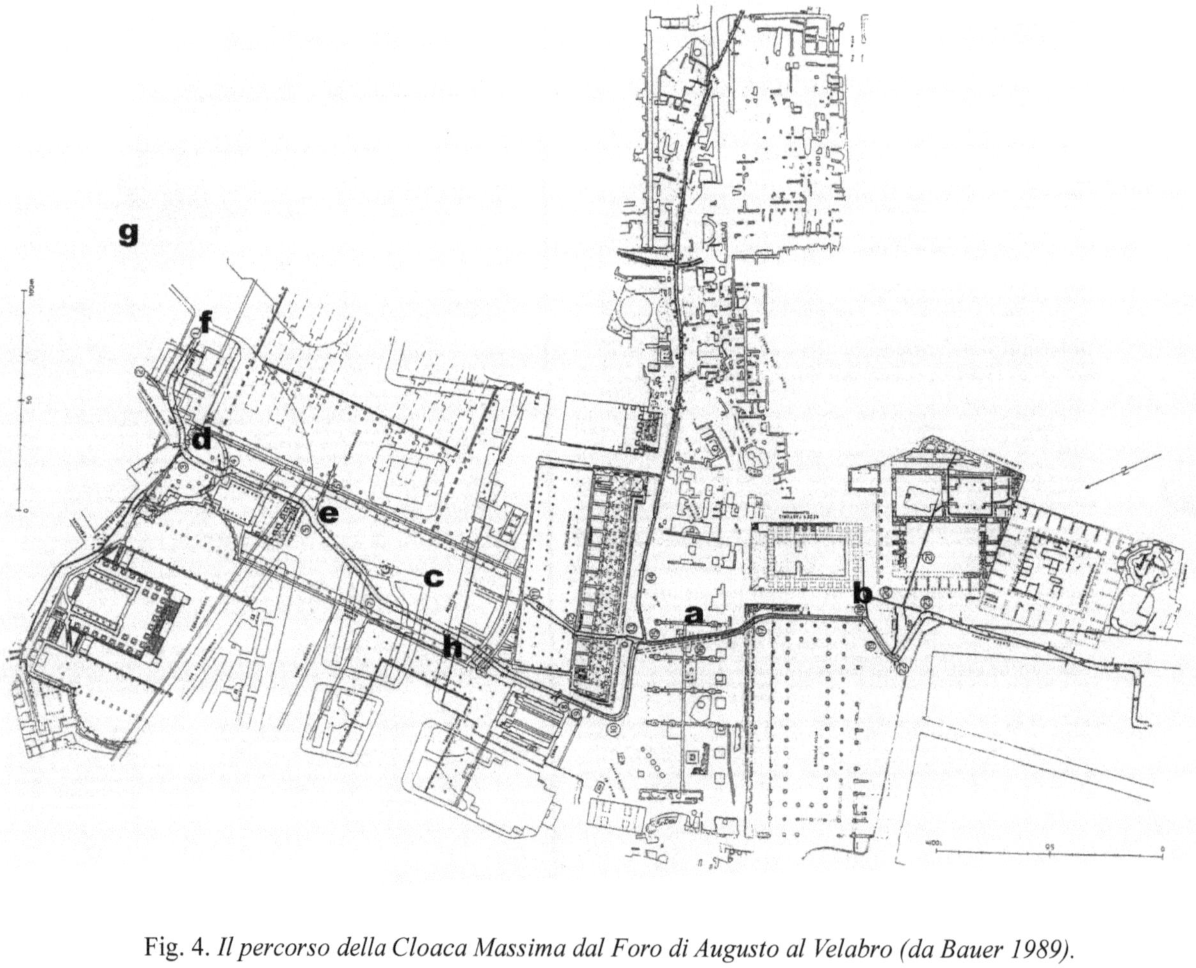

Fig. 4. *Il percorso della Cloaca Massima dal Foro di Augusto al Velabro (da Bauer 1989).*

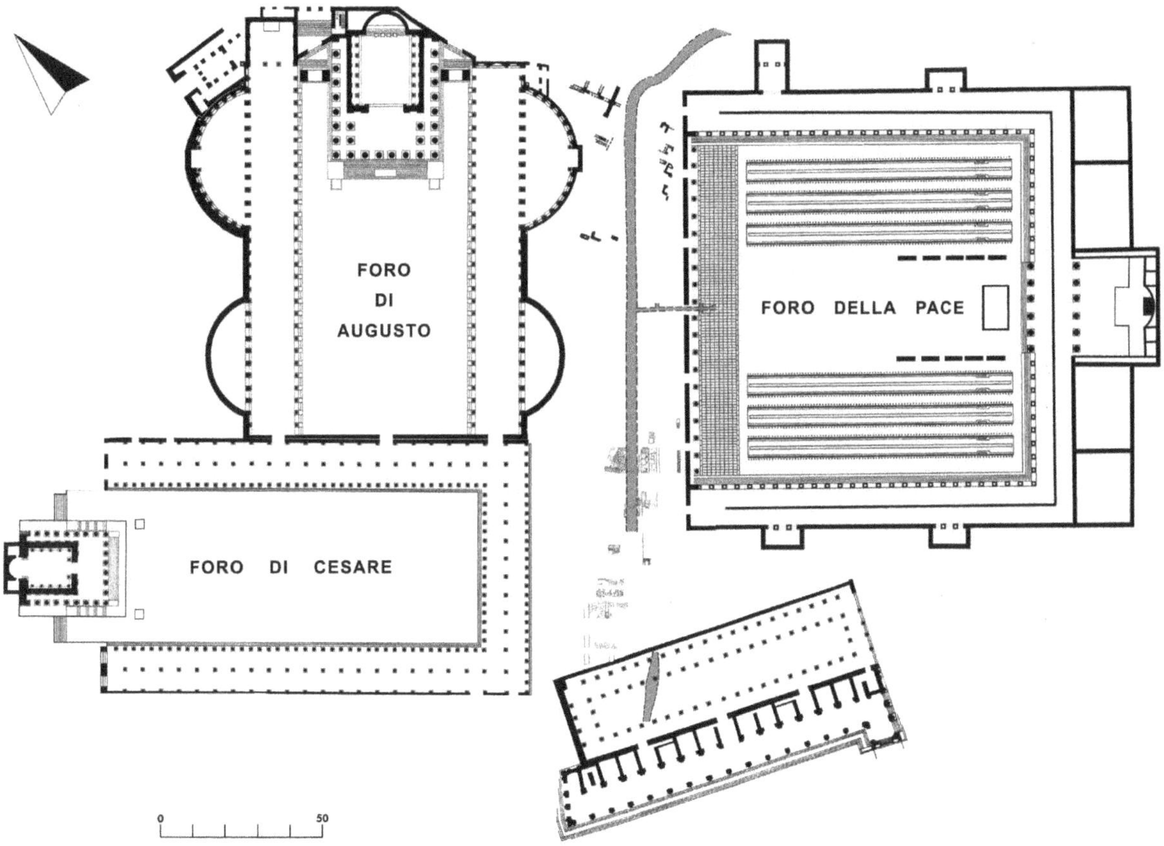

Fig. 5 *Planimetria dei Fori Imperiali prima della costruzione del Foro di Nerva (da Meneghini, Bianchi 2010).*

Fig. 6. *Foro di Nerva. Il tratto defunzionalizzato della Cloaca Massima costruito da Vespasiano (Foto E. Bianchi).*

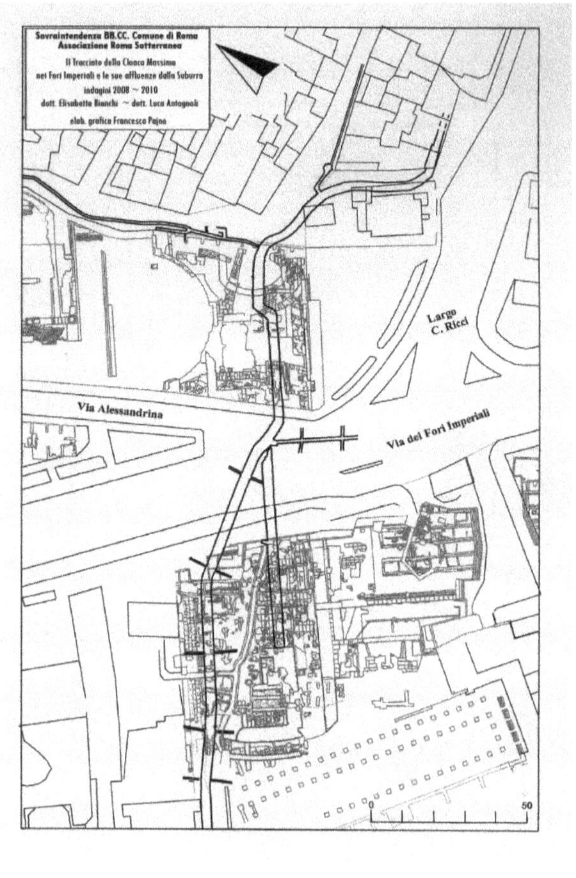

Fig. 7. *Rilievo dell'area dei Fori Imperiali e della Cloaca Massima (da Antognoli, Bianchi 2009)..*

dimensioni simili al precedente (larghezza 3,30 m x altezza 2,90 m) fu spostato in parte a nord e in parte a sud del precedente, facendolo passare al di sotto del confine tra Foro di Cesare e Foro di Nerva e quindi dello stretto passaggio esistente tra il fianco meridionale della Curia e il lato nord della Basilica Emilia. Da questo punto il nuovo condotto curvava decisamente a sud, per riallacciarsi al tratto originale della Cloaca Massima sotto al Foro Romano. Percorrendo la Cloaca Massima, dall'origine verso il Velabro, si possono notare continui cambiamenti dei paramenti e le frequenti derivazioni da canali secondari che formano a volte suggestive e rumorose cascate (figg. 8, cfr. 4d). L'aspetto del piano di scorrimento cambia continuamente e nei tratti visibili, grazie alla mancanza di sedimenti fangosi, si possono notare le caratteristiche costruttive che vanno da lastre di travertino agganciate le une alle altre con grappe di bronzo, a lastricati di basalto. La volta, quasi sempre a botte, è costituita in alcuni tratti da conci di pietra, in altri da conglomerato cementizio ed è spesso interrotta da pozzi chiusi da tombini. Nei secoli, la Cloaca ha subito vari rimaneggiamenti, dovuti a restauri e deviazioni causati dai continui rifacimenti dei monumenti soprastanti, talvolta riedificati dopo un incendio, come nel caso del Templum Pacis dopo l'incendio che lo distrusse nel 192 d.C. (CASS. DIO. LXXIII, 24.2; HEROD., I.14.2-6) (figg. 9, cfr. 4e).Non è possibile risalire esattamente al momento nel quale la Cloaca Massima abbia smesso del tutto di funzionare, dato il graduale accumulo di sedimenti e detriti stratificatisi in secoli di abbandono fino a lasciare un esiguo spazio al di sotto della volta. Come risulta da recenti saggi stratigrafici eseguiti all'interno di condotti secondari affluenti dai Fori di Augusto e di Traiano gli ultimi accumuli di ostruzione dei condotti stessi devono essere datati indistinatamente nel V secolo, momento nel quale la mancanza di manutenzione dovette causare l'andata in disuso dei sistemi di smaltimento idrico dei complessi imperiali posti su questo versante. Durante il pontificato di Pio V, il Cardinale Carlo Michele Bonelli tra il 1566 e il 1572 grazie alla costruzione di un sistema fognario di grande solidità riuscì a bonificare la zona divenuta malsana, per le frequenti inondazioni del Tevere. Questo, infatti, risalendo la Cloaca Massima durante i periodi di piena, allagava la piana del Foro fino ad arrivare in prossimità della Suburra. Il Chiavicone della Suburra, costruito in gran parte con materiali di recupero provenienti dagli edifici del Foro, seguiva un percorso parallelo a quello dell'Argiletum ma a una quota più alta rispetto alla Cloaca Massima, appoggiandosi con il piano di scorrimento delle acque direttamente sul piano di calpestio del Foro di Nerva.

Dalla magnificenza della costruzione e dalla portata d'acqua che poteva contenere non è difficile immaginare di quale imponenza fosse il complesso fognario nel suo insieme. Ancora oggi possiamo vedere un lungo tratto del Chiavicone della Suburra utilizzato come corridoio sottostante via dei Fori Imperiali, perfettamente restaurato e fruibile. Anche a monte al di sotto di Via Madonna dei Monti (fig. 10), la conduttura è ancora presente e attiva e scarica i suoi liquami nella Cloaca Massima in corrispondenza della curva di questa, sotto la Torre dei Conti. Probabilmente l'utilizzo di questo sistema fognario più recente causò un progressivo interramento della Cloaca Massima, almeno nel suo tratto più a monte (figg. 11, cfr. 4f), tanto che soltanto nel 1889 grazie ai lavori dell'ingegnere Pietro Narducci fu trovato e spurgato il canale domizianeo rendendolo nuovamente utilizzabile nel pieno della sua capacità (Narducci 1889).

4 - *Nuove indagini*

Nel 2003 è stato possibile avviare un'indagine sistematica, tuttora in corso, grazie alla cooperazione tra l'associazione Roma Sotterranea e la Sovraintendenza ai BB.CC. del Comune di Roma. Obiettivo del progetto è stato quello di stabilire le relazioni esistenti tra la Cloaca Massima, i suoi principali affluenti e le strutture forensi soprastanti. Una prima fase di questo lavoro è stata dedicata all'esplorazione di tutto il tratto di Cloaca Massima con i relativi canali affluenti spurgati ed esplorabili; successivamente, data la mole di lavoro prevedibile e considerando l'enorme estensione del sistema fognario in studio, l'interesse si è concentrato sul tratto che dalla Basilica Emilia risale verso la Suburra e quindi verso l'origine della Cloaca Massima ancora sconosciuto (figg. 12, cfr. 4g). Alla fase esplorativa è seguita la fase di rilievo topografico e archeologico, con lo studio e l'analisi delle strutture e dei materiali.

Fig. 8. *Cloaca Massima. Affluenza dal condotto proveniente dalla Salita del Grillo.*

Fig. 9. *Immissione del collettore del Foro della Pace nella Cloaca Massima (Foto E. Bianchi).*

Fig.10. *Il Chiavicone della Suburra nel tratto sottostante Via Madonna dei Monti (Foto E. Bianchi).*

Fig. 11. *Il livello del riempimento nel tratto a monte della Cloaca Massima (Foto E. Bianchi).*

Fig. 12. *Esplorazione del nuovo tratto a monte della Cloaca Massima Particolare della volta nel tratto a nord della Torre dei Conti (Foto I. Stranieri).*

In questa fase, grazie all'interesse e alla collaborazione della Società Metropolitane di Roma, che attualmente sta ampliando la rete della metropolitana della Capitale, è stato possibile completare il lavoro con l'utilizzo delle più moderne tecnologie di prospezione e di rilievo.
L'utilizzo della tomografia elettrica ha permesso di confermare nel settore ovest del foro di Nerva, immediatamente a ridosso della Basilica Emilia; la presenza di altri resti del canale afferente al tratto più antico di Cloaca Massima presente sotto la Basilica stessa, ottenendo informazioni altrimenti non ottenibili poiché non è possibile effettuare nuovi scavi nell'area. Il rilievo topografico eseguito con la tecnologia Laser-Scan (figg. 13-14), ha permesso di realizzare una pianta della Cloaca Massima estremamente precisa e georeferenziata, in relazione spaziale con tutte le strutture limitrofe. Sono inoltre stati effettuati diversi carotaggi nelle pareti e nel fondo della Cloaca, che hanno consentito di osservare quali materiali siano stati impiegati, la tecnica costruttiva, le dimensioni dei paramenti, dei basamenti e delle volte (figg. 15-16).

L'attività esplorativa, non ancora terminata, è ora concentrata sulla ricerca del tratto d'origine della Cloaca Massima. La progressione speleologica ha permesso di rilevare oltre 50 metri di condotto ancora inesplorato, fornendo la conferma di alcune ipotesi formulate in questi anni di lavori riguardo la direzione di provenienza del condotto principale. Per la fine di questa prima fase di indagini, condotte sul tratto iniziale della Cloaca Massima, dalle origini fino al Foro Romano, è prevista la pubblicazione di un volume che riporterà in maniera esaustiva la descrizione dei lavori e le conclusioni ipotizzate o dimostrate (un primo breve esame dei risultati è stato pubblicato dagli autori di questo saggio in Antognoli, Bianchi 2009).
Oggi la Cloaca Massima, questa grandiosa opera di ingegneria che testimonia il genio etrusco e romano, impareggiabili nella costruzione di opere idrauliche (figg. 17, cfr. 4h), viene ancora utilizzata come fogna, drenante ettolitri di liquami urbani; le acque non sboccano più nel Tevere, ma vengono deviate nel Basso di Sinistra, un grande collettore fognario moderno che scorre parallelo al fiume.

L'ultimo tratto di Cloaca Massima, che arriva fino all'argine del Tevere, si sta rapidamente occludendo e sotto lo sbocco a triplice armilla vivono nella sporcizia e nel degrado famiglie di poveri senza casa. Una spettacolare opera romana viene ancora oggi sacrificata per lo smaltimento delle acque nere quando, con una opera di bonifica, potrebbe essere musealizzata e restituita ai romani e al mondo della cultura.

5 - *Collaboratori*

Collaboratori al progetto per la fase esplorativa e di rilievo per Roma Sotterranea: Ivano Stranieri, Simone Rizzoni, Carola Fabi, Vittorio Colombo, Elena Silvestro, Adriano Morabito, Elena Volpini, Michele Concas, Daniele Vinci.

6 - *Bibliografia*

Ammermann A. 1990, *On the origins of the Forum Romanus*, in AJA, 94, pp. 627-645.

Fig. 13. *Le fasi del rilievo con metodo laser-scan (Global Service S.n.c.).*

Fig. 14. *Un'immagine elaborata dal laser-scan dell'area dei Fori Imperiali e della Cloaca Massima sottostante (Global Service S.n.c.).*

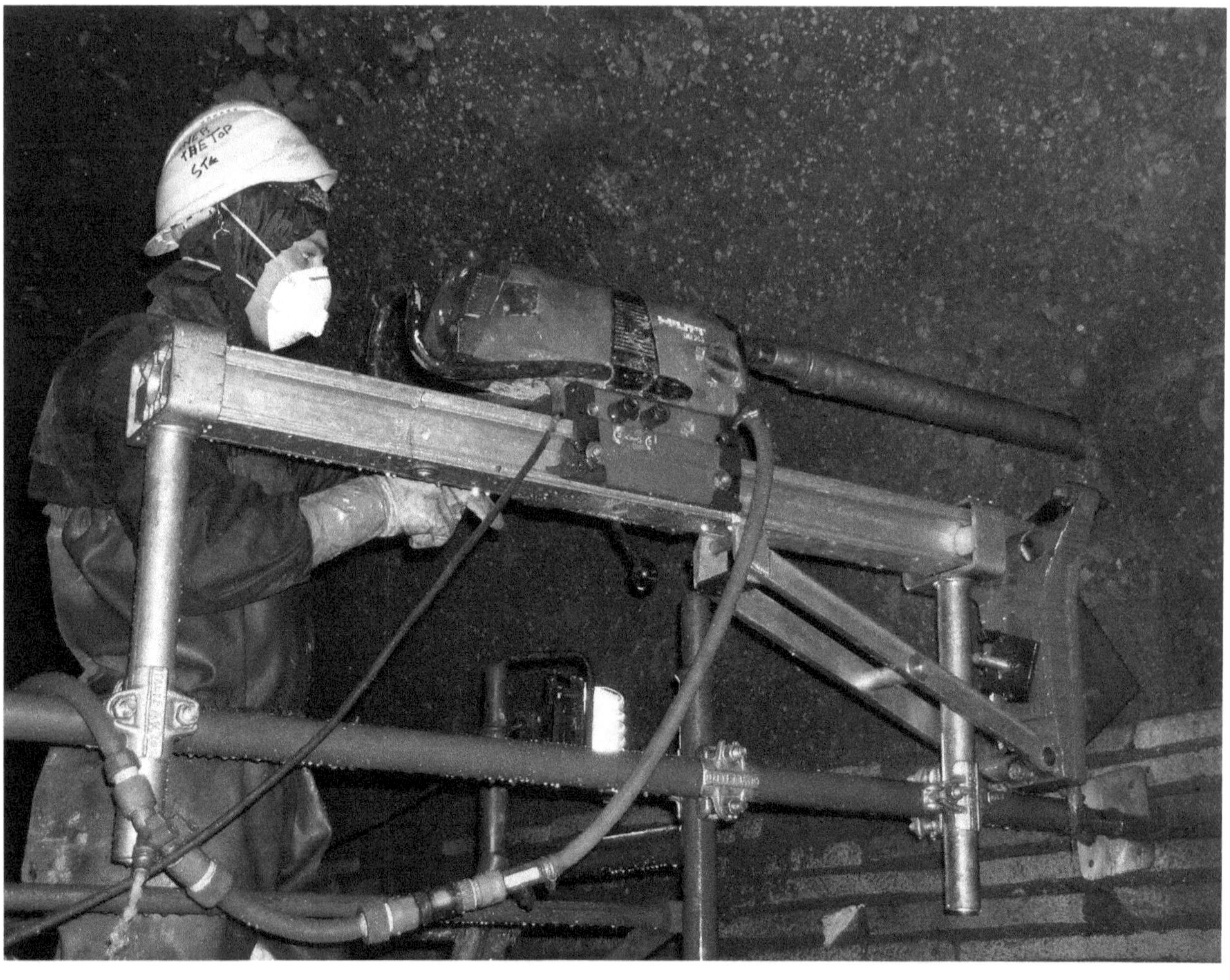

Fig. 15. *Il momento di un carotaggio eseguito nella parete del condotto principale (S.G.M. s.r.l.).*

Fig. 16. *Gli autori del presente saggio durante l'esame delle strutture murarie (Foto S. Rizzoni).*

Fig. 17. *Il tratto occidentale della Cloaca Massima sotto il Foro di Nerva (Foto L. Antognoli).*

Anderson J.C. Jr. 1982, *Domitian, the Argiletum and the Temple of Peace*, in AJA, 86, pp. 101-110.

Antognoli L., Bianchi E. 2009, *La Cloaca Maxima dalla Suburra al Foro Romano*, in Studi Romani LVII, 1-, c.s.

Bauer H. 1989, *Die Cloaca Maxima in Rom, in MInstWasser,* Braunschweig CIII , pp. 45-67.

Bauer H. 1993 *Cloaca, Cloaca Maxima,* in LTUR, I, Roma, pp. 288-290.

Bodon G., Riera I., Zanovello P. 1994, *Utilitas necessaria. Sistemi idraulici nell'Italia romana*, Milano.

Carafa P. 1996, *La "Grande Roma dei Tarquini" e la città romuleo-romana*, in BCom, 97, pp. 7-34.

Cifani G. 2008, *Architettura romana arcaica: edilizia e società tra monarchia e repubblica*, Roma.

Coarelli F. 1983, *Il Foro romano. Periodo arcaico*, Roma.
Colini A. M. 1937, Forum Pacis in BCom, 65, pp. 7-40.

Corazza A., Lombardi L. 1995, *Idrogeologia dell'area del centro storico di Roma*, in R. Funiciello (a cura di), *La geologia di Roma. Il centro storico*, in Mem. Descr. Carta Geol. D'It., 50, Roma, pp. 178-211.

Corazza A., Lombardi L. 1996, *Idrogeologia dell'area del centro storico di Roma*, in Servizio Geologico di Roma. La Geologia di Roma: il centro storico, Roma.

D'Agostino B. 1996 [2001], Cuma. *Le indagini archeologiche sulle fortificazioni e sulle strade*, in BA 39-40, pp. 33-41.

Filippi D. 2004, *Il Velabro e le origini del Foro*, in Workshop di archeologia Classica 2, pp. 93-109.

Lanciani, R., 1975, *Le acque e gli acquedotti di Roma* – Ristampa anastatica di "Topografia di Roma antica. I commentarii di Frontino intorno le acque e gli acquedotti", Reale Accademia dei Lincei, Anno CCLXVIII (1880-1881), Edizioni Quasar, Roma.

Lanciani, R. 1890, *La Cloaca Maxima*, in BCom, XVI, p. 95 ss., Tavv. VII-VIII. Lanciani, R. 1985, Rovine e scavi di Roma antica, Edizioni Quasar, Roma, pp. 39-42.

La Rocca E. 1998, *Das Forum Transitorium*. Neues zu Bauplanung und Realisierung. in Antike Welt, 29, pp. 1-12.

Lugli G. 1956, *Roma antica: il centro monumentale*, Bardi, Roma, pp. 598-599.

Meneghini R. 2009, *I Fori imperiali e i Mercati di Traiano: storia e descrizione dei monumenti alla luce degli studi e degli scavi recenti*, Libreria dello Stato, Istituto poligrafico e Zecca dello Stato.

Meneghini R., Bianchi E. 2010, *Il cantiere costruttivo del Foro di Nerva*, in S. Camporeale, H. Dessales, A. Pizzo (a cura di), Arqueología de la construcción II, Los processo constructivos en el mundo romano: Italia y provincias orientales, in Anejos de Archivo Español de Arquelogía LVII, pp. 71-79.

Mocchegiani Carpano C. 1984, *Le cloache dell' antica* Roma in R. Luciani (a cura di), Roma Sotterranea, Roma, pp. 164-178.

Morselli C., Tortorici E. 1989, (a cura di) Curia, Forum Iulium, Forum Transitorium. *La prima campagna di scavi nell'area del Foro romano dietro la Curia e la Basilica Emilia*, in LSA, 14, 1-2, Roma, spec. pp. 46-49.

Narducci P. 1889, *Sulla fognatura della città di Roma; descrizione Tecnica*, Roma, pp. 39-49, 59-70.

Platner S., Ashby T. 1929, *A Topographical Dictionary of Ancient Rome*, London. Oxford University Press, p. 126-127.

Richter O. 1891, *Cloaca Maxima in Rom, in Antike Denkmaeler*, p. 25-28, Tav. 37.

Shear, T.L. 1997, *The Athenian Agora; excavation of 1989- 1993*, in Hesperia 66, pp. 495-548.

Sommella P. 2005, *La Roma plautina* (con particolare riferimento a CUR. 467-85), in R. Raffaelli e A. Tontini (a cura di), Lecturae plautinae sarsinates VIII. Curculio (Sarsina, 25 settembre 2004), Urbino.

Tortorici E. 1991, *Argiletum. Commercio, speculazione e lotta politica dall'analisi topografica di un quartiere di Roma di età repubblicana*, in BCom, Supplementi, 1, Roma.

Viscogliosi A. 2009, *Il Foro Transitorio*, in F. Coarelli (a cura di.), Divus Vespasianus. Il Bimillenario dei Flavi, Milano, pp. 202-209.

III

IL SISTEMA IRRIGUO DI PRIMO NOVECENTO NELL'OLTREPO MANTOVANO: LA BOTTE SOTTO IL FIUME SECCHIA A SAN BENEDETTO PO

Autori:

Arch. Gianmario Bonfadini — Laboratorio di Diagnostica per la Conservazione e il Riuso del Costruito, D.P.A., Politecnico di Milano

Prof. Arch. Susanna Bortolotto — Laboratorio di Diagnostica per la Conservazione e il Riuso del Costruito, D.P.A., Politecnico di Milano

Arch. Piero Favino — Laboratorio di Macrourbanistica, D.P.A., Politecnico di Milano

Arch. Raffaella Simonelli — Laboratorio di Diagnostica per la Conservazione e il Riuso del Costruito, D.P.A., Politecnico di Milano

Sommario

Il paesaggio del Basso Mantovano, il cui assetto territoriale ed idraulico per molti secoli fu organizzato dalla presenza e dall'opera del monastero benedettino del Polirone, fu caratterizzato, fin dall'antichità, dalla ricchezza di acque e da equilibri ambientali instabili che hanno fortemente determinato l'azione e le scelte dell'uomo, inducendo a radicali mutamenti del paesaggio. La struttura territoriale è ancora ben imperniata sul corso del fiume Po (*Padus Maior*), che fu importante via commerciale locale, territoriale ed internazionale, e di uno dei suoi affluenti, il Secchia, che hanno conferito al luogo una particolare conformazione ad 'isole'. Tra la fine del XIX e l'inizio del XX secolo, con la costituzione dei Consorzi Irrigui, l'assetto idraulico ha subito una profonda trasformazione grazie all'introduzione di opere (botti, canali artificiali, chiaviche, ponti) che hanno determinato la messa a regime dell'intera area, sia per quanto riguarda la raccolta e la distribuzione delle acque, sia per l'assetto del territorio mantovano, reggiano, alto modenese e ferrarese.

Abstract

The territory of the Basso Mantovano, for which the regional planning and management of hydraulic assets was for many centuries organised through the work of the Benedictine monastery of Polirone, has been characterised, since ancient times, by a wealth of water and unstable conditions that have forced the actions and the choices of mankind, inducing radical changes to the landscape. The territorial structure is still very much based on the course of the river Po (Padus Maior), which was an important trade route and 'international' road, and of one of its tributaries, the Secchia, which conferred on the region a characteristic conformation into 'islands'. From the end of the 19th through the beginning of the 20th century, with the establishment of the Irrigui Consortia, the hydraulic assets underwent a significant transformation, thanks to the introduction of works (barrels, artificial channels, bridges, culverts and so on) that have defined the imposition of organisation over the entire territory, in relation to the collection and distribution of water and the structure of the landscape.

1 - *Il progetto di indagine territoriale ed il 'caso studio'*

Il progetto di indagine nasce dalla volontà di fornire una conoscenza il più possibile completa ed articolata dei principali manufatti idraulici afferenti alle bonifiche di primo Novecento all'interno di un bacino territoriale che in area lombarda presenta specifiche caratteristiche ambientali derivate dalla presenza del fiume Po. Le bonifiche, ed i paesaggi 'costruiti' dall'uomo, attuati attraverso imponenti opere di scavo e di gestione delle acque a scala territoriale, si caratterizzano ancora oggi per i grandi o piccoli manufatti idraulici presenti (botti, idrovore, chiaviche, ponti-canale, chiuse, etc.). Siamo di fronte ad un 'paesaggio modificato' dall'operare umano dai tempi più antichi, che permette di cogliere la complessa stratigrafia che ha mutato nel corso del tempo le modalità insediative, la rete viaria e i suoi snodi, il paesaggio rurale, la maglia dei canali irrigui e i manufatti di bonifica idraulica.

In particolare lo scritto si concentra su una architettura ipogea, la realizzazione di una grande opera di infrastrutturazione territoriale: la Botte sotto il fiume Secchia. Costruita tra il 1900 e il 1907, essa è un 'meccanismo' complesso ed articolato non separabile dal sistema degli altri manufatti idraulici di bonifica presenti nel territorio ed è anzi ad essi strettamente collegata; tra i più importanti si citano: le due 'chiaviche' poste alla sommità degli imbocchi estremi di entrata ed uscita e le due 'controchiaviche di sicurezza', a poca distanza da queste, che permettono di regolare i flussi delle acque, attraverso meccanismi di paratie a scorrimento verticale (Fig.1).

La relazione è una sintesi della documentazione raccolta ed organizzata sugli elementi idraulici nel territorio mantovano che, è bene ricordare, oltre alla Botte sotto il Secchia, ha un altro notevole esempio di manufatto ipogeo -più tardo- costituito dalla Botte di San Prospero, presso Moglia. Inoltre, nel sistema padano del Po, si trovano altri esempi di manufatti ipogei, quali la Botte Bentivoglio della Bonifica Bentivoglio nel modenese e la Botte Napoleonica nel ferrarese.

2 - *Inquadramento geografico*

Il Basso Mantovano è un bacino territoriale in area lombarda che presenta specifiche caratteristiche ambientali; la sua posizione geografica, a sud del solco formato dai meandri del fiume Po, lo connette ai contigui territori reggiano e modenese. L'area oggetto della ricerca (circa 28.000 ettari, una popolazione di poco superiore a 47.000 abitanti, suddivisi in 27 centri abitati e 67 nuclei rurali e case sparse) comprende i comuni di Motteggiana, Suzzara, San Benedetto Po, Gonzaga, Pegognaga, Moglia e Quistello (Fig. 2). Il territorio si caratterizza per una continuità di paesaggio che si riscontra in riva destra del Po per tutto il suo corso a cavallo tra Lombardia ed Emilia, con il succedersi di zone pianeggianti, intersecate dai meandri dei corsi d'acqua minori (Zara e Po Vecchio), dai canali irrigui, dai filari alberati.

L'elemento geografico di riferimento nell'area di studio è il fiume Po, il cui asse scorre nella porzione centrale e delimita alla sua destra il territorio del cosiddetto 'OltrePo mantovano'. Il Po e i suoi affluenti, Secchia e Mincio, hanno influenzato in modo determinante l'area anche dal punto di vista morfologico per la predominanza di alluvioni oloceniche antiche, recenti ed attuali, frutto di una dinamica fluviale estremamente attiva. L'opera di

Fig. 1. *Localizzazione della Botte sotto il fiume Secchia e dei manufatti idraulici di completamento del sistema di smaltimento delle acque..*

bonifica ha profondamente plasmato l'assetto del territorio nei secoli. Prima dell'intervento dell'uomo, che ha agito attraverso imponenti opere di regimazione idraulica, questo ambiente era caratterizzato da canali fluviali che, non essendo in grado di contenere la maggior parte delle piene stagionali, provocavano frequenti tracimazioni. Le acque fuoriuscite inondavano le superfici circostanti e depositavano i materiali in carico, con una gradazione via via minore allontanandosi dall'alveo fluviale. Questa dinamica ha permesso la costruzione di argini naturali, impostati su depositi sabbiosi, e di aree pianeggianti o depresse (valli), caratterizzate da depositi più fini.

Il costipamento differenziale di questi materiali, più forte nei depositi argillosi e più basso in quelli sabbiosi, ha evidenziato ancora di più nel tempo il già visibile dislivello altimetrico tra i dossi e le aree adiacenti. Se la dinamica appena descritta può dirsi prevalente nei processi di formazione di questo territorio, va ricordato altresì che, specie nel settore nord occidentale, sono ancora visibili tratti morfologici riconducibili ad una precedente piana a meandri del Po, quasi completamente obliterata dai più recenti depositi alluvionali, ma tuttora riconoscibile in alcuni vecchi tracciati a meandro (Po Vecchio e Zara) (Fig. 3).

3 - *Inquadramento storico*

Il territorio del Basso Mantovano e del Reggiano, su cui gravitò per molti secoli il monastero benedettino del Polirone, fu caratterizzato, fin dall'antichità, dalla ricchezza di acque e da equilibri ambientali instabili che hanno fortemente determinato l'azione e le scelte dell'uomo, inducendo a radicali mutamenti del paesaggio. La struttura territoriale è ancora ben imperniata sul corso del fiume Po (Padus Maior), che fu importante via commerciale locale, territoriale ed internazionale, e dei suoi affluenti, che hanno conferito al luogo una particolare conformazione ad 'isole'. Una parte di territorio, dunque, che in passato assunse un'importanza rilevante dal punto di vista politico ed economico, diventando luogo di controllo civile ed ecclesiastico, in relazione soprattutto con le vicine città di Mantova, Reggio Emilia e Modena. La lettura cartografica permette, insieme all'analisi dei dati geologici, archeologici, insediativi e archivistici, di comprendere le trasformazioni territoriali dovute al modificarsi ed all'intrecciarsi dei principali corsi d'acqua, a partire dalle fasi più antiche di antropizzazione. L'attuale corso del Po Vecchio rappresenta infatti il paleoalveo del fiume Po che probabilmente, fin dal periodo romano, ma più sicuramente dall'XI secolo, in direzione ovest-est lambiva i centri di Luzzara, Suzzara, Pegognaga, San Benedetto Po, giungendo fino a San Siro e proseguendo lungo il corso dell'odierno fiume Po. La denominazione di 'Po Vecchio' risale alla fine dell'XI inizio del XII secolo, quando il corso subì alcuni cambiamenti, riducendo la portata e trasformandosi in un fossato collettore delle acque di scolo superficiali. L'evoluzione si manifestò in modificazioni lente e successive. Per tutto il XII secolo il corso originario del Po rimase diviso in due rami: quello stesso del Po Vecchio e quello che si introdusse dapprima nello Zara, poi nel Lirone, più a nord, formando in questo modo, almeno dagli inizi del XIII secolo, il corso del Padus maior, cioè il Po attuale. Il fiume Zara (dall'idronimo 'giara', inteso come detrito alluvionale costituente i letti fluviali o le isole fluviali arenose o ghiaiose), attualmente ridotto ad un modesto fossato di scolo e compreso fra Tabellano e San Benedetto Po, si ritrova citato nei documenti a partire dal IX secolo. Il suo corso probabilmente influì nella migrazione verso nord del Po Vecchio, in direzione della confluenza col Lirone. Quest'ultimo, presente nei documenti fin dal IX secolo, risultava essere un affluente di sinistra del Po Vecchio. Denominato dal XII secolo Padus Larione, poi Pado Lirone, il 'Po-Lirone' indica ancora oggi il complesso monastico benedettino con l'area di sua pertinenza e deriva dall'unione dei fiumi, che confluivano in un unico corso presso Sustinente. L'intrecciarsi dei corsi d'acqua principali con altri di minore portata, oggi di difficile localizzazione o addirittura del tutto scomparsi, contribuì alla formazione di un paesaggio caratterizzato dalle 'isole' di Suzzara, Muricula, Gorgo e di Revere, fasce interfluviali di territorio dotate ognuna di propria individualità. L'abbazia del Polirone ha una storia inscindibile da quella della potente famiglia dei Canossa, a partire dal capostipite Adalberto Atto, il quale, tramite progressivi acquisti di terre, gettò quelle basi fondiarie ed allodiali che portarono alla istituzione del monastero. Nell'agosto del 961 Adalberto ricevette infatti dall'Arciprete della canonica della cattedrale di Reggio Emilia numerose terre nell'isola di San Benedetto, sulla quale già sorgevano un castrum ed una cappella dedicata a San Benedetto. In quegli anni il territorio dell'isola era in minima parte coltivato ed in massima parte costituito da bosco e boscaglia. L'ottima posizione strategica dell'isola permise ai Canossa, con la fondazione di una grande abbazia, di creare il centro propulsore della vita politica, economica e religiosa di quel territorio; una sorta di testa di ponte, aperta verso settentrione ed oriente, capace di organizzare attorno a sé una proprietà immobiliare che diventerà, coi secoli, sempre più ampia. L'importanza storica dell'abbazia benedettina del Polirone, fondata sui benefici ottenuti dalla Chiesa e dall'Impero, venne rafforzata fra l' XI e XII secolo con la figura più nota di Matilde di Canossa. Il governo del vasto patrimonio immobiliare accumulatosi col tempo si espresse, dal punto di vista economico-sociale, sia attraverso l'infeudazione di terre all'aristocrazia locale, sia con patti di colonia perpetua o 'ad enfiteusi' attuati nei confronti di contadini ('terzaroli') obbligati a bonificare le terre, a difendere gli argini maestri dei principali corsi d'acqua, a costruire abitazioni, edifici rustici, e a corrispondere all'abbazia 1/3 di tutti i prodotti. Una tale gestione della proprietà, connaturata alle regole monastiche, permise all'abbazia di procedere con L'organizzazione territoriale così consolidata subì un duro colpo con le soppressioni napoleoniche degli enti religiosi, che causarono la dispersione dei beni dell'abbazia

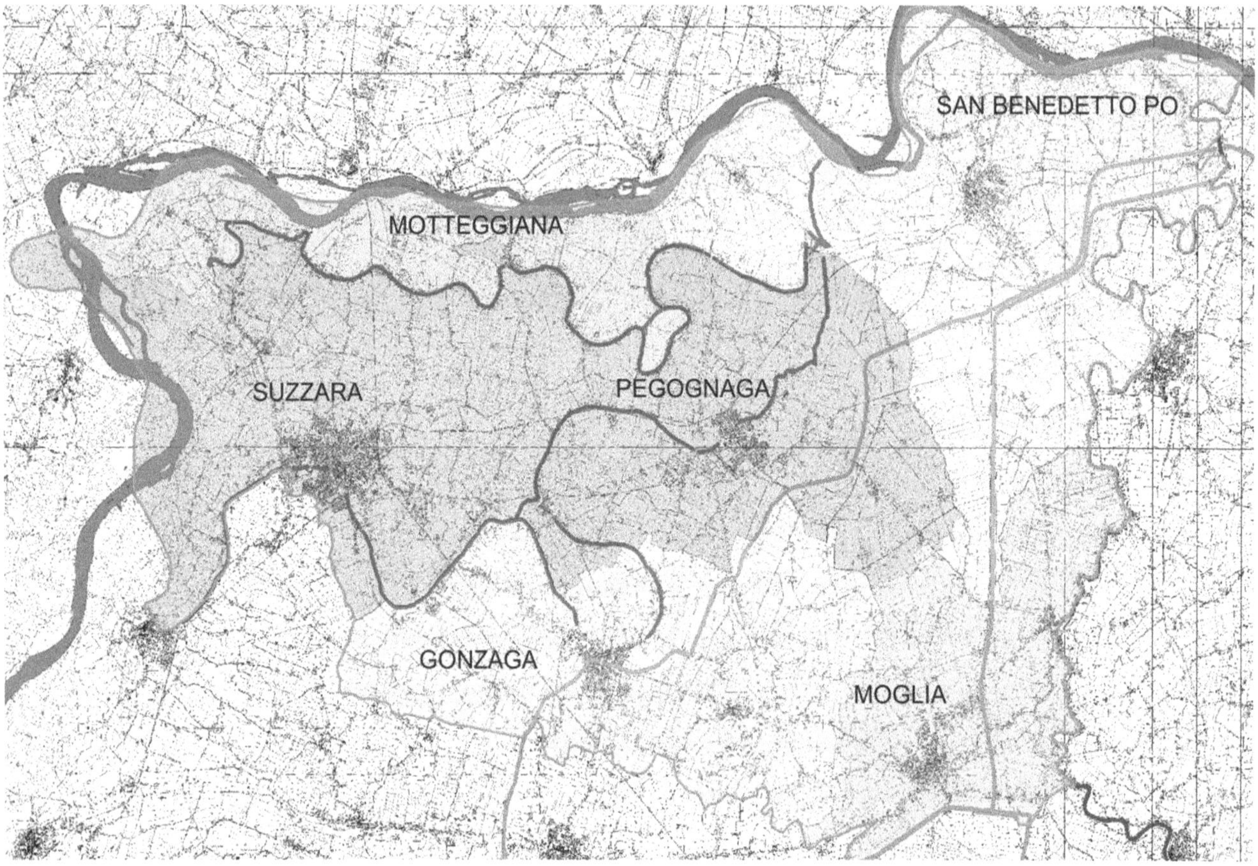

Fig. 2. *Inquadramento geografico dei comuni dell'area dell'OltrePo mantovano.*

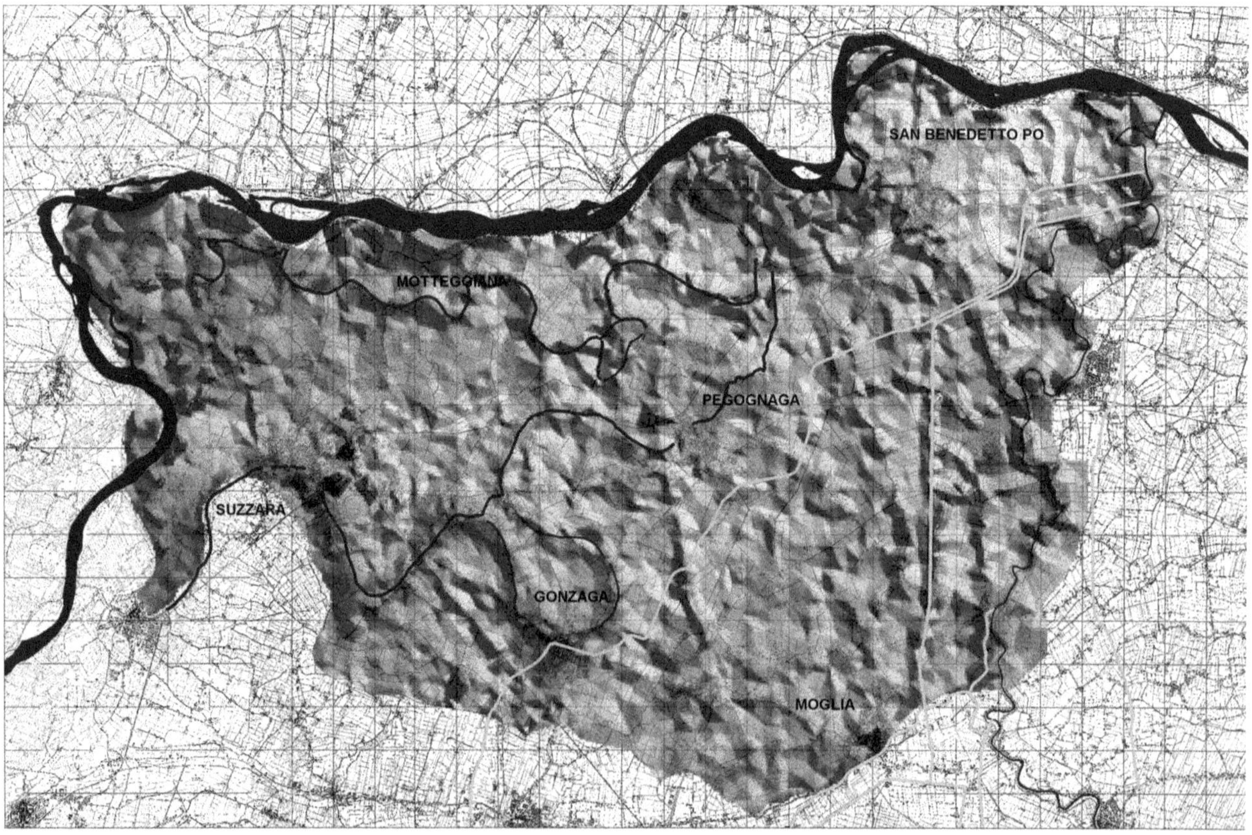

Fig. 3. *Modello digitale del terreno con evidenziati i principali corsi d'acqua e i due canali emissari: le parti in grigio scuro evidenziano le quote di terreno più elevate, con particolare riferimento al corso dei fiumi, che si sono scavati letti pensili rispetto alle quote di pianura.*

del Polirone a favore di numerosi nuovi proprietari. La parcellizzazione del territorio, dovuta alla nuova situazione socio-politica, contribuì all'indebolimento del sistema agricolo promosso e condotto per secoli, tanto che per buona parte del XIX secolo si incorse in ripetute e disastrose inondazioni che limitarono l'estensione delle terre fino a quel momento rese produttive. Dopo l'Unità d'Italia il sistema idraulico del territorio mantovano venne gestito dalle 'Congregazioni delle acque', già denominate Digagne, e create da Federico Gonzaga nel XV secolo: una sorta di consorzi, di associazioni obbligatorie di proprietari interessati a un determinato sistema di controllo delle acque. A queste succedettero alla fine del secolo i Consorzi di bonifica: presidi di salvaguardia e di servizi per la produzione agricola. Molte campagne nell'OltrePo mantovano, allora ancora in gran parte impaludate e fonte perenne di malaria, furono oggetto di una grandiosa opera tesa a bonificare, prima, e a salvaguardare, poi, le terre da quella situazione di degrado in cui si trovavano da secoli, predisponendo così nuovi terreni per le coltivazioni e più idonee condizioni igieniche (Figg. 4 e 5).

4 - *I Consorzi e le opere di bonifica dell'OltrePo mantovano*

L'attuale panorama normativo italiano riguardo l'attività dei consorzi di bonifica è in larga misura diverso rispetto a quella in cui essa ebbe origine e si sviluppò. La recente definizione di 'bonifica' sottintende una attività volta non solo al raggiungimento dei tradizionali obiettivi di valorizzazione del territorio, ma anche al perseguimento della più ampia finalità di difesa del suolo e di tutela delle risorse idriche e dell'ambiente. La prima legge generale in materia di bonifica (L. 869/1882) venne emanata allo scopo di sconfiggere il 'paludismo'. Va sottolineato come la Costituzione della Repubblica Italiana fa proprie le indicazioni del successivo R.D. 13.02.1933 n. 215, che aveva introdotto la nozione di 'bonifica integrale': l'art. 44 infatti prevede che «Al fine di conseguire il razionale sfruttamento del suolo e di stabilire equi rapporti sociali, la legge impone obblighi e vincoli alla proprietà terriera privata, fissa limiti alla sua estensione secondo le regioni e le zone agrarie, promuove ed impone la bonifica delle terre, la trasformazione del latifondo e la ricostituzione delle unità produttive; [...]».

La situazione, ad oggi, vede il territorio oggetto di studio nell'OltrePo mantovano gestito dal 'Consorzio di Bonifica dell'Agro Mantovano-Reggiano' costituitosi verso la fine del XIX secolo, il cui comprensorio misura attualmente 39.352 ettari. La situazione, ad oggi, vede il territorio oggetto di studio nell'OltrePo mantovano gestito dal 'Consorzio di Bonifica dell'Agro Mantovano-Reggiano' costituitosi verso la fine del XIX secolo, il cui comprensorio misura attualmente 39.352 ettari. Un solo canale artificiale che attraversa il territorio del Consorzio Mantovano-Reggiano, denominato 'Emissario Bonifica Parmigiana-Moglia', è invece di competenza del 'Consorzio della Bonificazione Parmigiana-Moglia', fondato ad inizio Novecento (il cui comprensorio attuale, che coincide quasi perfettamente con il bacino idrografico del fiume Secchia, è di 214.318 ettari). Spartiacque tra i due consorzi è il Cavo Parmigiana-Moglia, nonché il confine provinciale tra Mantova (a nord) e Reggio Emilia (a sud).

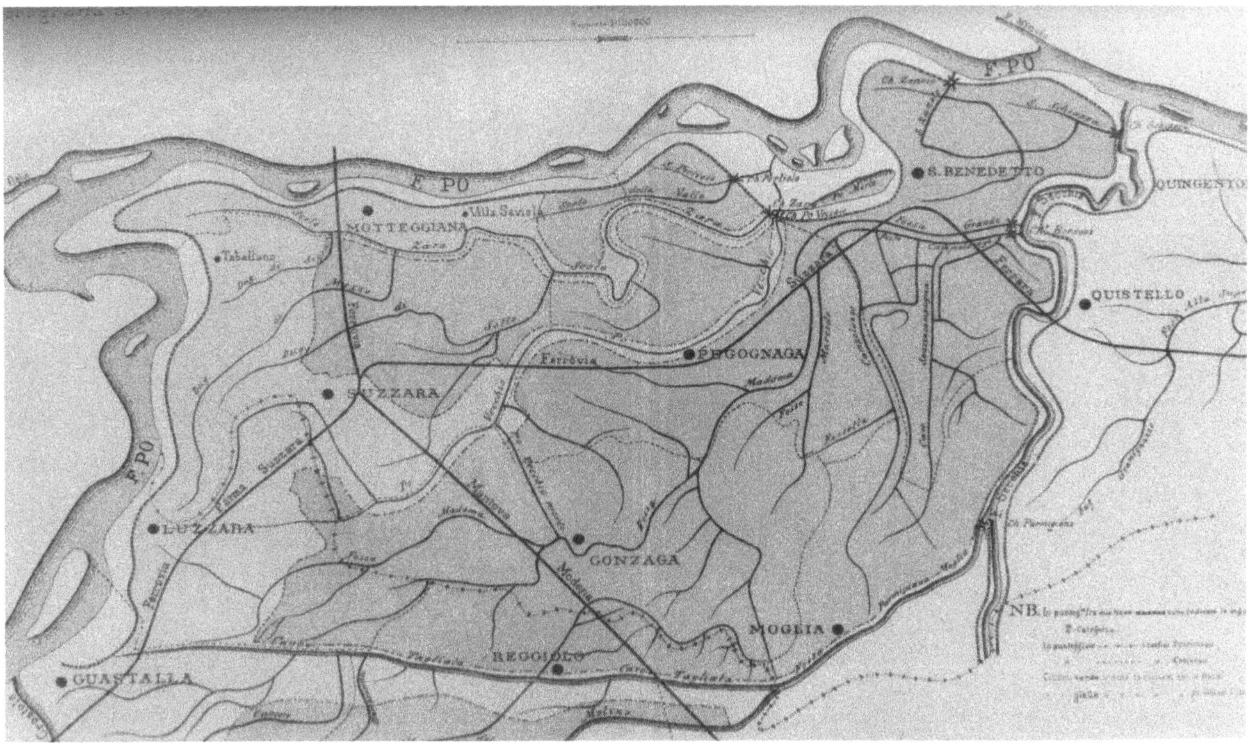

Fig. 4. *Corografia dell'area dell'OltrePo prima degli interventi di bonifica del XX secolo (Consorzio di Bonifica Terre dei Gonzaga in Destra Po).*

Il Consorzio Mantovano-Reggiano, tra i due consorzi della zona, operò per primo il piano di bonifica. Il progetto di primo Novecento si fondava sul principio di separazione delle 'acque alte' dalle 'acque basse' lasciando, per quanto possibile, lo scarico delle prime ai canali già esistenti e convogliando le seconde in un nuovo canale artificiale (il 'Canale Collettore') il quale, sottopassando il fiume Secchia con apposita Botte a San Siro, doveva raggiungere il Po grazie all'Impianto Idrovoro di Moglia di Sermide (Fig. 6).

I terreni più depressi di tutto il comprensorio risultarono essere compresi nel comune di San Benedetto, nella zona di confluenza del fiume Secchia nel Po. Ed è proprio questa l'area maggiormente interessata da opere idrauliche. L'iniziale progetto di massima venne reso esecutivo da Ettore Zapparoli e dopo la sua scomparsa, nel 1899, da Luigi Villoresi, figlio di quell' Eugenio che quaranta anni prima aveva costruito il grande canale nel milanese fra i fiumi Ticino ed Adda, e che ora porta il suo nome. Le opere iniziarono nel marzo 1901 e procedettero faticosamente sino al 1907, a causa di rivendicazioni salariali e di scioperi, ma anche di avversità atmosferiche. L'impegnativa opera di bonifica dovette necessariamente prevedere anche nuovi attraversamenti: 'ponti' (incrocio acqua/strade) da uno a quattro arcate, e 'ponti-canale' (incrocio acqua/acqua).

La fase progettuale dell'opera di bonifica del Consorzio Parmigiana-Moglia (costituitosi nel 1912) va invece dal 1912 al 1919. Tuttavia già dal 1906 era stato compilato, dagli ingegneri Luigi Villoresi e Giovanni Ramusani, un piano di bonifica. I territori a destra del Cavo Parmigiana-Moglia erano spesso sommersi dalle acque, quando il Secchia in piena non poteva riceverle, tanto che nel 1921 la metà del territorio fu completamente sommersa ed i raccolti perduti. Si doveva evitare che le acque provenienti dai territori più alti (Appennino) allagassero i terreni bassi (pianura Padana) e si doveva altresì escogitare uno scarico garantito per le acque dei terreni depressi. Venne realizzato così il Canale Emissario (lungo 17 km), che si univa al corso già esistente dello Spazzacampagne, cioè una canalizzazione delle cosiddette acque basse, raccolte nella zona del comprensorio bonificato e convogliate verso un nuovo manufatto idraulico, l'Impianto Idrovoro di San Siro, sulla riva del fiume Secchia. Per realizzare queste opere fu necessario superare l'ostacolo costituito dagli argini del Cavo Parmigiana-Moglia, che, per la loro sopraelevazione rispetto al piano di campagna, contribuivano ad ostacolare il regolare deflusso delle acque assieme ad altri 'intralci' naturali.

Per ovviare a questo inconveniente i bonificatori costruirono, anche qui, una botte sotto il Cavo, la Botte di San Prospero e, con l'ausilio di un canale emissario, condussero le acque di scolo fino a San Siro. Le acque alte vengono tuttora smaltite in Secchia attraverso l'Impianto Idrovoro di Mondine o con la chiavica di Bondanello. Il 1926 segna la conclusione della prima fase di bonifica idraulica e solo nel decennio successivo avverrà il completamento dell'opera con la costruzione dei fabbricati

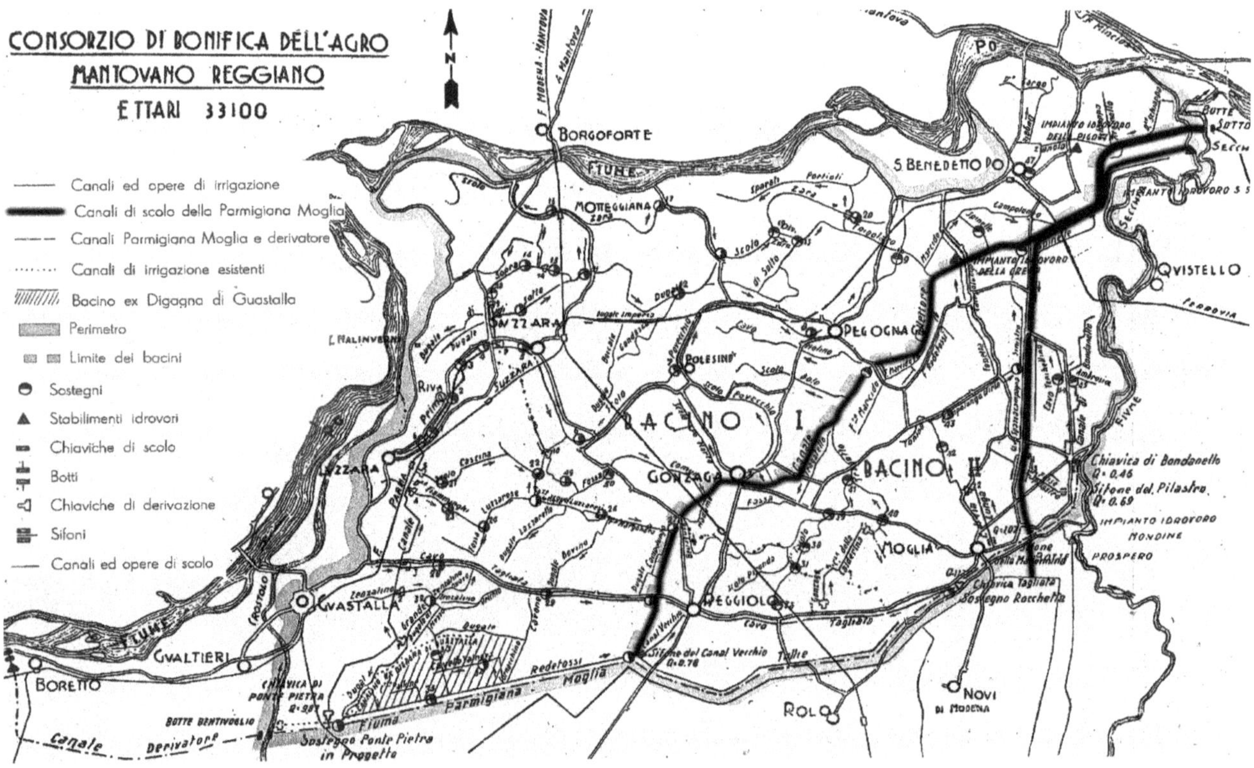

Fig. 5. *Delimitazione del comprensorio di bonifica e localizzazione dei principali interventi idraulici del Consorzio di Bonifica dell'Agro Mantovano Reggiano: sono evidenziati in nero i due tracciati del Canale Emissario e del Parmigiana-Moglia (Consorzio di Bonifica Terre dei Gonzaga in Destra Po).*

rurali (case coloniche, concimaie, stalle, silos da foraggi) e con interventi di viabilità interpoderale (Figg. 7 e 8).

5 - *I materiali impiegati nell'esecuzione dei progetti di bonifica*

Intendendo proporre una lettura non convenzionale del rapporto tra manufatti idraulici e territorio, è stato indagato l'aspetto che riguarda la fornitura e la provenienza dei materiali da costruzione impiegati nel progetto di bonifica dell'Agro Mantovano-Reggiano. Ciò ha permesso di ricostruire: le 'mappature' con le vie preferenziali d'acqua e di terra per il trasporto dei materiali; i siti di cava di sabbia e ghiaia; una precisa geografia delle più importanti fornaci utilizzate per la produzione di laterizi ed infine la provenienza di legnami, delle malte di calce o di cemento e del ferro. A tale proposito sono stati analizzati gli 'Elenchi dei contratti di cottimo' pubblicati negli 'Atti del Consorzio di Bonificazione dell'Agro Mantovano-Reggiano e del comitato esecutivo', ventuno volumi contenenti gli atti relativi alle azioni svolte a partire dalla costituzione del consorzio fino al completamento dei lavori di bonifica. Essi raccolgono contratti con i fornitori, elenchi dettagliati delle opere suddivise per mese e verbali delle commissioni.

Nei Capitolati d'appalto dell'epoca la voce 'trasporto materiali' necessitava di particolare attenzione, soprattutto in una zona impervia e priva di infrastrutture quale era l'OltrePo mantovano agli inizi del XX secolo, per via dei costi che essa poteva comportare nel caso intercorressero lunghe distanze tra il luogo di approvvigionamento e quello dove avvenivano le lavorazioni. Per questo motivo venivano privilegiati, a parità di costi, i fornitori della zona o quelli che si trovavano in prossimità di corsi d'acqua, nella fattispecie Po e Mincio. Molti dei materiali occorrenti per i lavori eseguiti lungo il Canale Emissario venivano trasportati con barche, scaricati sulle 'piarde' (piccoli porticcioli per lo scarico ed il deposito dei materiali) del Po nei pressi delle località Salicetti, Bonizzo, Quingentole, Carbonara e Revere, e da qui condotti con tram a cavalli o a vapore nei luoghi di lavorazione, percorrendo strade, argini o golene (Atti del Consorzio di Bonificazione dell'Agro Mantovano-Reggiano e del Comitato Esecutivo, XII.° esercizio amministrativo per il Consorzio, VI.° esercizio per il Comitato, Anno 1902, Mantova, Stab. Tip. A. Mondovì & Figli, 1903, p.197; p. 864).

Fra i materiali necessari la ghiaia, la sabbia silicea e di grana grossa risultavano essere quelli occorrenti in quantità più elevata; necessitava quindi prevedere un approvvigionamento da luoghi facilmente accessibili. Poiché la sabbia del Po non risultava tra le migliori allo scopo di ottenere un calcestruzzo resistente, le provviste provenivano da fiumi e torrenti circostanti o dalle cave dell'alto mantovano, di qualità generalmente migliore. Nei manufatti è in genere scarsa la presenza di calcari o marmi veronesi, mentre prevale l'uso di laterizi. Per i lavori di bonifica occorsero all'incirca 12 milioni di mattoni; la strategia del 'Comitato' fu quella di rifornirsi dalle fornaci esistenti anziché costruirne di nuove. Vennero visitate le fornaci che, trovandosi lungo i corsi dei canali e dei fiumi, potevano fornire materiale a prezzo conveniente e da esse vennero prelevati ed analizzati campioni di materiale per determinare una graduatoria in base al rapporto qualità/prezzo.

Per la costruzione della Botte sotto il Secchia e dei manufatti ad essa adiacenti, gran parte dei laterizi furono acquistati nella fornace di Siro Zavanella situata a Bugno Martino nei pressi di San Benedetto. Da una sintesi dei dati ricavati dagli 'Atti del Consorzio di Bonificazione dell'Agro Mantovano-Reggiano' si deduce che la fornace di Bugno Martino produsse circa il 26% dei laterizi acquistati tra gli anni 1901 e 1907, per un totale di spesa di quasi 160.000 £. Riguardo ai manufatti posti al termine del Canale Emissario, cioè lo stabilimento idroforo di Moglia di Sermide e la chiavica di immissione in Po, ci si avvalse per lo più delle fornaci Grandi di Bondeno e Pongiluppi d Serravalle (Atti del Consorzio...; XIV.° esercizio amm., VIII.° esercizio per il Comitato, Anno 1904, Mantova, 1905, p. 372).

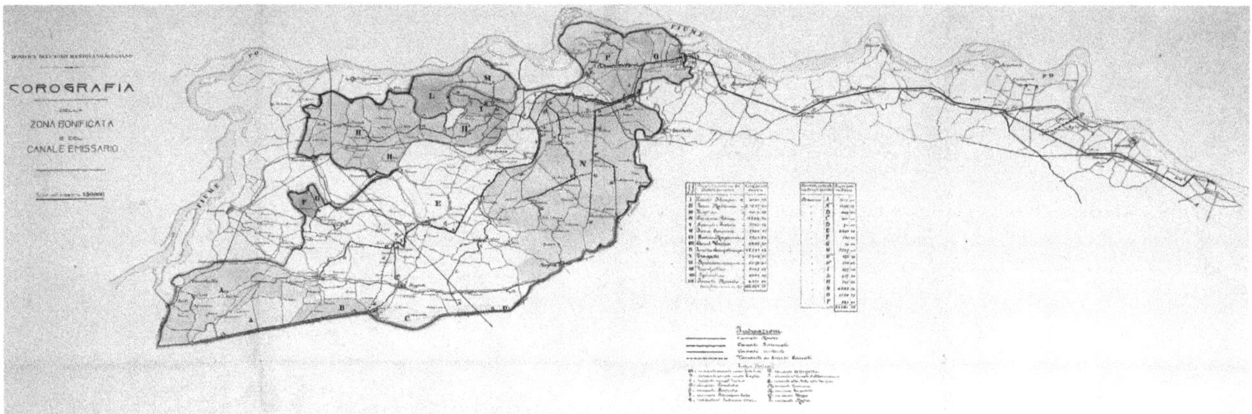

Fig. 6. *Corografia del comprensorio di bonifica dell'Agro Mantovano Reggiano con i comparti colatizi e il tracciato completo del canale Emissario, fino allo sbocco in Po a Moglia di Sermide (Consorzio di Bonifica Terre dei Gonzaga in Destra Po).*

Fig. 7. *La 'bonifica' in una raffigurazione di Marcello Nizzoli, 1930 circa (Consorzio di Bonifica Terre dei Gonzaga in Destra Po).*

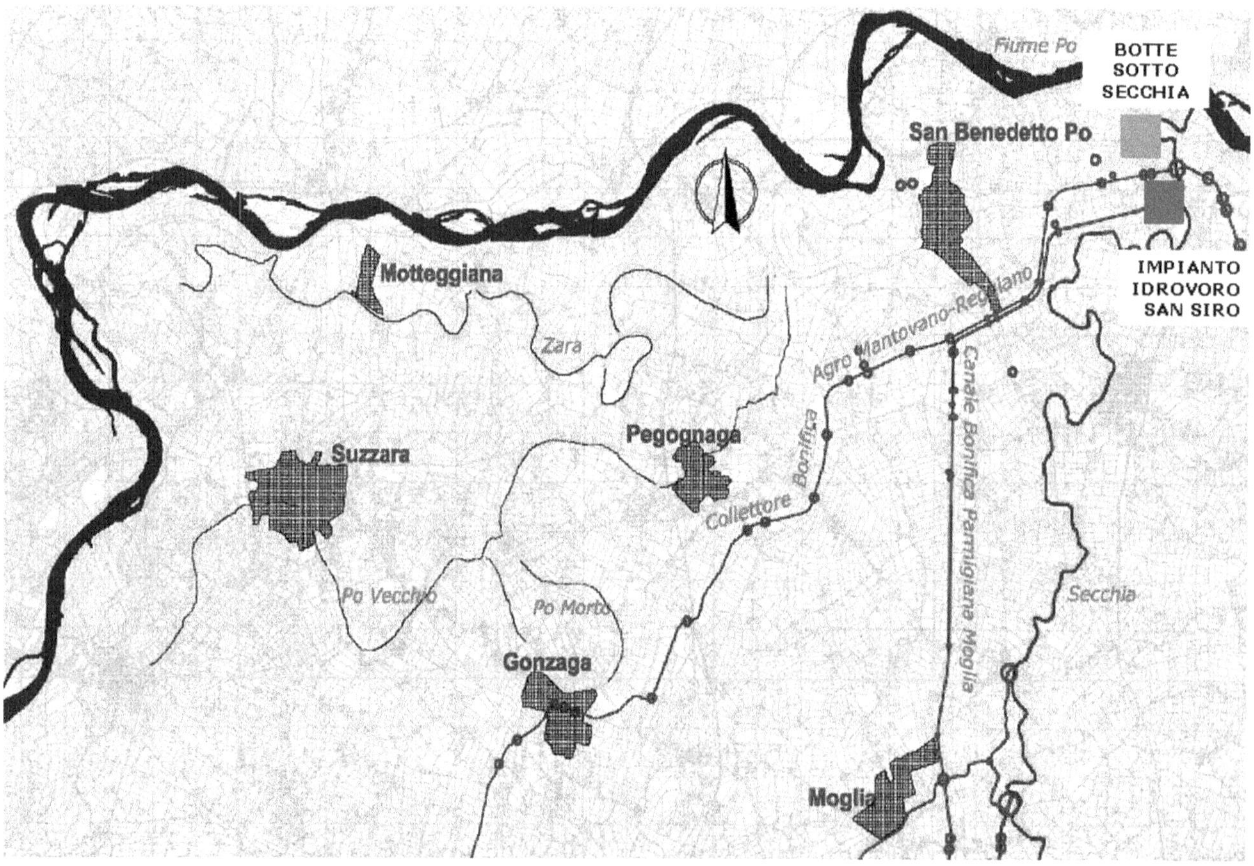

Fig. 8. *Rilievo e localizzazione dei manufatti idraulici realizzati lungo il tracciato dei due canali emissari ponti, chiaviche, botti e stabilimenti idrovori.*

Se per l'esecuzione del progetto di bonifica dell'Agro Mantovano-Reggiano la politica di approvvigionamento di materiali prediligeva l'acquisto in prossimità dei luoghi di lavorazione, per quanto riguarda la bonifica Parmigiana-Moglia, realizzata tra gli anni 1919 e 1926, venne impiantata invece una linea ferroviaria provvisoria che collegava buona parte del territorio ai luoghi di provenienza del materiale. La fornace Zavanella sita nelle vicinanze di San Benedetto Po, presa in affitto per il periodo dell'esecuzione dei lavori, fornì la maggior parte dei laterizi necessari per l'esecuzione del progetto.

La ditta dei Fratelli Feltrinelli di Mantova, con le sue commesse tra il 1901 e il 1904, coprì circa il 30% del fabbisogno di legname occorrente per le opere della bonifica, totalizzando una vendita di quasi 66.000 £. La varietà del legname acquistato era definita come fornitura di: palafitte, pali, assi pioppo, piante uso palafitte, palafitte di larice, pali pino, tavoloni rovere, traverse. Nei contratti non erano compresi né il trasporto né l'infissione nel terreno. In particolare la questione del trasporto era strettamente connessa al mezzo impiegato, per cui implicava, a seconda dei diversi casi, la stipula di altri contratti come l'affitto delle piarde sulle rive del Po e lo scaricamento e deposito dei materiali stessi.

La principale fornitura di cemento fu del 15 maggio 1903 presso la Società Anonima di Casale Monferrato per l'ammontare di 20.800 £. L'unica fornitura di calce avvenne dalla Società Italiana Cementi e Calce di Bergamo, mentre un piccolo ordine venne commissionato alla Società Anonima Calce Gesso di Scandiano di Reggio Emilia per una fornitura di calce idraulica. Per quanto riguarda la pietra da taglio si registrano diversi contratti per materiale occorrente alla Botte sotto il Secchia con fornitori di Sant'Ambrogio di Valpolicella, dove sono presenti pietre molto compatte, adatte alla segatura ed alla lucidatura, tra cui il biancone, anche se fragile, da impiegarsi preferibilmente negli interni (Rodolico, F., 1953, p.115). Ed infine l'ingegner Villoresi prese contatto con diverse industrie per la fornitura di materiali quali ferro e ghisa, ma ritenne di dare la sua preferenza alla Società degli Alti Forni, Fonderie ed Acciaierie di Terni per via della qualità del materiale e del tipo di lavorazione (Atti del Consorzio...; XII.° esercizio amm., VI.° esercizio per il Comitato, Anno 1902; Mantova, 1903, pp. 372-375).

6 - *L'esecuzione del progetto di bonifica dell'Agro Mantovano-Reggiano nei 'Rapporti' del direttore dei lavori ing. Luigi Villoresi (dagli 'Atti del Consorzio di Bonificazione dell'Agro Mantovano-Reggiano e del comitato esecutivo', 1899-1908)*

Il primo atto del Consorzio per la concessione delle opere della Bonifica Mantovana-Reggiana, costituito mediante il Regio Decreto dell'8 settembre 1887, fu l'assegnazione all'ing. Ettore Zapparoli dell'incarico di allestire il 'Progetto di Massima delle opere', datato 12 agosto 1891 ed approvato dal Consiglio Superiore dei Lavori Pubblici il 15 marzo 1894, n. 2570 (Atti del Consorzio; III.° esercizio amm., Anno 1899, Mantova, p. 592). Nel 1897 il Consorzio di concessione si trasformò in Consorzio di esecuzione ed incaricò lo stesso Zapparoli della redazione del progetto esecutivo, che venne presentato l'8 febbraio 1898 ed approvato, a seguito di successive modifiche, il 7 luglio 1899 dal Ministero dei Lavori Pubblici (Atti del Consorzio; III.° esercizio amm., Anno 1899, Mantova, 1900, pp. 593-594). Nel 1899 la morte dell'ing. Zapparoli pose la questione della successione nell'incarico di Direttore Tecnico in fase di esecuzione dei lavori di imminente inizio. L'ing. Villoresi venne nominato ufficialmente con la seduta del 27 dicembre 1900, con uno stipendio annuo di 12.000 £, oltre al rimborso delle spese di viaggio ed un premio di fine lavori che risultò di 100.000 £ (Atti del Consorzio; III.° esercizio amm., Anno 1899; Mantova, 1900, p. 490).

Il suo lavoro nella direzione delle opere di bonifica del Consorzio Agro Mantovano-Reggiano, che comprese anche la trasformazione di molte parti del progetto originale, si svolse dal 1900 al 1907 tra molteplici difficoltà ed inconvenienti che vengono alla luce nella lettura dei suoi 'Rapporti' periodici, una precisa fonte per la comprensione dello svolgimento dei lavori puntualmente e minuziosamente descritti. Villoresi concentrò immediatamente la propria attenzione verso l'opera più importante del progetto: la Botte sotto il Secchia.
Il principale cambiamento proposto (e poi attuato) fu la modifica della sezione, portandola da due a quattro luci rettangolari di 3 m di larghezza, aumentando pertanto la potenzialità del manufatto. Altre modifiche riguardarono quote e spessori di fondazione. Per quanto concerne il canale di allacciamento e quello emissario, le variazioni interessarono le pendenze delle sponde e dei canali, nonchè la luce dei ponti, che fu aumentata in modo da evitare le strozzature presenti nel progetto e le conseguenti perdite di carico (Atti del Consorzio; XI.° esercizio amm., V.° esercizio per il comitato. Anno 1901; Mantova, 1902; pp. 131-136).

Villoresi ritenne inoltre importante documentare lo stato di avanzamento dei lavori ed incaricò così il fotografo Achille Ferrario di Milano, che ricevette 800 £ per l'operazione svolta (Atti del Consorzio; XIII.° esercizio amm., VII.° esercizio per il comitato. Anno 1903; Mantova, 1904; pp. 880-881). Nel corso dell'esecuzione dei lavori erano in funzione diverse macchine idrovore allo scopo di liberare i canali dall'acqua, sia quando lo scavo raggiungeva il livello con presenza di sorgive, sia in caso di pioggia, di piene del Po e del Secchia, oppure di allagamenti dovuti ad esondazioni di canali limitrofi, che venivano usati come condotte di scolo: Bonizzo, Fossalta Inferiore e Fossalta Superiore. Quest'ultima, nel settembre 1901, allagò la tratta di canale presso Quingentole, rendendo necessario un aggottamento di quattro giorni prima della ripresa dei lavori (Atti del Consorzio; XI.° esercizio amm.,

V.° esercizio per il comitato. Anno 1901; Mantova, 1902; p. 793). A seguito di abbondanti precipitazioni succedeva spesso di non poter scaricare l'acqua che aveva riempito il canale per via della piena dei 'dugali' stessi; si doveva così aspettare il deflusso delle acque. Le copiose precipitazioni avvenute tra il 4 e l'8 ottobre 1901 costrinsero la Direzione lavori ad incaricare otto squadre di operatori per effettuare il rilievo dello stato superficiale dei terreni della zona bonificanda nel momento del massimo allagamento, un lavoro che si rivelerà molto utile al momento della classificazione dei terreni in sede di formazione del catasto Consorziale (Atti del Consorzio...; XI.° esercizio amm., V.° esercizio per il comitato. Anno 1901; Mantova, 1902; p. 864). L'abbondanza di acque sorgive fuoriuscenti, specialmente lungo il canale emissario, una volta raggiunto lo strato sabbioso, provocò notevoli disagi, non solo dovuti ai compensi da corrispondere agli operai per il carico di lavoro superiore, ma anche per via della formazione di sifoni che causarono franamenti delle sponde, rendendo necessari consolidamenti del fondo e delle stesse,con conseguente notevole rallentamento dei lavori. Per il prosciugamento venivano impiegate pompe centrifughe, azionate da altrettante locomobili che vennero in parte acquistate ed in parte noleggiate da privati (Atti del Consorzio...; XII.° esercizio amm., VI.° esercizio per il comitato. Anno 1902; Mantova, 1903; p. 243, p. 433).

7 - *La Botte sotto il fiume Secchia*

Durante il mese di marzo del 1902, mentre ancora si attendeva l'approvazione delle varianti progettuali, presero avvio i lavori provvisori per l'esecuzione della Botte. A seguito della rettifica del fiume Secchia (Fig. 9), si iniziò con l'erezione degli argini di difesa contro le piene, utilizzando la terra proveniente dallo scavo di fondazione, eseguito inizialmente con l'ausilio di carriole o carretti trascinati da cavalli per il trasporto della terra (Fig. 10). Con l'avanzamento dello scavo e l'aumento della distanza da percorrere, venne utilizzata una locomotiva trainante carri (Atti del Consorzio; XII.° esercizio amm., VI.° esercizio per il Comitato, Anno 1902; Mantova, 1903, p. 137, p. 434). Nel mese di luglio i lavori procedettero a pieno ritmo con l'ausilio di ben due locomotive pesanti: una con 50 carri (ciascuno della capacità di 2,2 mc) ed una più piccola con 40 carri da 0,75 mc. Il concorso di 600 operai, che trasportavano terra per mezzo di carriole, permise inizialmente un movimento giornaliero di 2.700 mc. Con il proseguimento dello scavo, la quota giornaliera diminuì sensibilmente a causa del restringimento dello spazio riservato agli operai ed al raggiungimento dello stato sabbioso, con conseguente aumento della fuoriuscita di acqua sorgiva fino a quel momento assai ridotta grazie al perdurare del clima asciutto. Il completamento dello scavo, avvenuto nel mese di novembre, confermò la già paventata possibilità che l'intero manufatto dovesse sorgere su terreno sabbioso. Se questa circostanza poteva avere dei, vantaggi considerando la compressibilità del materiale d'altro canto presentava il rischio della possibile formazione di correnti d'acqua che potevano erodere la base su cui sarebbe andata ad insistere la struttura in calcestruzzo. Per fare fronte a questo eventuale inconveniente Villoresi decise di provvedere alla palificazione del terreno. A tal fine vennero impiegati 3.638 pali di larice della lunghezza massima di 7m e diametro medio di 27cm; l'infissione procedette lentamente per via dell'elasticità del terreno che non permetteva un grosso guadagno nell'utilizzo dei battipalo ad argano rispetto a quelli a mano. La maggior parte del lavoro d'infissione venne fatta utilizzando due battipali le cui masse (da 750 e 950 kg) venivano manovrate dal vapore prodotto da caldaie poste alla base (Atti del Consorzio...; XII.° esercizio amm., VI.° esercizio per il Comitato, Anno 1902, Mantova, 1903, p. 677). Nel gennaio del 1903, mentre proseguivano i lavori riguardanti gli scavi e le opere dei canali, iniziò la posa del calcestruzzo di fondazione della Botte (Fig. 11) con l'ausilio di due impastatrici per una produzione di 220 – 250 mc nel corso delle sedici ore lavorative quotidiane. Villoresi calcolò per l'intera Botte un fabbisogno complessivo di calcestruzzo di 8.534 mc posto in opera a partire dalla parte centrale della tomba, successivamente nei due taglioni a monte e a valle ed infine nelle estremità. Il lavoro venne completato nel mese di marzo e, con la posa di tutte le armature in ferro, iniziò la costruzione delle murature (Fig. 15). La successiva fase lavorativa vide lo scavo del nuovo alveo del Secchia con un movimento terra di circa 170.000 mc, lo scavo delle fondazioni delle controchiaviche ed il rinterro della Botte, oltre alla costruzione dei nuovi argini del Secchia.

La Botte misura circa 170 m di lunghezza complessiva, 'al distacco delle murature' da chiavica di monte a chiavica di valle. Nella sua parte piana ipogea sotto il fiume Secchia la Botte è formata da un corpo centrale (lungo circa 60 m, inserito in un basamento di calcestruzzo di larghezza totale di circa 25 m), appoggiato su una diffusa palificazione sottostante. Questo corpo è costituito da quattro 'canne' o cunicoli voltati, in muratura (ciascuna di larghezza 3 m e altezza variabile da 2,70 m, nella zona centrale piana sotto il fiume, a circa 5 m nelle parti inclinate sottostanti i terrapieni a scarpa del fiume Secchia, fino all'imbocco delle chiaviche), dove l'acqua del Collettore scorre da ovest verso est (Figg. 12, 13, 14, 15). Lo scavo effettuato per la realizzazione della controchiavica di San Siro (Fig. 16) evidenziò la presenza di terreno siliceo argilloso abbastanza instabile poggiato su un banco di sabbia. Villoresi decise di non approfondire lo scavo fino allo strato sabbioso, ma di basarsi sul primo strato consolidandolo con l'infissione di 512 pali. Sopra la palificazione venne posto in opera uno strato di ghiaia dello spessore di 50 cm e quindi il calcestruzzo. Per quanto riguarda invece la controchiavica Salicetti, i lavori procedettero con una certa lentezza a causa delle molte sorgive e conseguenti franamenti. Le opere di muratura si svolsero a San Siro nei mesi di ottobre e novembre ed a Salicetti tra il mese di novembre e il febbraio seguente, giacché non si riuscì a portarli a termine prima del sopraggiungere del gelo. Con il completamento dello scavo del nuovo alveo del Secchia, avvenuto nel febbraio 1904, si procedette a rimuovere i due argini che lo occludevano alle estremità; questo accadde il 23 febbraio mentre era in corso una piena causata dal tempo piovoso che permise la verifica del buon funzionamento dell'opera in uno stato di pieno regime e il consolidamento degli argini grazie all'effetto dell'acqua (Atti del Consorzio; XIV.° esercizio amm., VIII.° esercizio per il Comitato, Anno 1904, Mantova, 1905, p. 89, 166). Il 22 marzo fu definitivamente immesso nel nuovo alveo l'intero volume del Secchia, chiudendo il vecchio alveo a monte della nuova tratta (Figg. 17,18,19). Il sistema della Botte sotto il Secchia è stato oggetto di un'analisi approfondita che ha visto la compilazione di apposita scheda ICCD, predisposta dall'Istituto Centrale per il Catalogo e la Documentazione, di seguito presentata.

DESCRIZIONE DELLA CAVITA': SCHEDA ICCD

MINISTERO PER I BENI CULTURALI E AMBIENTALI

Istituto Centrale per il Catalogo e la Documentazione

RILEVAMENTO DATI PER EDIFICI E MANUFATTI ARCHITETTONICI

		CODICI - CD
Tipo scheda	TSK	A
livello di ricerca	LIR	P
CODICE UNIVOCO	NCT	
Codice Regione	NCTR	03
Ente schedatore	ESC	Politecnico di Milano - Dipartimento di Progettazione dell'Architettura - Laboratorio di diagnostica per la conservazione e il riuso del costruito
Ente competente	ECP	Ministero per i Beni e le Attività Culturali - Direzione Regionale per i Beni Culturali e Paesaggistici della Lombardia
		LOCALIZZAZIONE - LC
LOCALIZZAZIONE GEOGR.-AMMINIST.	PVC	
provincia	PVCP	MN
comune	PVCC	Quistello
località	PVCL	La Botte
		OGGETTO - OG
OGGETTO	OG	
tipo	OGT	**botte**
qualificazione	OGTQ	**botte idraulica**
denominazione	OGTD	**Botte sotto Secchia**
		GERARCHIA - RV
RIFERIMENTO VERTICALE	RVE	
livello	LVEL	bene componente
		RIFERIMENTI GEO-TOPOGRAFICI - CR
COORDINATE	CRD	
sistema di riferimento	CRDR	Gauss - Boaga
longitudine significativa	CRDX	1657446
latitudine significativa	CRDY	4990442
Altitudine significativa	CRDZ	16,4
		UBICAZIONE - UB
CATASTO	CTS	
foglio	CTSF	4
data foglio	CTSD	1965
Particelle	CTSN	6 (chiavica a monte); 58 (chiavica a valle)
UBICAZIONE	UBV	
genere dell'affaccio	UBVA	secondario
denominaz. spazio viabilistico	UBVD	strada arginale del fiume Secchia
indicazione km	UBVK	0,1 dall'innesto con la strada provinciale via Argine Secchia Nord

ubicazione non viabilistica	**UBVP**	a delimitazione della botte realizzata sotto il fiume Secchia
		DEFINIZIONE CULTURALE - AU
AUTORE	**AUT**	
riferimento all'intervento	**AUTR**	progetto
nome	**AUTM**	Zapparoli Ettore (ingegnere)
fonte dell'attribuzione	**AUTM**	disegni e relazione di progetto
AUTORE	**AUT**	
riferimento all'intervento	**AUTR**	costruzione
nome	**AUTM**	Consorzio di Esecuzione di Bonifica dell'Agro Mantovano Reggiano
fonte dell'attribuzione	**AUTM**	fonte bibliografica
AMBITO CULTURALE	**ATB**	
riferimento all'intervento	**ATBR**	maestranze locali
fonte dell'attribuzione	**ATBM**	Parmigiani C. - Sissa G .- Zagni A. *La bonifica dell'agro mantovano - reggiano*, Edizione del Consorzio di Bonifica, Mantova 1974, p.72
		NOTIZIE STORICHE
NOTIZIA	**REN**	
riferimento	**RENR**	fondazioni
notizia sintetica	**RENS**	scavi per le fondazioni
notizia	**RENN**	I lavori di bonifica, pur avendo subito dei rallentamenti a causa di scioperi indetti dagli stessi lavoratori nel mese di agosto, continuarono con il lavoro principale di scavo delle fondazioni della botte
fonte	**RENF**	Parmigiani C. - Sissa G .- Zagni A. *La bonifica dell'agro mantovano - reggiano*, edizione del Consorzio di Bonifica, Mantova 1974, p.72
data	**RELI**	1902/08/00
NOTIZIA	**REN**	
riferimento	**RENR**	fondazioni
notizia sintetica	**RENS**	lavori di palificazione per la botte
notizia	**RENN**	Alla fine del 1902 tutti i lavori di cantiere erano ormai giunti a buon punto. Per la botte, conclusi i lavori di scavo, ci si concentrò soprattutto nella palificazione resa necessaria per dare un sicuro sostegno all'opera qualora mancasse l'appoggio sulla sabbia. Al 15 dicembre erano già state infisse 2944 "colonne", ne restavano altre 694; complessivamente si impiegarono circa 3600 "palafitte " di larice di m 7 di lunghezza e 0,28 di diametro.
fonte	**RENF**	Parmigiani C. - Sissa G .- Zagni A. *La bonifica dell'agro mantovano - reggiano*, edizione del Consorzio di Bonifica, Mantova 1974, p.72
data	**RELI**	1902/12/15
NOTIZIA	**REN**	
riferimento	**RENR**	nucleo centrale
notizia sintetica	**RENS**	posa della prima pietra

notizia	**RENN**	Il 1903 cominciò con un evento di grande significato: la posa della prima pietra sul piano di fondazione del grandioso edificio della Botte che dovrà sottopassare il fiume Secchia dopo la sua nuova inalveazione. La cerimonia ebbe luogo il 26 gennaio.
fonte	**RENF**	Parmigiani C. - Sissa G .- Zagni A. *La bonifica dell'agro mantovano - reggiano*, edizione del Consorzio di Bonifica, Mantova 1974, p. 73
data	**RELI**	1903/01/26
NOTIZIA	**REN**	
riferimento	**RENR**	nucleo centrale
notizia sintetica	**RENS**	avanzamento lavori
notizia	**RENN**	Il 20 aprile a Gonzaga si riunisce la seduta dei Delegati; a quella data per i lavori alla Botte erano già stati collocati mc 7171 di cls sopra le palafitte di fondazione e mc 5345 di muratura armata, in tal modo le quattro canne e la rispettiva volta centrale erano ormai finite.
fonte	**RENF**	Parmigiani C. - Sissa G .- Zagni A. *La bonifica dell'agro mantovano - reggiano*, edizione del Consorzio di Bonifica, Mantova 1974, p.76-77.
data	**RELI**	1903/04/20
NOTIZIA	**REN**	
riferimento	**RENR**	intero bene
notizia sintetica	**RENS**	avanzamento lavori
notizia	**RENN**	Una lettera inviata al Presidente della Deputazione Provinciale di Mantova riassume lo stato dei lavori verso la metà di settembre del 1903. Circa 19 km del canale emissario destro del fiume Secchia fino allo Stoppo sono stati completati, si attende il collaudo del Governo; sono stati eseguiti i movimenti di terra per una tratta di circa 3 km del canale emissario dallo Stoppo alla Corte; la botte sotto il Secchia, di m 200 di lunghezza e 22 di larghezza, è quasi ultimata; sono stati realizzati i movimenti di terra e le fondazioni delle due controchiaviche di San Siro,a monte e di Saliceti a valle; sono stati eseguiti i movimenti di terra per i canali a sinistra del Secchia per ca. 13 km.
fonte	**RENF**	Parmigiani C. - Sissa G .- Zagni A. *La bonifica dell'agro mantovano - reggiano*, edizione del Consorzio di Bonifica, Mantova 1974, p.76-77.
data	**RELI**	1903/09/00
NOTIZIA	**REN**	
riferimento	**RENR**	intero bene
notizia sintetica	**RENS**	conclusione dei lavori e collaudo
notizia	**RENN**	Il 10 marzo i lavori erano finalmente ultimati. Nei giorni 20 e 21 aprile una Commissione Ministeriale preposta esamina gli atti di progetto, di esecuzione e di contabilità e dal 4 al 6 maggio compie la visita di sopraluogo. In data 8 maggio 1907 la Commissione emette il Certificato di Collaudo dell'opera.
fonte	**RENF**	Parmigiani C. - Sissa G .- Zagni A. *La bonifica dell'agro mantovano - reggiano*, edizione del Consorzio di Bonifica, Mantova 1974, p.89-90.

data	**RELI**	1907/03/10 - 1907/05/08
		SPAZI
SUDDIVISIONE INTERNA	**SII**	
riferimento	**SIIR**	chiavica a monte; chiavica a valle
tipo di suddivisione orizz.	**SIIO**	livello continuo
n. di piani	**SIIN**	2
tipo di piani	**SIIP**	p. t; p. 1
suddivisione verticale	**SIIV**	tre corridoi longitudinali a volta (p.t)
riferimento	**SIIR**	botte
tipo di suddivisione orizz.	**SIIO**	livello continuo
n. di piani	**SIIN**	1
tipo di piani	**SIIP**	p. interrato
suddivisione verticale	**SIIV**	quattro canne disposte trasversalmente rispetto alla lunghezza
		IMPIANTO STRUTTURALE - IS
Configurazione strutturaleprimaria	**ISP**	Due chiaviche di forma rettangolare costruite in muratura continua, costituite ognuna da un piano terreno (suddiviso in tre corridoi longitudinali a volta) e da un primo piano (suddiviso in due parti da pilastri che sorreggono la copertura). Una botte idraulica sottostante, disposta trasversalmente e passante al di sotto del fiume Secchia, costituita da quattro canne che regimentano il passaggio dell'acqua del canale di bonifica.
		PIANTA - PN
Riferimento alla parte	**PNR**	botte
PIANTA	**PNT**	
riferimento piano o quota	**PNTU**	a livello dell'alveo del canale
schema	**PNTS**	a quattro luci
forma	**PNTF**	rettangolare
dati icnografici significativi	**PNTE**	gallerie voltate a botte (4)
Riferimento alla parte	**PNR**	chiavica a monte
PIANTA	**PNT**	
riferimento piano o quota	**PNTU**	piano terreno
schema	**PNTS**	corpo suddiviso longitudinalmente in tre corridoi (i laterali voltati)
forma	**PNTF**	rettangolare
dati icnografici significativi	**PNTE**	corridoi aperti inferiormente per l'alloggio degli apparecchi di manovra
Riferimento alla parte	**PNR**	chiavica a monte
PIANTA	**PNT**	
riferimento piano o quota	**PNTU**	piano primo
schema	**PNTS**	ad aula
forma	**PNTF**	rettangolare
dati icnografici significativi	**PNTE**	sono alloggiati gli apparecchi di manovra delle paratoie
Riferimento alla parte	**PNR**	chiavica a valle
PIANTA	**PNT**	
riferimento piano o quota	**PNTU**	piano terreno
schema	**PNTS**	ad aula

forma	**PNTF**	rettangolare
dati icnografici significativi	**PNTE**	sono alloggiati gli apparecchi di manovra delle paratoie
		FONDAZIONI - FN
tipo di terreno a livello di appoggio	**FNA**	accumuli detritici, depositi alluvionali e fluviolacustri, spiagge attuali (Carta geologica d'Italia - Servizio Geologico d'Italia)
STRUTTURE	**FNS**	
ubicazione	**FNSU**	chiavica di monte; chiavica di valle
tipo	**FNST**	a platea su pali
qualificazione del tipo	**FNSQ**	a platea in c.a. su pali di m 10-13 in c.a. realizzati con sistema Züblin
tecnica costruttiva	**FNSC**	opera a getto
materiali	**FNSM**	c.a.
		STRUTTURE VERTICALI - SV
TECNICA COSTRUTTIVA	**SVC**	
ubicazione	**SVCU**	intero bene, botte
tipo di struttura	**SVCT**	pilastri, pareti
genere	**SVCC**	mista
materiali	**SVCM**	c.a., laterizio
TECNICA COSTRUTTIVA	**SVC**	
ubicazione	**SVCU**	chiavica di monte; chiavica di valle
tipo di struttura	**SVCT**	pareti, setti
genere	**SVCC**	in muratura
qualif. Del genere	**SVCQ**	continua
materiali	**SVCM**	laterizio
		STRUTTURE DI ORIZZONTAMENTO - SO
Ubicazione	**SOU**	botte
tipo	**SOF**	volta
genere	**SOFG**	a botte
forma	**SOFF**	a tutto sesto
qualif. Della forma	**SOFQ**	con orditura semplice
STRUTTURA	**SOE**	
riferimento	**SOER**	intera volta
tecnica costruttiva	**SOEC**	travi c.a. e muratura
specifiche tecniche	**SOES**	le volte in muratura sono abbinate ad una struttura con travi in c.a.
Ubicazione	**SOU**	chiavica di monte; chiavica di valle
tipo	**SOF**	solaio
STRUTTURA	**SOE**	
riferimento	**SOER**	chiavica di monte; chiavica di valle
tecnica costruttiva	**SOEC**	getto
specifiche tecniche	**SOES**	a soletta, con nervature parallele
		COPERTURE - CP
ubicazione	**CPU**	chiavica di monte; chiavica di valle
CONFIGURAZIONE ESTERNA	**CPF**	
genere	**CPFG**	a tetto
forma	**CPFF**	a padiglione
qualif. della forma	**CPFQ**	a pianta rettangolare
MANTO DI COPERTURA	**CPM**	
riferimento	**CPMR**	intera copertura
tipo	**CPMT**	tegole

qualif. del tipo	**CPMQ**	rettangolari
materiali	**CPMM**	laterizio
		SCALE - SC
SCALE	**SCL**	
ubicazione	**SCLU**	chiavica a monte
genere	**SCLG**	scala
categoria	**SCLO**	principale
quantità	**SCLN**	1
collocazione	**SCLL**	angolare
forma planimetrica	**SCLF**	rettilinea spezzata
SCHEMA STRUTTURALE	**SCS**	
riferimento	**SCSR**	rampe con pianerottolo
tecnica	**SCSC**	in muratura
materiali	**SCSM**	mattoni e pietra
PAVIMENTI E PAVIMENTAZIONI	**PVM**	**PAVIMENTI E PAVIMENTAZIONI - PV**
ubicazione	**PVMU**	chiavica di monte; chiavica di valle; tutti i piani
genere	**PVMG**	in battuto di cemento
		ELEMENTI DECORATIVI - DE
ELEM. DECORATIVI	**DEC**	
ubicazione	**DECU**	chiavica di monte; chiavica di valle; tutti i prospetti
collocazione	**DECL**	esterna
tipo	**DECT**	cornice finestre; fascia marcapiano; cantonali
qualificaz. del tipo	**DECQ**	motivo geometrico
materiali	**DECM**	cemento decorativo
		ISCRIZIONI, LAPIDI, STEMMI - LS
ISCRIZIONI, LAPIDI,STEMMI	**LSI**	
ubicazione	**LSIU**	chiavica di monte, prospetto principale
genere	**LSIG**	iscrizione
tipo	**LSIT**	dipinta
trascrizione del testo	**LSII**	non leggibile in modo compiuto
tecnica	**LSIC**	a tempera
materiali	**LSIM**	pigmenti
		CONSERVAZIONE - CO
STATO DI CONSERVAZIONE	**STC**	
riferimento alla parte	**STCR**	chiavica di monte, chiavica di valle
stato di conservazione	**STCC**	discreto
indicazioni specifiche	**STCO**	il degrado differenziato che si trova localizzato in varie parti dell'edificio è dovuto, in generale, ad una scarsa manutenzione ordinaria. Si evidenzia, in particolare, un degrado dovuto a risalita capillare d'acqua dal terreno nelle murature, che si riscontra ovviamente nel paramento esterno in mattoni, oltre che da dilavamento. Versano inoltre in cattivo stato i serramenti lignei.
		RESTAURI - RS
RESTAURI RECENTI	**RST**	
riferimento alla parte	**RSTR**	chiavica di monte; chiavica di valle; coperture
data inizio	**RSTI**	1984/00/00
data fine	**RSTF**	1984/00/00

tipo di intervento	**RSTT**	ricorsa manto di copertura
		UTILIZZAZIONI - US
USO ATTUALE	**USA**	
riferimento alla parte	**USAR**	chiavica di monte; chiavica di valle
uso	**USAD**	La botte ha la funzione di permettere il passaggio dell'acqua al di sotto del fiume Secchia. La chiavica a monte di regolazione principale del regime idraulico; quella di valle per la regolazione di emergenza
USO STORICO	**USO**	
riferimento alla parte	**USOR**	chiavica di monte; chiavica di valle
riferimento cronologico	**USOC**	uso originario
uso	**USOD**	botte idraulica
		CONDIZIONE GIURIDICA E VINCOLI - TU
CONDIZIONE GIURIDICA	**CDG**	
Indicazione generica	**CDGG**	Demanio di Stato
Indicazione specifica	**CDGG**	Consorzio di Bonifica Agro Mantovano Reggiano
indirizzo	**CDGI**	via G. B. Spagnoli, 4 - Mantova
		ALLEGATI - AL
stralcio foglio catastale	**SFC**	1
ELABORATI GRAFICI E CARTOGRAFICI	**ALG**	
n. allegato	**ALGN**	2
tipo	**ALGT**	copia fotostatica "C.T.R. Carta Tecnica Regionale Quistello 1994"
n. allegato	**ALGN**	3
tipo	**ALGT**	copia fotostatica "Consorzio di bonifica dell'Agro Mantovano - Reggiano. Varianti al progetto della botte sottopassante il fiume Secchia. Prospetto della chiavica di valle."
n. allegato	**ALGN**	4
tipo	**ALGT**	copia fotostatica "Consorzio di bonifica dell'Agro Mantovano - Reggiano. Varianti al progetto della botte sottopassante il fiume secchia. Prospetto della chiavica di monte."
n. allegato	**ALGN**	5
tipo	**ALGT**	copia fotostatica. Progetto della botte sottopassante il fiume Secchia. Casello, pianta del piano alla quota stradale, scala 1:50.
n. allegato	**ALGN**	6
tipo	**ALGT**	copia fotostatica. Progetto della botte sottopassante il fiume Secchia. Casello, pianta del piano a quota -4m dal livello stradale, scala 1:50.
n. allegato	**ALGN**	7
tipo	**ALGT**	copia fotostatica. Progetto della botte sottopassante il fiume Secchia. Sezione longitudinale.
n. allegato	**ALGN**	8
tipo	**ALGT**	copia fotostatica. Progetto della botte sottopassante il fiume Secchia. Sezione trasversale.
FOTOGRAFIE	**FTA**	
negativo	**FTAN**	1 (LabDia BOTTE SAN SIRO CHIAVICA MONTE 01)
tipo	**FTAP**	foto digitale
note	**FTAT**	chiavica di monte, prospetto pricipale verso il canale (2005)

negativo	**FTAN**	2 (LabDia BOTTE SAN SIRO CHIAVICA MONTE_02)
tipo	**FTAP**	foto digitale
note	**FTAT**	chiavica di monte, prospetto pricipale verso il canale, con particolare del muro d'ala (2005)
negativo	**FTAN**	3 (LabDia BOTTE SAN SIRO CHIAVICA MONTE_03)
tipo	**FTAP**	foto digitale
note	**FTAT**	chiavica di monte, prospetto posteriore verso l'argine del Secchia (2005)
negativo	**FTAN**	4 (LabDia BOTTE SAN SIRO CHIAVICA MONTE_04)
tipo	**FTAP**	foto digitale
note	**FTAT**	chiavica di monte, prospetto posteriore, con la passerella in ferro di collegamento all'argine del Secchia (2005)
negativo	**FTAN**	5 (LabDia BOTTE SAN SIRO CHIAVICA MONTE_05)
tipo	**FTAP**	foto digitale
note	**FTAT**	chiavica di monte, interno piano terreno (2005)
negativo	**FTAN**	6 (LabDia BOTTE SAN SIRO CHIAVICA MONTE_06)
tipo	**FTAP**	foto digitale
note	**FTAT**	chiavica di monte, interno piano terreno (2005)
negativo	**FTAN**	7 (LabDia BOTTE SAN SIRO CHIAVICA MONTE_07)
tipo	**FTAP**	foto digitale
note	**FTAT**	chiavica di monte, interno piano superiore (2005)
negativo	**FTAN**	8 (LabDia BOTTE SAN SIRO CHIAVICA VALLE_08)
tipo	**FTAP**	foto digitale
note	**FTAT**	chiavica di valle, prospetto pricipale verso il canale (2005)
negativo	**FTAN**	9 (LabDia BOTTE SAN SIRO CHIAVICA VALLE_09)
tipo	**FTAP**	foto digitale
note	**FTAT**	chiavica di valle, particolare del muro d'ala (2005)
negativo	**FTAN**	10 (LabDia BOTTE SAN SIRO CHIAVICA VALLE_10)
tipo	**FTAP**	foto digitale
note	**FTAT**	chiavica di valle, prospetto posteriore verso l'argine del Secchia (2005)
negativo	**FTAN**	11 (LabDia BOTTE SAN SIRO CHIAVICA VALLE_11)
tipo	**FTAP**	foto digitale
note	**FTAT**	chiavica di valle, prospetto posteriore verso l'argine del Secchia (2005)
negativo	**FTAN**	12 (Biblio BOTTE SAN SIRO CHIAVICA MONTE_01)
tipo	**FTAP**	foto b/n
note	**FTAT**	chiavica di monte, prospetto principale verso il canale poco dopo la costruzione, 1907 ca
		FONTI E DOCUMENTAZ. DI RIFERIMENTO - DO
CARTOGRAFIA I.G.M.I	**IGM**	F. 63 III SO)
estremi della tavoletta		Quistello
BIBLIOGRAFIA	**BIB**	

autore	**BIBA**	Badini G. La bonifica e l'irrigazione nella evoluzione economica e sociale di un territorio della bassa pianura reggiana e modenese.
anno di edizione	**BIBD**	Reggio Emilia, 1990.
autore	**BIBA**	Parmigiani C. / Sissa G. / Zagni A. La bonifica dell'agro Mantovano-Reggiano.
anno di edizione	**BIBD**	Consorzio di Bonifica, Mantova 1994.
autore	**BIBA**	AA.VV. Architetture d'acqua per la bonifica e l'irrigazione.
anno di edizione	**BIBD**	Electa, Venezia, 2003.
FONTI ARCHIVISTICHE	**FNT**	
sigla per citazione	**FNTH**	A1, A2
tipo	**FNTT**	Progetto
denominazione	**FNTD**	Consorzio di Bonifica dell'Agro Mantovano Reggiano
sigla per citazione	**FNTH**	A4, A5, A6, A7
tipo	**FNTT**	Rilevazione
denominazione	**FNTD**	Consorzio di Bonifica dell'Agro Mantovano Reggiano
FOTOGR. ESISTENTI	**FTE**	
sigla per citazione	**FTEH**	F12 (Biblio *oggetto n*)
tipo	**FTET**	documentazione fotografica in b/n dei lavori eseguiti per la bonifica
collocazione e n. negativo	**FTEN**	Badini G. La bonifica e l'irrigazione nella evoluzione economica e sociale di un territorio della bassa pianura reggiana e modenese, Reggio Emilia, 1990.
		COMPILAZIONE - CM
COMPILATORI	**CMP**	Politecnico di Milano - Dipartimento di Progettazione dell'Architettura - Laboratorio di diagnostica per la conservazione e il riuso del costruito
TRASCRIZIONE PER MEMORIZZAZIONE	**RVM**	
data	**RVMD**	2005
nome revisore	**RVMN**	Politecnico di Milano - Dipartimento di Progettazione dell'Architettura - Laboratorio di diagnostica per la conservazione e il riuso del costruito

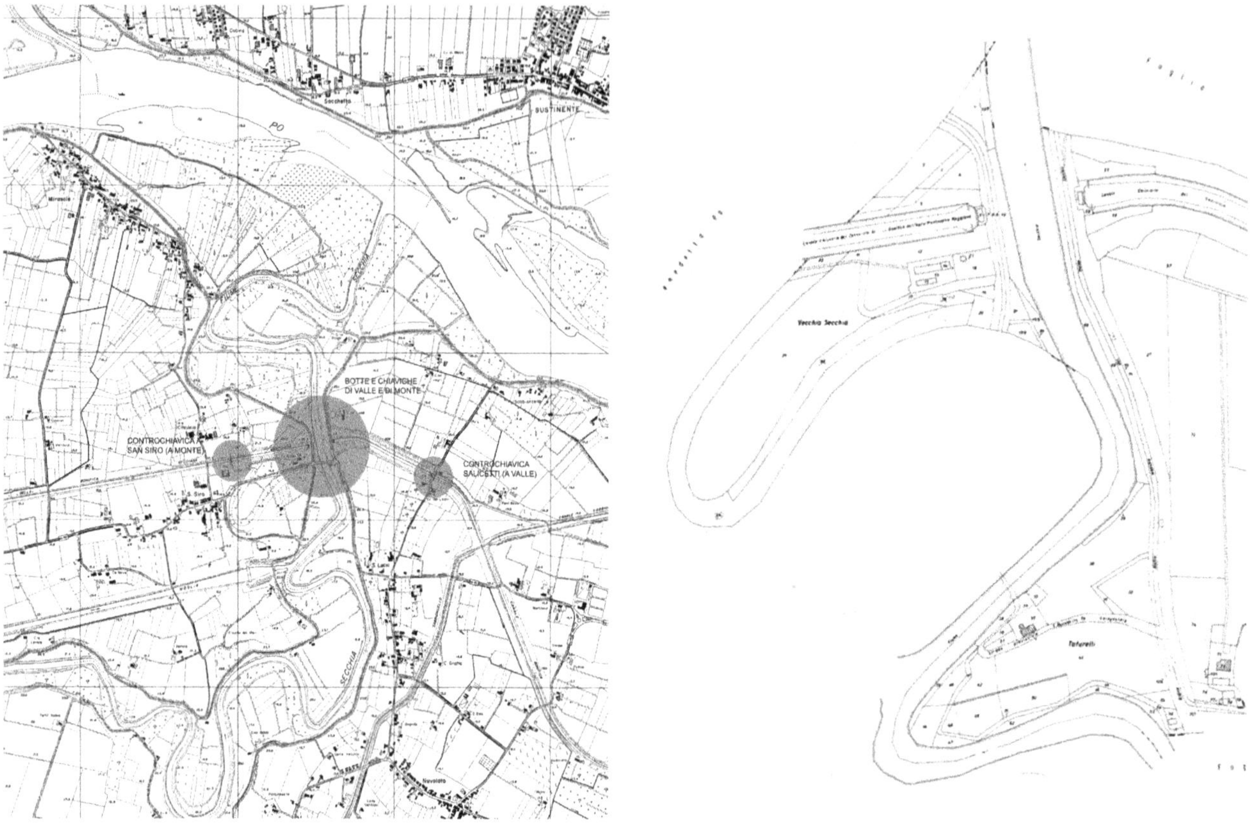

Fig. 9. *Inquadramento,su base Carta Tecnica Regionale e su base catastale, dell'area di realizzazione della Botte di San Siro e delle relative chiaviche e controchiaviche.*

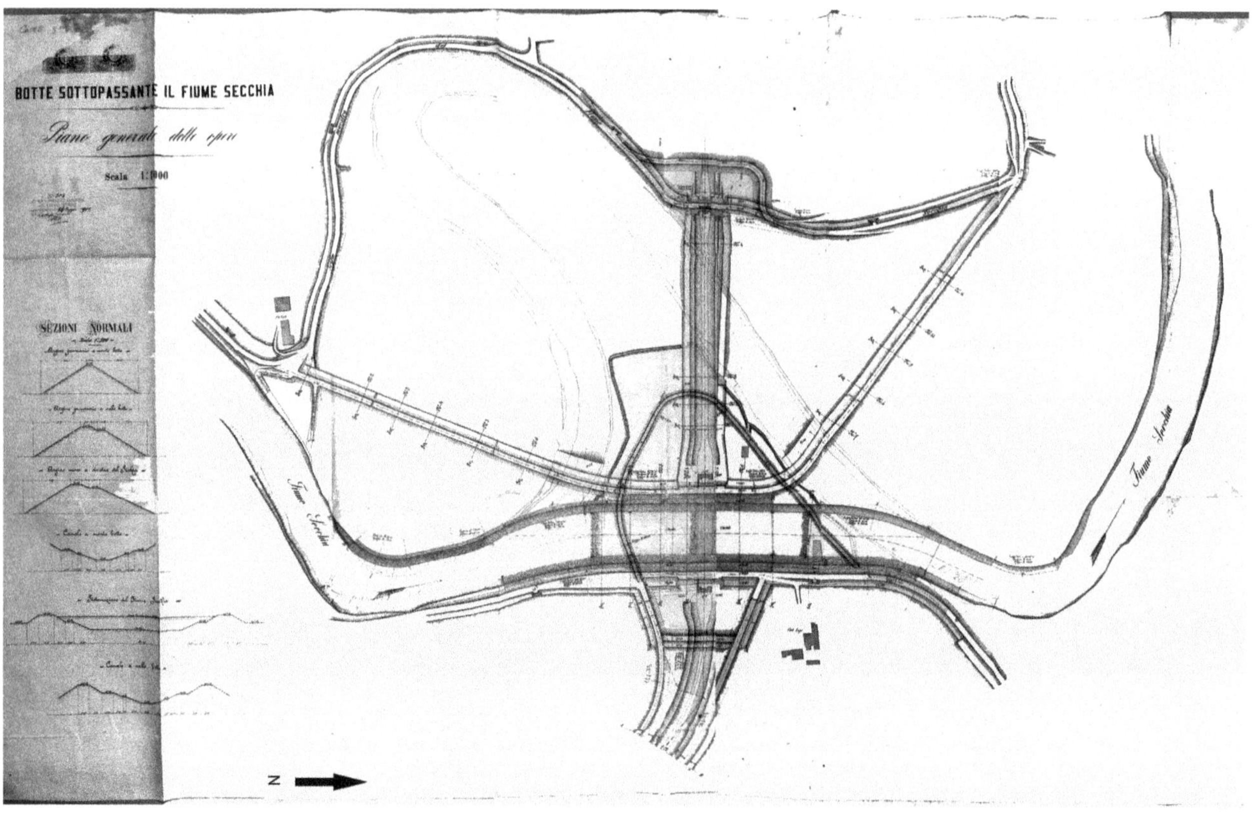

Fig. 10. *Botte di San Siro: 'Piano Generale delle Opere', 1900. La planimetria, con orientamento verso nord a destra, mostra la rettifica del fiume Secchia e l'insieme delle opere da eseguirsi, con particolare attenzione alla sistemazione degli argini ed alla creazione dello scolmatore sopra il sedime della botte (Consorzio di Bonifica Terre dei Gonzaga in Destra Po).*

Fig. 11. *La costruzione del basamento della Botte in una foto dei primi del Novecento (Consorzio di Bonifica terre dei Gonzaga in Destra Po, Fototeca 'G. Baratta', Mantova).*

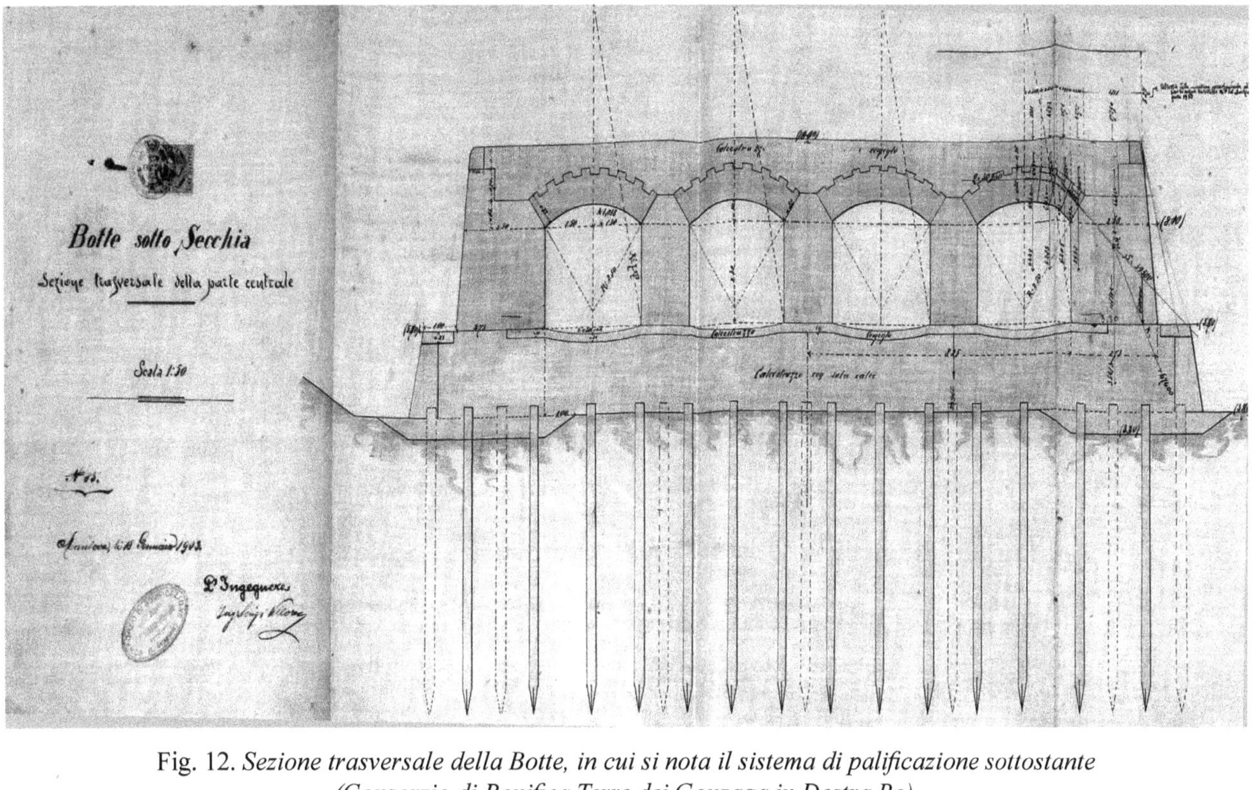

Fig. 12. *Sezione trasversale della Botte, in cui si nota il sistema di palificazione sottostante (Consorzio di Bonifica Terre dei Gonzaga in Destra Po).*

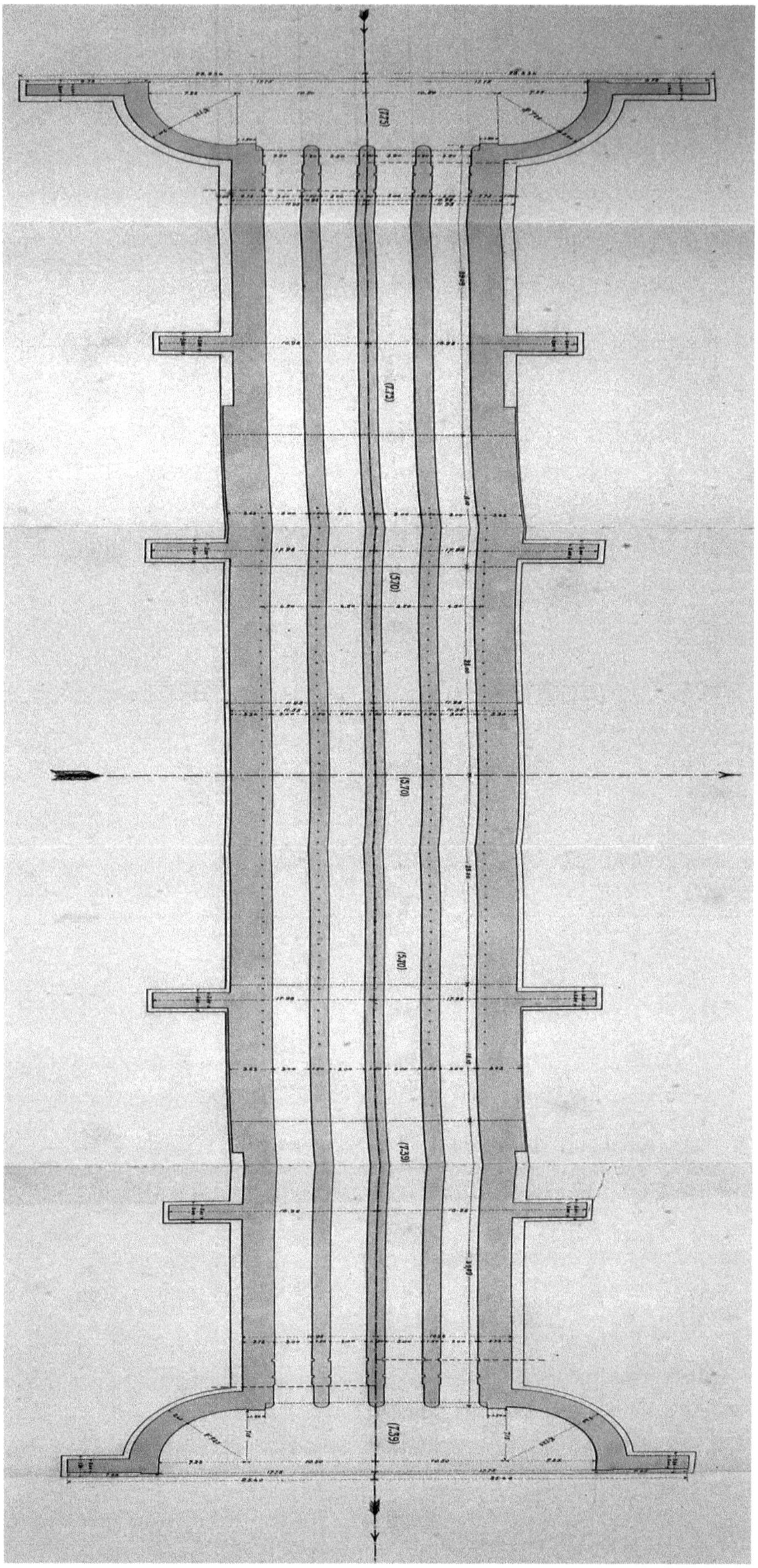

Fig. 13. *Planimetria 'al distacco delle murature', da chiavica a chiavica, che mostra la disposizione delle quattro canne della Botte (Consorzio di Bonifica Terre dei Gonzaga in Destra Po).*

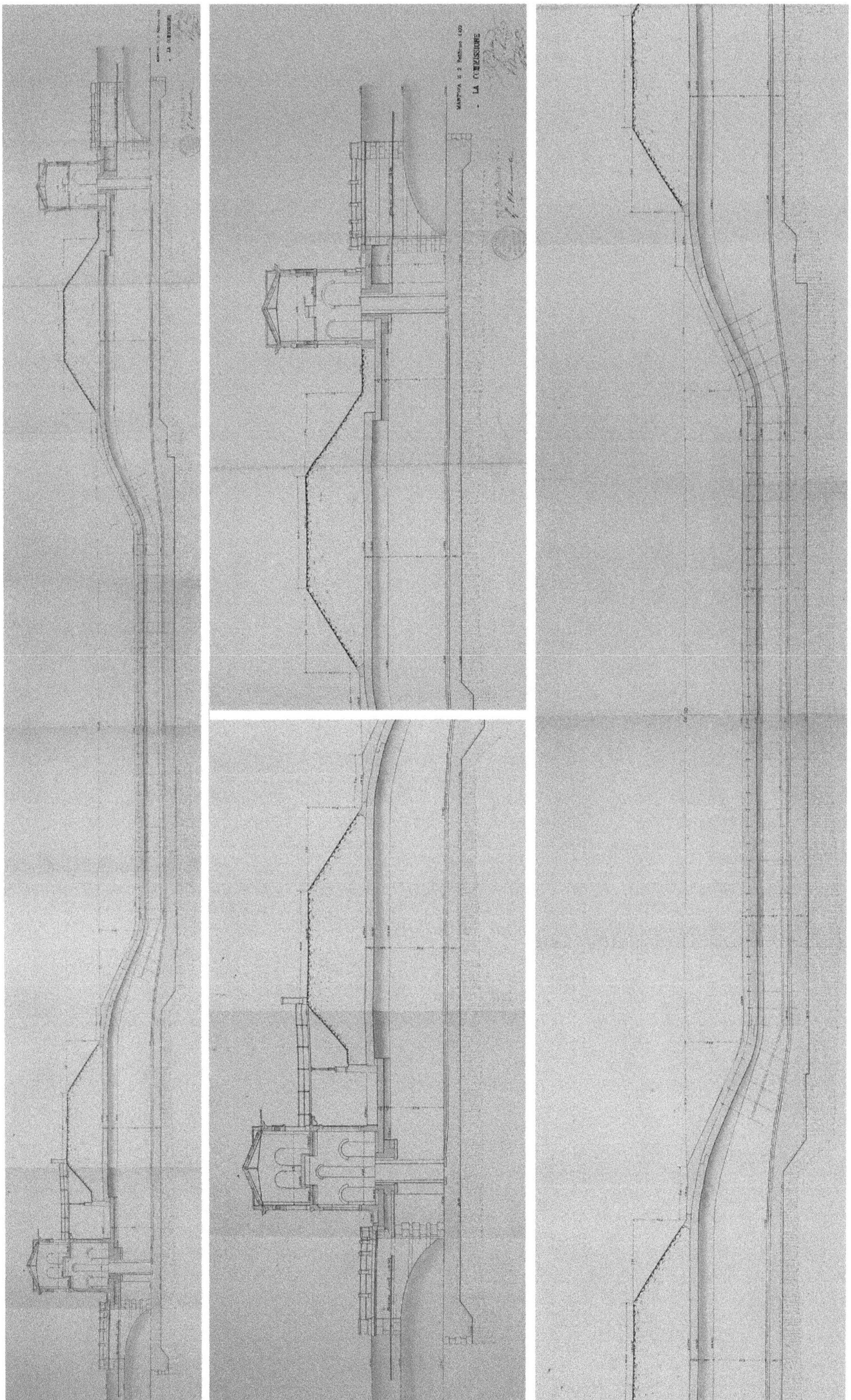

Fig. 14. *Sezione longitudinale della Botte: quadro d'insieme e particolari delle chiaviche a monte e a valle e del corpo centrale ipogeo. (Consorzio di Bonifica Terre dei Gonzaga in Destra Po).*

Fig. 15. *Veduta d'insieme della costruzione della Botte in una foto dei primi del Novecento (Consorzio di Bonifica Terre dei Gonzaga in Destra Po , Fototeca 'G. Baratta', Mantova).*

Fig. 16. *Un'immagine attuale della chiavica a monte e, sullo sfondo, la controchiavica di San Siro.*

Fig. 17. *Un'immagine attuale della chiavica a valle.*

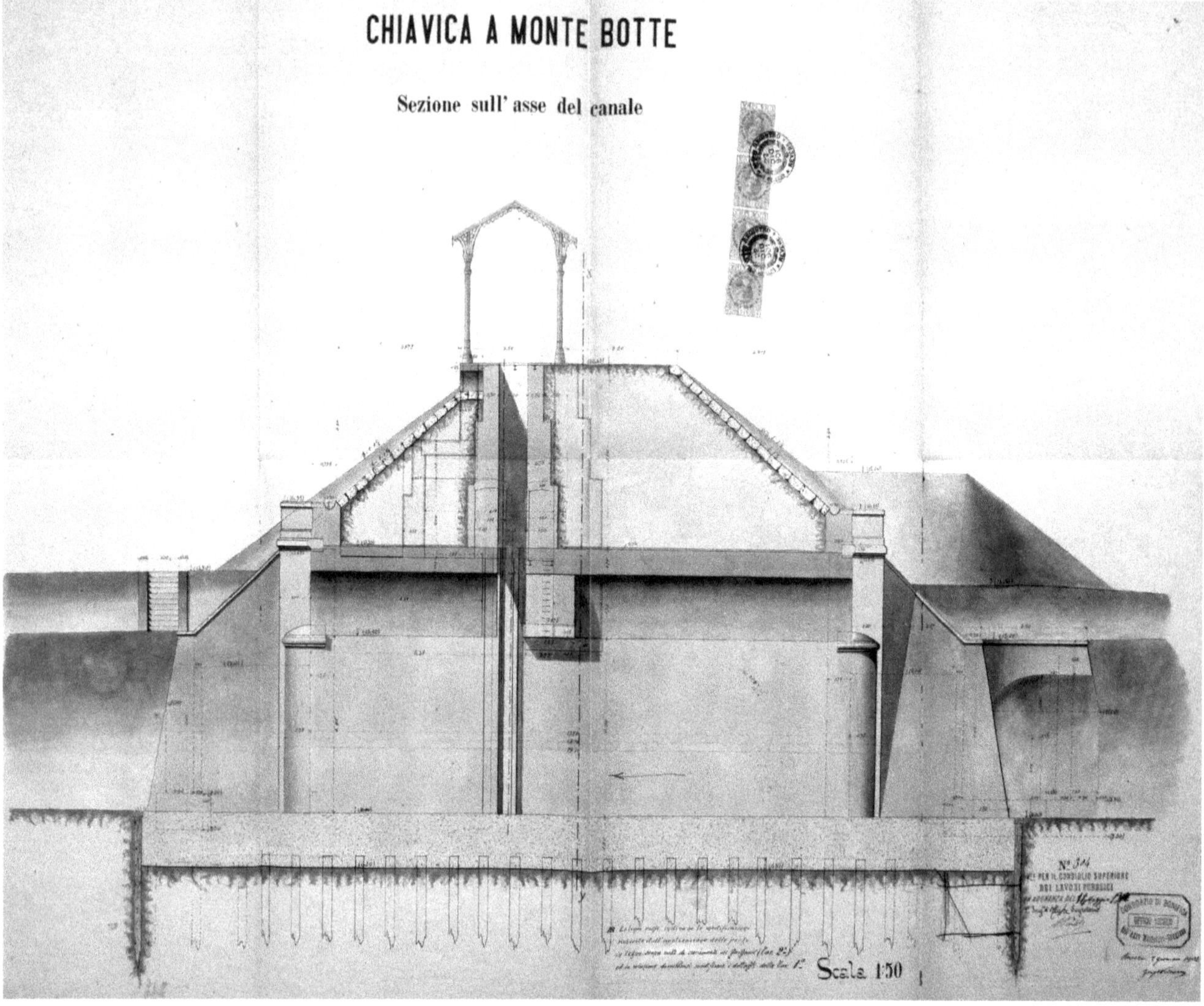

Fig. 18. *Sezione sull'asse del canale della chiavica a monte (Consorzio di Bonifica Terre dei Gonzaga in Destra Po).*

8 - *Lo stabilimento idrovoro e la chiavica emissaria in Po*

Nel giugno del 1904, pressoché ultimati i lavori alla Botte sotto il Secchia, ci si apprestò ad iniziare quelli dell'ultimo tronco del Canale Emissario e degli edifici di collegamento verso il Po. L'ing. Villoresi predispose la fornitura dei materiali e l'impianto dei macchinari, ma inizialmente le lavorazioni procedettero a rilento a causa di vari scioperi ed a causa di uno strato molto consistente di terreno di qualità torbosa poco resistente e poco adatto per la posa di fondazioni. Le successive palificazioni vennero quindi approfondite fino ad incontrare uno strato più tenace e lo spessore del massetto di calcestruzzo venne aumentato (Atti del Consorzio...; XIV.° esercizio amm., VIII.° esercizio per il comitato. Anno 1904; Mantova, 1905; pp. 726-727).

Al termine dello stesso anno era già in corso la costruzione delle murature della chiavica emissaria in Po ed erano in via di completamento le opere di fondazione dello stabilimento idroforo. La chiavica venne portata completamente a termine nel mese di agosto, mentre lo stabilimento idroforo vide nello stesso mese il completamento dei tubi in cemento per le pompe e nel mese di novembre si effettuò un collaudo di resistenza. Il taglio definitivo dell'argine maestro del Po avvenne all'inizio del 1906. I lavori di esecuzione delle opere per la bonifica si conclusero ufficialmente il 10 marzo 1907 e il 7 maggio una commissione ministeriale rilasciò al Comitato il certificato di collaudo (Atti del Consorzio...; XVII.° esercizio amm., XI.° esercizio per il Comitato, Anno 1907, Mantova, 1908, pp. 218-230) (Fig. 20).

9 - *Stato dell'arte*

La ricerca a carattere territoriale, basandosi su un impianto ad ampio raggio (indagini territoriali, catalogazione dell'edilizia storica e idraulica, analisi dell'evoluzione del paesaggio antropico, raccolta e catalogazione di documenti d'archivio), ha prodotto un sistema informativo territoriale per la gestione dei dati cartografici georeferenziati. Il GIS, in questo caso, costituisce una piattaforma interdisciplinare capace di dialogare con futuri strumenti di piano per la pianificazione, tutela, conservazione e sviluppo del territorio, soprattutto nel rapporto con le istituzioni che lo governano ai diversi livelli.

L'importanza dell'architettura idraulica nell'OltrePo mantovano è ampiamente valutabile non solo nei monumenti simbolo dell'opera bonificatoria, ma anche in quei piccoli manufatti idraulici poco riconoscibili, diffusi su tutto il territorio. Il buono stato di conservazione di gran parte degli edifici costruiti durante la bonifica si riscontra laddove essi sono ancora in uso, pur essendo stati oggetto di adeguamenti impiantistici realizzati nel corso del tempo. Tali edifici sono immobili di media e grande dimensione, dotati di straordinaria qualità formale sia architettonica che decorativa. Dal punto di vista tecnologico, nella loro realizzazione, si sono sperimentate tecniche innovative: l'utilizzo del calcestruzzo - sia come elemento statico strutturale, sia come materiale decorativo - unitamente al laterizio ed a manufatti in ferro: lamiere, fusioni in ghisa profilati. Il degrado si riscontra invece in quei manufatti non più in uso appartenenti a sistemi idraulici precedenti alla grande bonifica; si evidenzia ad esempio in alcune chiaviche di fine Ottocento, oggi abbandonate e contraddistinte da gravi dissesti strutturali (chiavica alle Borsone e chiavica Alta). È evidente come i manufatti idraulici individuati nell'OltrePo mantovano facciano parte di un sistema reticolare di altissimo valore territoriale, ponendosi come punti nevralgici della raccolta e distribuzione delle acque. La loro importanza deriva anche dal fatto di essere storicamente legati a grandi opere territoriali, quali la creazione dei due canali di raccolta delle acque, la rettifica del corso del Secchia per quanto riguarda la Botte di San Siro ed il sovrappasso del cavo Spazzacampagne per la Botte di San Prospero. Per tali manufatti si auspica la possibilità di intervenire a livello di pianificazione locale (PGT) e provinciale (PTCP), attraverso l'individuazione di tutti i beni e, a livello più ampio, con un'opera di tutela e valorizzazione.

10 - *Bibliografia*

AA.VV., *Atti del Consorzio di Bonificazione dell'Agro Mantovano-Reggiano e del Comitato esecutivo* (volumi anni 1899-1908), Stab. Tip. A. Mondovì & Figli, Mantova.

Badini, G. 1990, *Consorzio della Bonificazione Parmigiana-Moglia 1912-1987. La bonifica e l'irrigazione nella evoluzione economica e sociale di un territorio della bassa pianura reggiana e modenese*, Reggio Emilia.

Camerlenghi, E. 2003, *Lineamenti di geografia e storia del paesaggio agrario mantovano*, Mantova.

Camerlenghi, E., Rebonato, V., Tammaccaro, S. (a cura di) 2003, *Il Paesaggio mantovano, nelle tracce materiali, nelle lettere e nelle arti. Dalla preistoria all'età tardo romana* in Atti del Convegno di Studi (Mantova 2000), vol. 1, Accademia Nazionale Virgiliana di Scienze Lettere e Arti, Ed. Leo S. Olschki, Firenze.

Camerlenghi, E., Rebonato, V., Tammaccaro, S. (a cura di) 2005, *Il Paesaggio mantovano, nelle tracce materiali, nelle lettere e nelle arti. Il paesaggio mantovano nel Medioevo* in Atti del Convegno di Studi (Mantova 2002), vol. 2, Accademia Nazionale Virgiliana di Scienze Lettere e Arti, Ed. Leo S. Olschki, Firenze.

Golinelli, P. (a cura di) 1998, *Storia di San Benedetto Polirone. Le origini* (961 – 1125), Bologna.

Negri, G., Roncai, L., Sandri, M.G. 1999, *Architetture d'acqua per la bonificazione e l'irrigazione*, Milano.

Parmigiani, C., Sissa, G., Zagni, A. 1994, *La bonifica dell'Agro Mantovano-Reggiano*, Mantova.

Piva, P., Simonelli, M. R., (a cura di) 2001, *Storia di San Benedetto Polirone. L'età della soppressione*, Bologna.

Poggioli, C. s.d., Eugenio Villoresi, s.l.

Prampolini, N. 1928, *La bonifica di Parmigiana-Moglia*, Istituto italiano d'arti grafiche Bergamo.

Rodolico, F. 1953, *Le pietre delle città d'Italia*, Ed. Felice Le Monnier, Firenze.

Sarzi, R. 2002, *Le acque nelle terre del Consorzio di Bonifica alta e media pianura mantovana*, Sometti Editore, Mantova.

11 - *Partecipanti al Progetto*

Per il Politecnico di Milano, Dipartimento di Progettazione dell'Architettura: il 'Laboratorio di Diagnostica per la Conservazione e il Riuso del Costruito', nelle persone:
prof. Maurizio Boriani,
prof. Susanna Bortolotto,
arch. Sergio Alifano,
arch. Gianmario Bonfadini,
arch. Andrea Frigo,
arch. Camillo Sangiorgio,
arch. Raffaella Simonelli,
arch. Veronica Verzi.

Per il 'Laboratorio di Macrourbanistica' l'arch. Piero Favino.

Si ringraziano inoltre la 'Direzione Regionale per i Beni Culturali e Paesaggistici della Lombardia', nelle persone:
arch. Carla Di Francesco,
dott. P. Marina De Marchi,
dott. Cristina Ambrosini,
arch. Elena Romoli.

Il 'Consorzio di Bonifica Terre dei Gonzaga in Destra Po', nelle persone:
dott. Ada Giorgi,
ing. Laerte Manfredini,
geom.i Luciano Panisi e Michele Maccari.

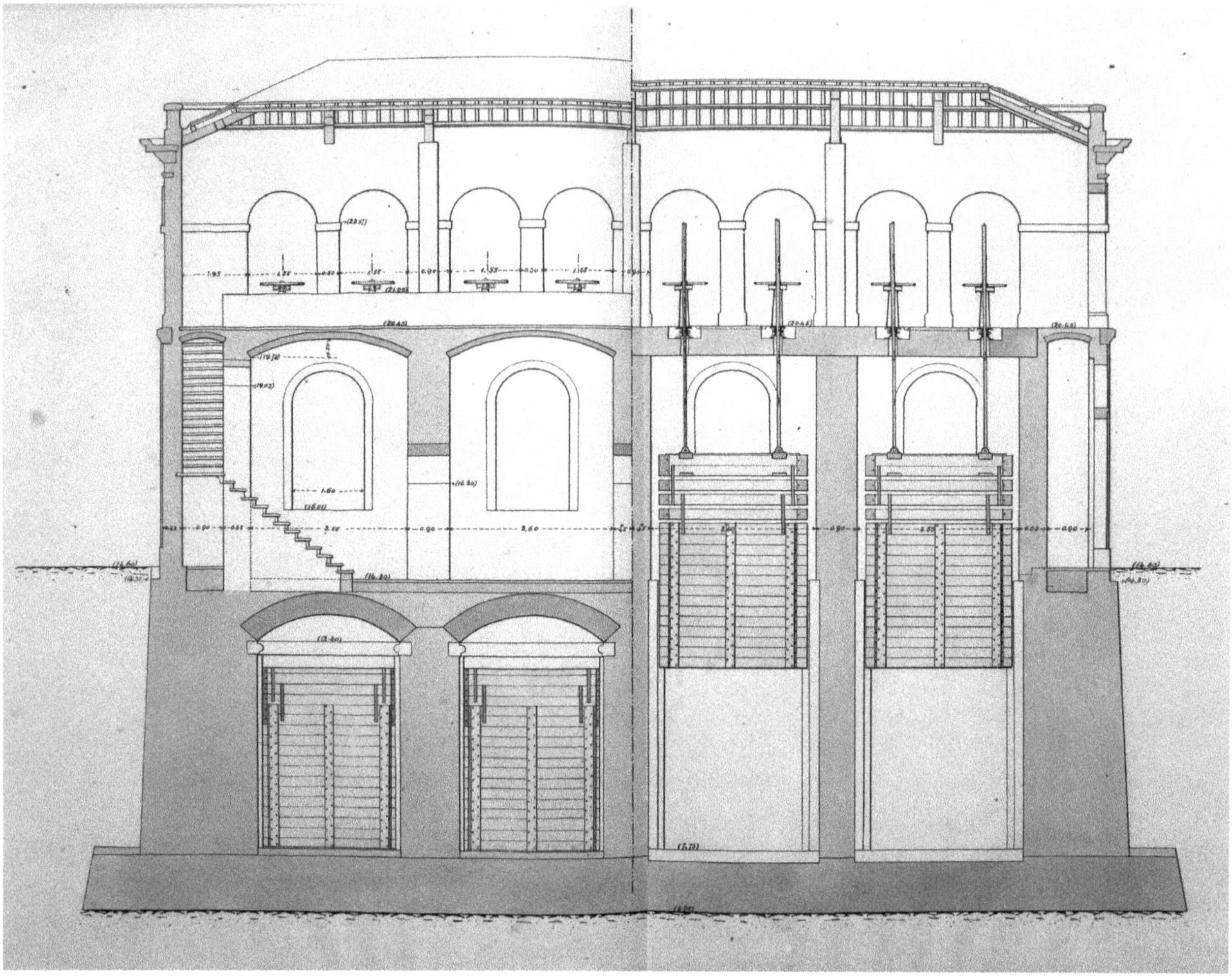

Fig. 19. *Sezione trasversale della chiavica a monte, con il sistema di funzionamento delle paratie di scorrimento (Consorzio di Bonifica Terre dei Gonzaga in Destra Po).*

Fig. 20. *L'impianto Idrovoro di San Siro e la chiavica di San Siro in un dipinto di Marcello Nizzoli, 1930 circa (Consorzio di Bonifica Terre dei Gonzaga in Destra Po).*

IV

L'ACQUA IN CASA. L'APPROVVIGIONAMENTO IDRICO IN UNA CASA-TORRE DELL'ALTA VALSASSINA (VENDROGNO – LECCO)

Autore

Maria Antonietta Breda — Politecnico di Milano
Massimo Lazzari — Università Statale di Milano
Wilma Milani — Studiosa

Fotografie

Massimo Lazzari — Università Statale di Milano
Gianluca Padovan — Ass.ne Speleologia Cavità Artificiali Milano -Federazione Nazionale Cavità Artificiali

Sommario

Un piccolo locale interrato ad uso di cantina ad una più attenta osservazione si è rilevato essere una cisterna probabilmente di età tardo medioevale. Lo studio presenta i risultati dell'indagine e il rilievo condotto in un'abitazione di antica origine nel comune di Vendrogno (Lecco), in Alta Valsassina.

Abstract

In an ancient building located in Vendrogno, a mountain village in Valsassina (Lecco district, Italy), a small underground room used as a cellar has been discovered to be a water cistern, probably built during the high Middle Ages. This study presents the survey of this cistern and some historical hypotheses about its use in the village and in its building context.

1 - *Inquadramento geografico e inquadramento geologico*

Vendrogno è un villaggio della montagna prealpina lecchese, situato in fondo alla Valsassina a 45° 37'nord e 8° 56' est, sul versante sud del Monte Muggio. Questa è una montagna dalle forme tondeggianti che sorge completamente isolata ed offre un'ampia vista sulla Valsassina, sui laghi di Como e Lugano, sul Monte Rosa, sul Monte Cervino e le Alpi Svizzere. Idrograficamente l'area appartiene al bacino dell'Adda, al sottobacino del Torrente Pioverna. Orograficamente parlando, il territorio di Vendrogno è situato alla destra del torrente Pioverna, che scende a formare il conoide di Bellano sul Lario. Il territorio del Comune risulta compreso tra i 264 e i 1.799 metri sul livello del mare. Le sue frazioni, Sanico, Mornico, Mosnico, Noceno, Inesio e Comasira risalgono i fianchi esposti a sud-ovest del Monte Muggio che dà il nome al territorio - la Muggiasca. La Val Muggiasca, compresa tra Bellano e Tartavalle, si presenta come una stretta forra di origine torrentizia post glaciale. Essa è situata a nord della faglia Orobica (idealmente delimitata dalla linea che va da Acquaseria a Bellano e prosegue seguendo la Valsassina), a sud della quale il substrato geologico è completamente formato da rocce sedimentarie (Calcari e Dolomie).

Si può dire che la faglia costituisca il confine a sud del territorio vendrognese. Questo territorio, quindi, geologicamente fa parte della fascia sub-alpina settentrionale della provincia di Lecco, caratterizzata dalla presenza di rocce metamorfiche (Gneiss, Micasciti e Sciti Anfibolati), con catene di rilievi importanti. In particolare il Monte Muggio (in ciò associato al Legnone) è costituito essenzialmente dal cosiddetto "cristallino metamorfico dei laghi" (fig. 1). Si ritiene che il metamorfismo che ha costituito la roccia in oggetto si sia verificato alla fine del Carbonifero dell'Era Paleozoica, in seguiti ai grandiosi avvenimenti tellurici ercinici antecedenti, quindi, a quelli che successivamente hanno portato all'orogenesi alpina. Peraltro, data l'estrema complessità geologica nelle aree immediatamente adiacenti quella oggetto di studio (Cortabbio, Val Biandino), non infrequenti sono le intrusioni magmatiche e metamorfiche venute in luce durante l'orogenesi delle Alpi. Nella parte estrema a sud del territorio sono presenti marmitte glaciali (Tomba di Taino), elementi morfologici derivanti dall'azione erosiva delle acque su substrato calcareo, mentre un poco ovunque, ma specie in località Camaggiore, si hanno morfologie relitte del glacialismo, quali terrazzi morenici e massi erratici. Come risulterà più chiaro dai paragrafi successivi, questa complessità geologica ha messo a disposizione dei mastri che hanno costruito il villaggio una varietà molto ampia di materiali litici che sono stati combinati tra loro nella costruzione dei manufatti, in special modo delle parti a paramento degli stessi. Altro risultato del substrato geologico a cristallino metamorfico è la presenza nel territorio della Muggiasca di numerose sorgenti: l'acqua scaturisce dal terreno un poco ovunque, fino a oltre 1500 m di altezza. Forse anche questa caratteristica di presenza molto diffusa di sorgenti ha favorito l'insediamento dei numerosi nuclei abitativi di cui sopra si è detto.

2 - *Inquadramento storico*

L'etimologia dei toponimi dei borghi della Muggiasca fa pensare a una loro origine ligure-celtica comunque appartenente a culture pre-romane (tabella 1). La dominazione romana, che ha lasciato sul territorio traccia in un olpe fittile con dedicazione alla famiglia romana dei Fabi, non ha trasformato in profondità le consuetudini dei popoli originari, più che altro sovrapponendosi ad essi in termini meramente amministrativi. Dopo la disgregazione dell'impero, la mancanza di un potere centrale, l'insicurezza dei transiti lungo le grandi vie consolari, la crisi dei commerci e il conseguente decadimento dei centri urbani, il disagio spirituale, portarono a una risorgenza della cultura e delle strutture organizzative del tempo celto-ligure che erano rimaste nella coscienza delle popolazioni locali.

Ridotta l'amministrazione centrale ad un semplice organismo fiscale, si manifestò la necessità di un'autarchia locale; l'antico regime della proprietà comune del suolo, con prevalenza beni comuni in particolare, che le istituzioni romane avevano cercato di mettere in discussione per orientarlo verso la proprietà privata e lo sviluppo di una agricoltura con caratteri mercantili, venne ripreso pressoché in toto. Si andò tornando insomma all'ethnos ligure, così come si era formato nelle prime manifestazioni neolitiche, via via contaminato dalle successive evoluzioni dell'età del bronzo e del ferro che furono portate e integrate sul territorio principalmente dalle immigrazioni celtiche. Nell'alto medioevo, la dominazione Longobarda non fu in grado di riorganizzare la produzione agricola verso le precedenti forme evolute dei romani. La popolazione rurale coltivava direttamente i poderi, sorretta nella sua economia dall'impiego dei beni comuni, e si limitava a versare come tributo alla gerarchia longobarda 1/3 del prodotto realizzato. In questo quadro la costituzione dei borghi è avvenuta in corrispondenza delle principali sorgenti d'acqua che, come visto nel paragrafo precedente, grazie alla favorevole situazione geologia risultano diffuse su tutto il territorio della Muggiasca. Ciò a partire da periodi neolitici, secondo lo schema della iniziale di costituzione di case torri matrici, insediate presso le sorgenti d'acqua, a fianco delle quali sono via via sorti edifici aggiuntivi fino a raggiungere, nel medioevo, la attuale struttura. Riprendendo una classificazione degli insediamenti rurali proposta dal Piefermi (Piefermi 1995, pp. 285-301), la tipologia prevalente degli insediamenti nell'area della Muggiasca è riconducibile a quella alpina. La struttura dei villaggi ricalca quella di tipo accentrato dove gli edifici a funzione residenziale sono separati da quelli a destinazione produttiva e pertanto l'agglomerato si presenta suddiviso tra una parte centrale abitativa e una periferica con stalle e fienili. In particolare il nucleo abitato ricalca la disposizione raccolta del tipo fortificato (fig. 2).

In fig. 3 si mostra la rappresentazione degli abitati di Vendrogno e Bruga, che costituiscono il complesso più importante della Muggiasca, così come è riportata nel Catasto Teresiano nel 1720. Il rilievo di fig. 3 non distingue neppure tra i differenti corpi di fabbrica, ma individua solo i numeri catastali degli stessi all'interno di un perimetro comune, quasi a sottolineare l'importanza della disposizione raccolta degli edifici. Peraltro, questa continuità è reale in quanto in ambedue i nuclei si ha la presenza di numerosi sovrappassi, con relativi sottopassi, che mettono in collegamento i differenti edifici. Si noti come limiti dei due borghi ad ovest siano particolarmente evidenziati, quasi a delineare una barriera posta da quel lato a protezione degli abitati. La strada che costeggia a sud il borgo di Bruga è la mulattiera proveniente da Bellano. Su questa strada, compreso fra gli edifici contrassegnati dai numeri catastali 156 e 219, si evidenzia quello che probabilmente era l'accesso principale ai due borghi per i viandanti provenienti dal lago (fig. 4).
A margine, si segnala che fino a una diecina di anni orsono, quasi a protezione dell'entrata, sulle mura dei due edifici erano presenti due affreschi tre-quattrocenteschi rappresentanti, il primo, sul muro dell'edificio con mappale 156, una pregevole Madonna con Bambino, il secondo, ad angolo del manufatto con mappale 219, la Santissima Trinità nella iconografia classica con il Dio Padre che sorregge il Cristo in Croce e lo Spirito Santo raffigurato come colomba che vola sopra la sua testa. Ora la Madonna con Bambino è stata staccata ed è conservata nella chiesa di Sant'Antonio Abate, al limite est del borgo di Vendrogno, mentre la Santissima Trinità è ancora nel suo sito originario, ma versa in pessime condizioni.
Questo a conferma dell'importanza di questo accesso che probabilmente vedeva il passaggio di numerosi viandanti e traffici che nel medioevo erano molto sviluppati. A sostegno di questa tesi si vuole ricordare come la chiesa di Sant'Antonio Abate (del 1362), che fino alla costruzione del santuario della Madonna di Loreto (avvenuta nel 1630)

Fig. 1. *Il cristallino metamorfico dei laghi del monte Muggio.*

Fig. 2. *La disposizione accentrata delle case del villaggio di Vendrogno in una cartolina d'epoca (Edizione Colombo & Colzani, 07-07-1928).*

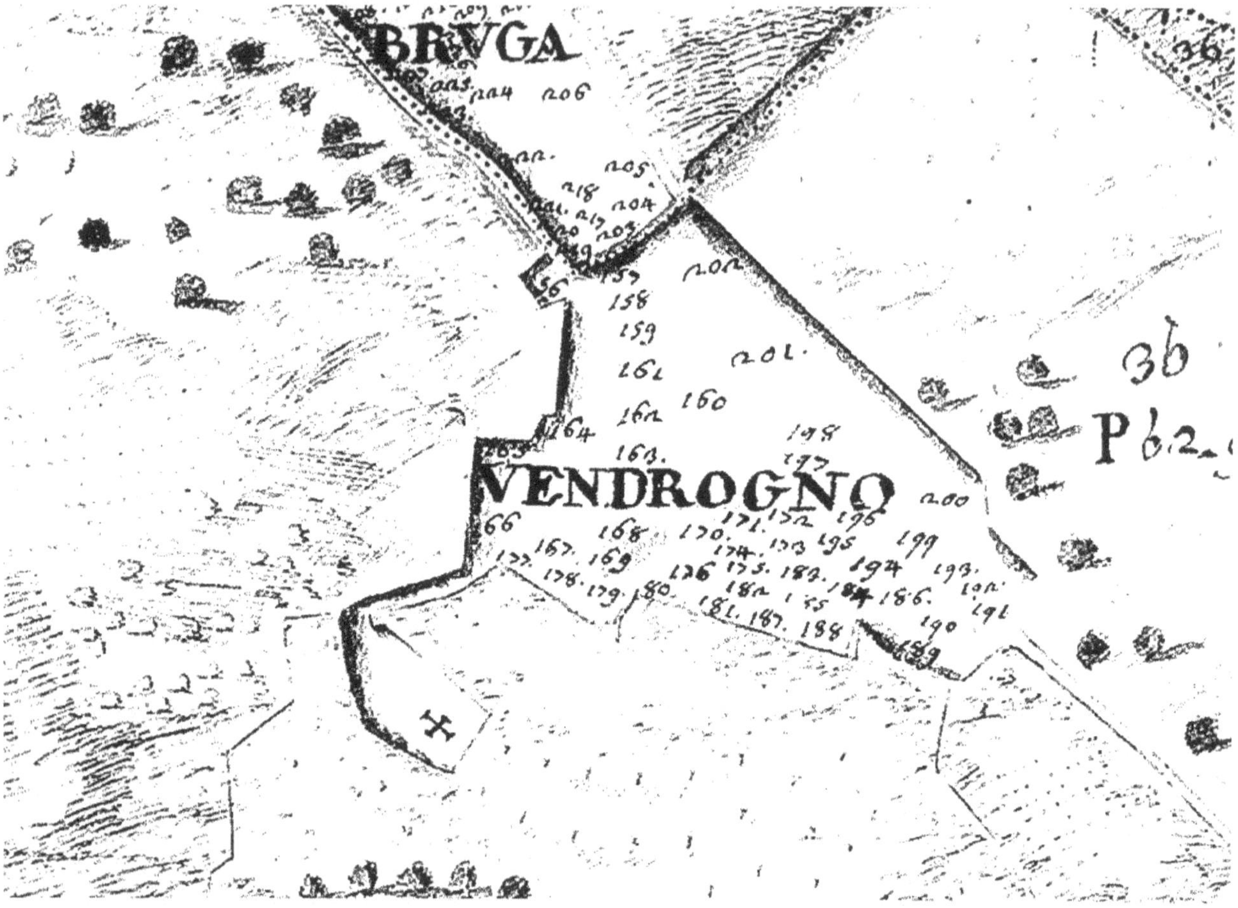

Fig. 3. *Particolare del Catasto Teresiano con i due abitati contigui di Vendrogno e di Bruga. Foglio 19, Squadra della Muggiasca, 1° stazione, anno 1720 circa, conservato all'Archivio di Stato di Como.*

Fig. 4. *L'ingresso del paese dalla strada proveniente da Bellano in una cartolina d'epoca (Edizioni G. Modiano & Co., Milano, spedita il 14-08-1904).*

rappresentò il principale edificio sacro dei due borghi, ha sulla sua facciata un grande affresco di San Cristoforo che, si ricorda, è il protettore dei viandanti. Medesima iconografia è pure presente sulla facciata della Parrocchiale dedicata a San Lorenzo, di cui si è accennato in premessa. La mulattiera per Bellano in questa prospettiva era probabilmente uno degli sbocchi privilegiati di uomini e merci in andata ed uscita dalla Valsassina verso il lago. A supporto di ciò, si vuole anche ricordare come sia ormai accettato dagli storici locali il fatto che la statua lignea duecentesca di San Grato, di cui pure si è accennato in premessa, abbia origine aostana. Tale origine tenderebbe a sottolineare la vivacità degli scambi che nel medioevo probabilmente erano normali nelle plaghe di cui si discute.

In fig. 5, invece, la base cartografica utilizzata per la rappresentazione dell'urbanizzato è quella del Cessato Catasto (1860). Confrontando la fig. 5 con quella precedente (fig. 3), si può notare come sostanzialmente l'impianto dell'edificato si sia mantenuto invariato nell'arco dei circa 150 anni che sono intercorsi tra le due rilevazioni. Nella medesima fig. 5, e sempre a esempio non esclusivo di una situazione abbastanza generalizzata sul territorio, è riportata la disposizione di quattordici portali prevalentemente ad arco rilevati nei nuclei di Vendrogno e Bruga. Considerando le aree che questi portali andavano a chiudere, la struttura fortificata dell'abitato appare ancora più evidente, quasi a giustificare la rappresentazione unitaria di fig. 3. Si noti anche come a partire dal mappale 3378, attiguo all'accesso in paese tramite la mulattiera da Bellano, e la strada di accesso al Santuario della Madonna di Loreto sia ancora rappresentato in mappa un segmento contrassegnato con una sequenza di punti accostati l'uno all'altro, segmento che verosimilmente traccia la presenza di un limite (un muro rialzato oppure, più facilmente, un muro a secco di particolare rilevanza) che segue un percorso che appare in buona parte coincidente con quello di cui si è già discusso a proposito della fig. 3.

Infine, sempre a titolo di confronto, per evidenziare come negli ultimi tre secoli circa vi sia stata una evoluzione marginale nella volumetria dell'edificato più antico,

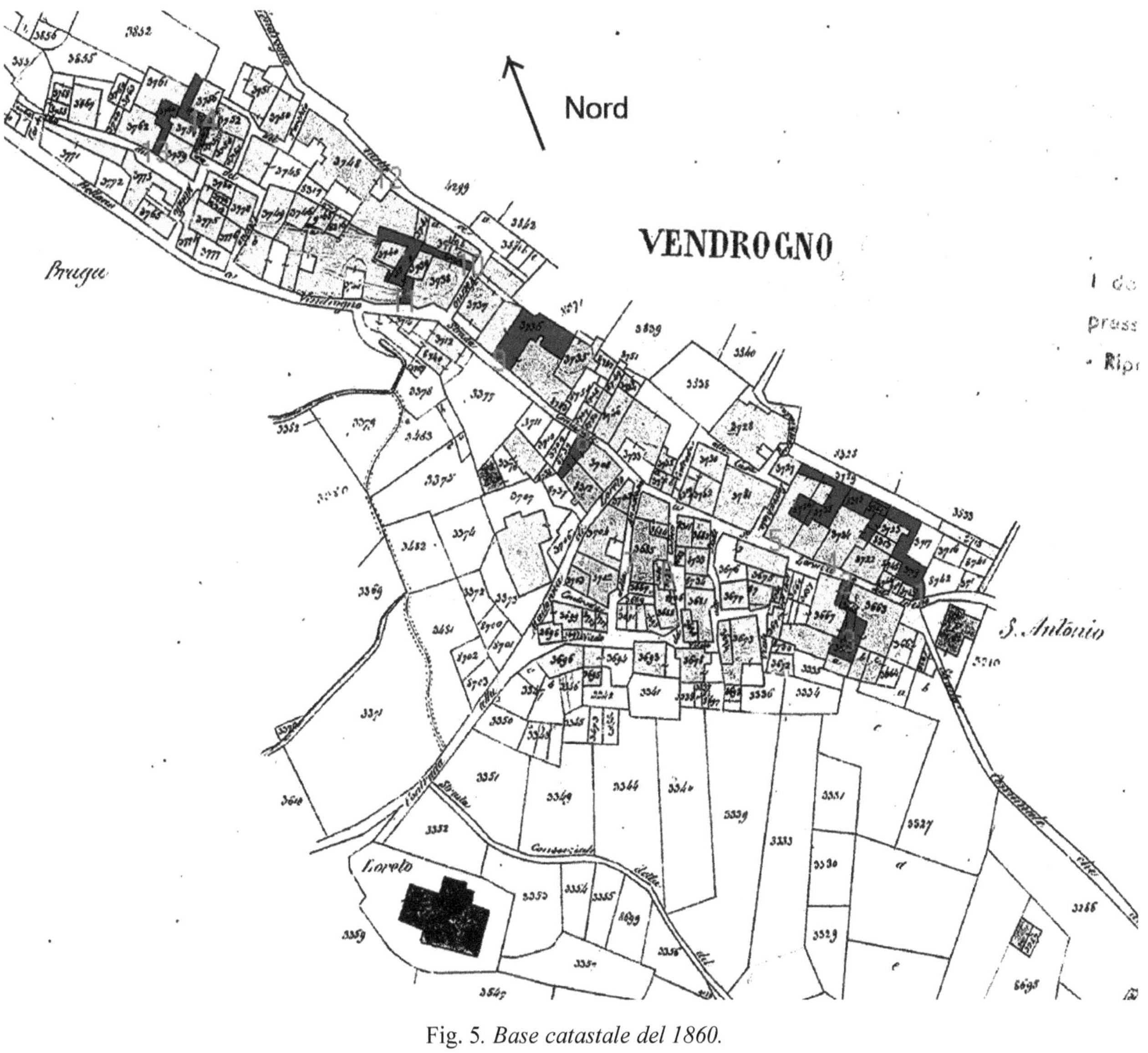

Fig. 5. *Base catastale del 1860.*

è mostrata in fig. 6 la situazione odierna (al 2005). La base cartografica utilizzata è stata ricavata da una rilevazione fotogrammetrica aerea. Come si può notare, variazioni significative sono intervenute solo nell'area di collegamento tra i due nuclei originari e alla periferia dei medesimi. In particolare è interessante notare come, a causa della costruzione di quello che in mappa è identificato come Istituto Casa del Giovane, complesso realizzato dall'opera Pia Giglio alla fine del 1800, e degli alti edifici siti tra questa costruzione e il santuario della Madonna di Loreto, sia scomparsa quella linea di sbarramento esposta verso valle che risultava evidente nelle due precedenti rappresentazioni catastali. L'arroccamento del borgo di Bruga, che in realtà è costruito al disopra di una scarpata alta una diecina di metri, ora completamente coperta dall'edificio dell'Istituto menzionato, non è più facilmente percepibile a chi oggi proviene dal lago sulla carrozzabile provinciale costruita a metà del secolo scorso. Ben altra percezione doveva invece avere il viandante medioevale che, in arrivo sulla mulattiera da Bellano, doveva percorrere l'ultimo tratto lungo un centinaio di metri stretto tra: a monte, l'edificato che si presentava in forma compatta, con pochissime e strette aperture di accesso al suo interno; a valle, un dirupo di roccia "a vista" non si sa quanto protetto da staccionate o muretti a secco; di fronte una barriera, della quale ora non rimane che un piccolo tratto costituito da muri a secco, che collegava l'accesso vero e proprio al paese con la sua estremità a sud. In definitiva, dalle tre mappe appare evidente come specialmente il nucleo di Bruga presenti una struttura fortemente accentrata di tipo probabilmente fortificato, verosimilmente di origine medioevale se non precedente, che assumeva significato di difesa nei confronti di briganti, ladri e animali selvatici.

Peraltro lo Zastrow già nel 1992 rilevava l'interesse storico di Comasira, un altro dei borghi della Muggiasca, per il quale scriveva che «sul piano di più precise indagini sugli insediamenti, perlomeno medioevali, varrebbe la pena di aprire un'ampia parentesi per studiare, tra l'altro l'antichità di quel raggruppamento straordinario, ora frazione di Vendrogno che è Comasira. Si tratta di un agglomerato di case a valle del Paese, posto su di un terrapieno, per tre lati protetto da dirupi, forse già a carattere preponderatamente monasteriale, certamente fortificato e con notevoli tracce medioevali» (Vergottini D. 2002, p. 10).

Questa situazione non assume caratteri di originalità, in quanto, come evidenziato dagli studi sempre dello Zastrow, è ad esempio riscontrabile in Alta Valsassina negli abitati di Premana e Margno: «La seconda, delle già citate analogie fra la concezione difensiva antica di Margno e quella di Premana, è ravvisabile nel particolare sistema di sovrappassi che un tempo congiungeva molte delle case borghigiane, permettendo di transitare rapidamente e in sicurezza da una abitazione all'altra in caso di un attacco nemico con relativa invasione del paese.», più avanti « la possibilità di definire con una certa precisione l'epoca nella quale venne a conformarsi il borgo storico di Margno, secondo l'antico impianto urbanistico che è ancora oggi parzialmente riconoscibile, non è facilitata dalla molteplicità degli interventi attuati sulle architetture più vetuste.

In via di ordine complessivo la concezione molto compatta dell'abitato antico, la presenza di viuzze strette e tortuose, la sia pur parziale sopravvivenza dei citati sovrappassi indicherebbero una formulazione riferibile all'epoca medioevale. Detta ipotesi è sostanzialmente confermata dalla presenza di molteplici portali in pietra che fanno tutt'ora bella mostra di sé in alcune case storiche dell'abitato. Taluni di detti ingressi con cornici litiche sono riferibili ad epoche ormai post-medioevali» (Zastrow O. 2001, p. 50).

3 - *La dimora in cui si trova la cisterna*

In fig. 7 si ha una rappresentazione fotografica della casa torre che contiene il manufatto oggetto di descrizione nella presente memoria. Essa è circondata sui quattro lati da edifici adiacenti ed è quindi visibile solo nella sua parte superiore che emerge al disopra dei tetti del villaggio. L'attuale corpo di fabbrica in cui la stessa è contenuta è uno dei più importanti (almeno in termini dimensionali) del nucleo di villaggio di Bruga. Sulla mappa di fig. 3 esso è contrassegnato dal mappale 219, mentre su quella di fig. 5 esso ha il mappale 3938, al vertice est del nucleo, con accessi da via Roma e da via per Noceno. Esso va quindi a formare quell'accesso ai borghi abitati sulla mulattiera di Bellano di cui si è già discusso. Si trova, quindi, chiaramente in posizione strategica. Più in particolare, il corpo di fabbrica è oggi costituito da quattro blocchi di edifici principali che, addossati l'uno all'altro, portano a definire una corte interna alla quale si accede attraverso tre entrate con passaggi coperti a portico (portek), di cui due ornate da portali (pürtün) in pietra (portali n. 10-11-12 in fig. 5). Così, la struttura assume un aspetto fortificato ben evidente.

Dei quattro blocchi costituenti l'intero corpo di fabbrica, quello architettonicamente più interessante si presenta di angolo tra via Roma e via per Noceno. Esso, fino agli inizi del '900, costituiva la casa padronale della famiglia Giglio, una delle principali casate del paese: «Pare provenissero da Lucca, ove tutt'ora fioriscono (...). Si estinsero il 26 settembre 1883 nella persona dell'Ing. Giglio, che lasciò i suoi averi per una scuola di arti e mestieri e caseificio, a pro' dei mandamenti d'Introbio e Bellano» (Orlandi A. 1933, p. 212). Una curiosità: l'ing. Pietro Giglio fu pure il realizzatore delle opere di ristrutturazione ottocentesche che diedero la forma attuale alla chiesa di San Bartolomeo in Margno. Dopo tale data, con l'estinzione della famiglia Giglio, l'edificio fu acquistato dalla casata "Scingai", di origine invece prettamente contadine, che ancora adesso lo abita dopo averlo parzialmente ristrutturato e suddiviso in cinque piccoli appartamenti.

Fig. 6. *Mappa dell'edificato attuale, anno 2005.*

Fig. 7. *La supposta casa-torre di Via per Noceno in Bruga di Vendrogno si erge circondata da antenne televisive al di sopra degli altri edifici del borgo.*

In fig. 8 è rappresentata la pianta con i diversi piani dell'edificio ricavata dall'attuale catasto urbano. Il piano terra, l'unico con accesso da via Roma, era destinato, prima della recente ristrutturazione, a cantina. I sette locali che lo compongono si presentano su livelli differenti e in due casi hanno accessi differenziati da quello principale. Questo ha una soglia in pietra alla quale si accede attraverso tre gradini in serizzo. L'entrata, chiusa da una porta in legno massiccio con chiodatura in ferro battuto, è incorniciata da tre conci di serizzo con piattabanda monolitica a costituire l'architrave superiore. Accedendo al piano terra attraverso l'entrata principale si trova un "cucinone" in cui si ha un ampio camino. Il locale più interno, appoggiato direttamente alla roccia madre affiorante, ha una importante volta a botte completamente in pietra. Il locale a fronte della via principale presenta una amplissima apertura che è chiusa da pregevoli scuri in legno di castagno rinforzati da chiodatura. Attraverso l'apertura di questi scuri si arieggiavano i locali della cantina per permettere la maturazione ottimale di formaggi e salumi. Uno dei locali è dislocato ad un livello inferiore e ad esso si accede tramite una scala appoggiata alla roccia. Qui è presente una sorgente d'acqua che risulta quindi inglobata nell'edificio, così da dare possibilità agli abitanti, in caso di pericolo, di attingervi anche senza uscire all'esterno. Oggi l'acqua è derivata verso il poco lontano lavatoio comunale.

All'esterno dell'edificio, all'angolo tra via Roma e via per Noceno, un affresco ormai quasi completamente compromesso rappresenta la Santissima Trinità, secondo l'iconografia classica. Piccoli lacerti di affresco sono pure visibili al disopra dell'entrata principale, ma di questi non è più possibile riconoscere il soggetto. Le aperture a finestra presentano, ovviamente si sarebbe portati a dire, visto il già richiamato aspetto di fortificazione, delle inferriate in ferro battuto. Al primo piano, invece, si ha l'accesso principale che si realizza attraverso uno dei portali che verranno successivamente descritti e che introduce a un portico lungo una decina di metri (fig. 9). Questo, ancora negli anni Ottanta del XX secolo, era lastricato in ciottoli (risciül), presenta ora pavimento in pietra a lastre di 60 x 60 cm, in calcare di Varenna, lastre che inizialmente erano posate all'interno dell'edificio. L'entrata principale al piano (ed ai restanti livelli superiori), è costituita da una apertura chiusa con una antica e pesante porta in legno (ciliegio) con chiodatura a vista e incorniciata da elementi lapidei analoghi a quelli già descritti per il piano terra. Su questo piano, quello nobile della casa padronale, prima della ristrutturazione erano presenti un androne, a mo' d'anticamera, e quattro locali (cucina con camino, salone, una camera con camino e una camera di servizio) ed era presente nel pavimento originale una iscrizione con data risalente al 1600 circa.

Il secondo e terzo piano dell'edificio erano quelli di servizio, con la presenza di:

- loggiati con ampie aperture per l'essiccazione naturale dei prodotti della campagna;
- un essiccatoio per le castagne con pianta di circa 3x3 m posto su due piani (grää);
- un forno per il pane caratterizzato da un diametro di quasi 2 m;
- ulteriori due camere con camino sia per la famiglia, sia per eventuali ospiti;
- sottotetti vari.

Infine, l'ultimo piano (5° o 6° livello di altezza a seconda di come si consideri il rilievo) era costituito da un ampio sottotetto con accesso tramite una ripida scala in legno di castagno, con ampie aperture chiuse solo da tronchi non sgrossati, come quelle tipiche degli edifici rustici della zona, posto al disotto di un tetto a due falde ai tempi ricoperto di lastre di "piode". Riconsiderando la planimetria di cui alla fig. 8 e prendendo in conto alcuni elementi architettonici e strutturali presenti nell'edificio, si può ragionevolmente sostenere che la struttura dello stesso rappresenti l'evoluzione di una architettura precedente. Questa doveva essere originariamente costituita da una casa-torre a planimetria di base pressoché quadrata, con lato di 5 m, alla quale sono stati successivamente addossati ulteriori corpi edilizi a tre muri che ne hanno, anche tramite l'apertura di nuovi accessi, sviluppato la superficie e modificato gli usi.

In primo luogo l'ipotesi è confortata dall'analisi planimetrica. Dalla base catastale risulta evidente come ai diversi piani si riproponga l'elemento centrale a forma quadrata che, unico, mantiene una pianta costante a partire dal piano terra fino al sottotetto. Gli altri elementi architettonici sono invece di forma e area differente e mutevole, mentre il loro sviluppo in altezza si ferma al secondo o al massimo al terzo piano. In secondo luogo, gli elementi architettonico-strutturali, confermano l'ipotesi: due delle aperture interne poste al secondo piano presentano forma a finestra e sono completate da inferriate (fig. 10). Questi elementi appaiono funzionalmente inutili se non si pensa ad una loro precedente esposizione verso l'esterno dell'edificio. Dalla scala che dal primo piano scende alla cantina è visibile una apertura sul muro della supposta torre che ha forma di feritoia (fig. 11). Anche in questo caso l'elemento non assume alcuna configurazione funzionalmente fondante nella attuale struttura, prendendo invece il carattere di "residuo vestigiale" nel caso in cui si supponga una origine dell'edificio con funzioni difensive. L'intonacatura di alcune murature oggi interne (in particolare nelle scale e nei sottotetti), ma un tempo supposte esterne nell'ipotesi di casa-torre, è realizzata in modo analogo a quella che ancora oggi può essere osservata al quinto e ultimo piano sulle murature dell'elemento a base quadrangolare:

- alcune nicchie che sono presenti nei muri perimetrali della supposta torre fanno quasi pensare a una loro possibile funzione di guardiola verso l'esterno;

- la scala in legno, sita al quarto piano per accedere al

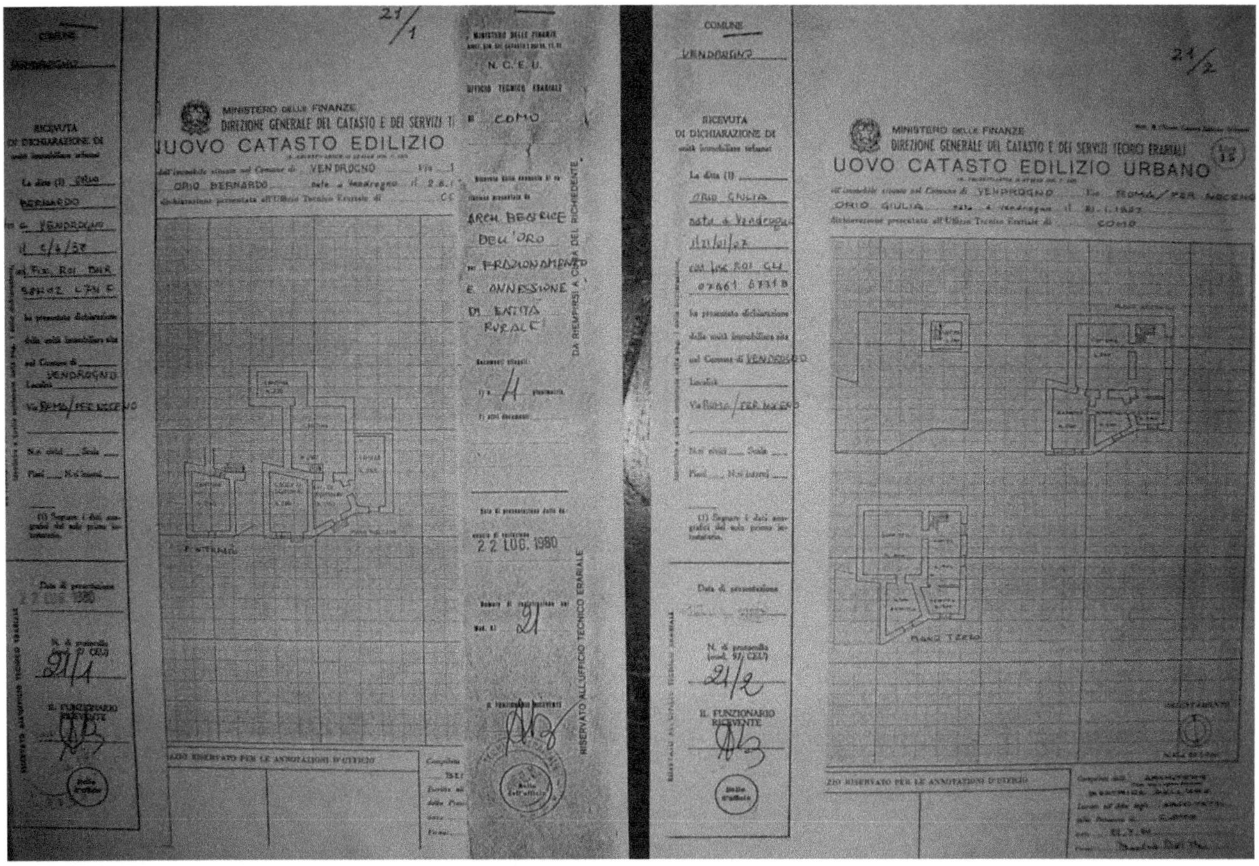

Fig. 8. *Rilievo riportato nel nuovo catasto urbano dell'edificio descritto. Notare il locale a pianta quadrata che si ripropone identico nelle misure su tutti i tre livelli considerati.*

Fig. 9. *Il portico medioevale che dà accesso alla corte interna alla fortificazione formata dai quattro edifici descritti nel testo.*

Fig. 10. *Inferriata prospiciente l'attuale scala interna.*

sottotetto più elevato, è chiaramente una struttura per così dire "posticcia";
- alcuni elementi strutturali in prossimità delle fondamenta ad angolo tra via Roma e via per Noceno (in particolare degli archi presenti in prossimità dell'angolo) non avrebbero senso strutturale se non si supponesse che gli stessi facessero parte di un edificio preesistente e successivamente collegato alla casa torre ipotizzata. Ritornando al piano terra, sempre su via Roma, a fianco dell'entrata principale, si presenta l'accesso separato alla cisterna posta al livello inferiore, accesso che è costituito da una apertura superiormente a forma di arco acuto. Al disopra della cisterna è presente il "cucinone" con ampio camino di cui si è sopra accennato.

4 - *Il rilievo e la descrizione della cisterna*

Nelle tavole 1a, 1b, 1c è rappresentato il rilievo della cisterna, eseguito con metodo tradizionale dai relatori e riportato in CAD da Davide Corti. Si tratta di un manufatto a pianta irregolare con una superficie di circa 9 m2. L'altezza media è di circa 1,5 m. Con riferimento alla pianta, alla cisterna si accede attraverso un'apertura larga circa 0,8 m. (fig. 12). In corrispondenza dell'entrata è presente uno scalino in rilievo di 0,23 m rispetto al piano di strada. Nella cisterna, che quindi è ad un livello inferiore a quello della strada, si scende percorrendo atri scalini che portano a un livello di – 0,66 m rispetto al piano stradale. Il pavimento è ricoperto da lastroni di ardesia e impermeabilizzato mediante argilla. Passando a descrivere la sezione AA, si nota come il profilo non è regolare. Infatti esiste un'architrave posizionata a due terzi della sezione stessa che sostiene il pavimento del superiore cucinone di cui si è detto. In prossimità della estremità distale sinistra è presente un rilievo che potrebbe assumere funzione di seduta. Questo si trova al livello del piano strada. Per quanto riguarda i materiali, la muratura è prevalentemente costruita da scisti di forma irregolare di provenienza locale. Solo alcuni corsi inferiori sono di mattoni di argilla cotta (fig. 13).

Per quanto riguarda la sezione BB, ciò che la caratterizza rispetto alle altre pareti è la presenza di un condotto di adduzione a circa 0,4 m di altezza rispetto al pavimento della cisterna. Come si evidenzia dalla rilievo in pianta, dalla sezione BB e dalla fig 14 il condotto si trova in posizione eccentrica, ha una sezione rettangolare con altezza di circa 0,25 m e larghezza di 0,2 m. Le pareti del medesimo sono costituite da mattoni (fig. 15). Dopo un primo tratto di percorso rettilineo esso curva in direzione destra e il suo rilievo risulta impraticabile anche a causa della presenza di materiale detritico. Questa apertura si trova a circa 0,3 m rispetto al pavimento. La parete identificata dalla sezione BB è costituita, a partire dal fondo, dai seguenti materiali:
- muratura di mattoni per sei corsi (0,4 m circa);
- lastroni di materiale tufaceo per una altezza di circa 0,7 m circa;
- infine, al disopra di un rilievo, con profondità di circa 0,1 m, materiale lapideo di origine locale.

Dalla pianta e dalle sezioni non risulta rilevato un particolare importante che comunque risulta presente nel manufatto. Sul soffitto della cisterna, in prossimità della prete di fronte a quella dove è presente il condotto, sulla destra, è individuabile un secondo condotto con sezione pressoché quadrata a lato di circa 0,4 m che, probabilmente, aveva funzione di condotto per il prelievo dell'acqua dalla cisterna. Attualmente la sua apertura è obliterata da una lastra di marmo, che sostiene del materiale di riempimento. Il soffitto della cisterna è suddivisibile in due parti tra loro staccate dall'architrave di cui si è sopra detta. La parte in prossimità dell'entrata è realizzata in listoni di legno, probabilmente castagno. La parte più distante dall'entrata, invece, è realizzata in muratura.

Di particolare interesse è la muratura nella quale è ricavata l'entrata. Si tratta di un muro a sacco formato da un rivestimento esterno e interno costituito da blocchi squadrati di arenaria giallastra con sezione prevalentemente rettangolare (fig. 16). Tra i due corsi di muratura esterna è inserito il riempimento di materiale scistoso. Lo spessore del muro a sacco così costituito è di circa 0,80 m. Il materiale arenaceo impiegato è posato ad opus incertum e presenta una particolare disposizione in prossimità dell'entrata (fig. 17) dove è presente un vetusto portoncino in legno di castagno. La forma di questa entrata si raccorda in posizione superiore con un arco a sesto leggermente acuto. In prossimità di questo arco, i conci di pietra sono tagliati con maestria a sezioni di forma variabile in modo da realizzare un disegno esteticamente gradevole. Questi conci arrivano molto probabilmente da cave site in Valsassina che, come visto, ha una geologia complessa tale da poter fornire pietre di diversa natura. Si deve infatti sottolineare come altri conci del medesimo materiale sono stati impiegati localmente per la costruzione di portali di origine medioevale.

Fig. 11. *Feritoia prospiciente la scala interna che scende in una delle cantine.*

Fig. 12. *L'ingresso alla cisterna.*

Fig. 13. *Dettaglio della muratura costituita da scisti di forma irregolare e, nella parte inferiore, da corsi di mattoni.*

Fig. 14. *Il condotto di adduzione dell'acqua collocato in posizione eccentrica rispetto alla parete.*

Fig. 15. *Particolare del condotto che evidenzia la sezione rettangolare e le pareti di mattoni del condotto di adduzione. dell'acqua alla cisterna.*

Peraltro, strutture di muri a sacco come quella qui descritta non risultano essere presenti localmente in nessun altro edificio. Passando a descrivere la parte di edificio che si trova al disopra della cisterna, all'angolo di via Roma con via per Noceno si trova una nicchia nella quale è apposto un affresco che rappresenta la Santissima Trinità (fig. 18). Anche tenendo conto delle caratteristiche dell'affresco, che era posizionato sulla casa prospiciente, è verosimile attribuire al tardo medioevo la fattura di questo dipinto.

5 - *Analisi e sintesi*

Per quanto riguarda la funzione della cisterna, appare probabile che essa sia stata utilizzata a partire dal medioevo, a servizio della famiglia di piccola nobiltà, alla quale è appartenuto fino alla fine del 1800 l'intero nucleo edificato. A supporto di tale ipotesi vi è la struttura stessa del manufatto e in particolare l'opera di presa che collega la cisterna alla superiore cucina (fig. 19). In questa ipotesi l'opera di adduzione era costituita dal condotto posizionato in sezione BB che, a seguito di rilievi negli ambienti prospicienti, verosimilmente risultava collegato a una sorgente che sfocia a poca distanza (10 m) (fig. 20). Una seconda ipotesi è invece quella che il condotto fosse collegato alla ghiacciaia che sta in posizione nord rispetto alla cisterna (fig. 21). A supporto di questa ipotesi vi è il fatto che la ghiacciaia è stata costruita in un periodo verosimilmente coevo a quello del complesso edificato attorno alla casa-torre. Sono diverse le ragioni per le quali si è realizzata una simile soluzione. In primo luogo si può pensare al fatto che l'accumulo di acqua proveniente dalla ghiacciaia fosse interessante a supporto della portata della sorgente durante il periodo estivo in tempi di scarsi approvvigionamenti. Una seconda ragione potrebbe essere legata alla necessità di evitare che i reflui della ghiacciaia andassero ad inquinare la sorgente medesima. Infine, una ipotesi di incremento di comodità, nel senso che un accumulo di acqua sottostante la cucina per ragioni di servizio. In definitiva, questa soluzione faceva sì che l'acqua potabile fosse direttamente derivata manualmente dalla sorgente, mentre per le funzioni di servizio si aveva a disposizione un serbatoio di capacità sostanzialmente limitata (2-3 m^3) in più disponibile durante il periodo di maggiore consumo, cioè quello estivo.

Da non scartare completamente, infine, una ulteriore ipotesi peraltro non comprovabile da nessuna evidenza che è quella che la cisterna fosse in origine di utilizzo pubblico, invece che privato (figg. 22 e 23). Una tale supposizione è derivata dal fatto che manufatti di tale funzione sono presenti in altre aree. In questo caso, la sua costruzione sarebbe stata effettuata in periodo antecedente a quello

Fig. 16. *Il muro a sacco e i suoi paramenti all'entrata della cisterna.*

TOPONIMO	ETIMOLOGIA
Muggiasca	Mug' + uzk(a) = Villaggio + tribù = gente che abita in villaggi rurali (periodo celtico)
Vendrogno	Un + drom = fontanile + pendio = pendio dove ci sono i fontanili (periodo celtico)
Bruga	Brug = Borgo (periodo celtico)
Sanico	Dhènek = recinto abitato, villaggio (periodo preindoeuropeo-iberico)
Mosnico	Moot'z + ni(k) = villaggio + nuovo = villaggio di recente costruzione (periodo gallico)
Inesio	In + Ez = Rivo + acqua = case poste tra un rivo e un torrente d'acqua
Mornico	Mor + ni(k) = muro nuovo = villaggio recinto con muro nuovo (periodo gallico)
Lornico	(L)our + ni(k) = sorgente + nuovo = la nuova sorgente (periodo gallico)

Tabella 1. *L'etimologia dei principali toponimi dei borghi della Muggiasca.*

Fig. 17. *La disposizione dei conci di pietra all'ingresso della cisterna.*

tardo medioevale sopra individuato. Si potrebbe pensare che, a fianco della casa-torre originaria, fosse presente la cisterna che garantiva l'approvvigionamento pubblico alla popolazione locale. Ovviamente questa ipotesi andrebbe verificata con ulteriori indagini che, al momento, non possono essere eseguite anche per la scarsità di risorse a disposizione.

La cisterna studiata è uno dei tanti tesori sotterranei di cui il nostro paese è ricco. Anche un piccolo manufatto all'apparenza di valore funzionale può rivelarsi ad una più attenta osservazione un documento delle nostre tradizioni abitative e una risorsa per il futuro.

6 - *Bibliografia*

Breda M.A., Citi D., Lazzari M. 2009, *Archetipi simbolici dell'architettura rurale in pietra e loro diffusione nel paesaggio europeo,* in AA. VV., Atti del III Convegno Nazionale Interdisciplinare "Unicita', uniformita' e universalita' nella identificazione del mosaico paesistico - culturale", Aquileia 18-19 Settembre 2008, CD allegato al n. 20 di Architettura del paesaggio Overview, Marzo-Giugno , pp. 1-16.

Breda M.A., Lazzari M., Milani W. 2008, *Architetture medievali nei borghi della Muggiasca,* in Associazione Giuseppe Bovara (a cura di), Archivi di Lecco e della Provincia, Rivista di storia e cultura del territorio, n. 3/2008, Cattaneo Editore, Lecco, pp. 2-27.

Orlandi A. 1933, *Le famiglie della Valsassina*, ristampa 2005, Banca della Valsassina, Lecco.

Piefermi A. 1996, *Le dimore rurali nelle valli del Lario. Tipologie abitative tra Alpi e Pianura*, in Benetti D., Langè S. (a cura di), La Dimora alpina, Cooperativa Editoriale Quaderni Valtellinesi, Sondrio, pp. 281-302.

Vergottini D. 2002, *Muggiasca ed Arte: La chiesa di San Sebastiano a Comasira*, Arti Grafiche Panizza, Mandello del Lario.

Zastrow O. 1992, *Architettura gotica nel territorio lecchese*, Banca Popolare di Lecco.

Zastrow O. 2001, *La chiesa matrice di San Bartolomeo a Margno*, Cattaneo Editore, Lecco.

Fig. 18. *L'affresco della Santissima Trinità all'angolo tra via Roma e via per Noceno.*

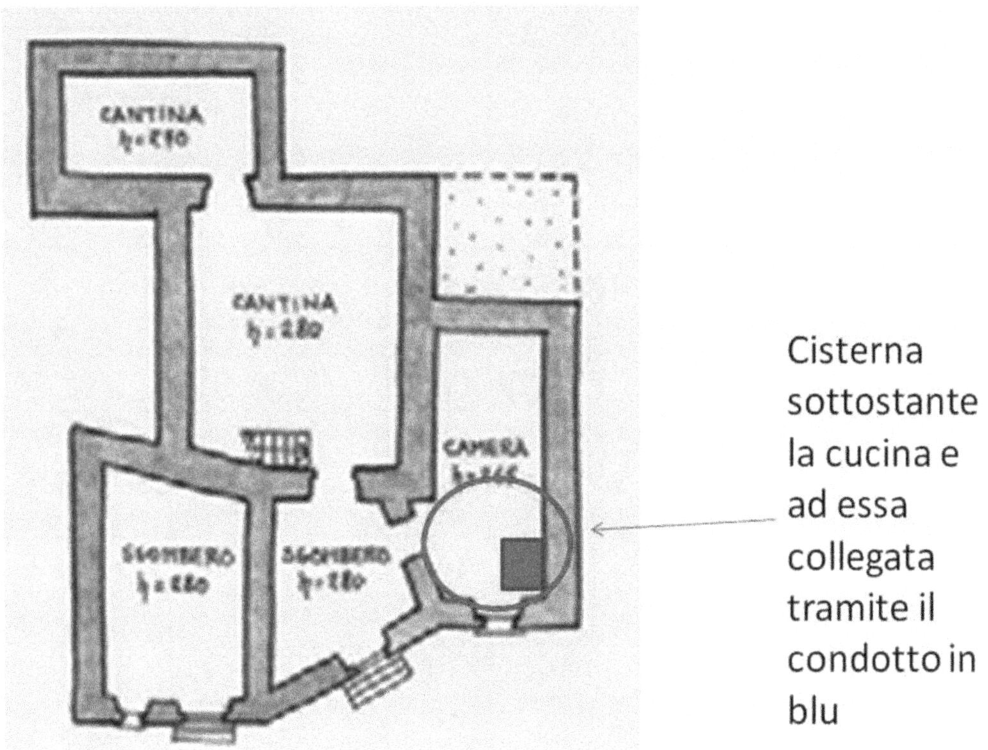

Fig. 19. *Schema grafico che evidenzia la posizione dell'opera di presa dell'acqua che collega la cisterna alla superiore cucina (Elaborazione di M. Lazzari).*

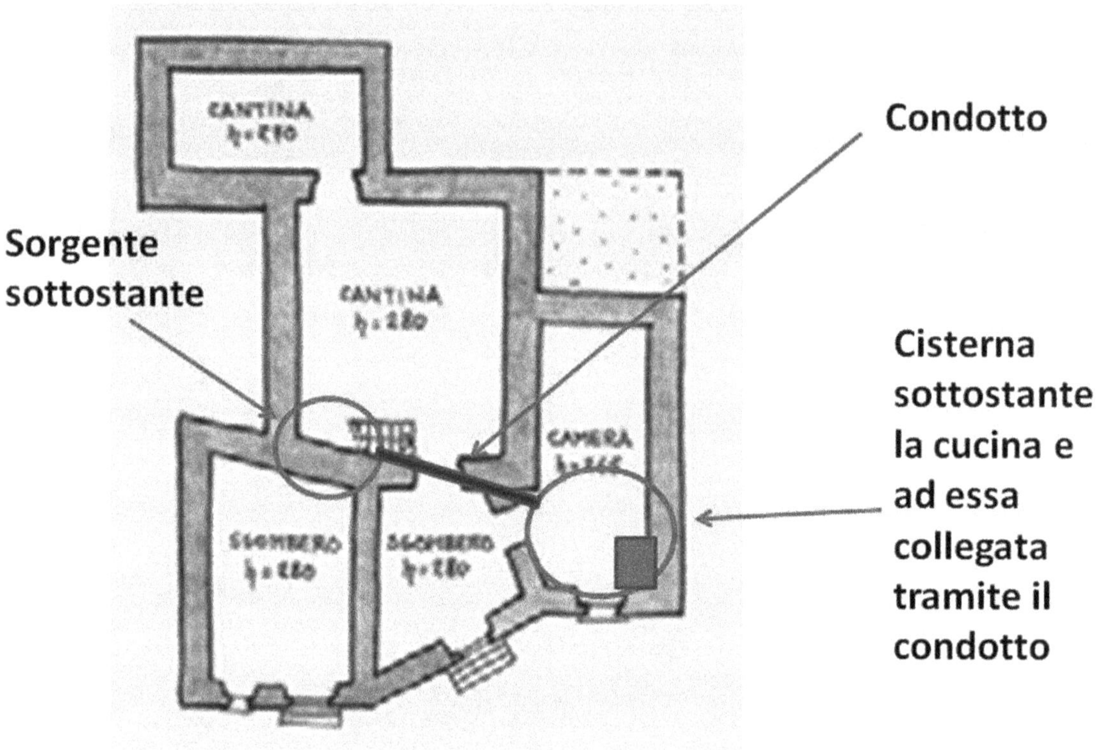

Fig. 20. *Ipotesi di collegamento tra il condotto di adduzione e la vicina sorgente (Elaborazione di M. Lazzari).*

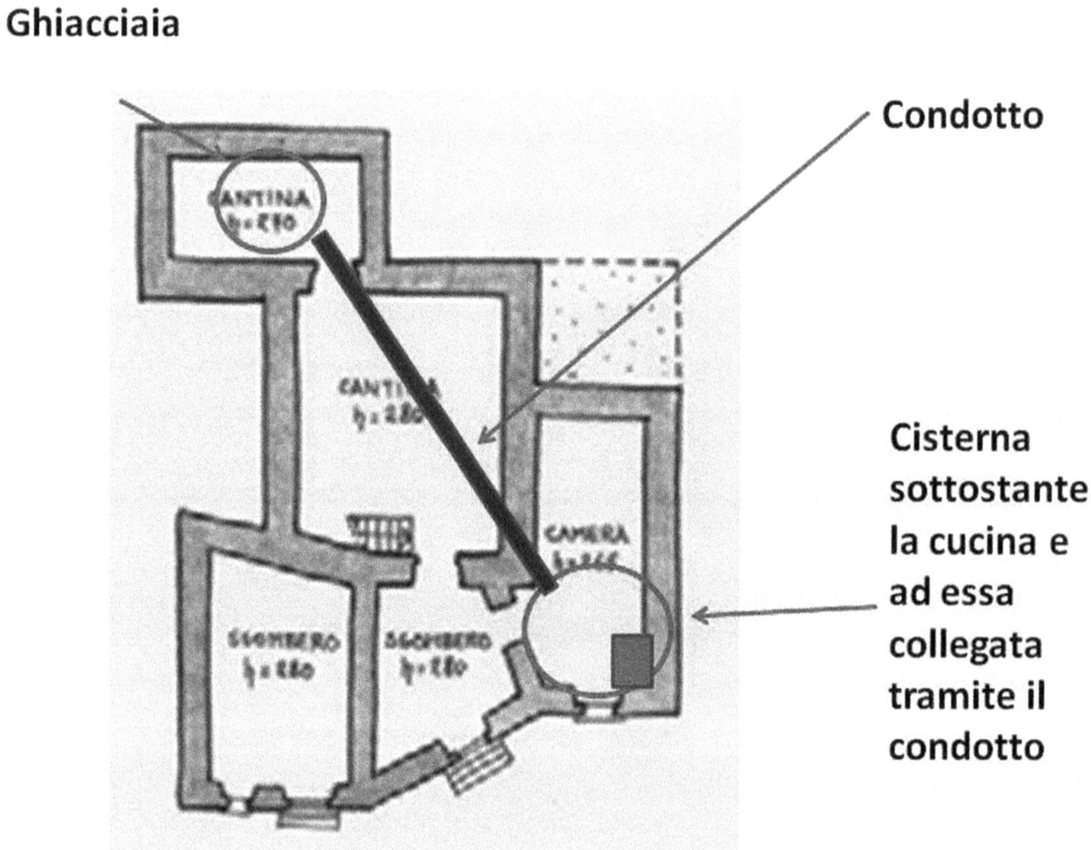

Fig. 21. *Ipotesi di collegamento tra il condotto di adduzione e la ghiacciaia (Elaborazione di M. Lazzari).*

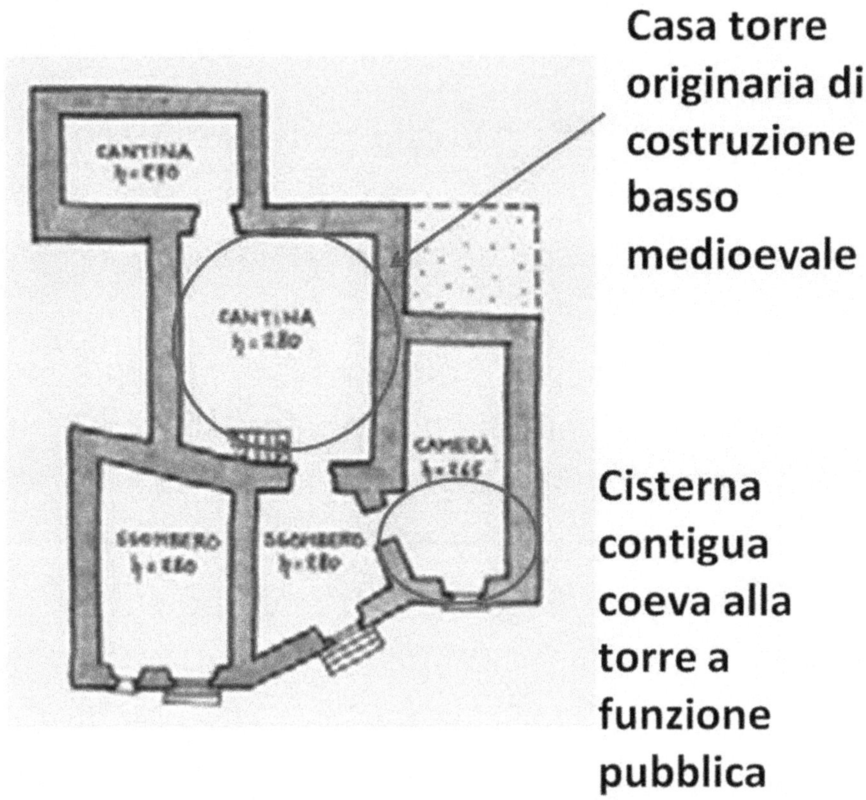

Fig. 22. *Ipotesi dell'esistenza di una Casa torre originaria con cisterna contigua solo in un secondo momento inglobata nell'abitazione e divenuta privata (Elaborazione di M. Lazzari).*

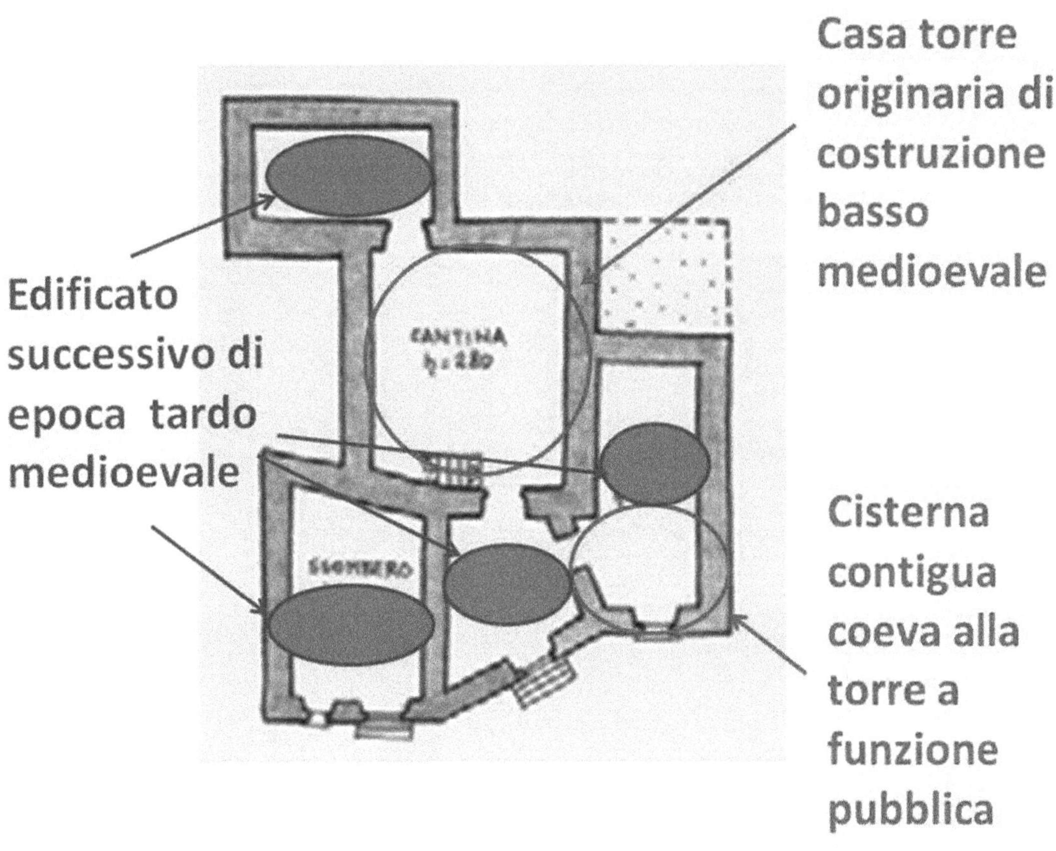

Fig. 23. *Schema degli ampliamenti tardo medioevali che hanno inglobato la precedente Casa torre (Elaborazione di M. Lazzari).*

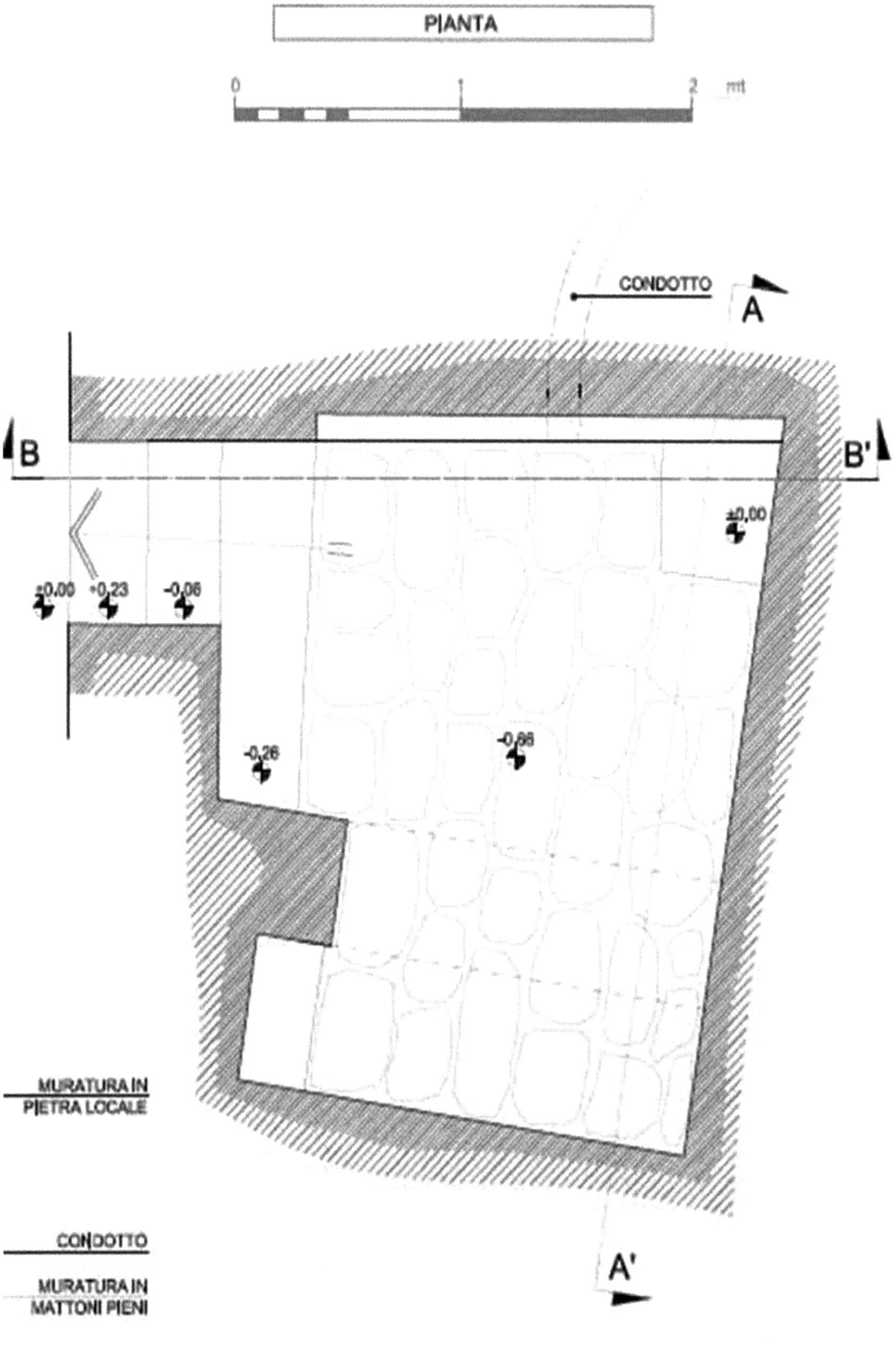

Tavola 1a. *Pianta della cisterna (Restituzione in CAD di D. Corti).*

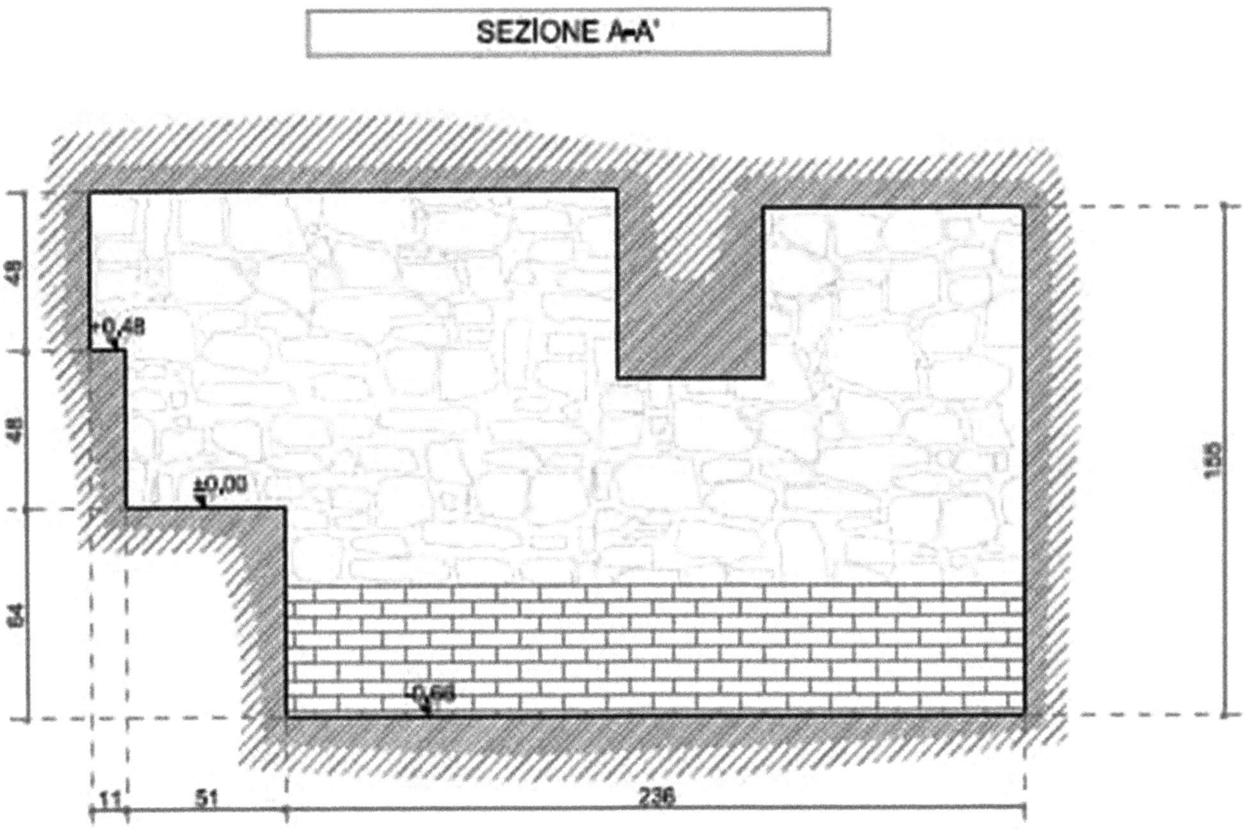

Tavola 1b. *Sezione AA della cisterna (Restituzione in CAD di D. Corti).*

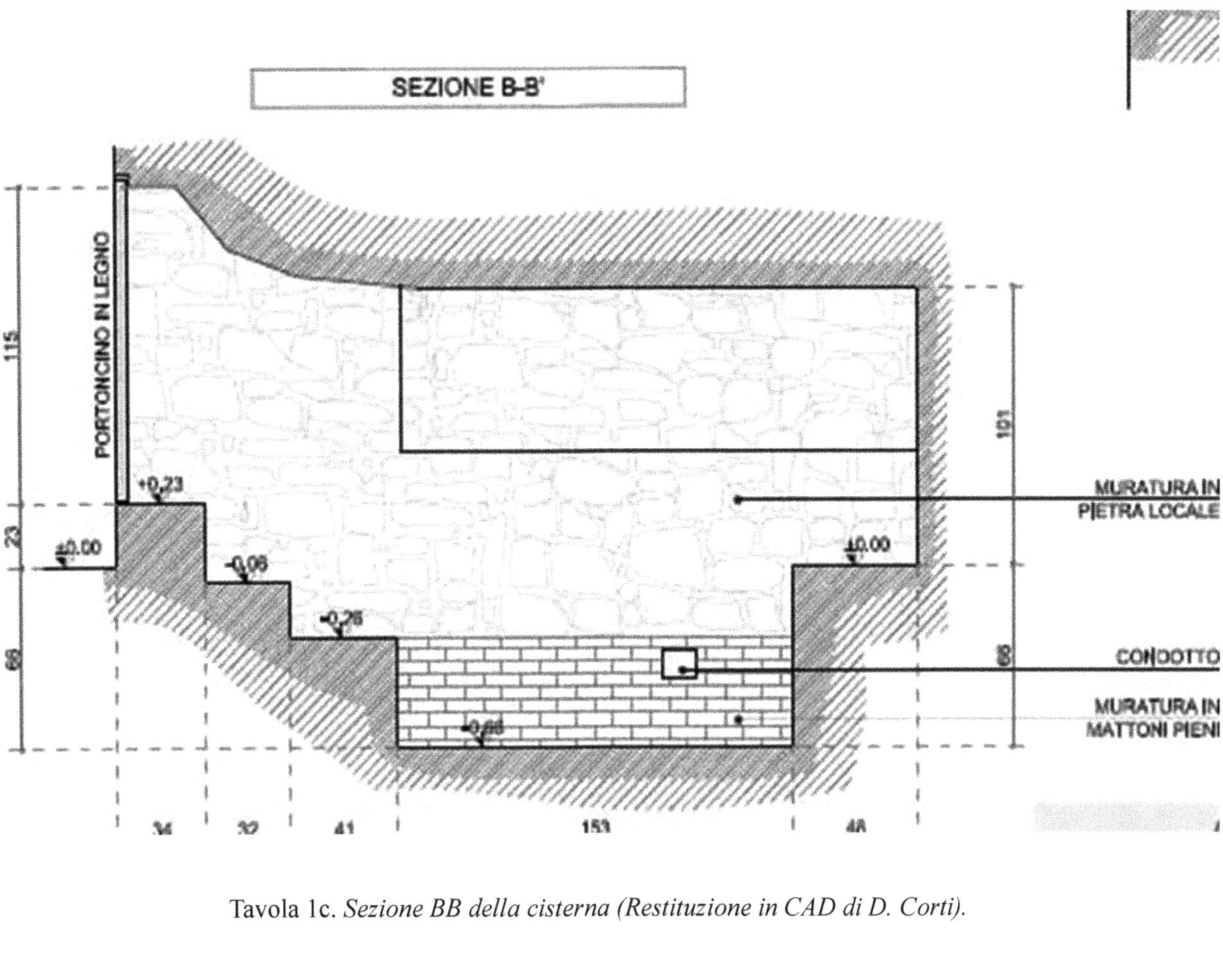

Tavola 1c. *Sezione BB della cisterna (Restituzione in CAD di D. Corti).*

V

IL COMPLESSO IPOGEO IN LOCALITÀ SAN FORTUNATO (MARSCIANO - PERUGIA)

Autore
Valerio Chiaraluce Associazione Culturale Toward Sky

Foto
Archivio Associazione Culturale Toward Sky

Sommario

Esame, studio e rilievo dell'antico complesso sotterraneo situato il Località San Fortunato, nei pressi di una cava, la quale ne ha intercettato un cunicolo; considerazioni inerenti l'acquedotto ipogeo.

Abstract

This paper presents the examination, study and survey of an ancient underground complex located in the area of San Fortunato, near a quarry which has intercepted a tunnel, and considerations relating to an underground aqueduct.

1 - *Inquadramento geografico e inquadramento geologico*

Il dolce crinale su cui sorge la Villa di San Fortunato in Sigillo è delimitato lateralmente dalle valli del fiume Nestore, tributario in destra idrografica del Tevere, e da quella del suo affluente torrente Fersinone. Il crinale procede in salita da est verso ovest ospitando sulla sua sommità dapprima la Villa di San Fortunato (319 m s.l.m.) e poi il castello di Migliano (450 m s.l.m.), antico feudo dei Conti Bulgarelli signori della zona, e infine piegando verso nord si collega alla dorsale del Monte Vergnano (614 m s.l.m), una modesta altura del complesso collinare che si estende a sud del lago Trasimeno sino al monte Peja. La collina è composta da strati incoerenti di sedimenti lacustri e fluviali riferibili alla cosiddetta Unità di Santa Maria di Ciciliano, formatasi nel Pleistocene inferiore a seguito dello svuotamento del Bacino Tiberino che durante il Pliocene occupava le grandi depressioni tettoniche corrispondenti alla media valle del Tevere e alla Valle Umbra. L'unità è composta da strati sabbiosi e ghiaiosi, depositati da fiumi ad alta sinuosità e di tipo intrecciato, da argille siltose grigio-bluastre e strati di lignite accumulatisi all'interno di piccoli laghi e paludi che occupavano parte della pianura alluvionale (Ambrosetti P., Basilici G. 2004, pp. 47, 275-281; Servizio Geologico d'Italia 1969, foglio 130 (Orvieto); Taticchi C. 2007, pp. 42-48). In particolare nei dintorni della Villa di San Fortunato affiora in superficie un banco di sabbie giallastre del tenore di parecchie decine di metri che in tempi recenti è stato intaccato da una cava oggi completamente rinterrata.

2 - *La chiesa di San Fortunato*

La chiesa di San Fortunato in Sigillo compare per la prima volta nei documenti d'archivio nel 1258 e poi nel 1282. Dopo il 1311 l'abitato esistente attorno alla chiesa venne cinto di mura che dovevano difenderlo dalle incursioni dei Tuderti e infatti nel 1380 lo si trova citato come castello. Nel 1416 gli abitanti di San Fortunato si opposero con tenacia alle truppe di Braccio Fortebracci. La chiesa di San Fortunato in Sigillo apparteneva alla diocesi di Todi già ai tempi di Ludovico il Bavaro, quando viene citata come termine di confine del territorio di Poggio Aquilone, e ne faceva ancora parte nel 1476 quando compare nel testamento del Conte Antonio Bulgarelli come beneficiaria di una donazione di 50 denari. Il Cardinale Fulvio della Corgna, per la seconda volta vescovo di Perugia dal 1564 al 1574, elargì un beneficio legato alla chiesa di San Fortunato in Sigillo e alla vicina chiesa di San Pietro all'ordine dei Gesuiti, da poco insediatisi in città. L'edificio ancora oggi esistente risale al 1706 come si può evincere dalla data scolpita sull'architrave della porta principale che reca anche il monogramma di San Bernardino IHS. In seguito alla soppressione dell'ordine dei Gesuiti nel 1773 la tenuta di San Fortunato venne acquistata dalla famiglia Piazza, poi dagli Ottaviani e infine dai Corneli che ancora oggi ne sono i proprietari (Cavallucci F. 2005, pp. 398-402; Grohmann A., pp. 997-998; Ughelli F. 1667, p. 133; Vizzani T. 2003, p. 76; Alvi G.B., ms.).

3 - *Il cunicolo antico*

Presso la cava di San Fortunato era nota da tempo la presenza di un breve tratto di cunicolo antico (Cavallucci F. 2005, pp. 398-402). Sino al 2004 era possibile accedere all'interno dell'ipogeo direttamente dal fronte di scavo che aveva intercettato e in parte distrutto lo speco della galleria. In seguito alla cessazione dell'attività estrattiva e al rinterro della cava, su richiesta della Soprintendenza per i Beni Archeologici dell'Umbria, per non obliterare il cunicolo è stato realizzato un pozzo di cemento profondo 8,25 m, che costituisce l'attuale accesso (cap. 1). Il cunicolo segue un orientamento NO-SE ed è scavato direttamente nel banco di sabbia del colle, senza alcun rivestimento in muratura; lo speco presenta la caratteristica sezione ogivale delle gallerie idrauliche di epoca romana e preromana. A 10,85 m dall'attuale ingresso appare ostruito da un accumulo di detrito argilloso, probabilmente precipitato dall'esterno attraverso un pozzo (cap. 2). Poco prima dell'interruzione il soffitto della galleria subisce un brusco salto di quota che sembra corrispondere al punto in cui due squadre di operai, che scavavano da direzioni opposte, si sono incontrate. Lungo tutta la galleria sono presenti piccole nicchie disposte a distanze pressappoco regolari, destinate a sorreggere lucerne ad olio.

Nel 2004, in occasione della seconda campagna dello scavo archeologico intrapreso dal dipartimento di Scienze Storiche della Facoltà di Lettere e Filosofia dell'Università degli Studi di Perugia, sotto la direzione del Prof. Maurizio Matteini Chiari, presso il castello di Migliano (i risultati dello scavo sono stati esposti nella mostra "Il Castello dimezzato. Lo scavo archeologico di Migliano (2003-2008)" che si è tenuta a Marsciano presso Palazzo Pietromarchi dal 30 maggio al 15 agosto 2009. Nella mostra è stato esposto anche un pannello inerente agli ipogei della Villa di San Fortunato), è stato realizzato per la prima volta ad opera di chi scrive il rilievo dell'ipogeo e inoltre sono stati individuati altri due tratti di galleria sconosciuti, che presentano caratteristiche simili a quello già noto e che sembrano appartenere allo stesso complesso. Questi tratti sono raggiungibili attraverso una cantina ipogea che li ha intercettati, il cui accesso è situato al pian terreno del Cantinone di San Fortunato (capp. 3-6), massiccio edificio risalente al 1880 che aveva, appunto, la funzione di cantina e di magazzino del grano e degli altri prodotti della tenuta (fig. 5). L'edificio si sviluppa su tre piani. La pendenza naturale del colle è stata sfruttata per avere un facile accesso in piano sia al livello inferiore sia a quello intermedio, infatti, la comodità degli ambienti era importante per agevolare lo stivaggio dei prodotti agricoli. Il livello inferiore è occupato da un unico grande ambiente coperto a volta, lungo le cui pareti si allineano decine di botti di legno, alcune delle quali presentano intagliata la data di realizzazione (fig. 6). Nelle murature dell'edificio si può riscontrare un abbondante utilizzo di laterizi ed in particolare di grandi mattoni detti "doppioni", prodotti dalla fornace situata nelle vicinanze, all'interno della stessa tenuta (Capoccia M. 2001, pp. 11-12).

La fornace è stata ceduta in comodato d'uso gratuito dalla famiglia Corneli al Comune di Marsciano che, all'interno di un più ampio progetto di archeologia industriale che comprende il Museo Dinamico del Laterizio di Palazzo Pietromarchi e le fornaci di Compignano, ne ha curato il recupero e l'ha resa fruibile al pubblico. Il tratto sotterraneo della cantina è accessibile attraverso un passaggio a volta che si apre nella parete di destra, alle spalle di una delle botti (cap. 4; fig. 7). Il complesso è formato da due ampi corridoi scavati direttamente nel banco di sabbia e disposti tra loro ad angolo retto, lungo le cui pareti si aprono grandi nicchie che un tempo dovettero ospitare botti di legno e orci di terracotta destinati a contenere vino ed olio (rispettivamente capp. 4, 7, 8 e capp. 14, 7, 11; fig. 8).

Al termine della galleria più interna si apre un passaggio molto stretto e basso che ne prosegue l'orientamento. Il cunicolo risulta difficilmente percorribile per 7 m. sino al cap. 13. Allo stato attuale non è possibile indicare con sicurezza la natura di questa parte dell'ipogeo, che necessiterebbe di essere liberata dai detriti che in parte la obliterano, ma l'impressione è quella che si tratti della tana di un animale, probabilmente un istrice. Al centro degli altri due lati del vano voltato sono presenti altri due passaggi che terminano immediatamente contro il banco di sabbia, analoghi a quello che immette nell'ipogeo, evidentemente realizzati in vista dello scavo di altre gallerie mai realizzate (capp. 5 e 6). Nella parte più interna della cantina si incontra uno dei due tratti di cunicolo antico (cap. 11).

La galleria ottocentesca intercetta perpendicolarmente il cunicolo, evidentemente preesistente (figg. 10-11). Questo segue un andamento rettilineo con direzione NNO-SSE ed è percorribile per 46,45 m, dal suo termine originale verso monte (cap. 12) sino al punto dove risulta ostruito da un accumulo di terreno argilloso (cap. 15). L'alto tratto di galleria antica, posto più a nord, è accessibile tramite uno stretto passaggio situato vicino al punto dove le due gallerie della cantina si incontrano (cap. 8). Questo dapprima

Fig. 1. *Ortofotopiano della zona di San Fortunato in Sigillo con indicazione della toponomastica e degli ambienti ipogei. I cerchietti rappresentano una ipotetica successione di pozzi posti lungo il percorso dell'acquedotto alla distanza di un* actus.

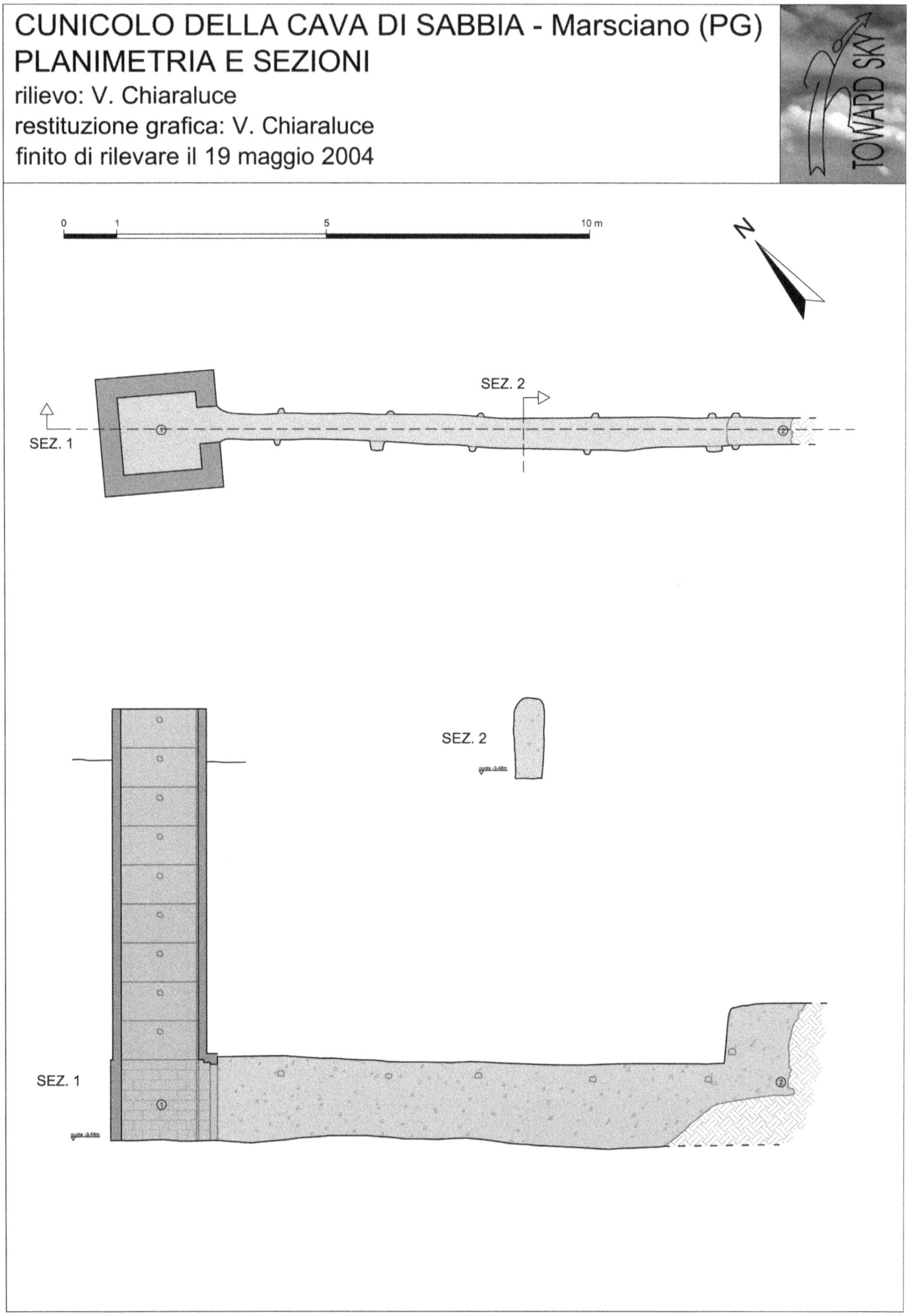

Fig. 2. *Cunicolo della cava di sabbia. Pianta e sezioni (Rilievo Associazione culturale Toward Sky).*

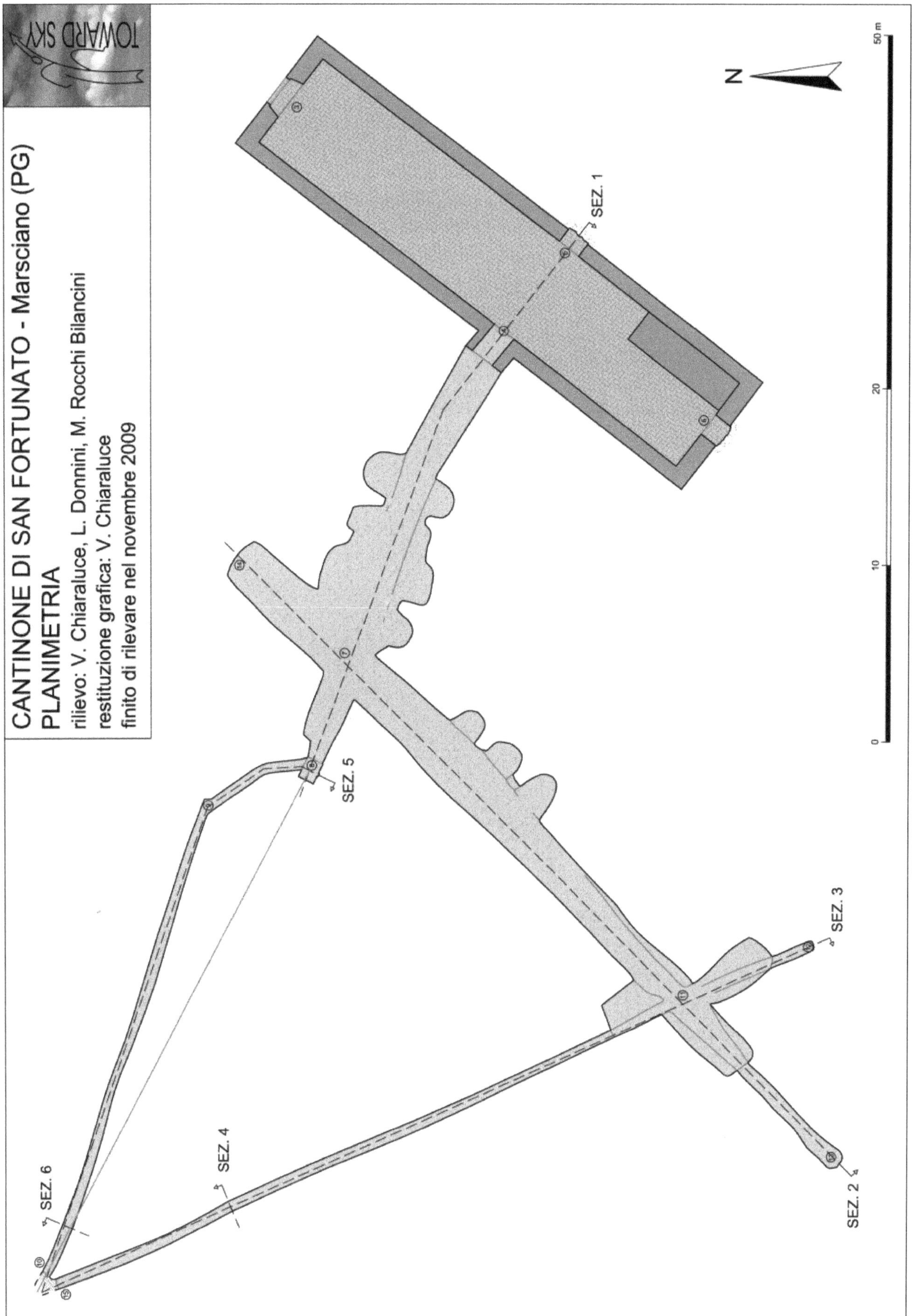

Fig. 3. *Ipogeo del Cantinone. Pianta (Rilievo Associazione culturale Toward Sky).*

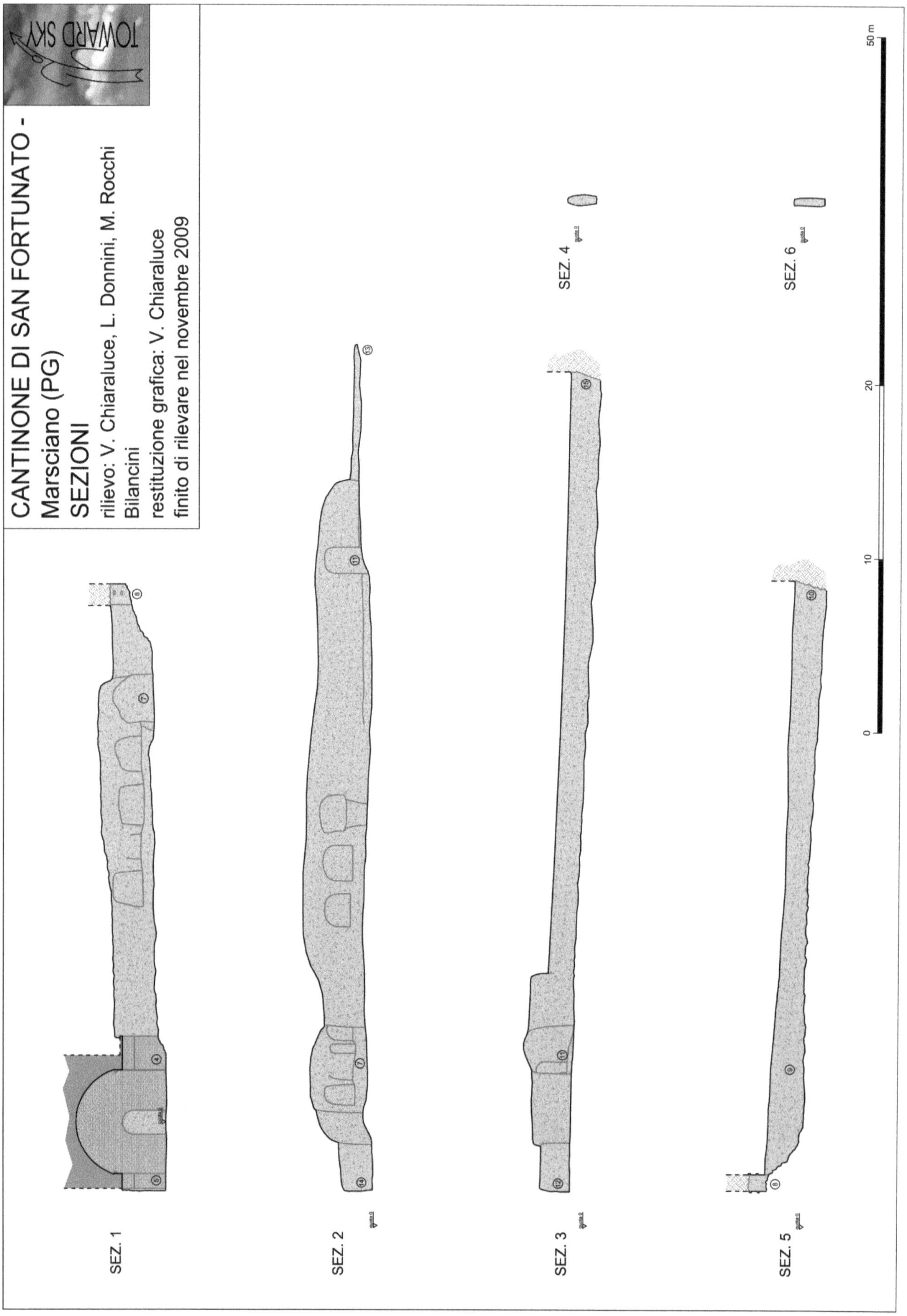

Fig. 4. *Ipogeo del Cantinone. Sezioni (Rilievo Associazione culturale Toward Sky).*

presenta una direzione NNO-SSE, ma dopo 6 m, con due cambi di direzione, piega verso sinistra (cap. 9) e prosegue con percorso rettilineo in direzione ONO-ESE per altri 29 m sino ad una ostruzione formata da un accumulo di terreno argilloso (cap. 10). I segni lasciati dagli attrezzi di scavo sulle pareti indicano che il mutamento della direzione della galleria è dovuto alla giunzione di due tratti scavati contemporaneamente da direzioni opposte. Osservando la parete nel punto di congiunzione con la cantina, infatti, è possibile riconoscere i resti di un pozzo a sezione rettangolare munito di pedarole per la discesa poste al centro dei lati maggiori, ostruito, anche in questo caso, da un accumulo di materiale gettato dall'alto (cap. 8; fig. 9). Probabilmente il cunicolo antico proseguiva ancora oltre questo pozzo ma il suo percorso è stato completamente assorbito dallo scavo della cantina ottocentesca.

4 - *Analisi e sintesi*

Osservando il rilievo si deduce che i due tratti di cunicolo antico erano congiunti verso valle, nel punto dove attualmente entrambi sono interrotti da un accumulo di detrito argilloso immediatamente prima del punto di collegamento, dove è possibile intuire l'esistenza di un pozzo che raggiungeva la superficie (capp. 10, 15). Nel complesso, gli ambienti ipogei del Cantinone, rilevati nel 2009, raggiungono uno sviluppo lineare complessivo di 154 m. I tratti di cunicolo indagati sotto la collina di San Fortunato appartenevano ad un acquedotto sotterraneo, il cui sviluppo complessivo doveva superare i 400 m, destinato a captare l'acqua di vena e a condurla presso un sito di utilizzo, probabilmente una villa rustica o un piccolo insediamento non ancora identificato posto a SO del Podere Greppo Morelli, lungo il tracciato della Strada Orvietana, una viabilità certamente antica che collegava Perugia al territorio volsiniese (Scarpignato M., Ottaviani Nico M. G., Covino R. 2003; Centro di Ricerche Ambiente Cultura Economia 2001). Sia la presenza nei terreni coltivati circostanti di frammenti di ceramica romana, tra cui tubuli a siringa, sia le distanze che intercorrono tra i pozzi, che sembrano essere multiple dell'actus romano (35,52 m), fanno propendere per una datazione compresa tra gli ultimi secoli della repubblica e l'età imperiale romana. Si sottolinea che Il pozzo presso il cap. 8 dista 33,38 m da quello presso i capp. 10 e 15 cioè all'incirca un actus. Il pozzo presso i capp. 10 e 15 dista 243,73 m da quello presupposto presso il cap. 2 cioè all'incirca 7 actus. È evidente che lungo questo tratto non accessibile dell'acquedotto devono esistere altri pozzi il cui accesso in superficie non è stato identificato (vedere utilmente fig. 1).

5 - *Bibliografia*

Alvi G. B., *Dizionario Topografico Tudertino*, ms., Todi, Archivio Storico Comunale, Fondo Alvi, arm. I, palch. I, n. 23, f. 135r.

Ambrosetti P. 2004, Basilici G., in Passeri L. (a cura di), *Guide Geologiche Regionali. Appennino Umbro - Marchigiano*, I, 3ª ristampa, Milano, pp. 47, 275-281.

Capoccia M. 2001, *Marsciano e il suo territorio. Guida turistica e culturale*, Marsciano, pp. 11-12.

Cavallucci F. 2005, Marsciano. *Segni e voci dell'uomo*, Marsciano, pp. 398-402.

Centro di Ricerche Ambiente Cultura Economia (a cura di) 2001, *Precatalogazione dei beni culturali del Comune di Marsciano*, CD Rom distribuito dal Comune di Marsciano, Marsciano.

Grohmann A., *Città e territorio tra medioevo ed età moderna (Perugia, secc. XIII-XVI)*, tomo II, pp. 997-998.

Scarpignato M. 2003, Ottaviani Nico M. G., Covino R., *L'antica Via Orvietana. Collegamento tra Perugia e Orvieto attraverso il territorio di Marsciano*, Quaderni Marscianesi, Marsciano.

Servizio Geologico d'Italia 1969, *Carta Geologica d'Italia, foglio 130 (Orvieto)*, II edizione, Ercolano.

Taticchi C. 2007, *Il Fiume Nestore. Elementi geomorfologici, idrografici e tendenza evolutiva del tracciato tra Pietrafitta e Marsciano*, Quaderni Marscianesi, Marsciano, pp. 42-48.

Ughelli F. 1667, *Albero et istoria della famiglia de' Conti di Marsciano*, Roma, p. 133.

Vizzani T. 2003, *Appendice alla ristampa anastatica dell'opera dell'Ughelli* a cura di M. G. Nico Ottaviani, Marsciano, p. 76.

Fig. 5. *Il Cantinone di San Fortunato. Vista dall'esterno.*

Fig. 6. *Il Cantinone di San Fortunato. L'ambiente voltato nel livello inferiore. Le botti allineate lungo la parete di destra nascondono l'ingresso all'ipogeo.*

Fig. 7. *Il Cantinone di San Fortunato. Passaggio d'ingresso all'ipogeo. (caposaldo 4).*

Fig. 8. *Il Cantinone di San Fortunato. La prima delle gallerie della cantina ipogea vista dal caposaldo 4.*

Fig. 9. *Il Cantinone di San Fortunato. Il pozzo a sezione rettangolare da cui si diparte uno dei tratti dell'acquedotto romano (caposaldo 8).*

Fig. 10. *Il Cantinone di San Fortunato. Punto in cui la galleria della cantina intercetta uno dei tratti dell'acquedotto romano (caposaldo 11).*

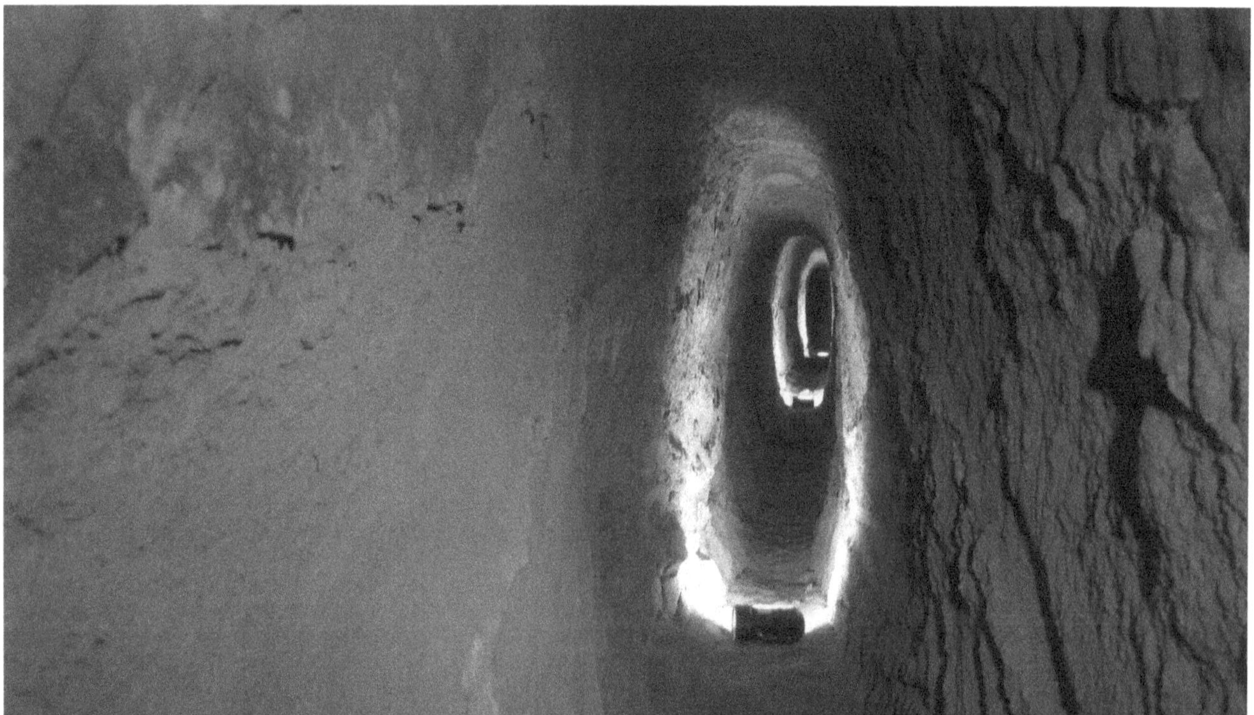

Fig. 11. *Il Cantinone di San Fortunato. Vista di uno dei tratti dell'acquedotto romano (capisaldi 11-15).*

VI

«INSTRUMENTO DELL'ANNO 1700 PER LA BRONZATURA DELL'ACQUA NELLE FONTANE». IL CANALE DELLE FONTANE (NAPOLI)

Autori
Clemente Esposito — Centro Speleologico Meridionale
Antonella Feola — Centro Speleologico Meridionale

Foto
Clemente Esposito — Centro Speleologico Meridionale

Sommario

L'approvvigionamento d'acqua potabile a Napoli nel XVI secolo, come "fattore da risolvere". Cenni storici sull'Acquedotto Augusteo d'epoca imperiale romana. Il progetto del nuovo grande impianto idraulico che va sotto il nome di Acquedotto del Carmignano, costruito nel XVII secolo. Storia e utilizzo del cosiddetto Canale delle Fontane.

Abstract

This paper approaches the water supply in Naples in the 16th century as a 'problem to solve'. It offers a historical outline of the Aqua Augusta, from the Roman Imperial period, and examines the plumbing system project called the Aqueduct of Carmignano, built in the 17th century, and the history and use of the so-called 'Fountains Channel'.

1 - *L'acqua a Napoli durante il dominio Aragonese*

Gli Aragonesi, che trasformarono Napoli ampliandola e chiudendola in una nuova murazione (tav. 1), ben poco riuscirono a fare per aumentare le acque potabili che giungevano in città. In quell'epoca esistevano solo due acquedotti: "la Bolla" e "l'Augusteo", entrambi a pelo libero (tav. 2). Il primo aveva le sorgenti alle falde occidentali di Monte Somma da dove le acque con vari formali avanzavano verso una località poi detta "Crocella" proprio perché i detti formali qui si incrociavano. Dalla Crocella un formale, lungo 1.062 metri arrivava ai confini di Napoli, precisamente in quella zona dove poi nel 1500 fu costruita la "Casa delle Acque", sotto la quale, proprio in tale epoca, per regolamentare il flusso dell'acqua, si costruì uno stramazzo che misurava una portata di 5,3 metri cubi al secondo. Subito dopo lo stramazzo si inserì anche un partitore che divideva questa portata in due parti: la prima convogliava l'acqua in un alveo, il "Rubeolo" (da non confondere con il Sebeto), che dopo aver alimentato undici mulini si versava in mare nei pressi del "Ponte della Maddalena"; l'altra, in sotterraneo, era impinguata, lungo il percorso, da diverse sorgenti, di cui alcune captate in un condotto lungo 423 metri, ed altre incontrate lungo i tre chilometri che dividevano la "Casa delle Acque" da Napoli. In città l'acquedotto seguiva, sempre in sotterraneo, la "Regia Strada delle Puglie", lambiva il luogo dove i Borbone costruirono una loro villa, detta "Villa Reale", per cui lo stesso luogo fu chiamato "Poggio Reale" e il formale "Canale Reale", e si portava nei pressi di Porta Capuana (fig. 1), dove fu costruita la chiesa di Santa Caterina, detta a Formiello proprio per i formali che da essa partivano per distribuire l'acqua a tutta la città nelle migliaia di cisterne esistenti sotto ogni palazzo (figg. 2, 3, 4, 5, 6). Come si è visto l'acquedotto greco della "Bolla"

Tav. 1. *Cartografia del Lafrery.*

cresce, si modifica e si adatta alla città, sotto la città e, nei secoli, le sue acque si mescolano anche con quelle di tutti gli acquedotti che si costruirono a servizio della città: il già citato "Augusteo" e il "Carmignano".

2 - *L'Acquedotto Augusteo*

Durante l'impero di Augusto i Romani costruirono un acquedotto, lungo oltre 50 chilometri: partiva da Serino, in provincia di Avellino, attraversava la "Valle del Sabato", passava per Ajello, circondava Monte Ajello, toccava Casinali, Bellizzi, Piano di Forino, usciva, dopo essere passato sotto la montagna "Serra del Mortello", nei pressi della strada che va a Montuoro, si portava a sinistra di Sanseverino, girava a destra verso San Giorgio, puntava verso Serra di Paterno, attraversava la piana di Sarno, camminava su ponte-canale dal Sarno fino a Palma. Nella piana di Palma si staccavano due rami di cui uno andava a Nola e l'altro a Pompei.

Il corso principale, invece, continuava sotto la pianura a settentrione di Monte Somma arrivando a Casalnuovo e da qui a Pomigliano d'Arco e Afragola. In questa località un ramo si staccava per portarsi ad Atella mentre il principale, attraverso San Pietro a Patierno, raggiungeva Napoli sotto la collina di Capodichino dalla quale usciva ai Ponti Rossi (fig. 7) e, passando sotto Sant'Eusebio Vecchio, toccava Santa Maria dei Vergini, attraversava l'attuale Piazza Cavour e per Porta Costantinopoli andava a lambire le falde del Colle di San Martino, dove poi sorsero i Quartieri Spagnoli, giungendo sotto l'attuale Monastero della Trinità dove sono stati trovati cunicoli (fig. 8) e pozzi rivestiti in *opus reticulatum* (fig. 9) e in opus lateritium (fig. 10), nonché «un grande ed egregiamente articolato castello di distribuzione... ove faceasi la ripartizione delle acque»: una parte andava al Castro Luculliano, l'attuale Monte Echia (fig. 11) e l'altra alla Grotta di Pozzuoli (Cripta Neapolitana) (fig. 12) dove un ramo si staccava per alimentare Posillipo (figg. 13, 14, 15, 16). Il ramo principale usciva a Fuorigrotta, dove altra acqua veniva deviata verso Nisida, e attraverso i colli che sovrastano il lago di Agnano e la montagna di Bagnoli attraversava la piana per Pozzuoli, dove un altro castello di distribuzione dava l'acqua alla stessa Pozzuoli e alla "Piscina Mirabilis" (fig. 17) a Miseno dove era di stanza la flotta romana. L'Acquedotto Augusteo, purtroppo, per la scarsa manutenzione, si era ostruito in più parti per cui Napoli, all'inizio del viceregno, veniva alimentata solo dall'acquedotto della Bolla e dalle poche acque sorgive esistenti in città.

3 - *La penuria d'acqua e le "prammatiche" fino alla costruzione del nuovo acquedotto*

I Viceré cominciarono subito a studiare nuove alternative per portare altra acqua e nelle more cercarono di gestire al meglio quella esistente, affidata, ormai, al Tribunale della Mattonata e dell'Acqua e ai loro dipendenti: i tecnici i fontanari e i pozzari. Questi, veri e propri "faccendieri", pagati da potenti feudatari, ricchi e di ordini religiosi, avevano ancora sottratto acqua alla Bolla per la necessità di aziende, palazzi e conventi, assetando ancor più la popolazione. Di prammatica, quando la situazione precipita e diventa insostenibile si fanno leggi che, vedi caso, all'epoca si chiamavano prammatiche. Uno di questi "bandi" fu firmato il 13 giugno 1552: «De aquiis et acqueductibus – Titulus XIII – Prammatica prima» e conteneva soli 19 articoli. La situazione si aggravò e gli articoli diventarono 20; poi precipitò ancora e gli articoli diventarono 27, «con pene severe, corporali, restrittive e pecuniarie» e, per renderle più efficienti, la quarta parte della multa veniva versata agli accusatori, veri e propri delatori che, però, se dicevano il falso subivano in toto il carcere e la fustigazione prevista. Con l'avvento di Don Pedro di Toledo (1532 – 1553) la città si ampliò ad ovest con i quartieri Spagnoli e a sud con il nuovo porto, raggiungendo una superficie di 3.500.000 metri quadrati con una popolazione di 360.000 abitanti.

L'adduzione di acqua nuova ormai era diventata un problema predominante, per cui Don Pedro nel 1549 incaricò il tavolaio Pietro Antonio Lettieri per cercare di ripristinare l'Acquedotto Augusteo. Il Lettieri indagò, ispezionò, sterrò e ripristinò parti di detto acquedotto lavorando per ben quattro anni durante i quali morì Don Pedro. Solo nel 1560 fu presentata al Duca di Alcalà la relazione sull'Acquedotto Augusteo che il Lettieri chiamò Claudio e così fu conosciuto, erroneamente, fino ai nostri giorni. Di questa relazione si perse ogni traccia anche perché i lavori che essa consigliava erano enormi e costosissimi; essa ricomparve ad opera di un Padre Teatino del Convento dei SS. Apostoli, Giovan Battista Bolvito, che la ricopiò nel suo *Volumen Variarum Rerum*. In seguito fu riportata dal Giustiniani nel *Dizionario Geografico Ragionato del Regno di Napoli* e, ultimamente, da Clemente Esposito in *Napoli Sopra e Sotto*. Negli ultimi quaranta anni del XVI secolo la popolazione aumentò e i Viceré, oltre che alla carenza di acqua, furono presi da un nuovo grosso problema: l'abusivismo edilizio. E così, tra leggi e decreti, si arrivò al 1622, quando Cosimo Morcone presentò un'offerta, corredata da relazioni, su sopralluoghi ed analisi delle acque di Airola che lui, a sue spese, avrebbe portato a Napoli. L'offerta fu «accettata e fatte tutte le debite cautele; tuttavia, tenendo conto della spesa occorrente (...) o per altra causa, non si è mai portata a termine» (Questo è quanto si legge in uno dei 22 manoscritti, datati dal 1622 al 1885, da Clemente Esposito trovati in un "mercatino delle pulci". Essi, tutti inediti, rappresentano la storia dell'acquedotto del Carmignano per oltre due secoli. Contengono relazioni, descrizioni di sopralluoghi, di lavori e di manutenzioni, atti notarili, relazioni tecniche e gli atti di tante e tante cause sostenute dal Carmignano e suoi soci e eredi da quando cominciarono la costruzione dell'acquedotto fino alla sua soppressione, nel 1885, per l'avvento dell'attuale acquedotto a pressione).

4 - *L'impresa di Cesare Carmignano di realizzare il nuovo acquedotto*

Nel 1626 Geronimo Lupo, con alcune varianti, ripresenta l'offerta e subito la cede a Cesare Carmignano. Finalmente «il dì 22 maggio 1627, nel Tribunale Laurenty, si sono costituiti alla nostra presenza gli Eletti di questa inclita e fedelissima città Mario Caracciolo per la Platea di Sedil Capuano, Vincenzo Macedonia per la Platea di Sedile di Porto, Battista Muscettola ed Andrea Carmignano per la Platea di Sedile di Montagna e Battista Apicella per la Platea del Popolo; la maggior parte di essi, insieme ad altri, stipulando un atto con i rappresentanti, così dissero (...) etc.». Cesare Carmignano, a sue spese, si impegnava di portare detta acqua da Airola fino a Casalnuovo vicino ad una località detta La Preziosa dove si sarebbe immessa nei formali che stava costruendo Alessandro Ciminelli per conto della città di Napoli, per alimentare tre case di mulini posti nei fossati vicino alle porte di Capuana, Nolana e del Carmine.

Il Carmignano, per dare più credito all'atto, aggiunse che ogni casa dei mulini avrebbe contenuto dieci mole che, se la città avesse fatto a sue spese il formale, avrebbe regalata l'acqua per alimentare tre fontane a Monteoliveto, Largo di Palazzo e Largo di Castello e che con questa stessa acqua, davanti alla chiesa di San Carlo, fuori Porta San Gennaro, in località detta Sorriano, avrebbe costruito un quarto mulino. Con tale atto il Carmignano si impegnava a portare l'acqua di Airola fino a Napoli nel giro di un anno e mezzo con alvei di terra e formali scoperti e poi, nel lasso di cinque anni, avrebbe finito tutta l'opera in muratura. Di contro la città si impegnava di difenderlo nelle eventuali richieste di indennizzi da parte di duchi, baroni e proprietari dei luoghi per i quali detta acqua doveva passare, in modo che le spese che lo stesso Carmignano avrebbe dovuto sostenere, fossero giuste e calcolate da una persona di provata professionalità e fiducia. Gli utili di tali acque, dedotte le spese di gestione, sarebbe stata metà del Carmignano e metà della città.

L'impresa era colossale e le spese altrettanto, per cui il Carmignano fa entrare nell'offerta Alessandro Ciminelli che, oltretutto, era un tecnico e, come già detto, si intendeva di alvei e formali. Tra Carmignano e Ciminelli si stipulò quindi un contratto perfettamente uguale a quello stipulato tra il Carmignano e la Città, per il quale la metà del Carmignano viene ulteriormente divisa e, in definitiva, un quarto dell'utile dell'acqua va al Carmignano, un quarto al Ciminelli e la restante metà alla città; il tutto con atto stipulato il 6 ottobre 1627 «per mano di notar Giuseppe Scalese di Napoli». I lavori sono appena iniziati e subito cominciano i problemi: la Duchessa di Airola, a suo dire proprietaria dell'acqua, vuole che le sia pagata e pretende anche un indennizzo per un probabile cattivo funzionamento, causato dalla distrazione dell'acqua ai «suoi mulini, ad una ferriera, una ramiera, alcune valchiere (luogo dove si fila e torce la seta. *N.d.A.*)» e molti lavatoi pubblici. Non inferiori sono le richieste del Vescovo di Santagata dei Goti, ma quello che darà più fastidi è il Duca di Maddaloni, il quale pretende che gli siano anche pagati alcuni condotti antichi e in disuso che portavano l'acqua a Cuma.

5 - *Controversie legali e aumento delle spese di costruzione dell'opera idraulica*

Le cause e i periti nominati non si contarono. Si accertò che la ferriera e la ramiera erano già in disuso da tempo, ma le spese comunque aumentavano e il Ciminelli, che era l'esecutore materiale dell'opera, a più riprese si fece prestare danari da Sante Francucci, fino a raggiungere, nel 1629, un debito di 7.109,33 ducati, per cui decise di far entrare nel negozio, per quanto riguarda la sua parte, cioè un quarto dell'utile, lo stesso Francucci. Il Ciminelli, quindi, cede al Francucci per 8.333,33 ducati la «sesta parte tantun dell'utile, che in qualsivoglia modo spetta o possa spettare ad esso magnifico Alessandro, in vigore delli presenti istrumenti, da percepirsi da detta acqua, tanto per causa delle moline quali macineranno, quanto per ogni altro utile, o entrata che renderà detta acqua in qualsivoglia modo», senza che il Francucci debba partecipare ad ulteriori spese per il compimento dell'opera.

Nel 1629 arriva a Napoli l'acqua di Airola ed il Santucci dà al Ciminelli altri ducati, portando la cifra a 10.133,33. Ci fu un ulteriore accordo e il 26 marzo 1629 il tutto fu «pattuito e stipulato nel detto preinserto istrumento rogato per mano di notar Donato Alberto». Portata a Napoli l'acqua di Airola, si perfezionò l'opera facendo i formali e gli alvei in muratura, ma sopravvennero altre difficoltà specialmente quando detti manufatti dovettero attraversare i Regi Lagni senza che l'acqua si inquinasse. All'epoca i Regi Lagni erano attraversati da una strada che in alcuni punti camminava su ponti, tra cui quello di Villanova.
L'acquedotto tagliava questa strada e durante la prima fase, nel primo anno e mezzo, quando gli alvei erano in terra ed i formali scoperti, lo stesso acquedotto utilizzò proprio il ponte di Villanova. Non l'avessero mai fatto, anche l'ultimo dei cittadini e dei contadini fece istanza a chi di dovere e numerosi furono i tecnici nominati e le relazioni degli stessi. I problemi non cessarono nella seconda fase, quando altrettanti tecnici furono nominati e con le loro relazioni dovettero certificare che l'acquedotto passava sì vicino al ponte, ma su manufatti propri, di cui altri tecnici dovettero fare le verifiche.

6 - *Il percorso dell'Acquedotto del Carmignano*

Tra diffide, cause e decreti l'opera fu compiuta e anche nei termini e il tracciato dell'Acquedotto del Carmignano così si articolò: Airola, fiume Faenza (oggi Isclero), Bucciano, Pastorano, le località Catena, Rumore e Castrone, Sant'Agata dei Goti, falde monte Longano, Valle di Maddaloni, Maddaloni, nei pressi della strada per Montedecoro e della Masseria Molinello, tangente alla strada per Benevento, Taverna di Cancello dove sfrutta un antico acquedotto romano che portava acqua a Capua, parallelo alla Strada Statale 162, località Gaudello dove su ponte-canale scavalca le acque della sorgente di Mefito, località detta Gomito della Monica, sfiora Acerra, supera i Regi Lagni nei pressi del ponte di Villanova, Licignano di Napoli, caditoia del Salice. Dopo questa caditoia l'acquedotto si biforcava per dare acqua al Canale delle Fontane e il corso principale prende il nome di Canale delle Fogliette e, prima di Casoria, Canale dei Bardassini e con questo nome passa per San Pietro a Patierno, Cupa dei Bardassini, Strada San Giovanniello, davanti al Reclusorio (Real Albergo dei Poveri), via Foria, e infine, a via Cesare Rosarol, nei fossati da dove, dopo aver alimentato i mulini di Porta Capuana, Nolana e Carmine, si versava in mare.

7 - *I bandi e l'obbligo di utilizzare i tre mulini*

Completato l'acquedotto, secondo i patti, si emisero bandi destinati a vermicellari, maccaronari, pasticcieri, panettieri e tarallari che dovevano obbligatoriamente sfarinare nei tre mulini suddetti, sia per evitare le frodi, perché nei mulini esterni si mischiavano i grani con quelli dell'India ed alcune volte si aggiungeva ad essi la pomice, sia perché i partecipanti all'opera e la stessa città potessero trarne finalmente gli utili pattuiti. La stessa città, a pagamento, secondo le tariffe stabilite, doveva portare i suoi grani in detti mulini. Per quanto detto il 5 aprile 1630 il Carmignano fa richiesta al Marchese di Campi, delegato della grassa, di emettere le ordinanze per panettieri e tarallari. Le ordinanze vengono firmate il 10 aprile e notificate tra l'11 e 12 aprile dal messo Dezio Cappiello. Non tutti i panettieri osservarono la notifica, per cui essa fu rispedita, questa volta con gli indirizzi, e notificata il 26 aprile 1630, dal nuovo messo Francesco Testa. Per eventualmente controllare se qualcuno oggi porta lo stesso cognome e, magari, esercita il medesimo mestiere, si riporta l'elenco dei «panettieri», tratto dalla prima notifica, quella senza indirizzi, e dalla seconda notifica con indirizzi, nonché quello dei «tarallari», sprovvisto di indirizzi

PANETTIERI

Ascolese Camillo
Basile Stefano (vico Laparo)
Blanco Lattanzio (Seminario
Caccina Saverio
Cafaro Matteo (Carità)
Caporale Orazio (Dochesca)
Carrado Minico (Pisciaturo)
Cataneo Giovanni Andrea (Giudecca)
D'Amato Pompeo
De Amabile Gianlorenzo (Sant'Onofrio)
De Amato Lucio (Rua Catalana)
De Angelillo Andrea
De Avoto Pietro (Berrettari)
De Caro Dario (Sant'Eligio)
De Caro Geronimo (Campana)
De Carto Dezio
De Carto Geronimo
De Iorio Marzio (Crispano)
De Ligoro Giovanni Berardino (Santa Maria de Loreto)
De Marino Francesco (Duchsca)
De Meglio Pietro detto Dacrio

De Sarno Giovanni (San Bartolomeo)
De Serino Angelo (Vela)
De Seta Andrea
Del Meglio Pietro
Di Antonio Pompeo
Di Letto Andrea (San Giovanni a Mare)
Di Sarno Pietro Angelo (Spirito Santo)
Donadio Carmine
Falanga Fabrizio (Santa Maria di Loreto)
Farina Giovanni Nicola (Breciata)
Fiorillo Curzio
Funesa Cortelo Antonio
Gambone Angelillo (Muntonata)
Iannuzzo Antonio (Tarallari)
Iovene Masillo (Gradoni)
Imperato Antonio (Santa Maria la Grazia)
Maistro Francesco (Banchi Nuovi)
Maistro Giovanni
Manso Staia Giovanni Paolo
Martino Giovanni
Melillo Angelillo (Martinello)
Palomma Minico (Carminiello)
Pecora Giovanni (Annunziata)
Periaresa Salvatore (Gesù e Maria)
Priarotilo Galante
Santillo Giulio (Incurabili)
Scafaro Vincenzo (Lacorio)
Varuato Vespasiano (Pisciaturo)
Vasile Carmine (Santa Maria di Agnone)
Vasile Lorenzo (Sopra Muro)
Vasile Stefano
Vasile Vespasiano (Caghentesa)

TARALLARI

Dattolo Giovanni Martino
De Biase Minico
De Natale Francesco
De Natale Giovanni Andrea
De Natale Sabato
De Vernujo Giovanni Tomaso
Farella Masangelo
Laudato Nicola
Piscopo Nobile
Russo Dezio
Russo Giovanni Antonio
Scarano Pietro
Vernujo Giovanni Sabato

8 - *Le frodi del Tribunale della Fortificazione Mattonata ed Acqua*

Finito il Formale della Fontane a spese della città, vi si immette l'acqua, ma le tre fontane non funzionano a dovere, perché i pozzari, dipendenti dal Tribunale della Fortificazione, Mattonata ed Acqua, soprintendente ai lavori, avevano distratto molta acqua per feudatari, case di nobili e conventi. Non essendo palesi dette frodi, perché nascoste nel sottosuolo, poiché l'acqua che si immetteva nel formale di fatto non arrivava, pensando che il formale si fosse rotto, si stipulò un nuovo contratto il 10 giugno 1634 con il quale «si obbligò detto Cesare di accomodare il formale dell'acqua di dette tre fontane», sempre sotto la sovrintendenza del Tribunale della Fortificazione Mattonata ed Acqua; ancora una volta si erano affidate le pecore ai lupi ed infatti l'acqua continuò a non far funzionare le dette fontane. Nel 1649 il Carmignano e il Ciminelli, che pur continuando ad immettere acqua nel formale non erano creduti, fecero un'istanza con la quale chiesero di bronzare l'acqua che alimentava detto formale alla fonte, cioè a Casalnuovo, dimostrando così la effettiva quantità di acqua che vi si immetteva.

La bronzatura accertava la quantità di acqua che veniva veramente immessa con una portata costante. La situazione, quindi, doveva migliorare, ma i dipendenti del Tribunale erano talmente corrotti che, incuranti del fatto che l'acqua immessa in un formale deve per forza uscirne, ne distrassero altra e le fontane continuavano a restare a secco. Perdurando questa anomala situazione, il 19 dicembre 1651, per mano del notaio Pietro Antonio dell'Aversano, si stipulò un nuovo contratto con il quale gli Eletti diedero «la cura ed il governo di dette tre fontane per appalto a detto Alessandro Ciminelli» sotto la soprintendenza del solito Tribunale della Fortificazione, Mattonata ed Acqua. Chiaramente le cose non migliorano, né si poteva immettere più acqua nel formale, perché sarebbe andato a scapito dei mulini che erano l'unica fonte di guadagno, per cui nel 1660 il Ciminelli rinuncia «alla cura ed al governo» suddetto. Ciò nonostante, nel 1662 Francesco de Martino, «deputato da detto Ciminelli per assistere per il governo di dette fontane compare per la liquidazione della sua provvigione e l'ottiene», il che fa presupporre o che la rinuncia non era stata accettata o che al posto del Ciminelli restava de Martino, comunque suo uomo di fiducia. Nel 1665 muore il Ciminelli e gli eredi chiedono la rescissione del contratto del 1651.

Nel 1666 il Tribunale della Fortificazione, Mattonata ed Acqua supera se stesso: a seguito di una propria istanza, dichiara «che la cura di far fluire dette fontane non andava a peso loro, ma del Ciminello e che perciò avessero, gli stessi Eletti, procurato che le acque dovevano fluire decentemente». Cioè, spudoratamente, dicono: non vogliamo avere a che fare con gli eredi del Ciminello che si rifiutano di aggiustare il canale, vedetevela voi che siete «gli Eletti» e, nella stessa istanza, ribadiscono: visto che siamo noi quelli che sovrintendono a questi lavori, teneteci informati. Chiaramente le cose non migliorano, la colpa però è degli Eletti e quindi del popolo che li eleggeva. Il dì 10 febbraio 1667 gli eredi del Ciminelli si oppongono all'istanza che chiedeva loro «l'accomodo necessario del formale», per cui gli Eletti decisero, il 4 marzo 1667, che l'accomodo fosse fatto dal Tribunale della Fortificazione, Mattonata ed Acqua, impegnando una spesa di 2.000 ducati dati dagli stessi Eletti e quindi dal popolo. Dando i soldi

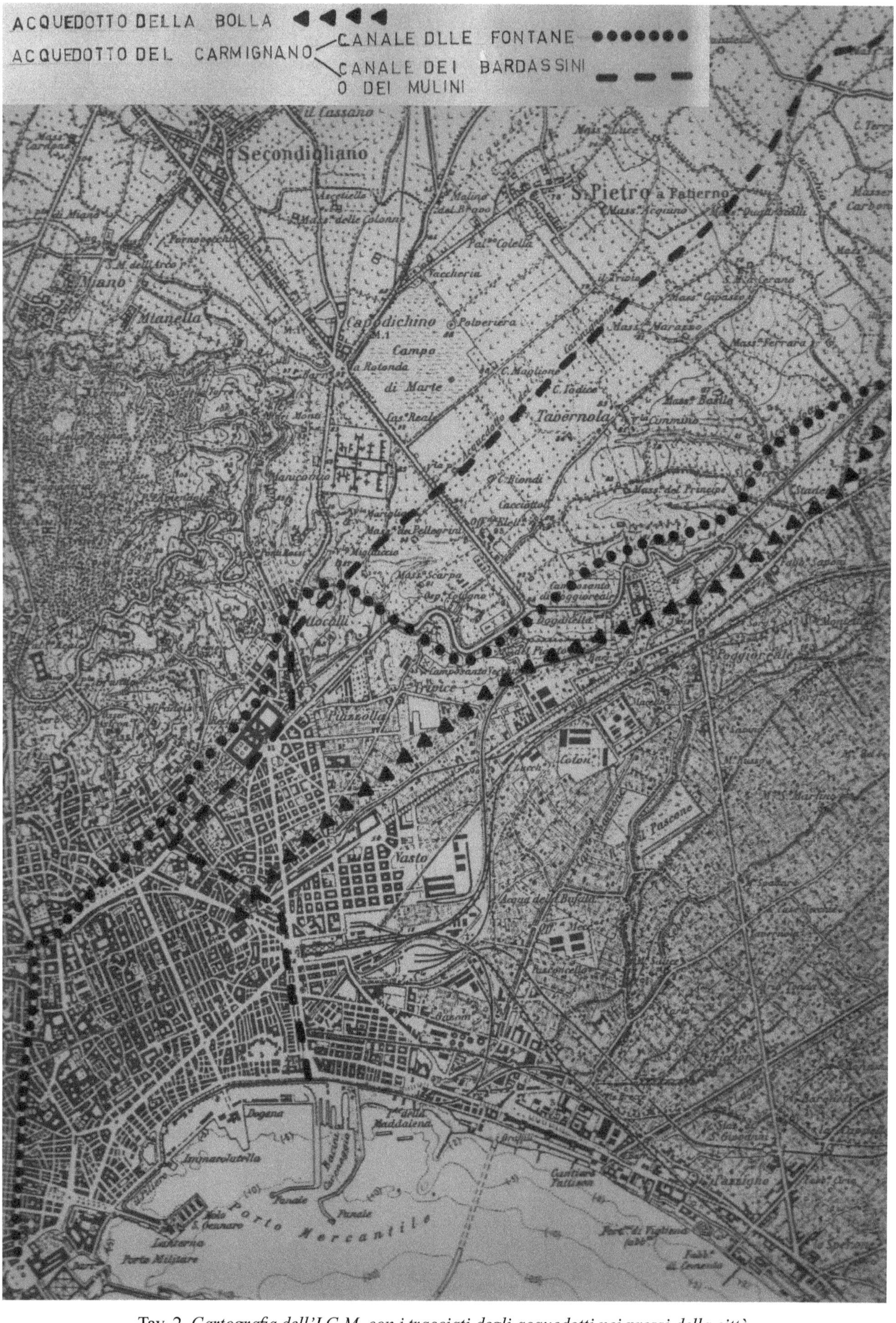

Tav. 2. *Cartografia dell'I.G.M. con i tracciati degli acquedotti nei pressi della città.*

ai ladri ci si poteva mai aspettare che questi li spendessero per far funzionare il formale? Neanche per sogno! Infatti la situazione non migliora per cui gli Eletti, avendo sicuramente subdorato qualcosa decidono, il 14 marzo 1667, di dare al Tribunale della Fortificazione, Mattonata ed Acqua oltre che la sovrintendenza anche il governo dell'acqua delle fontane. Speravano in tal modo che questi si ravvedessero, invece le cose andarono ancora peggio perché questi, padroni anche dell'acqua, ne sottrassero ancora a vantaggio del Monastero del Rosariello, del Borgo dei Vergini e del palazzo dove sta la cavità oggi gestita dal Museo del Sottosuolo (fig. 18).

9 - *La bronzatura e la «mascatura» fermano le frodi*

Si arriva al 1696 quando Carlo Carmignano, insieme agli eredi del Ciminelli, decide, secondo i patti del 1627, di costruire il mulino fuori la Porta di San Gennaro (fig. 19) di fronte la chiesa di San Carlo, nel luogo detto Sorriano. Non lo avessero mai costruito, perché le istanze e le cause non si contarono e lo stesso Tribunale della Fortificazione, Mattonata ed Acqua asserì che il mancato funzionamento delle fontane era da attribuirsi al mulino. Di contro il Carmignano e soci sostenevano che la colpa era dei fontanari e dei pozzari, dipendenti dal Tribunale e quindi persone notoriamente corrotte. Per dirimere questa annosa controversia si istituì una commissione costituita da due deputati degli Eletti (Antonio de Dura e Giovanni della Leonessa), due deputati del Tribunale (Domenico de Luna d'Aragona ed Ippolito di Costanzo), l'avvocato Francesco Nicodemo per gli Eletti, l'avvocato Tommaso Mazzaccara per il Tribunale, l'avvocato Vincenzo de Miro per conto di Carlo Carmignano e soci e lo stesso Carlo Carmignano. La commissione decise che l'acqua delle tre fontane andava bronzata, ma che la bronzatura era da farsi al partitore che dava l'acqua al mulino ed al canale che portava l'acqua al Ponte di Tappia, cioè nel sito detto Sorriano, e che la stessa bronzatura fosse efficace e definitiva affinché non mancasse mai più l'acqua alle fontane.

Tutti d'accordo decisero che l'incarico di ottemperare a ciò fosse dato all'ingegnere Giovanni Battista Manni. Questi, insieme ai membri della commissione, si portò sul pozzo fuori la Porta di San Gennaro, ben riportato in un acquarello del 1700 dell'ingegnere Marangio (tav. 3), e con alcuni operai vi scese. Nel pozzo con delle tavole faceva innalzare l'acqua ed ogni volta mandava a controllare il livello della stessa nel pozzo del Ponte di Tappia «luogo stabilito dall'antichità dove pigliano le tofolature che portano l'acqua alle dette fontane».

Dopo molte esperienze si accertò che quando l'acqua del pozzo di Sorriano era a palmi (un palmo = 26,45 centimetri) quattro e cinque sesti, l'acqua del pozzo al Ponte di Tappia era a palmi quattro e mezzo e che con questi livelli fluivano perfettamente le tre fontane delle quali erano state controllate preventivamente le tofolature; ad abundantiam, visto che la fontana di Medina veniva alimentata dalle acque morte di quella di Monteoliveto. Si fece un sopralluogo anche a questa e si accertò che l'acqua usciva persino dal tridente e talmente forte che ricadendo non tornava nella vasca; trovandosi si recarono anche presso la Fontana delle Cinque Tele ed anche questa fluiva perfettamente. Alla luce di quanto accertato si ridiscese nel pozzo di Sorriano ed al posto delle tavole furono messi, bene incastrati, i piperni con l'apertura che faceva fluire l'acqua e manteneva il livello suddetto debitamente bronzata in modo che detto livello restasse inalterato nel tempo e l'acqua esuberante, con un formale a parte, potesse essere deviata per l'uso del suddetto mulino; il formale, però, doveva avere «una lamia di fabbrica o muro per impedire ai molinari il passaggio» (fig. 20).

Si decise pure di chiudere l'accesso all'acqua dello sportello di Sorriano con un cancello (fig. 21) dotato di «mascatura» la cui chiave gli Eletti consegnarono ai Deputati della Fortificazione «per ragione della loro soprintendenza», col patto che qualora Carlo Carmignano avesse interesse a scendere in detta caditoia, per controllare che i bronzi non fossero stati manomessi, sempre lo poteva fare ma accompagnato da una persona di fiducia del Tribunale. Carlo Carmignano, che proprio non si fidava del Tribunale e dei suoi dipendenti, pretese che oltre allo sportello suddetto, la cui chiave era tenuta solo dal Tribunale, vi fosse un ulteriore sportello (fig. 22) dotato a sua volta di una «mascatura» le cui chiavi fossero in suo possesso.

Eseguiti i lavori, a Carlo Carmignano fu precisato «che detto formale delle fontane fu fatto a spese di questa fedelissima città dalla caditoia vicino Casalnuovo, nel luogo detto il Salice, fino al Ponte di Tappia, e non fu fatto per l'acqua dei mulini» per cui, volendo immettere in esso più acqua, ci sarebbero state più spese di annettamento e manutenzione. Ai Deputati del Tribunale della Fortificazione, Mattonata ed Acqua ugualmente si disse che, visto che con quella bronzatura tutto funzionava perfettamente si legalizzavano, con concessioni (i condoni), tutti gli abusi fatti dai pozzari e dai fontanari. La relazione contenente quanto sopra fu consegnata il 28 settembre 1699 da Giovanni Battista Manni regio ingegnere e tabulario.

10 - *Le distrazioni dell'acqua*

Per avere un'idea delle distrazioni d'acqua fatte prima che il pozzo di Sorriano venisse bronzato, le riportiamo di seguito descritte: «Davanti al monastero di Santa Maria degli Angeli e proprio nel ponte [questo ponte, che superava «un burrone che tagliava la strada» doveva ancora esistere alla fine del 1800, visto che Mastriani ne parla in un suo romanzo; vedere utilmente: Mastriani 1976, p. 162. N.d.A.] di detto luogo vi sono le infratte aperture, le quali danno acqua alli formali di dette case e sono: nella casa dell'illustrissimo de Franco c'è un formale e l'acqua passando per un formaletto (fig. 23) e poi per un bastonetto [tubo del diametro di 6 cm, con una lunghezza di 24 cm. *N.d.A.*] (fig. 24) va dentro il detto formale.

Appresso per un formaletto passa l'acqua a tre altri formali alla casa del medico Tommaso di Franco; appresso, per un altro tofolo, va l'acqua al formale della casa di Berardino Longo, nelle case della cappella dei Seghettari ed in quello di Ursula Vegliante; in questo luogo ci sono due formali che pigliano l'acqua con formaletto e tofolo; appresso nel Largo della Pigna vi è la casa del barone di Prato, nella quale vi sono due formali e pigliano l'acqua con formaletto e tofolo (fig. 25). Sempre appresso il monastero del Rosario delle Pigne tiene un formaletto con bastonetti che dà l'acqua ad un formale (fig. 26). Segue la casa di Filippo Macedonia che tiene un formaletto con tofolo (fig. 27) che dà l'acqua ad un formale di detta casa: Appresso, nel largo fuori Porta Reale, nella casa di Domenico Iulianis, vi è un formaletto con tofolo che dà l'acqua al formale (fig. 28) di detta casa; ivi appresso vi è un altro formaletto che dà l'acqua al formale della casa di Giovan Battista Miniero; appresso segue la casa di Ettore Alfano, nella quale va l'acqua al suo formale per un altro formale e per un altro formaletto con bastonetto. Nel luogo della Carità, nella casa di Francesco de Rois, per un formaletto con tofolo, piglia l'acqua il formale che sta in detta casa, da dove si tira l'acqua con tromba per uso della sua bottega di merciaiolo; appresso per un altro formaletto e tofolo si dà l'acqua ad un'altra casa. SEGUONO LE CONCESSIONI D'ACQUA FLUENTE E CHIAVI A CAVALLETTI: Nel giardino delli fossi davanti la chiesa di San Carlo vi è una chiave a cavalletto della quale si servono per acquare il giardino della chianca che si tiene in affitto da Giuseppe Pepe; nella Piazza della Carità vi sta una chiave a cavalletto. Dentro il palazzo della Nunziatura Apostolica vi è un'altra chiave a cavalletto. All'incontro di detto palazzo, nella casa del conte Ottavio di Gaeta, vi è il bronzo di una cinquina di acqua fluente. Nella cantina del Monte dei Poveri Vergognosi vi è una chiave a cavalletto. Alla casa del duca di Campagna, davanti la Pietà dei Turchini, la stessa che fu del conte Francesco Antonio Rocco, vi è un bronzo di grana cinque di acqua fluente. Nella casa di Vincenzo Caracciolo, attaccata al monastero dello Spedaletto, la stessa che fu del conte Flaminio de Costanzo, vi è una concessione di grana cinque di acqua fluente. Dentro il giardino degli Spagnoli vi è una concessione di un tari di acqua fluente. Nella casa della principessa di Friso vi è un concessione di un altro tari di acqua fluente. Nella casa di Giacchino Cutugno vi è una concessione di una penna di acqua viva innestata nella tofolatura di Palazzo. Nella casa di Giovannino Carmignano vi è una fontana fluente della quale non si sa la misura».

11 - *Nuovi abusi e nuove frodi*

Gli abusi vennero tutti condonati con questa clausola: «che rispetto alle concessioni che in futuro si pretendesse di fare non si facciano simili a quelle già fatte, ma resti salva la ragione in avvenire così della fedelissima Città come de Carmignano e Ciminelli nella forma che li spetta. E si è convenuto ancora, ritrovandosi altra concessione, oltre quelle sovrascritte, fatta dal Carmignano e Ciminelli, che per detta concessione l'illustrissima Città e per essa l'illustrissima Deputazione non resti tenuta ed obbligata a cosa alcuna e debbano i detti Carmignano e Ciminelli tener fuori e cavare indenne ed illesa detta fedelissima Città e per essa la fedelissima Deputazione; e al contrario, trovandosi fatta dalla Città o Deputazione solamente altra concessione, oltre quelle soprascritte, Carmignano e Ciminelli non siano tenuti né obbligati a cosa alcuna e debbono la fedelissima Città e Deputazione cavare indenni et illesi Carmignano e Ciminello; e perciò a maggiore cautela si è convenuto che dell'acqua bronzata non possa eseguirsi concessione veruna oltre quelle sopra inserite».

Per un po' le cose andarono bene, i due cancelli funzionarono da deterrente, la portata sotto al pozzo di Porta San Gennaro (o di Sorriano) non poteva essere alterata e il fluire perfetto delle fontane era la dimostrazione che non erano stati fatti altri abusi. Però, dopo il pozzo con i due cancelli non c'era alcun controllo. Poteva, quindi, mai accadere che i tecnici del Tribunale non ne approfittassero? Ne approfittarono? E come ne approfittarono! «Il 15 ottobre 1714, col consiglio e parere del signor Giuseppe di Gennaro, primario del S.R.C. e deputato allora per la sua eccellentissima Piazza di Porto, nel nostro tribunale», fu deviata parte dell'acqua della fontana di Monteoliveto per darla al convento dei Padri Olivetani (oggi, parte chiesa di Sant'Anna dei Lombardi e parte sede della caserma dei carabinieri Pastrengo) al fine di «far ivi fluire una fontana nel mezzo del chiostro ed indi con l'acqua caduta da essa avessero potuto far scorrere un'altra fontana fatta nella loro cantina».

La quantità di acqua concessa doveva essere «di cinque grani», ma terminati i lavori la fontana di Monteoliveto e quella di Medina cominciarono a non funzionare a dovere. Ci furono proteste dei cittadini, fu fatta l'ennesima commissione e si «ritrovò che nelli tre tubi di una penna che portavano l'acqua al convento non s'erano posti li bronzi, quantunque vi stava quello della grana cinque nella cantarella, et oltre a ciò vi si trovarono posti alcuni sventatori li quali, con la forza del vento, tiravano la detta acqua con impeto maggiore, e con ciò non solo mancava dalla detta fontana la quantità delle dette grana cinque, ma una porzione via più maggiore; aggiungendosi a questo anche la poca cura dei fontanari che per non tener netti i cammini di detta acqua», che andavano alla fontana di Monteoliveto e dai quali si prendeva l'acqua per il convento, rinforzavano l'azione degli «sventatori» a scapito della fontana.

Si levaroni gli «sventatori», si misero i bronzi alle tofolature, si annettarono i canali e la fontana di Monteoliveto e quella di Medina cominciarono, di nuovo, a fluire regolarmente. Ai Padri si disse che qualora avessero messi «altri artifici» per prendere più acqua avrebbero loro tolta anche quella. Non era neanche stata sanata questa situazione quando un nobile, che aveva il suo palazzo tra Santa Maria la Nova e il convento di San Giovanni Maggiore presentò una relazione con una petizione. La relazione diceva che il salto di livello tra la fontana di Monteoliveto e quella di Medina era di palmi 3,6 e la sua abitazione stava a palmi 1,1 da Monteoliveto e a palmi 2,5 dalla fontana Medina. La petizione, poiché secondo la relazione non avrebbe arrecato danno alla fontana Medina, chiedeva acqua per le fontane dei suoi giardini; avutala, ne pretese altra per le cisterne a servizio delle sue stalle.

Quanto sin qui riportato è stato tutto tratto dal manoscritto *Instrumento dell'anno 1700 per la bronzatura dell'acqua delle fontane* (figg. 29 e 30) che termina proprio con un'ulteriore concessione. La si riporta integralmente: «Per ordine di lor Signori eccellentissimi mi sono portato nella casa dell'eccellentissimo Principe de Sando dove si è fatto un formale nuovo, intonacato con lapillo battuto. Io per quanto ho potuto vedere è abile a mantenere l'acqua e a pigliare l'acqua dal Monasterio del Rosariello delle Monache del Rosariello della Pigna. Napoli 21 luglio 1722. Io Gennaro de Bello».

Inoltre: «Stante la relazione fatta dal suddetto che ci ha riferito che il sopradetto formale è abile a mantenere l'acqua, si ordina al fontaniere di dare l'acqua che si dovrà prendere dal Monasterio di San Rosario delle Monache nel quale scorre l'acqua nuova delle fontane. Si ordina che non si dia la detta acqua nel detto formale se prima non si sarà ottenuto il permesso di Carlo Carmignano. Napoli 27 luglio 1722»; seguono due firme illeggibili.

Nel sottosuolo c'è anche una mostra permanente di riggiole napoletane. In ambienti che si prestavano, sono stati ricostruiti: un ipogeo greco, colombari romani, un priapeo e catacombe con cubicoli, colatoi e arcosoli affrescati (figg. 31 - 42).

La visita al Museo del Sottosuolo, su prenotazione, dura due ore e, volendo, per quelli più esperti e avventurosi, si può fare anche il percorso "estremo", avventurandosi per cunicoli e cisterne con corde, scalette, imbracature, discensori e maniglie, chiaramente sempre accompagnati da due esperti speleologi.

12 - *Bibliografia*

Esposito C. 2007, *Il Cimitero delle Fontanelle*, Oxiana Edizioni, Napoli.

Mastriani F. 1976, *Il mio cadavere*, Attività Bibliografica Editoriale, Napoli.

Stefanile A. 1968, *I cento bombardamenti di Napoli* - I giorni delle Am-Lire, Alberto Marotta Editore, Napoli.

Fig. 1. *Porta Capuana.*

Fig. 2. *Cunicolo dell'Acquedotto della Bolla.*

Fig. 3. *Cunicolo dell'Acquedotto della Bolla con blocchi d'epoca greca.*

Fig. 4. *Graffiti greci in un cunicolo dell'Acquedotto della Bolla.*

Fig. 5. *Cisterna dell'Acquedotto della Bolla.*

Fig. 6. *Cisterna dell'Acquedotto della Bolla.*

Fig. 7. *I Ponti Rossi.*

Fig. 8. *Cunicolo dell'acquedotto romano.*

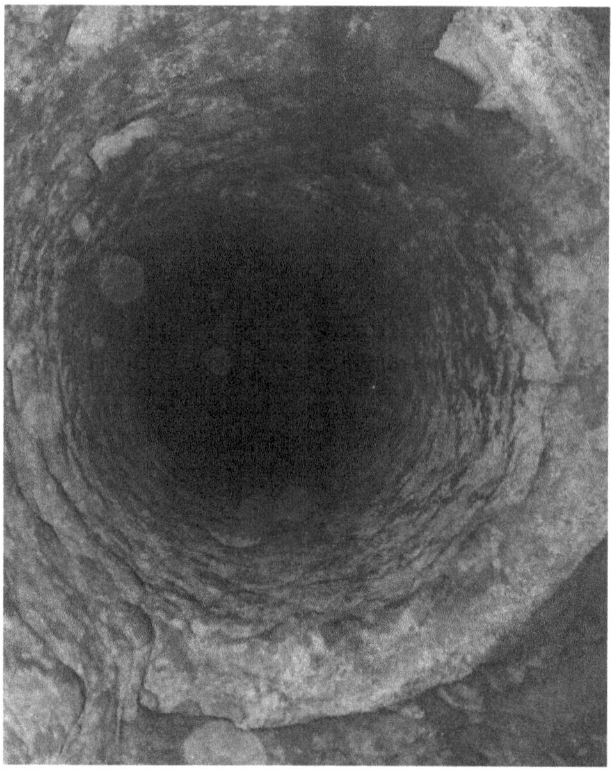

Fig. 9. *Pozzo dell'Acquedotto Augusteo in* opus reticulatum.

Fig. 10. *Pozzo dell'Acquedotto Augusteo in* opus latericium.

Fig. 11. *Castro Luculliano oggi Monte Echia.*

Fig. 12. *Cripta Neapolitana.*

Fig. 13. *Cunicolo dell'Acquedotto Augusteo presso la Cripta.*

Fig. 14. *Cunicoli di un ramo dell'Acquedotto Augusteo che per Posillipo arrivava a Coroglio.*

Fig. 15. *Particolare dei cunicoli dell'Acquedotto Augusteo a Coroglio.*

Fig. 16. *Cunicolo dell'Acquedotto Augusteo a Coroglio.*

Fig. 17. *Terminale dell'Acquedotto Augusteo: Piscina Mirabilis a Capo Miseno.*

Fig. 18. *Spirito Santo.*

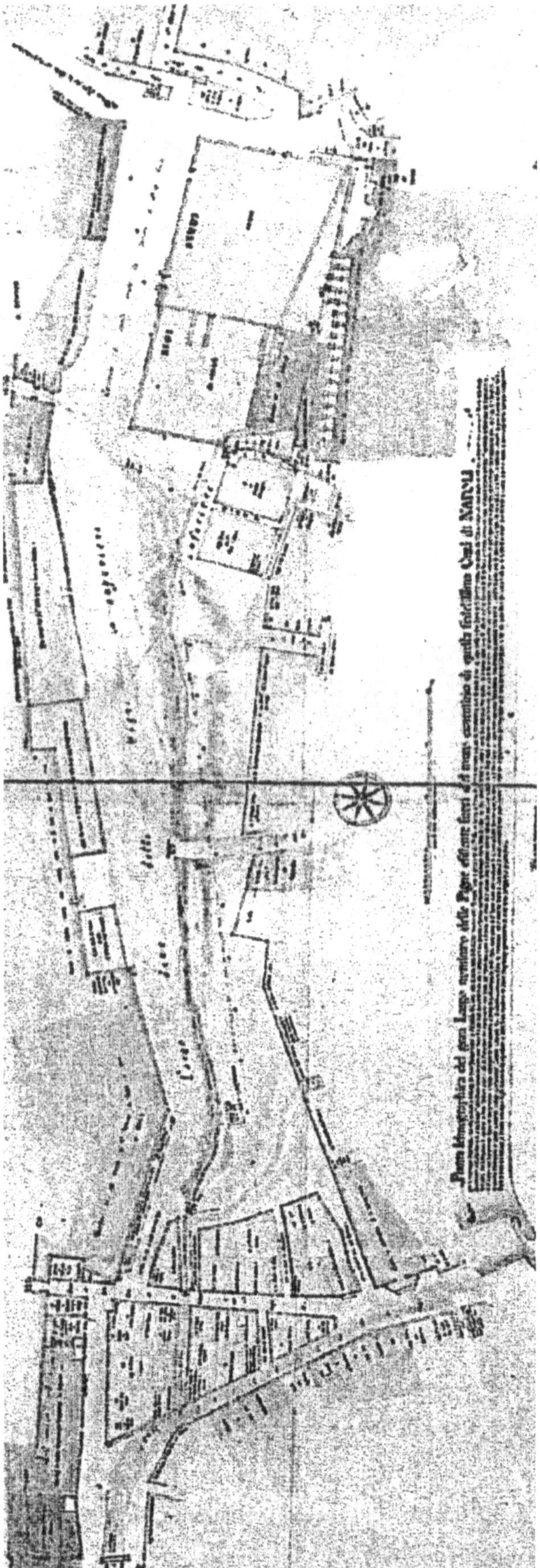

Tav. 3. *Acquerello di Piazza Cavour dell'ingegnere Marangio, fine XVIII secolo.*

Fig. 19. *Porta San Gennaro.*

Fig. 20. *Cunicolo del Canale delle Fontane con lamia per impedire il passaggio di persone.*

Fig. 21. *Cancello lungo il Canale delle Fontane per evitare frodi da parte dei molinari.*

Fig. 22. *Ulteriore cancello lungo il Canale delle Fontane per evitare frodi da parte dei comunali.*

Fig. 23. *Formale del Canale delle Fontane con accesso a formaletto sulla destra.*

Fig. 24. *Formaletto del Canale delle Fontane sbarrato e con in alto il bastonetto.*

Fig. 25. *Formaletto del Canale delle Fontane con muro di mezzo e tofolo.*

Fig. 26. *Cisterna abusiva che prende acqua dal Canale delle Fontane con un formale sbarrato da un muro con due feritoie e quattro bastonetti.*

Fig. 27. *Formaletto del Canale delle Fontane con tofolatura e caditoia abusiva a sinistra.*

Fig. 28. *Formale del Canale delle Fontane con ponticelli.*

Fig. 29. *Copertina di uno dei ventidue manoscritti: Instrumento dell'anno 1700 per la bronzatura dell'acqua delle fontane.*

Fig. 30. *Pozzo del Canale delle Fontane con radici di alberi della sovrastante Piazza Cavour.*

Fig. 31. *Cisterna abusivamente alimentata dal Canale delle Fontane.*

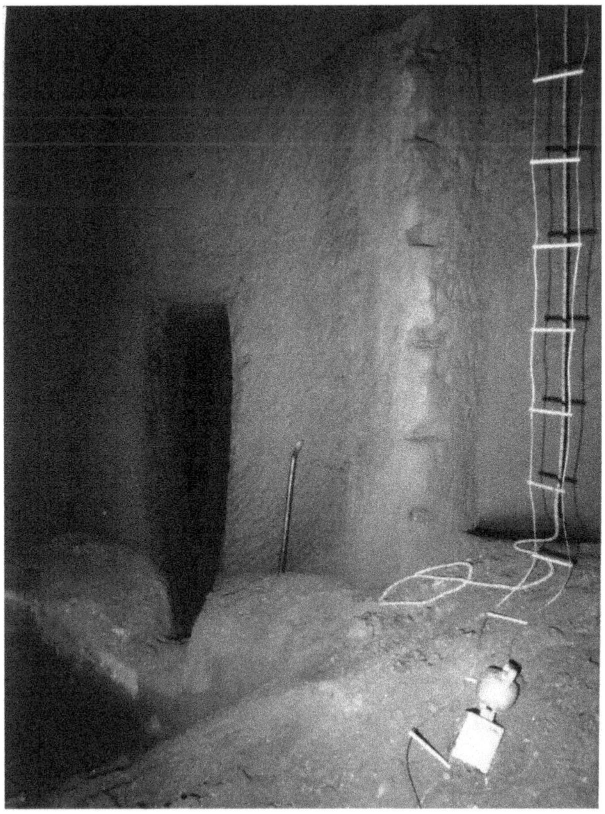

Fig. 32. *Sbocco di un cunicolo in una cisterna alimentata abusivamente dal Canale delle Fontane.*

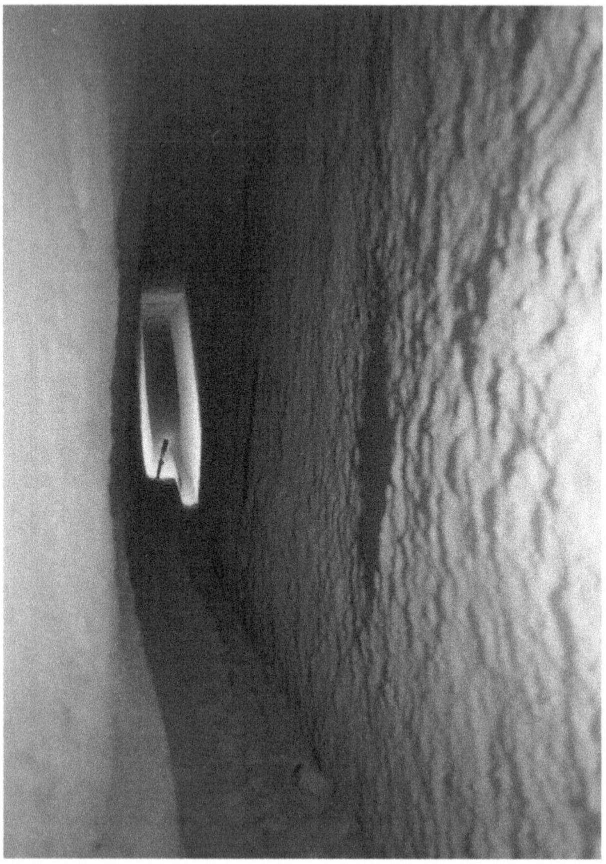

Fig. 33. *Formaletto del Canale delle Fontane con canaletta laterale.*

Fig. 34. *Museo del Sottosuolo: cisterne adattate a ricovero antiaereo.*

Fig. 35. *Museo del Sottosuolo: cunicolo allargato a corridoio.*

Fig. 36. *Museo del Sottosuolo: cunicolo allargato a corridoio.*

Fig. 37. *Museo del Sottosuolo: ricostruzione di un ipogeo greco.*

Fig. 38. *Museo del Sottosuolo: ricostruzione di colombari romani.*

Fig. 39. *Museo del Sottosuolo: ricostruzione di un Priapeo.*

Fig. 40. *Museo del Sottosuolo: ricostruzione di catacombe con cubicolo.*

Fig. 41. *Museo del Sottosuolo: ricostruzione di colatoi.*

Fig. 42. *Museo del Sottosuolo: ricostruzione di arcosolio affrescato.*

VII

ESPLORAZIONE DI UN POZZO IDRAULICO A SAN VITO (POZZUOLI - NAPOLI)

Autore
Graziano Ferrari — Speleologo, storico

Immagini
Graziano Ferrari — Speleologo, storico
Fulvio Salvi — Napoli Underground (www.napoliunderground.org)

Sommario

Viene descritta l'esplorazione di un pozzo idraulico situato in prossimità di un'area sepolcrale relativa alla *Puteoli* romana e pre-romana. Vi era l'ipotesi che il pozzo fosse in connessione con l'antico acquedotto Campano. Purtroppo l'indagine ha smentito tale ipotesi, dal momento che il pozzo è risultato costituire un'opera idraulica a sé stante, profonda 55 m, di epoca difficilmente determinabile, ma verosimilmente piuttosto recente.

Abstract

This reports describes the exploration of a hydraulic well in San Vito (Pozzuoli, Naples), located near a burial site associated with Roman and pre-Roman Puteoli. The well was rumored to be connected to the ancient Campanian aqueduct, but it is actually an independent structure, 55 m deep. No evidence allowing for precise dating was found, but it seems reasonable to conclude that the well is fairly recent.

1 - *Inquadramento geografico*

La città di Pozzuoli è situata al centro del golfo omonimo (fig. 1), che costituisce una porzione del più vasto golfo di Napoli. L'entroterra è formato dalla parte centrale dei Campi Flegrei, cioè da un insieme di edifici vulcanici parzialmente sovrapposti e in vari stadi di alterazione. Circa 2,5 km a N del centro di Pozzuoli si trovano due rilievi, il monte Barbaro (o monte Gauro, 335 m s.l.m.) e i Fondi di Cigliano (213 m), che racchiudono l'accesso a una pianura orientata N-S, lunga 2,5 km e larga al massimo 1,3 km, posta ad una quota di 55 – 70 m s.l.m. Essa ospita numerosi insediamenti industriali e commerciali ed è percorsa da una linea ferroviaria (tratto della linea Roma-Napoli via Formia) e dalla Via Provinciale Campana, che collega Pozzuoli con Quarto e ricalca il tracciato di un'antica via romana. Proprio all'inizio della pianura, venendo da Pozzuoli, in località San Vito, si trova un'importante area sepolcrale costituita da un allineamento di numerosi mausolei in muratura a più livelli anche sotterranei (fig. 2) e da monumenti isolati. L'attuale via San Vito transita proprio a fianco dell'area sepolcrale; sul piano stradale si trovano alcune strutture cilindriche in blocchi tufacei sormontate da grate metalliche che impediscono l'accesso a pozzi verticali. Due di queste strutture sono adiacenti all'area sepolcrale, mentre più a N, sempre lungo la via San Vito, si trova un terzo imbocco, che però non è stato indagato, dal momento che si trova al di fuori dell'area di interesse archeologico. La struttura oggetto dell'indagine è il pozzo più meridionale (1 in fig. 7).

2 - *Inquadramento geologico*

I Campi Flegrei con Ischia e Procida rappresentano un sistema vulcanico complesso costituito da una serie di diciannove crateri concentrati in un'area di circa 65 Km^2 e disposti secondo un allineamento est-ovest. Questi crateri sono così ravvicinati che in diversi casi si sovrappongono; si verifica così che un cratere più antico sia stato parzialmente distrutto dalla formazione di uno più recente. L'attività vulcanica dei Campi Flegrei è antecedente a quella del Vesuvio e l'area sembra essere rimasta in uno stato di quiescenza durante i tempi storici con l'eccezione di un forte incremento dell'attività secondaria della Solfatara, avvenuta nel 1198, e della nascita del Monte Nuovo, verificatasi nel 1538. I fenomeni attuali sono costituiti da fumarole, solfatare e dal bradisismo, che causa cicli di innalzamento ed abbassamento del suolo, con le conseguenti problematiche di Protezione Civile in un'area densamente popolata e ricca di emergenze archeologiche.

La topografia generale dei Campi Flegrei mostra un'area di vulcanismo attivo situata nella Piana Campana in corrispondenza di una grande depressione strutturale allungata in direzione NW-SE dove i terreni carbonatici del basamento risultano ribassati fino ad oltre 4000 m; essi sono caratterizzati da strutture di tipo *graben* controllate da sistemi di faglie normali ad andamento appenninico NW-SE ed antiappenninico NE-SW (De Gennaro & Morra, 1991). Il vulcanismo flegreo si è impostato su di un alto strutturale relativo che si estende da Ischia a Parete, proseguendo verso N fino a Caserta e delimitato da bassi strutturali rappresentati dal golfo di Napoli e dalla Piana del Volturno (Finetti & Morelli, 1974). L'attività vulcanica dei Campi Flegrei iniziò circa 50.000 anni fa e persiste tuttora. Essa viene attualmente suddivisa in quattro fasi vulcaniche principali (De Gennaro & Morra, 1991; Rosi & Sbrana, 1983; 1987). La prima fase terminò con la messa in loco di Ignimbrite Campana (circa 30.000 anni) e del deposito della Breccia Museo e del Piperno. La seconda fase post-Ignimbrite (30.000-15.000) iniziò con attività sottomarina e successivamente fu caratterizzata dal riempimento della caldera con tufi trachitici eruttati da diversi apparati (Gauro, Archiaverno, M. Ruscello, Ponticelli, Miseno, Mofette, Tufo Giallo Napoletano *ss*) sia in ambiente marino che subaereo (De Gennaro & Morra, 1991; Rosi & Sbrana, 1987). La terza fase, prevalentemente subaerea (10.500-8.000) fu caratterizzata dalla messa in posto di prodotti piroclastici trachitici provenienti, nel settore occidentale, da Baia e Fondi di Baia e, nel settore centro-orientale, dalla Montagna Spaccata, Pisani ed Agnano. La quarta ed ultima fase fu subaerea (4.500 a.C.-1538 d.C.) e terminò con la formazione di Monte Nuovo nel 1538, ma fu caratterizzata da depositi piroclastici e lavici dalla composizione trachitica-trachifonolitica. Questi prodotti si andarono a collocare nella parte centrale della caldera (Senga, Averno, Astroni, Agnano, Solfatara) (De Gennaro & Morra, 1991). Attualmente l'attività flegrea è caratterizzata da fenomenologie post-vulcaniche (attività fumaroliche ed idrotermali) rinvenibili ad Ischia, zona Bacoli-Lucrino, vulcano della Solfatara, zona di Agnano (De Gennaro & Morra, 1991; Rosi & Sbrana, 1987).

A piccola scala, l'area oggetto di indagine è situata nella sella fra due edifici vulcanici (monte Gauro a W e Fondi di Cigliano ad E). Il substrato in cui si apre la struttura in

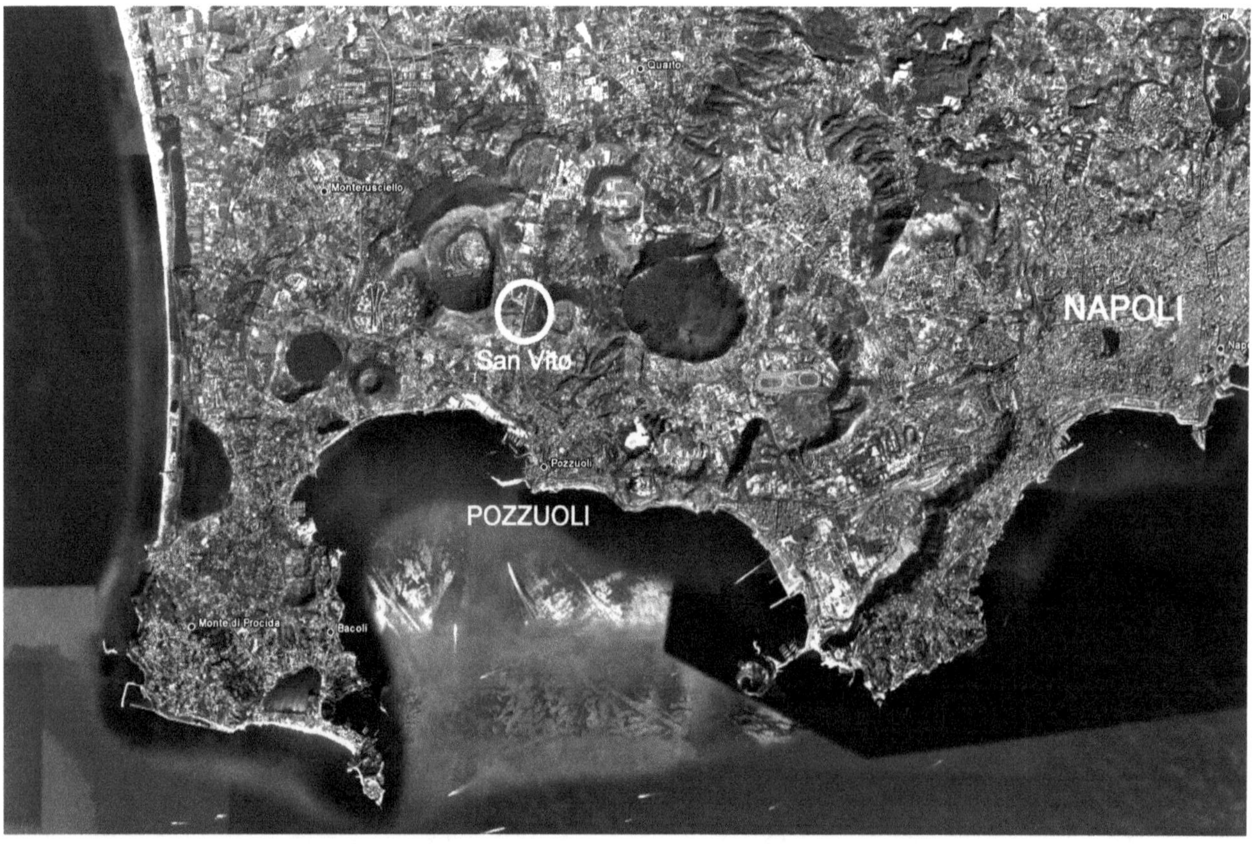

Fig. 1. *Inquadramento geografico (da GoogleEarth, modificato).*

Fig. 2. *Area sepolcrale lungo la via Campana (da Paoli, 1768).*

esame è perciò costituito da Tufo Giallo Napoletano dovuto alla sovrapposizione di colate piroclastiche provenienti dai due crateri. Peraltro, la roccia è visibile solo alla base del pozzo, dove è notevolmente alterata e degradata.

3 - *Inquadramento storico ed archeologico*

L'area flegrea è stata teatro di popolamenti umani sin dalla preistoria. Resti di grande importanza, anche nel sottosuolo, sono stati lasciati dai coloni greci, che hanno costituito i primi agglomerati urbani a Cuma, Pozzuoli e Napoli. In epoca romana, fra la Repubblica e il primo periodo imperiale, l'area flegrea costituiva una realtà di primaria importanza nella struttura economica dello Stato. Pozzuoli era infatti uno dei maggiori porti commerciali, a cui affluiva la gran parte delle derrate provenienti dalle provincie orientali e destinate all'Urbe. Questo fatto indusse la generazione di imponenti ricchezze e, unitamente alle caratteristiche ambientali, climatiche e termali, fece sì che le maggiori famiglie romane e poi gli stessi imperatori prendessero residenza nella zona e disponessero l'edificazione di importanti strutture pubbliche e private a carattere civile e militare, fra cui va ricordato il porto della flotta militare del Tirreno.

L'area flegrea è quindi particolarmente ricca di strutture ipogee di varie epoche e di varie tipologie, con numerosi episodi di riutilizzo. A titolo di esempio, si possono mettere in evidenza i casi seguenti:

1. Opere di estrazione: assai frequenti sono le cave di tufo, in genere con struttura a pilastri. Alcune di queste, relativamente recenti, sono situate entro le pareti tufacee costiere, in modo da agevolare il trasporto del minerale via mare (Fig. 3). Altre, più antiche, sono successivamente state riutilizzate per scopi cultuali o funerarii, o come strutture ad uso civile. Inoltre, fra Pianura e Soccavo si trovano antiche cave di piperno in sotterraneo, che hanno fornito i basoli per il tratto campano della via Appia antica (Carletti, 1787, p. 83, 86).

2. Opere idrauliche: l'area napoletana-flegrea è celebre per la realizzazione di una delle opere idrauliche più importanti dell'antichità: l'acquedotto Augusteo o Serino, che alimentava le maggiori città dell'area, fino a concludersi a Miseno nell'imponente Piscina Mirabilis (Fig. 4), cisterna di 12.000 m^3 destinata a rifornire le navi della flotta militare. Bisogna però tener presente che, ancor prima della realizzazione dell'acquedotto Augusteo, Pozzuoli era rifornita dall'acquedotto Campano. Numerosissime sono le strutture 'minori', destinate sia al trasporto, sia alla conserva delle acque. Meno definite e studiate sono le opere di smaltimento. Per quanto riguarda nello specifico le opere ad asse verticale, va ricordato che

Fig. 3. *Cave costiere di tufo a pilastri, località Gaiola (Napoli) (Foto di G. Ferrari).*

Fig. 4. *Piscina Mirabile (Bacoli) (Foto di G. Ferrari).*

una delle etimologie più accreditate per l'origine del nome di *Puteoli* si riferisce proprio all'abbondanza di pozzi nel territorio (si veda ad. es. Mazzella, 1591, p. 2). Non bisogna dimenticare le numerose opere ipogee realizzate fin dall'epoca antica per la captazione e lo sfruttamento delle sorgenti termali assai numerose nell'area flegrea. Il caso più eclatante è il cosiddetto Sudatorio di Tritoli (volgarmente detto Stufe di Nerone), situato a Punta Epitaffio e nel quale circa 500 m di cunicoli vennero scavati per raggiungere una falda di acqua ipertermale. La sorgente interna ha una temperatura di 92° C. Altre cavità erano state scavate in epoca romana per fungere da ninfei marittimi o da peschiere, per l'allevamento di specie ittiche di pregio (si vedano ad es. Benini, 2001 e Benini *et al.*, 2009).

3. Spazi ad uso di culto: anche se le cavità che attualmente portano il nome di Antro e di Grotta della Sibilla, situate rispettivamente a Cuma e al lago d'Averno, vengono attualmente attribuite ad altre tipologie d'uso, gli scrittori classici sono concordi nel riferire che le attività oracolari della Sibilla Cumana venivano esercitate in una struttura sotterranea situata nell'area ora pertinente a Pozzuoli. Allo stesso modo, Strabone (*Geographica,* V, 4, 5) riporta un brano di Eforo (IV secolo a.C.) in cui si descrive il misterioso popolo dei Cimmeri, che viveva esclusivamente in cavità sotterranee nella zona del lago d'Averno e gestiva un oracolo situato nel sottosuolo. Va infine ricordato che la tradizione mitologica situa qui l'accesso agli inferi, utilizzato anche da Enea (Virgilio, *Eneide*, VI). Seppure a livello mitologico, si tratta quindi di alcuni fra i più antichi riferimenti a cavità artificiali nella cultura occidentale.

4. Spazi ad uso funerario: come è tradizione delle antiche civiltà italiche, i tracciati viari in prossimità degli agglomerati urbani diventavano il luogo di elezione ove situare i sepolcri dei personaggi e delle famiglie più in vista. Dove la morfologia del terreno lo permetteva, tali aree sepolcrali venivano ricavate in sotterraneo. Nel caso dell'area di San Vito, situata lungo la principale via di comunicazione con Capua e il Nord della Campania, oltre ad importanti monumenti epigei in muratura tufacea, sono presenti diversi livelli sotterranei. L'area di San Vito ha avuto origine in epoca pre-romana ed è stata utilizzata nella tarda età repubblicana e durante l'Impero, fino alla decadenza della potenza economica di *Puteoli.*

5. Opere di uso civile: L'area flegrea è disseminata di cavità di varia dimensione, utilizzate per i più disparati scopi di interesse civile. Fra le più importanti, vanno ricordate le numerose gallerie scavate in epoca romana per abbreviare e livellare i principali percorsi stradali. Il caso più celebre è indubbiamente la *Crypta Neapolitana*, situata all'uscita da Napoli verso Pozzuoli, e tanto conosciuta da essere riportata anche nella *Tabula Peutingeriana.* Altrettanto importanti sono la Grotta di Cocceio, fra il Lago d'Averno e Cuma, e la Grotta di Seiano, fra Posillipo e Coroglio, ma vi sono diverse gallerie di minore lunghezza e riferimenti letterari a gallerie ora non più reperibili (ad es. in corrispondenza del Convento dei Cappuccini di Pozzuoli). Un caso particolare è relativo ad un breve tunnel che dal Porto di Miseno conduce ai sotterranei del Teatro di Miseno.

6. Opere di uso militare: la flotta militare romana del Mar Tirreno ha trovato il suo porto in area flegrea, dapprima nei laghi Averno e Lucrino e successivamente nel Porto di Miseno. Fu da quest'ultimo che, nel 79 d.C., le navi della flotta al comando dell'ammiraglio Plinio il Vecchio mossero per portare aiuto alle popolazioni colpite dalle prime fasi dell'eruzione del Vesuvio. Le installazioni militari causarono la realizzazione di ipogei ad uso militare, anche se scarsissime sono le testimonianze scritte a loro relative. Si ritiene che la Piscina Mirabile, già citata fra le opere idrauliche, fosse stata realizzata ad uso della flotta militare del Porto di Miseno, mentre la Grotta di Cocceio poteva essere stata scavata per agevolare il traffico civile e militare fra Cuma ed il Lago d'Averno. Ancora nel Porto di Miseno si trovano diverse cavità che erano funzionali alle strutture del porto militare, fra cui due tunnel che mettono tuttora in comunicazione le due sponde opposte di Punta Pennata.

Il fenomeno bradisismico ha poi introdotto un effetto particolare e caratteristico di questa regione. È opinione comunemente accettata che in epoca tardo-repubblicana il livello del suolo fosse più alto di alcuni metri rispetto all'attuale (si veda ad es. Di Vito & Luongo, 2003), per cui diverse strutture edificate in prossimità della linea di costa sono ora situate al di sotto del livello del mare. Successivamente vi è stata una fase di lento abbassamento del suolo, culminata in epoca medioevale, in cui il mare raggiungeva quote di qualche metro superiori all'attuale. L'abbassamento è stato interrotto nel 1538, in concomitanza con l'eruzione del Monte Nuovo e ancora nel 1968-72, in corrispondenza di una crisi bradisismica che ha provocato l'evacuazione dell'intero centro storico di Pozzuoli, con gravissimi problemi sociali e di protezione civile, ma non è fortunatamente risultata in un evento catastrofico. Purtroppo è assai difficile valutare l'entità di queste variazioni di livello in epoca storica e tracciarne un andamento nel tempo, anche perchè le variazioni sono strettamente legate ai singoli eventi e sono quindi localizzate in uno spazio limitato. In ogni caso, in tutta l'area flegrea sono presenti strutture edificate ora sommerse a profondità anche di 10 m, e diversi ipogei realizzati per collegamento stradale o pedonale si presentano ora parzialmente occupati dall'acqua di mare. L'area in esame è situata lungo il percorso dell'antica via Campana, che a Capua si ramificava dalla via Appia e si dirigeva a Sud verso Pozzuoli, attraversando la piana di San Vito. È verosimile che il tracciato della via Campana fosse precedente alla conquista romana, dato che si trattava della via di comunicazione fra la fertile pianura campana e uno dei maggiori porti ed empori della regione. Nella zona di San Vito, oltre alla via Campana ed ai sepolcri che lungo di essa si allineano, si trova anche l'acquedotto Campano. Questo, che si ritiene opera precedente la colonizzazione romana, è completamente sotterraneo e traeva origine da diverse polle reperite sotto la piana di San Vito. Seguiva poi un tracciato sostanzialmente coincidente con la via Campana in discesa verso Pozzuoli, con diverse diramazioni, fra cui una diretta all'anfiteatro, e terminava nella parte bassa dell'abitato. Lo sviluppo complessivo potrebbe aggirarsi sui 3 km. Vari documenti, citati da Dubois (1907) riferiscono di restauri e di riattivazioni operate intorno alla metà del XIV secolo dopo guasti causati da alluvioni, nel 1540 a cura del vicerè Pedro di Toledo, nel XVII secolo a cura del Vescovo di Pozzuoli Leon de Cardenas e ancora nel 1881. All'inizio del XX secolo l'acquedotto Campano costituiva ancora il principale approvvigionamento idrico di Pozzuoli. Descrizioni dell'acquedotto sono presenti in Monticelli (1834), che riporta anche una planimetria del tracciato (Fig. 5), in De Criscio (1881) ed in Dubois (1907), che si rammarica di non averlo potuto percorrere integralmente. In ogni caso, una scalinata che si apriva in località San Vito, rivestita di opera reticolata, permetteva di scendere ad una profondità stimata in 50-55 m ed intercettare il formale, che poteva essere seguito verso monte per diverse centinaia di metri, fino ad alcune diramazioni affluenti ed alle polle di origine. Purtroppo, di tutta questa interessantissima struttura non è più conosciuto alcun tratto, con l'eccezione di una diramazione all'interno dell'Anfiteatro di Pozzuoli, interrata dopo breve distanza.

4 - *Il progetto d'indagine*

L'indagine ha preso avvio su richiesta della dottoressa Costanza Gialanella, responsabile dell'Ufficio Archeologico di Pozzuoli della Soprintendenza Speciale per i Beni Archeologici di Napoli e Pompei. Come si è detto, l'area sepolcrale di San Vito è costituita da diversi livelli di ambienti, anche sotterranei (fig. 6). Nei livelli più profondi sono presenti interessanti affreschi che però subiscono gli effetti deleteri delle infiltrazioni di umidità, presumibilmente causate dalle strutture limitrofe a scopo idraulico. L'indagine aveva perciò l'obiettivo di discendere i pozzi per determinare l'origine di tali infiltrazioni.

Il giorno 3 marzo 2008 è stata effettuata quindi una ricognizione speditiva ai pozzi. La fig. 7 rappresenta la situazione geografica dei luoghi. All'atto della ricognizione, il pozzo più meridionale (1 in fig. 7) si presentava privo di acqua e praticabile, mentre il pozzo centrale (2 in fig. 7) mostrava la presenza di un livello idrico a circa 5 m sotto la superficie (fig. 8), per cui non è stato possibile procedere alla sua indagine. Un pozzo (3 in fig. 7) posto ancora più a nord lungo la strada è sito parzialmente in proprietà privata ed è al di fuori dell'area sepolcrale, per cui non è stato indagato. L'area sepolcrale di San Vito (4 in fig. 7) è situata immediatamente ad Est del tracciato viario, mentre più a Nord si trova una tomba epigea a struttura cilindrica (5 in fig. 7). La ricognizione è stata effettuata sollevando la grata di protezione del pozzo meridionale e fissando le corde di discesa alle cancellate dell'area sepolcrale (fig. 9). La dimensione del pozzo ha permesso la posa di due campate di corda; all'interno hanno quindi potuto operare in sicurezza due tecnici.

5 - *Documentazione*

Nel corso dell'indagine è stata realizzata una documentazione fotografica della cavità, in formato digitale, oltre ad alcuni spezzoni video. Sono anche state prese le misure necessarie per una successiva stesura del rilievo (fig. 10). Data la relativa importanza del manufatto, non è stata effettuata un'indagine bibliografica approfondita; ci si è limitati a raccogliere alcuni riferimenti di interesse. Da essi si ricava che l'area sepolcrale di San Vito viene citata in numerose guide per i viaggiatori (si veda ad es. De Jorio, 1817, pp. 48-51); celebri sono le tavole di Paoli (1768) che illustrano i sepolcri lungo la via Campana (ad es. fig. 2). Tuttavia, in nessun testo consultato sono state reperite notizie dell'esistenza dei pozzi idraulici. L'acquedotto Campano viene descritto in modo accurato da Dubois (1907, pp. 269-276) e il suo tracciato viene riportato nella tavola cartografica allegata all'opera. Dubois non accenna minimamente all'esistenza dei pozzi. Un riferimento di Maiuri (1958) cita invece i pozzi, ne riporta la profondità e sembra dare per accertato il loro collegamento con l'acquedotto:

"La città era alimentata da due acquedotti: l'acquedotto campano di costruzione più antica ma di breve sviluppo, che seguendo per un certo tratto in galleria sotterranea, a 50-55 metri di profondità, lo stesso percorso della Via Campana (se ne sgorgono i pozzi di discesa presso i colombari di S. Vito), si ramifica in più bracci per raccogliere le varie polle scaturenti entro il bacino di Quarto; ..." (p. 51). Vanno infine ricordate le voci leggendarie sull'esistenza di cavità misteriose all'interno di Monte Barbaro:

"In molte parti di quello monte vi si trouano oscurissime grotti che sono quasi tutte soffocate di terra, e le genti auide di trouare thesori, al spesso con esserno delusi da false promesse del demonio vi entrano doue più delle volte vi lasciano la vita." (Mazzella, 1591, p. 42).

6 - *Descrizione della cavità*

All'esterno, la cavità in esame si presenta come una struttura cilindrica in blocchi tufacei squadrati legati con malta, posta direttamente sul piano stradale e alta 1,15 m su di esso (Fig. 10). Il diametro della struttura è di 2 m. Alla sommità di essa, l'accesso alla cavità è impedito da una grata metallica quadrata, con lato pari a 1,20 m.

La struttura interna del pozzo è costituita da un manufatto a sezione quadrata, con il lato interno di 1,20 m (fig. 11). Il paramento è formato da blocchi squadrati di tufo legati da malta, disposti in filari orizzontali regolari alti circa 20 cm, mentre la lunghezza del lato orizzontale di ciascun

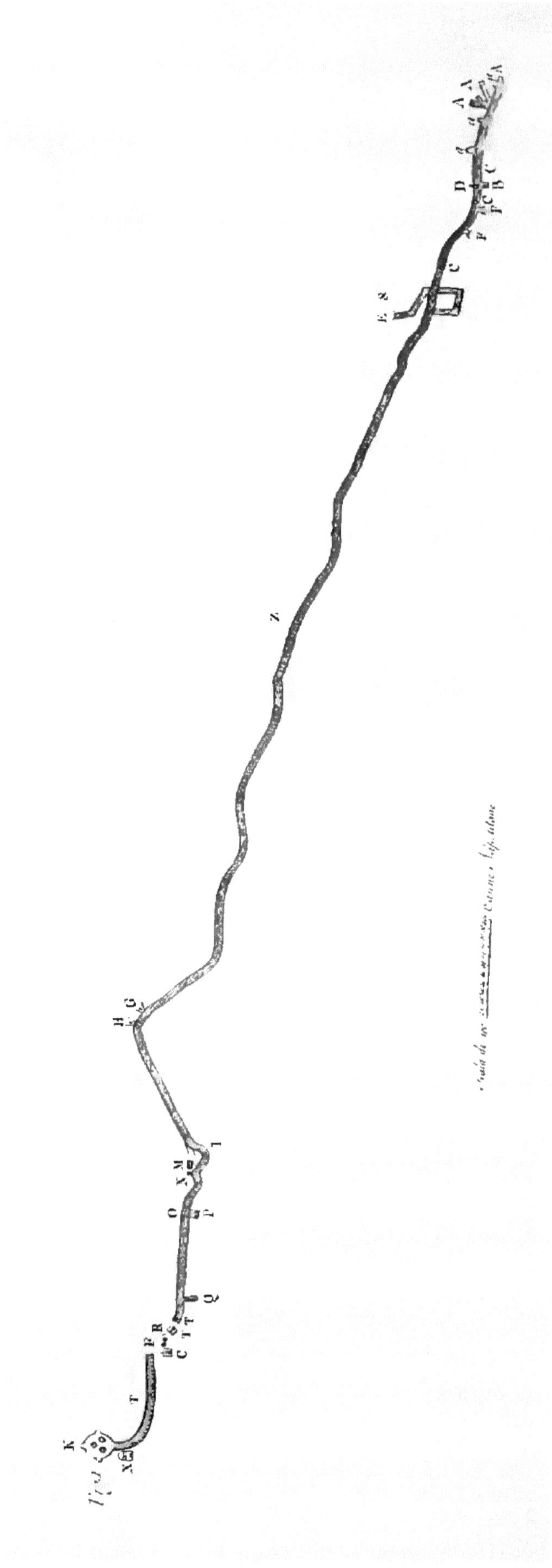

Fig. 5. *Planimetria dell'Acquedotto Campano (da Monticelli, 1834).*

Fig. 6. *Uno dei sepolcri di San Vito (Foto di F. Salvi).*

Fig. 7. *L'area di San Vito con la posizione della struttura indagata (1) (da GoogleEarth, modificato).*

blocco è variabile. Lo spessore del paramento è variabile da 15 a 20 cm circa. All'esterno di questa prima camicia si trova uno strato di circa 30 cm di muratura 'a sacco', composta da blocchi irregolari di tufo legati da malta. Ancora più all'esterno si trova la parete di roccia naturale. Il pozzo ha una profondità totale di 56,2 m dall'orlo della struttura cilindrica al fondo, e quindi di 55 m dal piano stradale. Esso è posto a circa 75 m s.l.m. (da Carta Tecnica Regionale), per cui il fondo si trova a circa 20 m s.l.m. Il volume totale del pozzo è di 55 x 2,2 x 2,2 m circa, pari a 266 m^3, mentre il volume libero è di 56,2 x 1,2 x 1,2 m, pari a 81 m^3. I primi tre metri della camicia interna si presentano compatti, ed è evidente che la porzione situata sopra il piano stradale costituisce un'aggiunta od un rifacimento successivo. A partire da 3 m di profondità, due lati opposti della camicia presentano coppie di aperture rettangolari (circa 20 x 30 cm) (sulla sx in fig. 11) che permettono di vedere la retrostante muratura 'a sacco' e la roccia naturale. Tali nicchie non sembrano avere avuto la funzione di 'pedarole' ma di alloggiamenti per ponteggi lignei. In un caso è ancora visibile quella che sembrerebbe essere l'impronta cilindrica del travetto nella malta.

Mentre nel primo tratto le nicchie sono poste sui lati E ed W della camicia, a partire da circa 20 m di profondità le nicchie si trovano sui lati N e S, mentre i lati E ed W sono pieni. Lo scambio di lati avviene nuovamente a circa 40 m di profondità. All'interno dei lati pieni si notano anche archi di scarico, realizzati sempre in blocchetti di tufo. La camicia in muratura termina a circa tre metri dal fondo. L'ulteriore approfondimento è realizzato in roccia nuda, profondamente alterata; esso non ha pianta quadrata, ma è costituito da una trincea larga solo 60 cm e diretta approssimativamente N-S (fig. 12). Si vengono a costituire quindi due spallette in roccia su cui appoggiano i lati E ed W della camicia muraria, mentre i lati N e S sono retti da archi di scarico.

Il fondo è costituito da un deposito di terriccio e detriti vegetali, di spessore imprecisato; ai lati della trincea è presente una vistosa frattura subverticale della roccia, che rappresenta una via preferenziale di smaltimento dell'acqua e può quindi giustificare il fatto che il pozzo si presentava completamente asciutto al momento della ricognizione.

7 - *Analisi, sintesi e conclusioni*

Il problema delle infiltrazioni di umidità nell'area sepolcrale è evidentemente generato dal pozzo centrale, in cui l'acqua ristagna a pochi metri dalla superficie. Sarebbe necessario esaminare il pozzo meridionale in periodi molto piovosi per stabilire se anche in esso l'acqua possa raggiungere quote elevate. Non è agevole determinare l'epoca di realizzazione dei pozzi, ma allo stato attuale non vi sono evidenze a favore dell'ipotesi che essi siano stati realizzati in epoca antica. Il fatto che essi non siano citati dal pur accurato lavoro di Dubois (1907) mentre lo siano da Maiuri (1958) costituisce invece un forte indizio a favore dell'ipotesi che essi siano stati scavati all'inizio del XX secolo, probabilmente per rifornire di acqua l'area soprastante, che era a forte vocazione agricola e lo è parzialmente tuttora. È piuttosto singolare che le tre opere verticali note siano state scavate lungo la strada vecchia Campana, proprio sul piano stradale, e per una profondità all'incirca corrispondente a quella dell'acquedotto Campano. Ciò potrebbe far pensare all'intenzione di raggiungere l'antico acquedotto o almeno l'ipotetica falda idrica ad esso connessa. Rimane invece smentita l'ipotesi di Maiuri (1958) che vedeva i pozzi di San Vito come strutture verticali di accesso all'acquedotto Campano. Non è chiaro cosa abbia indotto l'insigne studioso ad ipotizzare una connessione fra i pozzi e l'acquedotto. Il vero problema rimane quindi legato all'esistenza e all'effettivo percorso di tale acquedotto. Reperirne tracce ed esplorarne alcuni tratti potrebbe costituire un sostanziale contributo alla comprensione della struttura e dell'evoluzione storica dell'antica *Puteoli*.

8 - *Partecipanti*

All'indagine descritta hanno partecipato:

. Luca Cutitta (Associazione Napoli Underground), con il ruolo di tecnico per l'allestimento dell'armo di progressione, per il rilievo della cavità e per la realizzazione di riprese video;

. Graziano Ferrari (speleologo indipendente), come supporto per la discesa e per il rilievo, oltre che per la realizzazione di documentazione fotografica;

. Elena Rognoni (Speleo Club Valle Intelvi – Como), per il supporto di superficie;

. Fulvio Salvi (Associazione Napoli Underground), per il supporto di superficie e per la stesura del rilievo.

Le operazioni sono state supervisionate dalla dottoressa Costanza Gialanella, responsabile dell'Ufficio Archeologico di Pozzuoli della Soprintendenza Speciale per i Beni Archeologici di Napoli e Pompei.

Si ringrazia inoltre la dott.ssa Raffaella Lamagna per il supporto dal punto di vista geologico-vulcanologico e per la ricerca di documentazione d'archivio.

9 - *Bibliografia*

Benini A. 2001, *Recenti indagini a Bacoli e Miseno*, in Gianfrotta P. A. & Maniscalco F. (Eds.), 2001, *Forma Maris, Forum Internazionale di Archeologia Subacquea*, Pozzuoli, 22-24 settembre 1998, Massa Editore, Napoli, pp. 51-56.

Benini A., Ferrari G., Lamagna R. 2009, *Le peschiere di Lucullo (Miseno-NA)*, Atti del VI Convegno Nazionale di Speleologia in Cavità Artificiali, Napoli, 30 maggio - 2 giugno 2008, Opera Ipogea, 1-2, pp. 163-172.

Carletti N. 1787, *Storia della regione abbruciata in Campania felice,* Napoli.

De Criscio G. 1881, *Notizie istoriche archeologiche topografiche dell'antica città di Pozzuoli e dei suoi acquedotti Serino e Campano con modi onde accrescere il volume delle acque nel secondo condotto*, Mormile, Napoli.

De Gennaro M. & Morra V. 1991, Attività vulcanica e minerogenesi nei Campi Flegrei: i Tufi Gialli. *Proceedings of the III International Symposium on Underground Quarries*, Napoli, Castel dell'Ovo, 10-14 Luglio 1991: 23-32.

De Jorio A. 1817, *Guida di Pozzuoli e contorni*, De Bonis, Napoli.

Di Vito M. A., Luongo G. 2003, *Bradyseism and sea level variations in the Neapolitan area over the last 12,000 years*, in Albore Livadie C. & Ortolani F. (Eds.), 2003. *Variazioni climatico-ambientali e impatto sull'uomo nell'area circum-mediterranea durante l'Olocene.* Edipuglia, Bari, pp. 13-22.

Dubois C. 1907, *Pouzzoles antique: Histoire et topographie,* Fontemoing, Paris.

Finetti I., Morelli C. 1974, *Esplorazione sismica e riflessione dei golfi di Napoli e Pozzuoli.* Bollettino di Geofisica Teorica ed Applicata, 16, pp. 175-222.

Maiuri A. 1958, *I Campi Flegrei. Dal sepolcro di Virgilio all'antro di Cuma.* Istituto Poligrafico dello Stato, Roma, III edizione.

Mazzella S. 1591, *Sito et antichità della città di Pozzuolo e del suo amenissimo distretto*, Salviani, Napoli.

Monticelli T. 1834, *Sull'origine delle acque del Sebeto di Napoli antica, di Pozzuoli, ec., letta nella tornata de' 15 giugno 1828*, Atti del Real Istituto d'incoraggiamento alle scienze naturali di Napoli. Fernandes, Napoli, pp. 1-56.

Paoli P. A. 1768, *Avanzi delle antichità che esistono in Pozzuoli, Cuma e Baia,* Napoli.

Rosi M., Sbrana A. 1983, *The Phlegraean Fields structural evolution, volcanic history and eruptive mechanism*, Journal of Volcanology and Geothermal Research. 17, pp. 273-288.

Rosi M. & Sbrana A. (Eds.) 1987, - *Phlegrean fields*. CNR, Quaderni della Ricerca Scientifica, 114 (9).

Strabon (Strabone), *Geographica.*

Vergilius Publius Maro (Virgilio), *Aeneis.*

Fig. 8. *Il pozzo occupato dall'acqua (2 in fig. 7) e non indagato (Foto di G. Ferrari).*

Fig. 9. *L'accesso del pozzo indagato con gli armi di discesa (Foto di F. Salvi).*

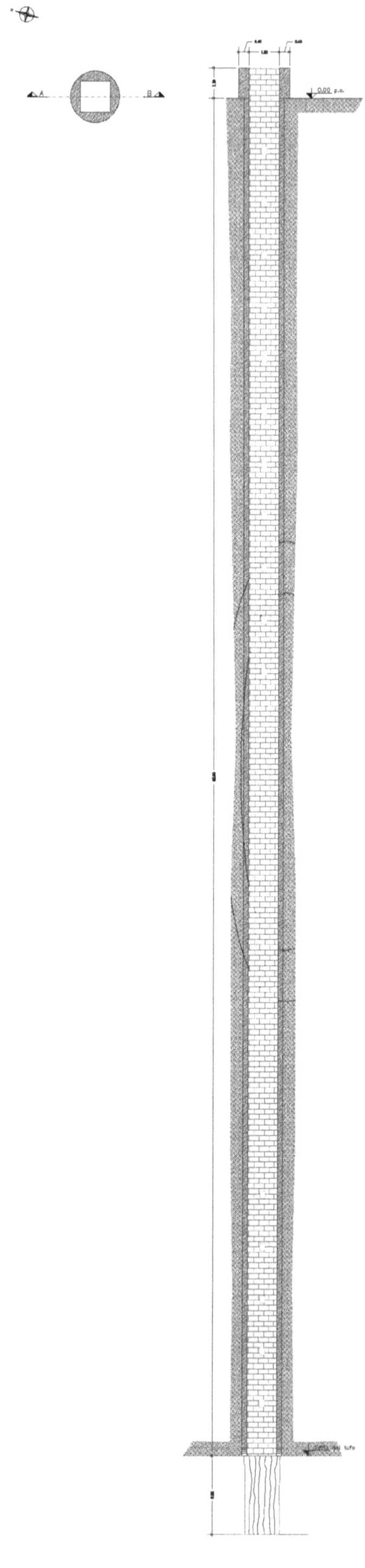

Fig. 10. *Rilievo della cavità (Restituzione su CAD di F. Salvi su dati di L. Cutitta e G. Ferrari).*

Fig. 11. *La parte iniziale del pozzo, con le nicchie laterali (a sx) (Foto di G. Ferrari).*

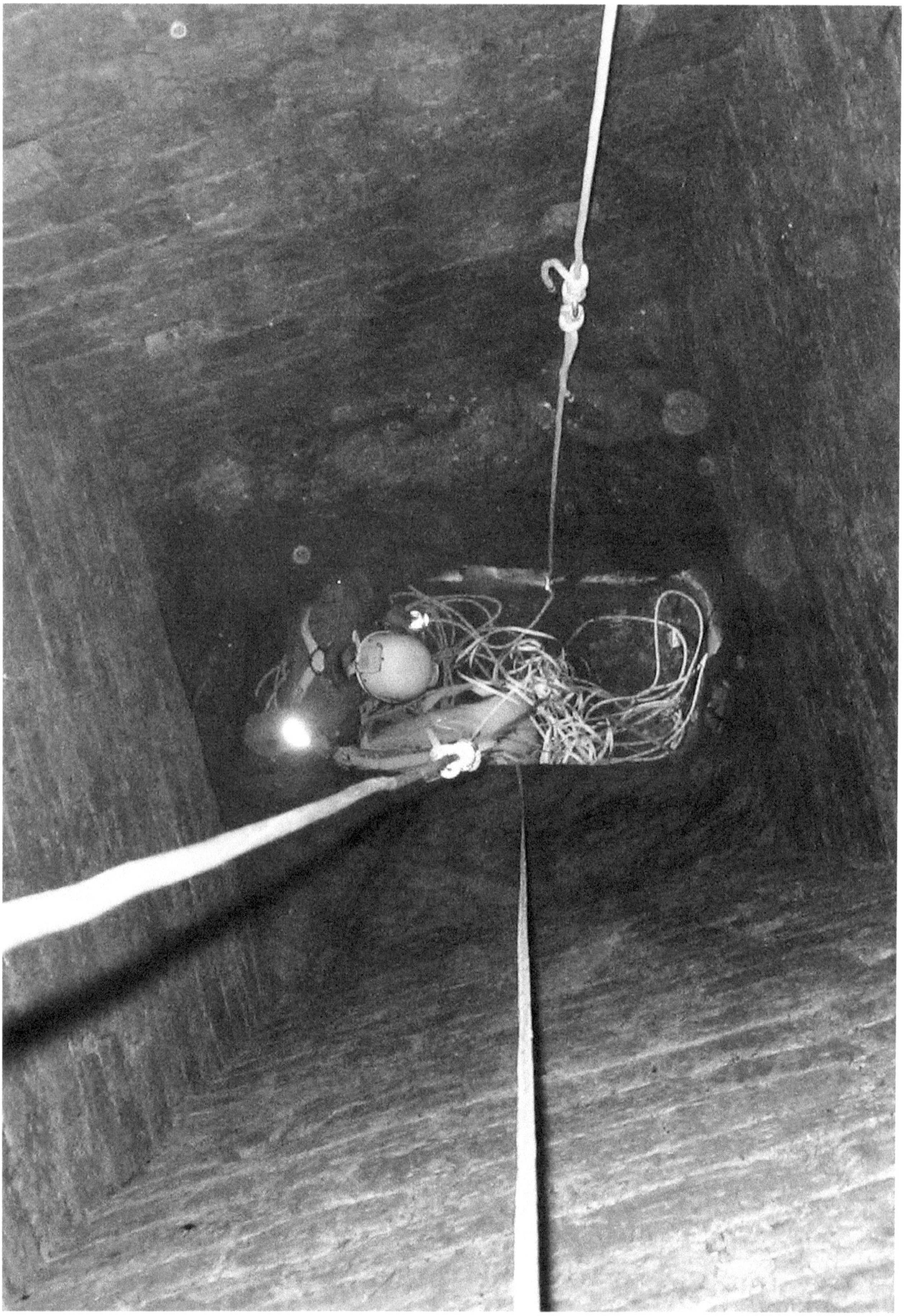

Fig. 12. *La parte terminale del pozzo, con l'approfondimento in roccia viva (Foto di G. Ferrari).*

VIII

PRIME INDAGINI SU ALCUNE OPERE DI CAPTAZIONE IDRICA IN BASILICATA

Autori
Raffaele Lamacchia — Associazione Amici del Parco della Murgia Materana
Silvana Magni — Associazione Amici del Parco della Murgia Materana

Sommario

Il problema della raccolta, immagazzinamento e distribuzione delle acque in Basilicata, regione particolarmente sensibile al fattore idrico per via della sua natura geologica, è stato risolto in modi disparati che vanno da semplici canalizzazioni, a cisterne, a pozzi, fino a veri e propri acquedotti. Allo scopo di scoprire e valutare queste opere si è iniziata una estesa campagna di ricerca che, partendo dall'analisi di sistemi di captazione sotterranea già conosciuti, qual'è il Bottino di Irsina, ha portato soprattutto alla scoperta di un interessante sistema di canalizzazioni nella città di Genzano di Lucania. In questa prima fase di studio è stato ricostruito il vecchio tracciato di queste canalizzazioni mettendolo in relazione con l'estensione dell'abitato all'epoca della sua costruzione. Interessante è stata la valutazione della conoscenza dell'idrologia in quell'epoca che ha permesso di sfruttare le diverse sorgenti presenti sul territorio garantendo, proprio attraverso le suddette canalizzazioni, un apporto idrico costante alla città. Non meno ingegnoso è anche il sistema di raccolta delle acque che si sviluppa sotto il vicinato della chiesa rupestre del Purgatorio Vecchio, nei Sassi di Matera, che ha sempre garantito una riserva d'acqua alla popolazione.

Abstract

This paper describes the first investigation of some hydraulic capturing works in the Basilicata region. The task of collecting, storing and allocating waters in Basilicata, a region particularly affected by this problem because of its geological nature, has been solved in various ways through the centuries: from the building of channels, cisterns and wells, through to genuine aqueducts. With the aim of discovering and evaluating these works, a broad research campaign was carried out and - starting from the analysis of some known underground capturing systems, such as the Bottino in the town of Irsina - ended up discovering an interesting system of channels in the town of Genzano di Lucania. In the first phase of the study, the original pattern of the channels was retraced and correlated with the extension of the area inhabited at the period when the system was built. It proved very interesting to learn that they had at that time sufficient knowledge in hydrology to allow them to exploit the several freshwater springs in the territory and to provide a steady water supply for the town through this system of channels. Another ingenious work, the water collection system that extended under the ground in the neighbourhood of the Purgatorio Vecchio cave church, in the Sassi of Matera, provided a steady water supply to the inhabitants of the Sassi at all times.

1 - *Premessa*

La desertificazione è una delle problematiche ambientali che attanaglia il nostro pianeta e che minaccia circa un miliardo di persone degli oltre cento Paesi a rischio e un quarto delle terre del pianeta. Tra i territori più colpiti c'è anche l'Italia che, tra l'altro, è meta di consistenti flussi migratori dei cosiddetti "profughi ambientali" che abbandonano le proprie terre ormai rese assolutamente aride e improduttive. Siccità e desertificazione dipendono certamente dall'instabilità del clima, ma il degrado dei suoli e la perdita di fertilità sono dovuti anche allo sfruttamento intensivo dei terreni, delle risorse idriche, alla deforestazione e alle pratiche agro-pastorali improprie. L'Italia (per il 27% del territorio) e i Paesi del Nord del Mediterraneo non sono solo Paesi donatori di aiuti verso i Paesi in via di sviluppo, ma essi stessi ricadono in un contesto di crisi ambientale con problematiche di prolungati periodi di siccità e dello sfruttamento eccessivo delle risorse idriche. Nel corso del 1997 il Ministero dell'Ambiente organizzò a Roma un importante Seminario Nazionale su questo tema e vari forum internazionali sulla lotta alla siccità e/o alla desertificazione.

Una delle città designate ad ospitare questo forum fu proprio Matera, presa come modello per la lotta alla desertificazione e per la sua capacità di raccogliere e conservare il bene acqua sin dai più remoti tempi storici. Le civiltà antiche erano ben consce di questi problemi. Le maggiori civiltà del passato, infatti, nessuna esclusa, si svilupparono a ridosso dei grandi bacini idrici e idrografici che potevano garantire grandi quantità di questa preziosa risorsa, indispensabile al loro sviluppo. La razionalizzazione e l'equa distribuzione d'acqua potabile sono due fattori che possono aumentare il benessere umano ed economico e diventare vettori di pace e cooperazione, favorendo uno sviluppo sostenibile della specie umana in armonia con il resto del pianeta. In questo contesto, di razionalizzazione e di equità, come non parlare della Basilicata e dei suoi antichi sistemi idraulici e come, ad oggi, questa regione di circa 600 mila abitanti, per una superficie di 9992 Kmq, ricca di risorse storiche-culturali, ma anche ambientali (ricordiamo il petrolio, le varie aree SIC e ZPS), ha attirato per la sua grande risorsa idrica la multinazionale Coca Cola, che ha acquistato le nostre acque minerali della zona del Vulture.

Il nostro lavoro verterà sulla scoperta di antiche canalizzazioni e cisterne presenti sul territorio lucano, trattando Matera, città UNESCO, importante per la sua capacità di copiare la natura e di captare le acque meteoriche, passando per Irsina, piccolo paese della provincia materana, alla ribalta in questi ultimi tempi per le varie scoperte artistiche (ad esempio la statua lignea di Santa Eufemia attribuita all'artista mantovano Andrea Mantegna) e per i suoi Bottini, fino ad arrivare a Genzano di Lucania, piccolo centro del potentino, prima città materana, che ci ha portato alla "scoperta" di altre opere di canalizzazioni sotterranee di notevole pregio ed importanza, che non sono state ancora indagate e studiate.

2 - *Inquadramento geografico dell'aerea esaminata*

Le città che sono state oggetto di studio di questo lavoro si trovano tutte in Basilicata, una regione che è morfologicamente molto varia, per buona parte montuosa, ma non priva di una spettacolare costa. Si colloca a cavallo tra la Calabria e la Puglia. È proprio con la Puglia che ha in comune diversi tratti ambientali, culturali e storico-artisitici. Matera e Gravina hanno, ad esempio, affinità costruttive, i "Sassi" per la prima e la "Gravina" per la seconda, che sono ormai diventati il simbolo della civiltà rupestre e contadina del passato, già a partire dalla preistoria. Si tratta di interi villaggi, con chiese, cripte, cisterne e tombe, tutti ricavati totalmente dallo scavo della friabilissima roccia, la calcarenite che localmente è meglio conosciuta come «tufo della Murgia». La Murgia presenta inoltre particolari aspetti floro-faunistici che rendono unico e ineguagliabile il territorio per la presenza di particolari specie arboree, come la stipa, la ferula e il biancospino e di specie avifaunistiche protette, il falco naumanni, noto come «grillaio». Il paesaggio è sostanzialmente carsico, un carsismo con evidenze soprattutto di fenomeni epigei quali le gravine, profonde incisioni nella roccia calcarea, della lunghezza anche di alcune decine di chilometri e con profondità che toccano i 100 metri.

3 - *Inquadramento geologico generale*

L'area di studio ricade interamente nel dominio geologico della Fossa Bradanica, un'area che seppure geologicamente stabile risente comunque, per via della sua vicinanza, dei movimenti tettonici che si hanno lungo le principali linee di faglia che s'incontrano andando verso la Calabria e più a nord verso la Campania. Da un punto di vista prettamente stratigrafico si riconoscono, in campagna e partendo dagli strati inferiori: i Calcari Cretacei di Altamura e le Calcareniti Plio-Pleistoceniche di Gravina. Su queste due formazioni poggiano in trasgressione tutti i termini della serie della Fossa Bradanica rappresentati da:

- Argille Sub Appennine, argille grigio-azzurre più o meno siltose.

- Sabbie di Monte Marano di colore dal grigio al giallastro; Conglomerato di Irsina, conglomerato poligenico con clasti di varia natura e di varie dimensioni, da centimetriche a decimetriche.

- Depositi alluvionali antichi, sabbioso-conglomeratici.

- Depositi alluvionali recenti, di natura sabbioso-limosa.

- Depositi alluvionali terrazzati, costituiti da argilla, sabbia e ghiaia.

Queste formazioni ovviamente influiscono notevolmente sul paesaggio della regione. Infatti essendo le argille, le sabbie e i conglomerati altamente soggetti all'erosione e al dissesto idrogeologico, hanno da sempre creato problemi di instabilità dei versanti, causando frane di rilevante consistenza. Vedremo che sarà proprio per fronteggiare queste frane che sono stati costruiti diversi sistemi di canalizzazioni, nati quindi non solo allo scopo di soddisfare e assicurare una risorsa idrica costante alle popolazioni locali.

4 - *I sistemi di approvvigionamento idrico di Matera*

4.1 - *Inquadramento geologico locale*

Il territorio in cui sorge la città di Matera occupa la parte alta del versante destro della profonda e stretta forra del torrente Gravina, ed è localizzato ai limiti dell'altopiano della Murgia, in un'area denominata Murgia Materana. L'originalità della sua fisionomia è dovuta sia al fatto che si sviluppa assecondando l'attività del versante, sia alle modifiche apportate dagli uomini nel corso dei secoli.

L'aspetto più peculiare è dato dal fatto che l'intero territorio è configurato a gradinate multiple, con pareti verticali e allungate parallelamente al ciglio della forra e all'asse dei due grabiglioni, antichi solchi di erosione torrentizia, abbondantemente alimentati, durante le piogge, dalle acque di ruscellamento provenienti dalle colline del Castello e della Nera. Questa configurazione è dovuta sia all'azione dell'uomo sia ai terrazzamenti operati in passato dall'erosione fluviale.

La Murgia si estende tra la Fossa Bradanica, che la collega alle montagne lucane, e le depressioni vallive dirette verso la costa adriatica. Per questa posizione l'altopiano murgiano, le cui quote variano da un minimo di 340 m a un massimo di 679 m, è interessato da un clima ventilato, con estati piuttosto secche e inverni rigidi. Il paesaggio è caratterizzato da deformazioni di scarsa entità dovute a piegamenti e faglie, da depressioni, scarpate, solchi di erosione torrentizia. Si presenta come luogo brullo ed aspro, caratterizzato da un intenso carsismo, specie epigeo, rappresentato dalle gravine, ma non mancano le grotte, come ad esempio quella dei «Pipistrelli». La formazione geologica caratterizzante il territorio è la Calcarenite di Gravina, di età Plio-Pleistocenica, trasgressiva sui sottostanti Calcarei Cretacei di Altamura. La formazione calcarenitica che caratterizza il territorio materano è permeabile solo per fessurazione, la quale è discontinua.

4.2 - *Inquadramento storico-archeologico*

La vita dell'uomo in questi territori è sempre stata condizionata e vincolata da un uso accorto e responsabile della risorsa acqua (Tommasselli M. 1999), che in una città come Matera, idrologicamente priva di un ben organizzato sistema idrico superficiale, diventava fonte di ricchezza e di sviluppo. Per poter coltivare, incentivare e organizzare nuovi insediamenti urbani, c'era bisogno di raccogliere e conservare l'acqua nei periodi di minore piovosità e nei mesi di maggiore calura; per questo sin dai tempi preistorici si iniziarono a realizzare le prime cisterne all'interno dei villaggi. L'architetto Laureano (Laureano P. 1993) sostiene che all'origine di Matera c'era una civiltà in grado, fin dal periodo Neolitico, di progettare e realizzare complesse opere idrauliche per la raccolta dell'acqua piovana, necessaria alla sopravvivenza. Si rendeva pertanto utile la messa a punto di una strategia atta a convogliare le acque piovane e a permetterne la conservazione per il maggior tempo possibile. Si realizzò un interessante sistema di gronde, canalette, collettori e cisterne. Nelle aeree antistanti alle abitazioni, o nei vicinati, una cisterna o un pozzo raccoglievano l'acqua piovana che andava a soddisfare le esigenze degli abitanti. Dalle cisterne e dai pozzi si alimentavano poi, con altri ingegnosi sistemi di canalizzazioni, una serie di vasche destinate a vari usi, come lavatoi o come abbeveratoi per animali. Esempi di questi sistemi sono i Palombari e il Purgatorio Vecchio, che sono stati il cuore idrico della città ed oggi, dopo aver soddisfatto le esigenze degli abitanti del posto per più secoli, regalano emozioni suggestive ai numerosi visitatori attratti dall'imponenza delle opere, oltre che dalla maestria delle costruzioni.

Dagli inizi del secolo scorso, con la realizzazione dei grandi impianti di adduzione e delle reti di distribuzione, si è andata sempre più perdendo la saggezza dell'uso accurato, partecipato e comunicatorio dell'acqua; oggi dalle campagne alle industrie si pratica un abuso del bene acqua. I Sassi, case scavate nella roccia, sono un sistema abitativo creato scavando nella roccia calcarea, localmente chiamata «tufo», lungo i pendii del torrente Gravina. La totale integrazione tra il quadro naturale, l'immenso lavoro di scavo e le costruzioni a vista, fanno dei Sassi di Matera un esempio straordinario di simbiosi tra il sito e l'intervento dell'uomo con il recupero e lo sfruttamento delle acque piovane (Laureano P. 1993). Con la rivoluzione industriale, nel Settecento, la città si trasferì nella parte pianeggiante, chiamata Piano, e iniziò una prima parte di seppellimento della nostra storia. I granai, le cisterne, il sofisticato sistema di canalizzazione delle acque, vennero sepolti e occultati da strade e palazzi fino ad interrare i due grabiglioni (piccoli torrentelli) che sono diventati strade rotabili, perdendo, per la maggior parte dei casi, la memoria della loro forma e destabilizzando l'equilibrio ecologico dei Sassi. Nel 1950, quando si avviò il processo di spopolamento degli antichi rioni, abitavano circa 15000 persone in 2997 abitazioni, di cui 1641 "trogloditiche", scavate nell'arenaria. Nel 1986 i Sassi beneficiarono di una legge dello Stato, la 771, che finanziava progetti di recupero e li affidava all'amministrazione comunale.

4.3 - *Patrimonio dell'UNESCO*

I Sassi vanno letti come un documento architettonico e paesaggistico importante. Matera, con la sua storia, fornisce una spiegazione all'evoluzione dei tipi architettonici e urbani di tutta la nostra storia e cultura: dalla grotta alla casa costruita, dal recinto pastorale al vicinato urbano, archetipo della casa a corte romana. Gli antichi quartieri pietrosi e il Parco della Murgia materana vengono proposti nel 1992 per l'iscrizione nella lista del Patrimonio mondiale come bene che permette un itinerario nel tempo attraverso tutte le età dell'umanità e testimoniano la loro capacità di rendere vivibile un ambiente difficile, gestendo le limitate risorse della natura, non ultima quell'acqua. Nel 1993 la commissione UNESCO riconosce il paesaggio culturale e la capacità sostenibile di preservare la qualità dell'ambiente naturale (Gazzetta Ufficiale n 287 del 09/12/1998).

4.4 - *Le soluzioni idrauliche del passato*

Tutte le soluzioni adottate per la raccolta dell'acqua piovana o freatica facevano capo a una differenziazione del tipo di territorio con cui ci si doveva andare a confrontare. Gli addetti all'esecuzione di pozzi e cisterne, i cosiddetti pozzaioli, eseguivano una prima e importante valutazione geologica e agro-forestale della zona, dalla quale scaturiva ogni tipo di scelta successiva. Nei casi in cui il territorio presentava falde acquifere sottostanti ed era di natura argillosa, il sistema più sfruttato era il pozzo scavato nel terreno e con pareti rivestite di pietre calcaree. In presenza invece di terreno roccioso e, a seconda della quantità di acqua potenzialmente raccoglibile in un punto prescelto, si decideva di scavare una o più cisterne comunicanti tra loro tramite canali superficiali, anch'essi scavati nella roccia. La prima vasca era più piccola ed era collegata al punto di convogliamento con funzione di depuratore, la seconda con funzione di raccolta e conservazione. A questa era collegata l'apertura del troppo pieno. La parte scavata veniva intonacata con un misto di calce e pozzolana, un materiale quest'ultimo di origine lavica, resistente e non permeabile. Sulle Murge, dispositivi di raccolta delle acque più recenti hanno la forma di case sommerse nel terreno, di cui spuntano in superficie solo i tetti spioventi della copertura. Dalla grotta hanno origine le forme e i tipi dell'architettura costruita. Con i conci ottenuti scavando, si realizza la parete che chiude l'entrata. Questo muro di tamponamento si chiama «palombo», da cui deriva il termine con cui a Matera si indicano tutte le grandi cisterne: «a palombaro»; la cisterna è proprio l'uso più antico delle vaste cavità sigillate. In latino *palumbarium* era un invaso artificiale d'acqua; la parola deriva dall'attività del «piombaio», che con il metallo rendeva completamente impermeabili, stagne, le superfici.

A seguito della urbanizzazione della zona del piano, iniziata verso la fine del XVI secolo e conclusasi con la realizzazione dell'asse urbano Sette-Ottocentesco, si presenta la necessità di approvvigionamento idrico dell'area a servizio dei residenti. Variata anche la tipologia edilizia rispetto ai Rioni Sassi, costituiti da unità minime di residenza, ognuna provvista di cisterna di raccolta delle acque piovane, con la costruzione di fabbricati a più piani, si realizza un sistema idrico pubblico costituito da più contenitori di acqua (tav. 1). Questo senza dimenticare le due cisterne esistenti nelle immediate vicinanze del luogo ove sorgeva la Fontana pubblica, ai piedi della collina del Castello. Si provvede ad attuare un ampio serbatoio utilizzando cisterne e cavità già esistenti che danno vita al "Palombaro Lungo", il quale si amplia sempre più in funzione dell'aumento di popolazione residente; l'ultimo ampliamento documentato risale intorno al 1870. La particolare articolazione planimetrica e volumetrica scaturisce dall'aggregazione, sia in orizzontale sia in verticale, di varie cavità ipogee e cisterne preesistenti. Nel punto più profondo ha un'altezza di circa 15 metri. Tutta la superficie delle pareti, sulle quali sono evidenti i vari livelli raggiunti dall'acqua, è intonacata con il classico coccio-pesto. Non si è riusciti a capire in che modo il Palombaro Lungo fosse alimentato e ancora oggi si alimenti: all'infuori della raccolta dell'acqua meteorica di una piccola porzione del vicinato, non sono state rintracciate ulteriori bocche di adduzione. Si è costatato, però, in questi ultimi anni, che l'acqua della falda, anche se non confluisce direttamente nel Palombaro, sgorga in un locale attiguo ad esso ed è assorbita dalla roccia e fuoriesce nella cisterna attraverso le pareti e il fondo. Nella zona d'ingresso del Palombaro, nella superficie rocciosa di copertura, si possono notare i fori che corrispondevano ai pozzi presenti in piazza, attraverso cui l'acqua veniva prelevata con i classici secchi in alluminio.

Altro Palombaro visibile è quello della chiesa di San Giovanni da Matera, dove termina un lungo sistema di canalizzazioni sotterranee. Fu edificato da mons. di Macco come riserva pubblica idrica a sostegno degli abitanti del Sasso Caveoso. L'ambiente delle cisterne (fig. 1) è la casa natale di San Giovanni da Matera, ora sacrestia della chiesa adiacente al Purgatorio Vecchio. In fondo, alla destra della cisterna, è presente il canale di recupero delle acque (fig. 2). Quest'ultimo, lungo 5 m, ricavato al di sotto del piano stradale, termina in superficie in una corte dalla quale riceve le acque che provengono dai tetti dei vicinati. L'acqua, una volta depurata attraverso il complesso sistema di vasche, veniva poi prelevata con l'ausilio di secchi attraverso i pozzi (fig. 3), come già detto.

5 - *I sistemi di approvvigionamento idrico di Irsina*

5.1 - *Inquadramento geologico e geografico*

Irsina è una città della provincia di Matera, conosciuta in passato con il nome di Montepeloso; dista dal capoluogo della Basilicata circa 40 km. Irsina già nota in letteratura per essere stata la prima città italiana in cui è stata rinvenuta traccia dell'Homo Erectus, è conosciuta anche per la presenza dei "bottini": trattasi di un sistema idraulico sotterraneo (acquedotto ipogeo) ben sviluppato e conservato, ancora in fase di studio e di esplorazione da parte di gruppi speleologici pugliesi. Il motivo di interesse nei suoi riguardi è nato in relazione alla possibilità di fare dei raffronti con il sistema acquedottistico di Genzano, che almeno da un punto di vista geologico-stratigrafico mostra diverse affinità. La città di Irsina si trova in piena Fossa Bradanica (Carta Geologica d'Italia, F. 188) area

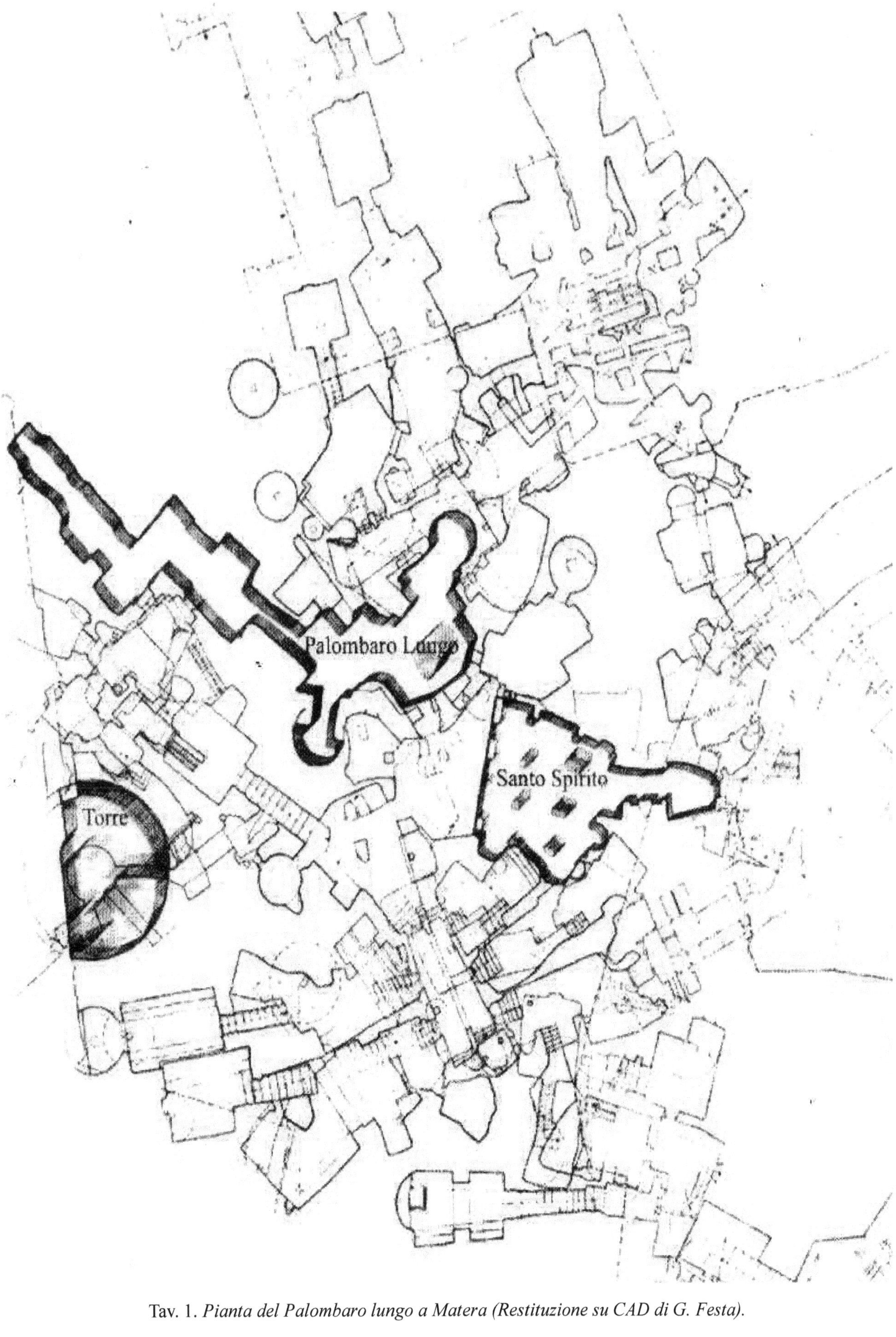

Tav. 1. *Pianta del Palombaro lungo a Matera (Restituzione su CAD di G. Festa).*

Fig. 1. *La cisterna del Palombaro Lungo a Matera. Si osservi la sua imponenza e i vari livelli di stazionamento delle acque (Foto di G. Festa).*

Fig. 2. *Il canale di recupero delle acque. Palombaro Lungo a Matera (Foto di R. Lamacchia).*

Fig. 3. *Cisterna del Palombaro Lungo. Vista dal basso e particolare dei secchi per il prelievo dell'acqua (Foto di R. Lamacchia).*

geodinamica che per via della sua natura geologica è instabile e franosa. In campagna si riconoscono, dal basso, argille, sabbie e conglomerati e, in alto, conglomerati, che prendono nome dalla stessa città. Questa formazione è permeabile e soprattutto ha un'alta instabilità e vulnerabilità.
È proprio questa successione stratigrafica che permette alle acque di rimanere catturate tra le argille e le sabbie conglomeratiche, andando così ad alimentare la falda acquifera. Ed è questa la falda che alimenta i Bottini (tav. 2).

5.2 - *Il Bottino di Irsina*

Il termine bottino è dato in passato al sistema idraulico noto con il nome di acquedotto, nello specifico sotterraneo. Ad esempio, sono conosciuti i cosiddetti Bottini di Siena, impianto sotterraneo per la captazione e la distribuzione delle acque potabili in città. Certo il nome non è inappropriato, dal momento che le volte di quelle condotte si presentano "a botte", tecnica costruttiva che garantisce stabilità all'opera. La data di costruzione del Bottino di Irsina è incerta. In una pergamena del 1473 si è trovato un riferimento alla presenza di una Contrada Fontana, nel territorio di Montepeloso. Ancora nel 1700 un altro documento attesta la funzionalità di questo sistema di canali, ma restano comunque sconosciuti sia chi ha commissionato l'opera, sia la data precisa della sua costruzione. Trovandosi comunque la Fontana Contrada in una posizione ricca di sorgenti sotterranee, favorite come già detto dalla natura geologica, s'ipotizza che essa venne fatta costruire per incanalare le acque al duplice scopo di ridurre o limitare al massimo i continui smottamenti che sicuramente si verificavano anche in tempi storici, sia di rendere un servizio alla popolazione montepelosana, costruendo e alimentando una fontana che garantisse continuamente acqua.

I Bottini sono variamente articolati, raggiungendo allo stato attuale delle ricerche uno sviluppo complessivo di circa 300 m, ma esistono ancora dei rami che non sono stati esplorati (fig. 4). Purtroppo un rilievo speleologico completo ancora non è disponibile; ci sono alcuni Gruppi Speleologici che ci stanno lavorando e in questa sede ci si risolve a pubblicare la planimetria concessaci dal dott. Donato Masiello (Masiello D. 2004) (tav. 3). La Fontana e quindi l'intero sistema di canalizzazione si trovano in contrada Le Puglie; l'impianto sotterraneo s'individua facilmente per la presenza dei camini di areazione e/o di captazione rialzati rispetto al piano di campagna. Una piccola porta (fig. 5) immette in un corridoio lungo circa 30 m, largo 2 m e alto altrettanto (fig. 6), dove si nota la tecnica costruttiva della volta a tutto sesto. Lungo entrambe le pareti vi sono delle bocchette di forma rettangolare dalle quali sgorga l'acqua. Il centro del pavimento è solcato da un canaletto, chiamato «gorello», profondo all'incirca 10 cm, che incanala l'acqua nelle diverse vasche usate per la decantazione, prima di essere riversate nella Fontana. È interessante osservare che, sia i gorelli di Irsina, sia i canali dell'acquedotto di Genzano, sono concrezionati. Un braccio secondario, anch'esso interamente scavato nella roccia, si stacca in direzione perpendicolare al ramo principale (fig. 7), con minori dimensioni sia in altezza, sia in larghezza, caratterizzato da un arco a sesto acuto. Questa parte di bottino si trova al di sotto di un ponte ed è probabile che l'arco sia stato costruito in un momento successivo, a seguito di qualche cedimento della precedente struttura. Non ci sono studi in merito. Oltre l'arco si osserva una vasca di decantazione e una tamponatura che impedisce il proseguimento. La muratura sembra essere successiva alla costruzione della stessa opera. Il cunicolo, dal quale se ne dipartono altri (vedere utilmente la tav. 3), è più stretto del precedente, è largo circa 80 cm e può essere percorso tranquillamente per circa 50 m; poi si rende necessario l'uso di stivali, dal momento che il livello dell'acqua si alza (fig. 8).

Anche il pavimento di questo secondo ramo è percorso dal gorello, in cui fluisce l'acqua che viene poi condotta nella vasca principale. Lungo questo ramo ci sono due altre diramazioni secondarie che sono ancora in fase di esplorazione e di studio. Sulla volta, a distanza regolare, sono presenti dei pozzetti che probabilmente avevano la funzione di consentire l'accesso all'opera per la sua manutenzione, senza dover percorrere l'intero bottino. Ad Irsina è nato il gruppo di ricerca sulle acque sotterranee lucane che, sotto la guida dei dottori Masiello e Sardone, ha come obiettivo lo studio idrogeologico dei luoghi di alimentazione di questo acquedotto.

6 - *Le Fontane di Genzano*

6.1 - *Premessa*

Genzano di Lucania è un piccolo paese in provincia di Potenza. A differenza di altri paesi della Basilicata, Genzano è sempre stato circondato, e lo è tutt'ora, da diverse sorgenti perenni, che se da un lato ne hanno fatto un luogo ideale per lo sviluppo del borgo stesso, dall'altro sono state spesso la causa di dissesti. Infatti, l'intera area della città, per via della sua costituzione geologica prevalentemente sabbiosa e argillosa, è facilmente soggetta a frane e smottamenti, favoriti proprio dall'abbondante acqua sotterranea. Genzano può vantare diverse fontane e condutture sotterranee che sin dalla sua origine, in epoca tardo romana, incanalavano le acque. Tra i ritrovamenti effettuati nella zona antica sono stati segnalati fontane e acquedotti. Purtroppo lo sviluppo urbanistico incontrollato ha per gran parte, come spesso succede, distrutto le antiche opere idrauliche sotterranee, rendendone oggi difficile la comprensione dei tracciati originari. Proprio basandosi su questo lavoro storico di ricerca delle fonti e di documentazione sul posto sono state condotte le prime esplorazioni per la riscoperta di questi luoghi. Per il momento alcune di queste canalizzazioni sono state individuate e segnalate. Ben più facile è stato invece il

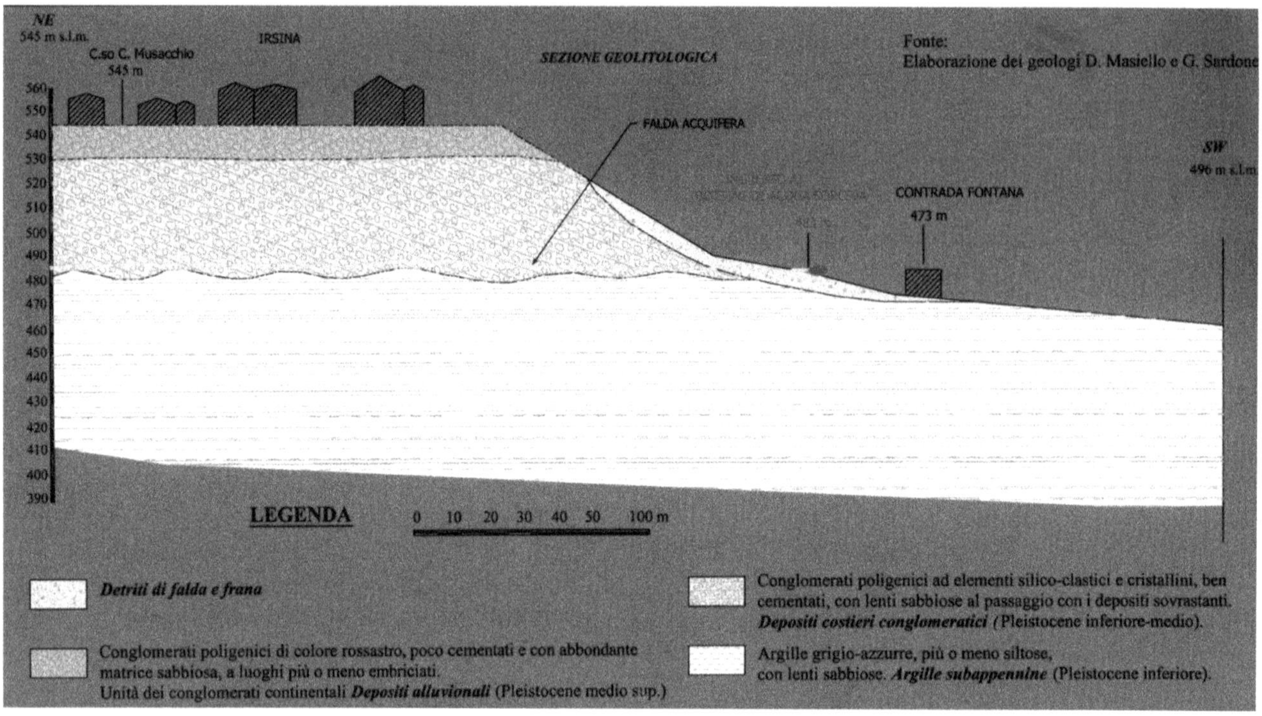

Tav. 2. *Sezione geologica dei Bottini di Irsina (Tratta da Masiello D. 2004).*

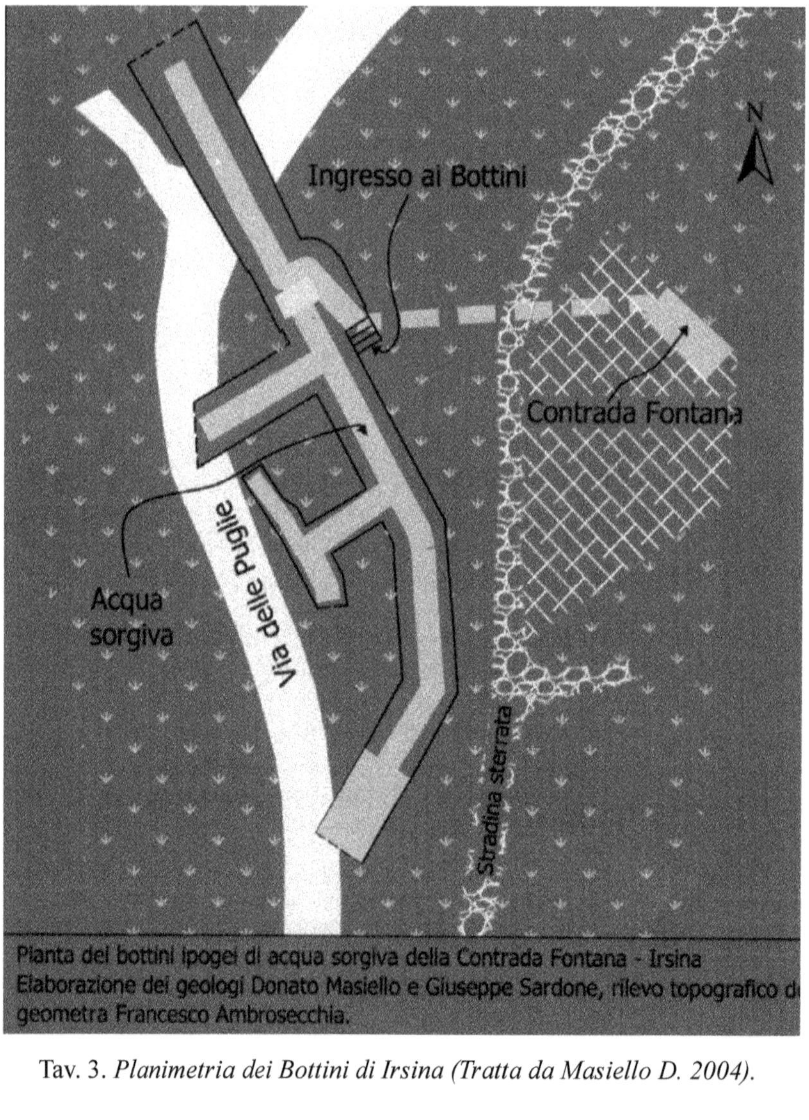

Tav. 3. *Planimetria dei Bottini di Irsina (Tratta da Masiello D. 2004).*

Fig. 4. *Bottini di Irsina. La fontana dei Bottini è alimentata dall'acquedotto (Foto di R. Lamacchia).*

Fig. 5. *Bottini di Irsina. Porta d'ingresso ai Bottini (Foto di R. Lamacchia).*

Fig. 6. *Cunicolo principale dei Bottini di Irsina. In primo piano il gorello per incanalare le acque (Foto di R. Lamacchia).*

Fig. 7. *Rami secondari dei Bottini di Irsina. Si può osservare, alla sinistra della foto, un cunicolo dell'altezza di circa 70 cm, di non facile percorribilità (Foto di R. Lamacchia).*

Fig. 8. *Uno dei cunicoli secondari dei Bottini di Irsina, totalmente allagato (Foto di R. Lamacchia).*

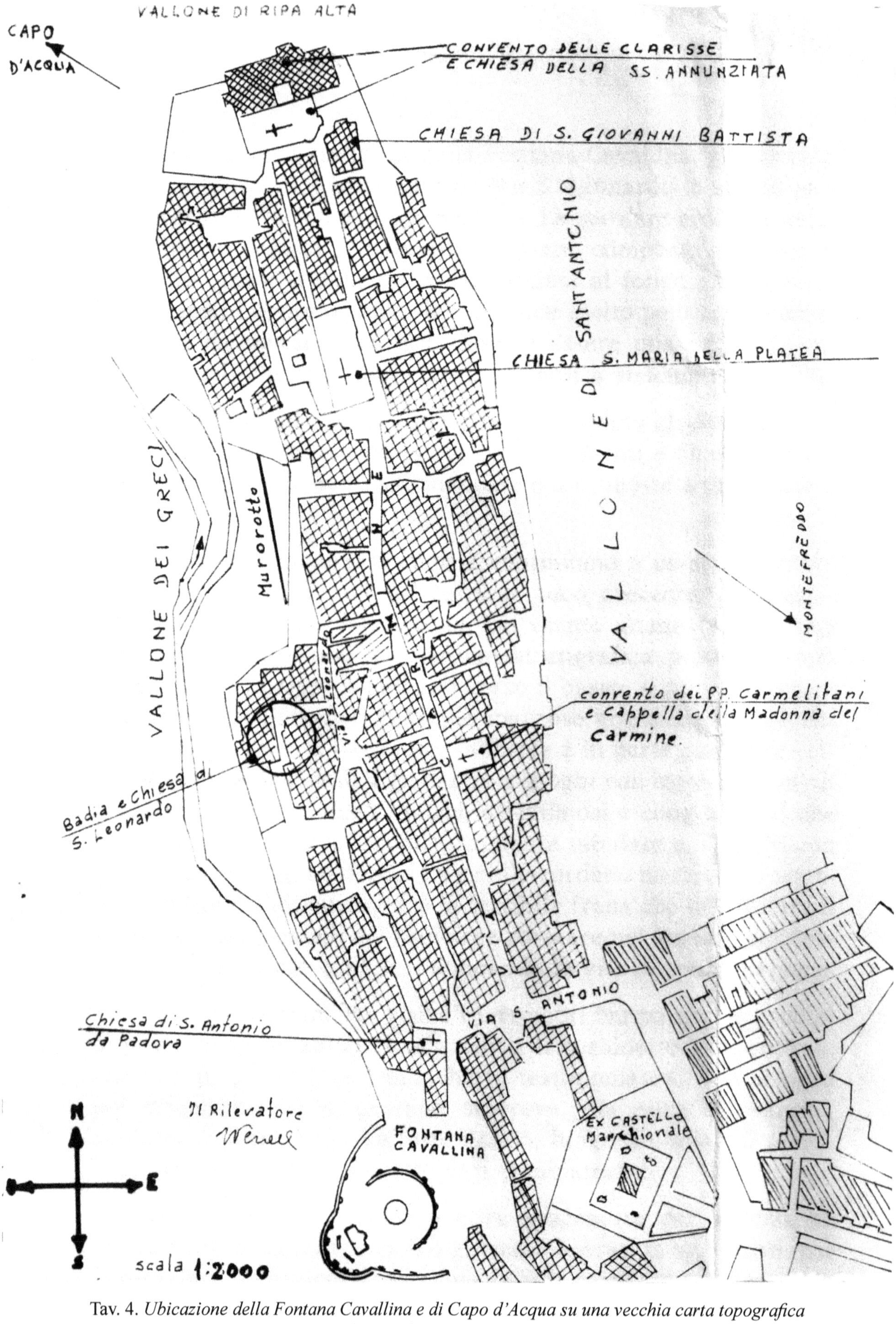

Tav. 4. *Ubicazione della Fontana Cavallina e di Capo d'Acqua su una vecchia carta topografica (Tratta da Lorito E.* 1949).

rilievo e la documentazione sia di una piccola parte delle condotte che portano l'acqua alla Fontana Cavallina, sia della grotta di Capo d'Acqua, nel Vallone dei Greci (tav. 4).

6.2 - *Posizione geografica e brevi note storiche*

Genzano di Lucania è un piccolo paese di circa diecimila abitanti, situato a sudest di Potenza, su di un'altura a 600 m di quota sul livello del mare; è delimitato ad est dal torrente Fiumarella e a sud dal torrente Basentello, entrambi affluenti del fiume Bradano. Le origini del paese, piuttosto incerte, lo fanno risalire all'epoca tardo romana, non essendo state ritrovate ad oggi, né nell'agro comunale, né nei pressi dello stesso abitato, testimonianze archeologiche antecedenti a tale periodo, mentre tombe, epigrafi, resti di acciottolato stradale e muri difensivi ne collocano bene la sua origine in tale epoca. Il paese, a partire dal 500-600 d.C., venne colonizzato da «paganum Gentium», popolazioni pagane com'è testimoniato anche da alcuni ritrovamenti di statuette raffiguranti dee e divinità, tra cui si collocano la statua di Venere e l'effige della Fontana Cavallina, di cui si tratterà in seguito.

La posizione geografica del centro offriva una naturale difesa dai nemici; la presenza di diverse sorgenti perenni e l'ampia distesa di campi coltivabili ne facevano poi un luogo ideale per un insediamento permanente. Genzano si presenta strutturalmente diviso in due parti: il "paese vecchio" e il "paese nuovo", nella parte più alta. Il paese vecchio (vedere utilmente la tav. 4) è quasi interamente circondato da valloni: ad est il Vallone di Sant'Antonio, ad ovest quello dei Greci e a nord quello di Ripa Alta. Nella zona meridionale il paese vecchio si collega alla zona nuova attraverso una serie di pianori di conglomerati terrazzati, più alti rispetto a questo di circa 100 m. L'espansione del paese si ha a partire dalla fine del 1700 e probabilmente il primo edificio al di fuori della mura fu il palazzo marchesale, oggi sede del Municipio, che si trova alle spalle della vecchia porta del Mezzogiorno. Altre due porte, poste agli imbocchi degli altri due Valloni, di Sant'Antonio e di Ripa Alta, delimitavano i confini del paese vecchio.

6.3 - *Inquadramento geologico*

Genzano di Lucania è stato purtroppo soggetto a diversi eventi catastrofici, come già accennato, tra cui si ricordano alcuni fenomeni tellurici (1694 e 1857), non meno catastrofici del tristemente noto terremoto dell'Irpinia degli anni Ottanta del XX secolo. Genzano si trova, da un punto di vista geologico, all'interno della Fossa Bradanica (Carta Geologica d'Italia F. 188), una depressione tettonica, sub parallela al fiume Bradano, da cui prende nome e che è costituita, in successione, dal basso, da calcareniti, argille, sabbie e conglomerati, di origine marina nella parte bassa e continentale in quella alta, tutte formazioni di età Plio-Pleistocenica che hanno scarsa coesione e compattezza, carattere che li rende soggetti a franare. Nello specifico il paese è stato costruito sulle Sabbie di Monte Marano su cui poggiano in successione stratigrafica le Argille Calcigne e il Conglomerato di Irsina. Si tratta di Sabbie di composizione calcarea e quarzosa, molto cementate, con diverse lenti conglomeratiche che si interdigitano con le Argille e con i Conglomerati dai quali poi è difficile dividerle e quindi definire un limite netto di separazione. A chiudere la successione c'è il Conglomerato di Irsina, che prende il nome dall'omonima città ed è formato da ciottoli, arrotondati o appiattiti, con lenti sabbiose e argillose, a testimonianza di quanto appena detto sopra.

L'intera successione è di origine marina, come testimoniano le caratteristiche spianate, i terrazzi marini ben evidenti nelle zona di Spinazzola e di Genzano. È proprio la natura di queste formazioni che determina una situazione d'instabilità dei versanti, dal momento che quei materiali, sabbie e argille in primis, sono facilmente soggette all'erosione e quindi facilmente franano rendendo instabile il paesaggio. Frane facilmente cartografabili sono bene evidenti in tutta la zona della Fossa Bradanica. Nella stessa area di Genzano si vede un'enorme frana che ha letteralmente scalzato le cantine della città. Alcuni anziani del posto ricordano ancora il giorno in cui è avvenuta tale grande frana.

6.4 - *Aspetti idrografici*

La zona nelle vicinanze di Genzano è caratterizzata da colline argillose, le quali si spingono mediamente attorno ai 600 m di altezza e sono separate da ampie vallate. I versanti di queste colline sono facilmente soggetti a fenomeni di dissesto idrogeologico. La natura geologica del territorio in cui risiede Genzano ha consentito la costruzione di diverse fontane e di acquedotti, tra cui il Fonte Pubblico Cavallina, oggetto del presente contributo. La presenza nel territorio di sabbie e conglomerati, rocce quindi permeabili, ha impedito la formazione di una rete idrografica superficiale perenne, favorendo invece l'infiltrazione dell'acqua nel sottosuolo e la formazione di falde che si creavano al contatto con le sottostanti argille, geologicamente impermeabili; ma tale falda risulta comunque di modesta entità. Ben sviluppata è invece la rete idrografica a carattere torrentizio, come quella del Bradano, il cui alveo è a tratti in meandro e a tratti sulle alluvioni.

6.5 - *Notizie storiche sul Fonte Pubblico Cavallino*

Prima di iniziare a parlare della costruzione della Fontana Cavallina è bene soffermarsi un po' su quella che fino a metà del 1800 era stato un importante punto di approvvigionamento idrico per gli abitanti del paese, nonostante la sua scomoda collocazione. Si tratta di una sorgente naturale, Capo d'Acqua, situata a 3 km dal paese, nel Vallone dei Greci. La fontana è costituita da vasche in pietra lavorata con otto getti d'acqua posizionati all'interno di nicchie. La fontana era il luogo in cui si andavano a lavare i panni ed era pertanto diventato un luogo d'incontro popolare (Scazzierello R. 1990). Una legenda vuole che all'interno della grotta adiacente fosse apparsa nel 1600 una Madonna; da quel momento, ogni anno, si perpetua un solenne rito a testimonianza e ricordo dell'evento. La grotta (fig. 9) si apre al contatto con i calcari e si presenta come una risorgenza naturale sotterranea. Un ingresso artificiale in muratura immette in un unico vano di forma circolare, largo circa 4 m. Subito sulla destra, a 2 m dall'ingresso, s'incontra l'acqua che impedisce di proseguire, ma che lascia comunque intravvedere una prosecuzione della stessa grotta. Queste acque sono oggetto di studio da parte dell'università di Potenza, che si sta interessando della falda idrica e dei problemi di inquinamento ad essa connessi (fig. 10). Questa fonte naturale, se pur non eccessivamente distante dal centro abitato, era di difficile raggiungimento soprattutto nei periodi freddi o piovosi, poiché il lungo lastricato che congiungeva la fontana al paese diventava in quelle occasioni irrimediabilmente scivoloso e quindi causa di incidenti. La popolazione, e soprattutto le donne che erano coloro destinate al lavaggio dei panni, chiedevano con insistenza la costruzione di una fontana che fosse nel paese e quindi potesse essere raggiunta facilmente e soprattutto senza rischi. Inoltre il luogo era già da tempi storici soggetto a frane di una certa entità, che creavano disagi alla popolazione oltre gravi danni. Queste frane erano favorite infatti dalla natura geologica del terreno e dalla presenza nella zona di diverse sorgive naturali e perenni, che circondavano proprio quella zona del paese. Pertanto sia dette l'avvio alla costruzione di una fontana che avesse, da un lato, la funzione di sanare il dissesto idrogeologico di questa zona e, dall'altro, il non meno importante ruolo sociale di accontentare la popolazione. I lavori di costruzione della fontana furono lunghi e interrotti per diversi motivi, quali la mancanza di soldi, le guerre, nonché le incomprensioni. Iniziati negli anni 1865-1866, vennero faticosamente portati avanti sotto la direzione dell'architetto Locuratolo, fino al 1893 anno in cui ci fu la definitiva inaugurazione della fontana. La Fontana Cavallina (fig. 11) ha la forma di un anfiteatro costruito con mattoni cotti e naturali, senza intonaco, con una cordonatura superiore in pietra che consentiva di proteggere l'opera dalle acque piovane. Il pavimento era selciato.

6.6 - *La fontana Cavallina: le prime esplorazioni*

Come già detto, nonostante una bibliografia storica di dettaglio (Battaglino M. 1949; Bruscella A. Mennuni L. 1994), con indicazioni di nomi, strade e ubicazioni di sorgenti, la localizzazione delle antiche condutture non è ne risultata semplice ne immediata. La mancanza di una adeguata memoria storica ha impedito di tenere conto dell'ubicazione di tali canalizzazioni nell'ambito della progettazione territoriale e pertanto molti tratti di essi sono stati inglobati nelle case private o sono andati totalmente distrutti. In questa prima fase di ricerca siamo riusciti ad individuare due cunicoli. Stando alle indicazioni bibliografiche di De Marinis la Fontana, situata al limite del Paese Vecchio, presso la porta Sant'Antonio, è alimentata da tre diverse direzioni:

- da NW, zona Giardino, che alimentava la Fontana;
- da SW, zona San Giorgio, che alimentava una vasca secondaria;
- da NE, sotto il Municipio, che alimentava un abbeveratoio.

Dei due cunicoli, il primo, il più corto, è lungo poco più di 5 m ed alto 3/4m. Esso viene bruscamente interrotto da una muratura, evidentemente recente, che ne impedisce il passaggio. Tale cunicolo si allunga in direzione NW, verso la zona Giardino, una delle aree con presenza di sorgive. Il secondo cunicolo, a cui si accede da una piccola apertura lungo il parapetto dell'anfiteatro della fontana, si estende in direzione nordest, verso il Municipio. Sulla base delle fonti storiche (Battaglino M. 1949), che parlavano di un acquedotto sotterraneo che attraversa via Cavour, poi via De Marinis ed infine incanala le acque in una cisterna sotterranea all'incrocio di quest'ultima via con Corso Vittorio Emanuele, ci aspettavamo di trovarci di fronte un cunicolo lungo all'incirca 140/150 m. In realtà abbiamo potuto cartografare e rilevare solo 35 m (fig.12) poiché ci siamo ritrovati di fronte ad una cisterna di decantazione piena ben oltre la sua capienza (fig.13). Il tracciato da noi percorso corrisponde, in superficie, alla Piazza Risorgimento, attuale sede del Comune (tav. 5) e non all'incrocio tra Corso Vittorio Emanuele e Via De Marinis, come ricavato da dati bibliografici, secondo i quali esisterebbe un'altra grande cisterna (segnata sulla tav. 5). Si ipotizza che esistessero più condotte con la funzione di aumentare il drenaggio della zona e che la cisterna da noi rilevata fosse solo una vasca secondaria di decantazione delle acque prima della uscita terminale. Il tratto di acquedotto rilevato (fig. 13) è lungo 40 m e largo, ad intervalli variabili, tra i 70 cm e 1m; l'altezza è mediamente di 1,9 m con punte minime di 1,1 m nel tratto iniziale dello stesso.

Ad intervalli regolari presenta sulla volte delle botole, sempre in muratura, probabili punti di ispezione del canale. In corrispondenza di questi pozzi sono anche ben riconoscibili le pedarole (fig. 14). Il rilievo presentato è solo una prima bozza di un esecutivo in fase di elaborazione. Ci sono evidenti nicchiette su entrambi i lati dell'acquedotto, ma considerata l'altezza esigua dello stesso e considerando che esse non si trovano in corrispondenza di pozzi di ispezione, si potrebbe escludere che si tratti di pedarole. Tali nicchiette erano probabilmente destinate all'appoggio di lucerne e/o candele utili ad illuminare l'ambiente. Il pavimento dell'acquedotto è occupato per metà della sua larghezza (mediamente 90 cm) da un marciapiede alto 10 cm e per l'altra metà è lasciato libero per consentire lo scorrere dell'acqua che sicuramente non scarseggia. Questo passaggio risulta a volte indistinguibile poiché è quasi totalmente ricoperto da concrezioni (fig. 12).

Fig. 9. *Capo d'Acqua. A pochi metri dall'ingresso la presenza di acqua impedisce la prosecuzione (Foto di R. Lamacchia).*

Fig. 10. *Capo d'Acqua. Strumentazione per il monitoraggio delle acque da parte dell'Università di Potenza (Foto di R. Lamacchia).*

Fig. 11. *Fontana Cavallina. Vista panoramica della Fontana (Foto di R. Lamacchia).*

Fig. 12. *Interno del cunicolo più lungo della Fontana. Si osservi l'abbondante concrezionamento sul pavimento del cunicolo (Foto di R. Lamacchia).*

Sicuramente non mancano cunicoli e/o acquedotti anche in direzione sud-ovest, in zona San Giorgio dove, stando a fonti storiche (Battaglino M., Lorito E. 1949), esisterebbe una grande vasca di decantazione. Le ricerche tutt'ora in corso sono ostacolate dalla evidente difficoltà di ricostruire una rete acquedottistica per buona parte distrutta dalle più moderne opere civili. La Fontata Cavallina è risultata una tra le più belle fontane d'Italia tanto da diventare, nel 1978, effige su un francobollo da 120 lire.

7 - *Conclusioni*

Le opere acquedottistiche e le canalizzazioni esaminate e documentate nel lavoro ci mettono di fronte all'abilità, nel passato, da un lato di sapere leggere e studiare il territorio e dall'altro di sfruttare e gestire una risorsa, com'è quella dell'acqua, importante e fondamentale per lo sviluppo di una civiltà. Infatti le opere, in particolar modo quelle di Genzano e di Irsina, sono state costruite allo scopo primario di ridurre e limitare il dissesto idrogeologico in atto in quei territori, combinando a questo l'uso dell'acqua per le esigenze delle locali popolazioni. Purtroppo però, la scarsa attenzione e sensibilità delle nuove generazioni e la perdita della memoria della collocazione di determinate opere, ne causano spesso il degrado e la rovina. Si pensi appunto ad Irsina, dove la vasca principale è stata interrotta a causa della costruzione di una strada proprio in corrispondenza di essa. Anche a Genzano, delle numerose canalizzazioni citate nei testi storici, si sono potuti percorrere solo pochissimi metri poiché, per buona parte, le abitazioni moderne, della Genzano Nuova, sono state costruite proprio su questi importanti e fondamentali sistemi idraulici. Quello che si auspica è di ritrovare almeno una buona parte delle restanti canalizzazioni citate nei testi storici, e già individuate su carta, e di preservare quella parte che già è stata trovata, da eventuali danni futuri.

Si ringraziano: Giovanni Festa, Rocco Castellano, Amministrazione Comunale di Irsina, Donato Masiello, Amministrazione Comunale di Genzano di Lucania, Tripani Rocco, Menchise Grazia Maria – Biblioteca Comunale.

8 - *Bibliografia*

Battaglino M. 1949, *Origine di Genzano di Lucania*, Tipomeccanica, Napoli, pp. 33-43.

Bruscella A., Mennuni L. 1994, *Il "Fonte Pubblico" Cavallina a Genzano di Lucania*, Tipolito 2 Emme, Genzano, pp. 1-96.

Laureano P. 1993, *Giardini di Pietra. I Sassi di Matera e la civiltà rupestre mediterranea, Bollati Boringhieri*, Torino, p. 199.

Lorito E. 1949, *Genzano di Lucania-Cronografia*, Ed. Tipomeccanica, Napoli, pp. 33-41.

Fig. 13. *Cisterna terminale della Fontana Cavallina. Si osservino sui lati gli arrivi di ulteriori canalizzazioni, ancora in fase di esplorazione (Foto di R. Lamacchia).*

Fig. 14. *Interno in muratura del cunicolo della Fontana Cavallina (Foto di R. Lamacchia).*

Tav. 5. *Planimetria di Genzano di Lucania con ubicazione delle cisterne (Tratta da Battaglino M. 1949).*

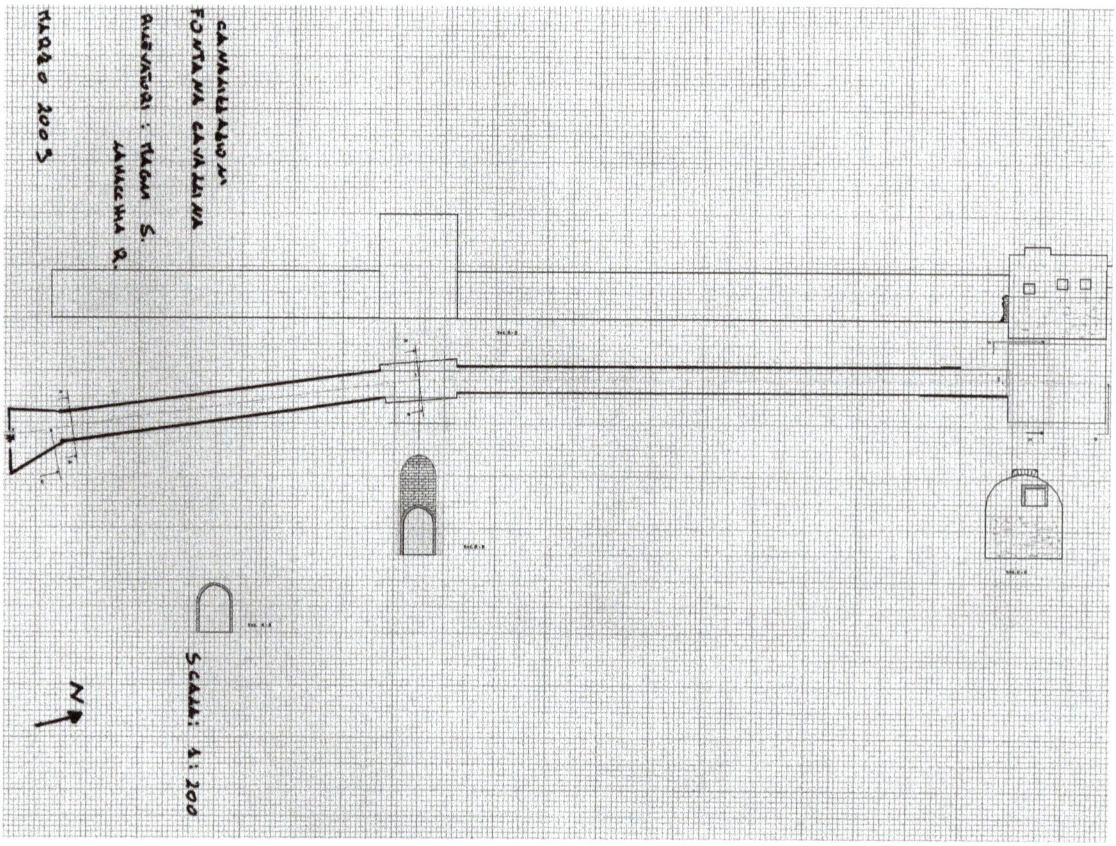

Tav. 6. *Pianta del cunicolo principale della Fontana Cavallina studiata dall'Associazione Amici del Parco della Murgia Materana (Rilievo a cura di S. Magni).*

IX

PARTENOPE E LA FONTE DI TUTTE LE ACQUE

Autore
Daniela Marra — Gruppo di studio " Alessandra"- Napoli Underground
Fulvio Salvi — Napoli Underground (napoliunderground.org)
Selene Salvi — Gruppo di studio " Alessandra"- Napoli Underground

Foto
Fulvio Salvi — Napoli Underground (napoliunderground.org)

Sommario

Analizzare "ciò che mangia l'uomo" potrebbe aiutarci a comprendere anche la natura dei suoi sogni. Con il presente elaborato abbiamo tentato di interpretare i miti partenopei legandoli a quei cicli vitali e produttivi che potevano esserne origine e specchio. Anticamente non esisteva la misura del tempo come noi oggi la concepiamo, tutto era legato alla minuziosa osservazione dei movimenti del cielo e dei ritmi della terra stretti in un'intima danza di cui l'essere umano se ne faceva interprete. L'approccio multidisciplinare alla questione ha forse facilitato tale visione evitando di lasciare miti e simboli in balia esclusivamente del "metafisico senza storia". Un piccolo tributo "materiale" a quella *Mater* amata-odiata di cui ora siamo figli negligenti...

Abstract

To analyse 'what man eats' may help us to understand the nature of his dreams, too. In this paper we attempt to interpret Neapolitan myths connected with the cycles of life and production, which could either prompt or reflect them. In the past the measure of time was not as we conceive of it in the present; everything was connected to minute observation of the sky's movement and the earth's rhythms, united in a close dance of which human beings were the interpreters. Perhaps the interdisciplinary approach has helped this vision to avoid the abandonment of myths and symbols to the mercy of 'metaphysics without history'. We here present a small offering to that loved-hated *Mater* of whom we are the now negligent sons...

1 - *Introduzione*

«Essi nel primo fondare, di candido marmo una nobile sepoltura nel ventre della terra trovarono, il titolo della quale, di lettera appena nota tra loro, leggendolo, trovarono che dicea: QUI PARTENOPE VERGINE SICULA MORTA GIACE» (Boccaccio 1802, p. 141). Il nostro territorio vantava così tante divinità che in giro era «più facile incontrare un dio che un uomo» (Petronio Arbitro, *Satyricon*, libro XVII): le emblematiche parole del nostro Satirico ci introducono in una *Neapolis* ricca di luoghi di culto di cui però ben poche tracce ne sono rimaste per quella «solita fortuna delle cose antiche della Città nostra» (Carletti 1766, p. 175).

Tantissimi studiosi della storia partenopea nel corso del tempo hanno tentato di ricostruire la vita religiosa di quegli anni attraverso affascinanti studi filologici, che spesso sfociavano in vere e proprie "battaglie di penna", e cercando di registrare alla buona tutto ciò (ma non è molto) che si aveva la fortuna di ritrovare sotto la terra di una città che cresce e si rigenera su sé stessa. E questi veri e propri pionieri dell'archeologia moderna ci hanno tramandato che la gran parte delle chiese del centro antico sorge sui resti o nei pressi di templi pagani. L'archeologo Mario Napoli afferma comunque che di queste notizie tradizionali «poche, anzi pochissime, possono essere accolte ed anche con molte riserve» (Napoli 1959, p. 135), così come il dato numismatico non è sempre in grado di assicurare l'importanza o meno di un dato culto nella città. Ciò che resta da analizzare sono quindi vaghi ricordi letterari, le esigue testimonianze degli Antichi e le poche e spesso lacunose fonti epigrafiche. Nonostante le difficoltà la sfida sarà comunque raccolta e cercheremo di districarci tra le labirintiche memorie del tempo alla ricerca del santuario della "luna del grano" non prima però di aver analizzato il contesto mitico-cultuale in cui collocare tale divinità e il suo "animale totemico": la scrofa.

2 - *Parte Prima. La Luna del grano: ciclo biologico e fasi lunari nei miti del "sopra" e del "sotto"*

2.1 - *La terra, la morte e il maiale*

Il maiale è legato al culto della Dea probabilmente perché col grifo rivolta le zolle per cibarsi delle biade (Summonte 1748, p. 112) e forse per questo Varrone dice che il mucchio di terreno che il vomere dell'aratro scopre è detto *porca* (Varrone, lib. V). Nell'orizzonte mitico-rituale greco-romano, la porchetta è quindi interiorizzata come simbolo sostitutivo della terra, la *glebam*, che veniva gettata sul defunto in segno di purificazione. Lo stretto rapporto esistente tra la terra e la morte, che si ricollega ad una visione ciclica dell'esistenza, assume il medesimo significato simbolico, se si sostituisce la porchetta alla terra. Lo spirito dei morti appare quindi senza dubbio strettamente legato alla fertilità: «Se dopo la morte di un membro della famiglia, si trascuravano i riti prescritti di purificazione, si doveva porre rimedio sacrificando a Cerere la porca *praecidanea*» (Gellio, IV 6,7).

Nell'"economia" del ciclo vitale il rito di immolare e sacrificare la porchetta può essere letto nel seguente modo: colui che non "restituisce", in maniera simbolica, alla terra ciò che le appartiene di diritto non potrà godere della sua fecondità. In questa prospettiva appare quantomeno interessante che tale animale sia legato sia al culto dei morti sia ad un apparato mitico-rituale di carattere agricolo. Nei culti classici la porchetta è un animale che compare spesso e la mitologia ne è ricca di riferimenti. In Grecia veniva immolata a Demetra. A Roma veniva sacrificata a Cerere e a Diana Lucina. Nell'ottavo libro dell'Eneide, ad esempio,Virgilio lega la fondazione di Alba Longa con la scrofa bianca alba (Virgilio, VIII, 42 ss.).

Inoltre diverse rappresentazioni della porchetta sono state rinvenute in riferimento a divinità greco-romane esclusivamente femminili. Nel museo civico archeologico di Atina, ad esempio, si conserva una iscrizione a carattere funerario (CILX 5073) - Munnia, sacerdotessa di Cerere - con dedica a Munnia, figlia di Caio, sacerdotessa di Cerere. All'interno del riquadro modanato è presente la raffigurazione di una scrofa e di un coltello (*culter*) sacrificale. Cerere era la divinità paleolatina della Terra, concepita come Dea madre, il cui carattere di divinità agricola si avvicenda con quello ctonio in costanti riferimenti alla *Tellus*. Tra il II sec. a.C. e il IV sec. d.C. alla *Tellus* veniva sacrificata la porca pregna e a Cerere numerosi autori antichi come Ovidio, Gellio, Macrobio, Festo ed altri, attribuiscono il sacrificio di una porchetta. La dea madre agricola ed "infera", a cui durante i ludi secolari si sacrificava la scrofa pregna, assunse molti nomi: nel carme sibillino e nei *Commentarii* è detta *Taia* e *Tellus*, è chiamata *Ceres* da Orazio e *Demeter* da Zosimo (Pestolazza 1897, p. 20); tuttavia qualunque nome assuma si tratta della stessa divinità a cui appartiene uno specifico orizzonte simbolico che rimanda a similitudini rituali e mitico-cultuali. In definitiva Cerere a Roma confluì attraverso una serie di sincretismi insieme alla Demetra ellenica nella figura di una *Da-Mater* italica. Ma la sua fisionomia autoctona, benché alterata dalla greca Demetra, conservò alcuni tratti originari. In onore di Cerere nell'antica Roma erano celebrati i *Cerealia* nel mese di aprile e gli *Ambarvalia* nel mese di maggio.

2.2 - *Il mito di Cerere e Proserpina*

Durante i *Cerealia* veniva ricordato il mito di Cerere e Proserpina. La fanciulla eguagliava in bellezza le sue compagne Pallade e Febe. Sulla sua veste era rappresentata la nascita d'Iperione, Sole e Luna. Ma l'amata figlia ben presto sarebbe stata per la Madre fonte di immenso dolore. E così, bella ed elegante, Proserpina, accompagnata dalle ninfe siciliane delle acque, le Naiadi, o secondo taluni dalle Sirene, si recò presso Enna a raccogliere i fiori della primavera su cui veglia Zefiro. Plutone, dio degli inferi, stanco delle tenebre del suo regno, decise un giorno di affiorare alla luce e vedere un po' di questo mondo. Dopo un lungo e faticoso cammino emerse infine su una pianura bellissima, posta a mezza costa del monte Enna.

Era Pergusa, dal lago ceruleo, alimentato da ruscelli armoniosi e resi leggiadri da fiori di tante varietà che mischiando i profumi creavano soavi odori e così intensi da inebriare. Ad un tratto, volgendo lo sguardo, scorse in un prato un gruppo di fanciulle che coglievano fiori con movenze leggere, fiori tra i fiori e si precipitò verso di lei (Proserpina), che, scortolo, così nero e gigantesco, con quegli occhi di fuoco e le mani protese ad artigliarla, fu colta dal terrore e fuggì leggera assieme alle compagne.
Il dio dell'Ade, in due falcate le fu addosso e l'abbracciò voracemente e via col dolce peso; la pose sul cocchio, invano ostacolato da una giovinetta, Ciane, compagna di Proserpina, che tentò di fermare i cavalli, ché il dio infuriato la trasformò in fonte. Ancora oggi Ciane, con i suoi papiri, porta le sue limpide acque a Siracusa. «Intanto Cerere, angosciata, in ogni terra, in ogni mare cercava invano la figlia. Mai Aurora, affacciandosi coi suoi capelli roridi, la vide in pace, mai Vespero. Accese due torce di pino alle fiamme dell'Etna, vagò senza requie, tenendone

una in ogni mano, nel gelo della notte; e ancora, quando la luce del sole rese pallide le stelle, cercava la figlia da ponente a levante. Sfinita dalla fatica, era tormentata dalla sete (a nessuna fonte aveva bagnato le labbra), quando per caso vide una capanna di paglia: bussò alla piccola porta. Ed ecco ne esce una vecchia, che vedendola implorare un sorso d'acqua, le porse una bevanda dolce insaporita con orzo tostato. Troppo lungo sarebbe indicare tutte le terre e i mari che alla ricerca percorse la dea: le venne meno il mondo. Ritornò in Sicilia e, mentre camminando scrutava in ogni luogo, arrivò nei pressi di Ciane, che tutto le avrebbe raccontato, se non si fosse trasformata e che, per quanto volesse parlare, non aveva bocca e lingua, né altro per potersi esprimere. Ciò malgrado le fornì un indizio inequivocabile, mostrandole a pelo d'acqua una cintura a lei ben nota, che in quel punto era per caso caduta a Proserpina tra i flutti sacri» (Ovidio, *Metamorfosi*, liber V, vv. 438 e segg.). Dopo nove giorni e nove notti insonni di dolore, decise di rivolgersi a Giove per impetrarlo di farle riavere la figlia; ma Giove nicchiava (come poteva tradire suo fratello Plutone?). Allora Cerere, folle di dolore, decise di provocare una grande siccità in tutta l'isola. E dopo la siccità venne la carestia e gli uomini e le bestie morivano in grande quantità. Non valevano invocazioni e scongiuri alla dea, che era irremovibile. Giove inviò Mercurio da Plutone per imporgli di restituire Proserpina alla madre. A Plutone non restò che obbedire. Però, prima di farla partire, fece mangiare alla sua amata dei chicchi di melograno.

Il ratto di Proserpina nasce da una manipolazione del mito greco di Demetra e veniva ricordato ogni anno durante i *Cerealia* grazie alla processione per le vie della città delle devote della dea che reggevano una torcia tra le mani ed erano vestite di bianco. La processione delle fanciulle rappresentava simbolicamente la ricerca perpetua della figlia da parte della madre.

2.3 - *Le feste religiose romane: le Ambarvalia*

Le *Ambarvalia* che ricorrevano nel mese di Maggio erano legati alla Dea Cerere nel suo aspetto agricolo di *Tellus* e *Dia*. La cerimonia pubblica era di competenza dei dodici *Frates* Arvali, sacerdoti dell'*arvum*, "la terra lavorata" (la radice ar è la medesima di "arare") e ministri del culto della dea italica *Dia* identificata con Cerere. Le insigne di questi sacerdoti furono fin dalle origini una grande ghirlanda di spighe e bende bianche. Un'iscrizione rinvenuta nel 1778 e datata 218 d.C. testimonia l'antichissima origine di quest'ordine sacerdotale, addetto alle celebrazione degli *Ambarvalia* che si svolgevano durante tre giorni a cui seguivano i *ludi* (giochi). I tre giorni dedicati al sacrificio, di cui due "in" *domi* ed uno "in" *loci*, erano scanditi da precise offerte sacrificali e pasti rituali.

Il primo giorno di festeggiamenti gli Arvali con la toga pretesta si recavano in casa del Maestro e lì dopo essersi lavati indossavano una tunica bianca. Il rito di purificazione, tramite l'acqua e la veste bianca nel caso specifico, consente al profano, assimilabile alla sfera del quotidiano, di poter venire a contatto con il sacro; in questo modo gli Arvali potevano immergersi nello spazio e nel tempo sacro dando inizio ai sacrifici incruenti del primo giorno, che consistevano nell'ungere la casa e le dee con unguenti dall'odore caro a *Dia*, probabilmente una mistura di erbe aromatiche e grasso, e nel sacrificare i pani coronati di alloro. Il sistema simbolico che ne emerge risulta molto significativo sia in relazione al legame esistente tra la fertilità della terra e la porchetta sia per quanto concerne l'analogia tra il principio femminile riconducibile ad una dea madre e il ciclo vitale scandito dall'alternanza di tre fasi: vita, morte e rigenerazione. Il primo giorno di festeggiamenti gli Arvali con la toga pretesta si recavano in casa del Maestro e lì dopo essersi lavati indossavano una tunica bianca. Il rito di purificazione, tramite l'acqua e la veste bianca nel caso specifico, consente al profano, assimilabile alla sfera del quotidiano, di poter venire a contatto con il sacro; in questo modo gli Arvali potevano immergersi nello spazio e nel tempo sacro dando inizio ai sacrifici incruenti del primo giorno, che consistevano nell'ungere la casa e le dee con unguenti dall'odore caro a Dia, probabilmente una mistura di erbe aromatiche e grasso, e nel sacrificare i pani coronati di alloro.

Dopo aver toccato le *frugi* (biade) del nuovo e del vecchio raccolto veniva approntato un banchetto, che probabilmente doveva essere a base di vegetali e farinacei, dati i precedenti sacrifici non cruenti. Infine si preparavano dei cesti colmi di offerte da portare alla dea, le *frugi libate*, ossia precedentemente pregustate dagli Arvali. Dopo aver acceso le torce, le offerte nel cesto venivano toccate per la seconda volta, e «questi alla propria casa colle rose e con altre robe manda ciascuno per mezzo de *Calatori*» (Marini 1795, p. XXV). Il sacrificio e il pasto rituale rendono chiaro il loro fine simbolico nel passaggio alla rigenerazione tramite il fuoco delle torce, simbolo legato alla rinascita ed elemento caratterizzante del mito e dell'apparato rituale di Cerere, di Demetra e in particolare di ogni divinità femminile legata alla terra. Accettando la derivazione etimologica degli Arvali da arvum ossia "la terra lavorata" e quindi arata, appare evidente anche una relazione sul piano linguistico con il rito ambarvalico di girare per tre volte intorno ai campi; i termini ambio e arvum infatti rimandano all'azione di girare intorno al campo.

Il secondo giorno i frati inghirlandati di rose si recavano con il capo coronato da fronde di ulivo e di quercia fuori dalla città nel Bosco sacro dove venivano sacrificate in un primo momento due porchette *piaculari* sull'*ara* e una vacca bianca, detta *onoraria*, sul *foculo* e dopo la consultazione delle viscere, l'offerta delle carni alla Dea, e il pasto rituale, che consisteva nel consumare le carni e il sangue, gli Arvali con il capo velato e coronato di ghirlande di spighe, dalle quali cadevano dietro al collo delle bende strette, si recavano in un *alto loco* dove immolavano una grassa agnellina. Seguiva il rituale aruspicina e lo spargimento di vino ed incenso. Infine due fratelli raccoglievano le offerte di coloro che si trovavano fuori dal tempio e le portavano all'interno dove si scambiavano le *frugi* in gesti rituali: l'uno donava le *frugi* all'altro con la mano destra e l'altro le riceveva con la sinistra . Il tempio veniva chiuso nuovamente e si dava inizio alla lettura dell'antica preghiera degli Arvali, accompagnata da suoni e danze dai movimenti cadenzati, la *tripoditatio*.

Il terzo giorno è una ripetizione del primo quasi a voler sottolineare il significato circolare della celebrazione che rimanda alla concezione ciclica dell'esistenza e quindi al ciclo biologico. Accettando la derivazione etimologica degli Arvali da *arvum* ossia "la terra lavorata" e quindi arata, appare evidente anche una relazione sul piano linguistico con il rito ambarvalico di girare per tre volte intorno ai campi; i termini *ambio* e *arvum* infatti rimandano all'azione di girare intorno al campo. In tale prospettiva gli Arvali rappresentano degli aratri che "lavorano" il campo per tre volte. Arare il campo tre volte ha la funzione agricola di rendere il terreno più fertile attraverso il duro lavoro, ed è proprio tale funzione che viene rivelata simbolicamente grazie alla ripetizione rituale arvalica del girare attorno al campo: la terra lavorata duramente darà alla luce il frutto.

Tuttavia il frutto è l'equivalente simbolico del figlio e Pluto, rappresentato nell'iconografia classica con la cornucopia dispensatrice di abbondanza, nasce dall'unione di Demetra con *Iasion* su un campo tre volte arato: «Così quando a Iasione Demetra belle trecce ubbidendo al suo cuore s'unì d'amore e diletto in un maggese terziato» (Omero, V 125-7). A Trittolomeo (*triptolmaios*: "colui che osa tre volte"), mandriano al servizio della dea-luna Io, la vacca bianca, Demetra dona semi di grano, un aratro e un cocchio guidato da serpenti e lo manda per il mondo ad insegnare l'agricoltura agli uomini.

2.4 - I volti della luna: le dee madri

Quando gli uomini diventarono contadini i loro primi calendari furono lunari. Attraverso le fasi della luna si poteva osservare come in uno specchio l'intero ciclo vitale. E se come afferma Neumann la Grande Madre è connessa con la dualità di luna e terra e il segreto della fecondità della terra è connesso alla luna, allora risulterà un'ipotesi sostenibile sia dal punto di vista mitologico-rituale che da quello archeologico, considerare l'elemento ciclico e il simbolo circolare come tratto caratterizzante "forte" di un sistema di divinità femminili del mondo classico che abbiamo individuato nella figura di una Dea Madre, signora della vita superiore e inferiore.

Il culto lunare del mito greco-latino trova il suo nucleo più antico nella divinità fenicia Astarte, signora delle fiere, che in un momento successivo assunse la funzione della fecondità in senso generale. I diversi aspetti della fecondità legati alla luna sono prerogativa di più dee madri: Selene accanto ad Afrodite rappresenta l'amore fecondo, Artemide è protettrice dei cacciatori e degli animali, delle partorienti e della vegetazione come Diana Medica, Ecate la luna nera, all'apogeo, a volte viene confusa con Selene, la luna piena, con Artemide, l'ultima falce di luna, e con Persefone, la luna nuova; è chiamata *Polimorfe*, dalle molteplici forme e invocata come: trivia, celeste, terrestre e marina, signora che custodisce tutto il cosmo (*Inni Orfici*, 1.1-10). Anche Ovidio le attribuisce il triplice aspetto: «*Ora vides Hecates in tres vertentia partes, servet ut in ternas compita secta vias*» («Guarda i volti di Ecate orientati in tre direzioni, perché essa possa sorvegliare gli incroci che si dividono in tre vie»; Ovidio, *Fasti*, I, 141-142); Demetra è la dea madre dispensatrice di civiltà e la madre terribile che tutto insterilisce e Persefone è la *kore*, la figlia-fanciulla, signora degli inferi e sposa di Ade. Ciclo lunare e ciclo vegetale sono strettamente connessi nello spazio mitico e rituale, perciò la "Grande Madre" si identifica, in un gioco di luce ed ombra, ora nella terra ora nella luna.

2.5 - *Il culto eleusino: i Misteri e le Tesmoforie*

In onore di Kore, che rappresenta l'aspetto virginale della Dea e in quanto tale si identifica con la figlia di Demetra Persefone, la Proserpina romana, ad Atene si celebravano i "Piccoli Misteri" che precedevano una cerimonia di maggior importanza politica, i "Grandi Misteri". A cavallo tra febbraio e marzo, nel mese di *Anthesterione*, si praticavano una serie di riti collettivi, dove l'acqua svolgeva una funzione primaria, con la finalità di purificare coloro che dovevano essere iniziati, seguivano sacrifici e rappresentazioni su modello dionisiaco della vicenda di Kore. Commenta Clemente Alessandrino: «Non è fuori luogo che anche i misteri dei greci comincino dalle purificazioni (...). Dopo di queste vi sono i Piccoli Misteri che hanno il proposito di fornire un insegnamento e una preparazione ai misteri futuri, mentre i Grandi Misteri riguardano il Tutto e in essi non si tralascia più di apprendere, contemplare e pensare la natura delle cose» (Clemente Alessandrino, V 11,70,7-71). La purificazione per mezzo dell'acqua è il nucleo centrale dei "Piccoli Misteri", ma anche parte integrante dei "Grandi Misteri" attraverso il bagno in mare degli iniziati nella baia di Falero ad Atene. Ogni iniziato recava tra le braccia un porcellino che doveva essere purificato in mare prima del sacrificio.

Lo stesso animale sembra avere un forte significato simbolico nelle *Thesmophorie*, celebrazioni esclusivamente a carattere femminile in onore di Demetra; le donne erano solite recarsi al santuario dove si dava inizio al *kathodos* e *anodos*, la discesa e la salita, nei megara, ossia cavità sotterranee, da cui venivano estratti i resti di porcellini sacrificati l'anno precedente alla Dea. I "Grandi Misteri" si svolgevano nel mese di *Boedromione* in una spazialità circolare che partiva da Eleusi, passava per Atene e ritornava ad Eleusi. Il primo giorno era dedicato alla rimozione dal santuario eleusino di oggetti sacri, custoditi in ciste fermate da nastri rossi, che venivano portati ad Atene accompagnati dalla processione guidata dai sacerdoti di Eleusi; una volta giunti ad Atene gli oggetti sacri venivano conservati nell'*eleusinion* fino alla nuova partenza per Eleusi, che avveniva nel terzo giorno, dopo che gli iniziati avevano svolto tutti i riti di purificazione e i sacrifici. Sempre in processione, sotto la protezione degli efebi coronati di mirto, gli adepti, che recavano tra le mani rami di mirto con fiocchi di lana, partivano da Atene per ritornare ad Eleusi, dove si svolgeva il Mistero vero e proprio. La ricostruzione archeologica e bibliografica di ciò che avveniva ad Eleusi presenta molte lacune, chiaramente ciò è dovuto al fatto che ci troviamo di fronte a rituali misterici, il cui sapere è appannaggio solo di chi è iniziato. Tuttavia, pur non conoscendo la fase liturgica, i *logomena*, e non essendoci stati ritrovamenti archeologici di ciò che era contenuto nelle ciste, si possono tratteggiare alcuni elementi caratterizzanti del rito. In primo luogo è noto che venivano praticati i dromena, rappresentazioni del mito di Demetra accompagnate da musica, canti e sacrifici alla dea del contenuto del Kernos, che gli adepti si limitavano ad assaggiare similmente alle frugi libate degli Arvali. Inoltre a chiusura dei "Grandi Misteri" si praticava la cerimonia con le Plemochoai, vasi di culto, il cui contenuto veniva versato in libagione dai mistoi, che si rivolgevano verso est e verso ovest ripetendo la formula rituale. L'analogia tra il volgersi a est e poi ad ovest e il rituale arvalico del dono, che vedeva impegnata la mano destra e la sinistra insieme, suggerisce attraverso una somiglianza di simboli una stabilità di contesti. Una dualità iconografica e simbolica sembra accompagnare la Dea , come signora della porta d'Oriente, la porta della nascita, è Madre buona, come signora della porta d'Occidente, della morte e dell'ingresso agli inferi è Madre terribile, è Signora del "sopra"e del "sotto", è Terra e Luna, Vita e Morte. L'ambivalenza viene risolta grazie alla prospettiva circolare dei miti e dei riti collegati alla Dea, che mostrano una funzione "riconciliatrice".

La circolarità del rito può essere osservata negli Ambarvalia e nei "Grandi Misteri": se la celebrazione romana in onore delle "Dee" agisce secondo una precisa circolarità temporale (il terzo giorno di celebrazione ripete il primo) nei "Grandi Misteri" il rituale viene scandito dalla circolarità spaziale della processione che parte da Eleusi, giunge ad Atene e seguendo il medesimo cammino compiuto all'andata, ritorna ad Eleusi.La riconciliazione mitica avviene sul piano narrativo, i poli della vicenda di Demetra/Cerere –Persefone/Proserpina, ossia la separazione Madre-Figlia e dal ritrovamento (heuresis) della figlia da parte della madre, rappresentano dal punto di vista di Persefone una "discesa" e una "salita", kathodos e anodos, per parafrasare i termini utilizzati durante le Thesmoforie; Persefone , rapita dal dio degli inferi, discende nel Tartaro da cui risale per ricongiungersi a Demetra, ma non senza prima aver mangiato la melagrana, simbolo dei morti, che la obbligherà a ridiscendere nel sottosuolo periodicamente in un eterno ciclo. La circolarità del racconto appare in tutta la sua chiarezza, Persefone ripeterà in eterno la "discesa" e la "salita".

In tale prospettiva anche l'acqua, legata a divinità sotterranee e culti delle ninfe, può essere concepita sia come acqua ctonia, legata al mondo sotterraneo e al culto dei morti, sia come elemento dal potere fecondo sulla terra. I corsi d'acqua che in età classica furono sotto il patrocinio di Kore, l'importanza del pozzo delle vergini e del Callicoro nel mito e nel paesaggio eleusino, le pratiche di purificazione nel culto della Dea, sono solo alcuni esempi di come il simbolo dell'acqua agisca nella strutturazione del culto della Dea.

3 - *Parte Seconda. La Fonte di tutte le acque*

3.1 - *La terra, il mare e la Sirena*

La Campania *felix* era terra abbondante di biade e di viti e per il suo possesso, raccontano Plinio (Plinio, lib. III) e Anneo Floro (Floro, lib. I), combattevano Bacco e Cerere. A Napoli durante gli scavi per la costruzione della linea 1 della Metropolitana e precisamente in via Toledo è stato rinvenuto un campo arato del neolitico finale (IV millennio a. C.) con solchi incrociati. In Attica l'aratura avveniva in tre tempi (il campo tre volte arato): si cominciava in primavera, poi dopo il raccolto estivo i campi erano arati con solchi perpendicolari ai primi ed infine nel mese autunnale di *Pianepsione* l'aratura ricalcava i solchi iniziali primaverili (Graves 1983, p. 81).

Neapolis città di mare, ma anche di "terra" e i suoi abitanti interrogavano il cielo sia per orientarsi, sia per scandire i tempi di lavoro nei campi così come Esiodo suggeriva: non è consigliato ai naviganti di salpare nel momento in cui le Pleiadi «si gettano in mare» (tramontano) perché proprio allora soffiano venti di ogni genere e si raccomanda di cominciare la mietitura quando esse sorgono e di arare e seminare al loro tramonto per compiere al meglio tutti «i lavori di Demetra» (Esiodo 2008, vv. 383-395). Non sono le "vergini" Pleiadi come quelle dotte Sirene fedeli compagne di Proserpina? Le Pleiadi erano dette "Gallinelle" e le Sirene erano rappresentate con il corpo di uccello e il viso di donna. Il gruppo stellare è collocato nella costellazione del Toro e Restoro d'Arezzo afferma che «i savi» le pongono sulla fronte dell'animale (d'Arezzo 1859, p. 8), non a caso il mito narra che le Sirene nacquero dalle gocce di sangue del corno spezzato al fiume-toro Acheloo, corno che le Naiadi custodiscono come simbolo dell'Abbondanza, la Cornucopia (Ovidio 2008, lib. IX, vv. 85-92).

E così l'ambigua Sirena, espressione dell'armonia delle sfere, si getta nel mare per essere seppellita come il seme nel grembo della Terra. È facile intuire che col passare del tempo le festività calendariali collegate ai cicli produttivi tendono a cambiare, sovrapporsi, arricchirsi per diversi fattori: la precessione degli equinozi, il calcolo del tempo legato alle fasi lunari o solari, il mutare del clima, eventi politici o religiosi ed altro (Buttitta 2006, p. 37). Forse è per questo che chi si avventura nel mondo del mito ha sempre la strana sensazione di non riuscire mai del tutto ad afferrare il senso di queste forme che mutano in corpi sempre nuovi ed «in ciascuna di tali storie divergenti si riflettono le altre, tutte ci sfiorano come lembi della stessa stoffa» (Calasso 1991, p.172).

In questo modo la Luna, il Sole, Sirio, Venere, le Pleiadi, la Vergine scandiscono la nostra storia. Del mito della "dea uccello" ci parla Licofrone: la tomba, il culto, le corse lampadiche che in suo onore istituì il navarca ateniese Diotimo (Licofrone, *Alessandra*, vv.712-737). Molto si è dibattuto intorno all'etimologia di Partenope e all'esatto luogo della sua sepoltura. Ma chi è realmente Partenope? Come mai Stazio non la nomina tra le divinità patrie? Il suo culto era decaduto e un'altra dea aveva preso il suo posto? O forse, come ipotizza il Martorelli, Partenope (*parth-nop*, beato clima) è un antico nome orientale che i Fenici, come primi abitatori delle nostre contrade, avrebbero dato a quello splendido sito (Martorelli 1764, p. 146)? E se i versi di Licofrone ci raccontassero una storia di legittimazione politica? Probabilmente gli *époikoi* attici sottolinearono la loro superiorità nella *chora* neapolitana creando ad *hoc* il mito della Sirena per spiegare quello strano vocabolo dal suono così familiare (Partenope: "volto verginale", "canto o voce verginale", "Vergine Ops" l'antica dea italica della Terra e del grano) ed appropriarsi di un culto autoctono legato alla "tomba della Vergine".

In gioco era il ricco mercato campano dei cereali e la battaglia economico-cultuale con i siracusani era solo agli inizi (Giudice 2007, pp. 302-306. Napoli 1959, p. 158). Come abbiamo appena detto in un suo noto passo (Stazio 2006, libro IV, vv. 45-54) il poeta romano Stazio ricorda gli dei patrii: Apollo, Cerere Attea, i Dioscuri. Ma in quale punto della città partenopea sorgevano i loro templi? In particolare dov'era adorata la dea onorata con le corse lampadiche così come la nostra Sirena? Cerere Attea, Diana, Proserpina, Ecate, Iside, Partenope...tutti appellativi della "luna del grano". L'identificazione del suo santuario ci permetterà di svelare anche il luogo della sua sepoltura

3.2 - *Un'antica leggenda.*

Nel 1623 Cesare D'Engenio Caracciolo narrò nella sua *Napoli sacra* una bizzarra leggenda relativa alla fondazione della basilica napoletana di Santa Maria Maggiore alla Pietrasanta: «È dunque da sapersi, che prima che quivi s'ergesse la Chiesa, era un largo trà le mura, e la Città, ove se buttavano l'immunditie di Napoli, e nello stesso luogo de dì, e di notte appariva il demonio, sotto forma di porco, il quale col suo horrèdo grunnito spaventava tutti li Napolitani, li quali non sapendo, che far andarono da S. Pomponio, che quivi appresso habitava, e giunti da quel santo lo supplicarono, come lor Pastore, volesse pregar la Madre d'Iddio, acciò si degnasse scacciar tal pestifero mostro, all'hora il Santissimo Vescovo mosso à prieghi de' suoi figliuoli, il Sabbato celebrò la Messa in honor della Reina de' Cieli, supplicandola per la sua gregge, la onde la notte seguente apparendogli la Beatissima Vergine, gli disse così. Pomponio và in quel luogo (luogo in vero assai memorabile per sì segnalato, fatto) ove suol apparir il Demonio, e con diligenza cerca, che troverai una pezza di panno di color celeste, di sotto farai cavare, che trovarai una pietra di marmo, e nello stesso luogo edificarai la Chiesa, la qual chiamarai del mio nome, e subito si partirà tal'infernal serpente; Ubedì il Sàto Vescovo à quanto dalla Gran Madre d'Iddio gli era stato comandato, e subbito fabricò la Chiesa, la qual essendo ridotta à perfettione, chiamò Santa Maria Maggiore, e quivi celebrò pontificalmente» (D'Engenio Caracciolo 1623, p.60).

Correva l'anno del Signore 533. Il Cristianesimo era divenuto da meno di un secolo e mezzo religione di stato. Lì dove i riti pagani resistevano agli assalti dei santi evangelizzatori ci si limitava, sotto consiglio dei vertici ecclesiastici, ad una semplice sostituzione nominale dei destinatari dei culti "creando leggende utili a giustificare credenze e comportamenti non ortodossi" (Buttitta 2006, p. 16). Così sarà capitato al Cardinale Annibale de Capua che durante la visita pastorale del 12 aprile 1581 alla basilica partenopea si trovò a dover giustificare l'ingombrante presenza di un culto che si ostinava a sopravvivere nonostante fossero trascorsi ormai numerosi secoli. Anche il Cardinale Alfonso Gesualdo diversi anni dopo (7 gennaio 1598) narrerà la medesima leggenda «del dimonio in guisa di porca» (Beneduce 1931, p. 37) che sarà poi ripresa nel 1623 dal D'Engenio.

A cosa assistevano precisamente le autorità ecclesiastiche di così "imbarazzante"? Ma soprattutto erano semplici ed impotenti testimoni o protagonisti consapevoli di un'antica storia legata alla terra ed ai suoi cicli? È sempre il D'Engenio ad indicarci la via: «Non è da tacere, che dopò, che i Napolitani furono liberati dal pericolo del Demonio per continuar, e perpetuar la memoria à loro posteri di quest'illustre fatto, e miracolo, ferono fare una picciola statua di bronzo à similitudine di un porco, c'hoggi si vede sul campanile dentro del cortile delli Padri di questo luogo, & ancora com'è fama publica, & antichissima traditione, per memoria dello stesso fatto, fù ordinato da Napolitani, che ciascun'anno s'uccidesse un porco, la onde il Clero Napolitano andava processionalmente al Duomo, e quivi uccideva il porco, celebrando alcuni giuochi, ove concurreva tutta la Città di Napoli, la qual cosa per honestà fù poi tolta via. Egli è vero, che gli anni à dietro in memoria di tal fatto dall'Abbate di questa Chiesa si presentava all'Arcivescovo di Napoli una porchetta, in vece della quale al presente se gli ufferisce un docato d'oro. Questo giuoco si solea far'anche in Napoli nella Traslatione di San Gianuario nostro Compatriota, e Tutelare in segno d'allegrezza." (D'Engenio 1623, p. 61).

In cosa consisteva il cosiddetto "giuoco della porchetta"? Questa volta è il Pontano, con il cipiglio distaccato e un po' nauseato dell'intellettuale, a venirci in aiuto. Nel suo

dialogo, Il Caronte (1491), fa narrare a Mercurio «una cosa» che, a suo dire, uomini seri stenterebbero a credere:
«EACO: Dicono che Napoli è molto dedita alle superstizioni...
MERCURIO: A Napoli, la capitale dei Campani, nel mese di maggio, i preti vanno in processione per la città coronati di fiori, come fossero giovinetti innamorati. Ma questo è nulla. Vi dirò una cosa che uomini seri come voi stenterete a credere. C'è una chiesa a Napoli dove, in un certo giorno dell'anno, si fa calare giù dal tetto per una fune un porcellino, ben unto di sego e di sapone. I contadini ci vengono in folla dalla campagna per disputarselo; e la gente ci si diverte un mondo a vederli fare a spinte, con salti e lazzi e risa, per cercare di appropriarselo. Ma quelli che dall'alto tengono la fune, ora la tirano su, ora la fanno dondolare, per aumentare le risa e il divertimento. Ed ecco che sul più bello, quando tutti sono attenti al giuoco... da molte parti del tetto si rovescia loro addosso una pioggia di acqua sporca, di broda e di urina con tutti gli escrementi. Che te ne pare Caronte?
CARONTE: Con tua buona pace, o Mercurio, non vedo perché si debba biasimare.
MERCURIO: Dici sul serio?
CARONTE: Sul serio. Quelli che fan questi luridi scherzi onorano il loro S. Martino da quello che sono, cioè da porci ubbriachi. E quelli che son così conciati per impadronirsi del porco, si rivoltano come il porco nel brago della loro superstizione» (Pontano 1918, pp. 113-114).

Anche Ambrogio Leone nel suo *De Nola* (1514) menziona la processione dei preti inghirlandati che si svolgeva il ventisette del mese di Aprile a Nola ed il gioco della porchetta che si usava fare nella basilica del vescovato il giorno della *Pasqua delle rose* (Pentecoste), cioè «pochi giorni dopo quello ricordato delle corone e dei serti», aggiungendo che «qualche cosa di simile a questo si pratica in Napoli e nella basilica arcivescovile, il che da parecchi fu attribuito a gran vizio, e di questi uno è Gioviano Pontano». Ma il Nolano non ci sta a liquidare come semplici eccentricità queste usanze popolari e cerca di darne una sua peculiare spiegazione scorgendovi mai sopite memorie classiche (Leone 1934, pp. 217-224). Sappiamo dal D'Engenio che il gioco della porchetta si svolgeva nel periodo della Traslazione di San Gennaro (la prima domenica di maggio) e la processione del santo patrono napoletano era detta «Inghirlandata» (Loreto 1839, p.128 e p.212).

Ersilia Caetani Lovatelli ci parla dei sincretismi sottesi alla celebrazione partenopea ricordando le *Floralia*, che si festeggiavano nell'antica Roma in onore della dea Flora (dea del frumento quando è in fiore) dal ventotto Aprile al tre Maggio, e la festa sepolcrale del mese di maggio detta *Rosaria*, *Rosatio* o *Rosalia* (Caetani Lovatelli 1891, pp. 29-36). E così anticamente la *ministra Cereris* era onorata con chiassose e licenziose processioni di donne dai vestiti sgargianti e uomini inghirlandati e con ludi circensi in cui protagonisti inconsapevoli erano gli animali legati alla vita dei campi (Ovidio, *I Fasti*, liber V, vv. 332 e seg.). L'Ambrasi vede nell'Inghirlandata una sorta di cristianizzazione della festa del Calendimaggio, ma a nostro avviso erroneamente interpreta la presenza dell'animale sacro come successiva aggiunta folcloristica: «La festa di maggio fu ritenuta da alcuni studiosi come la rievocazione della prima traslazione delle reliquie del santo (San Gennaro, n.d.r.) dall'agro Marciano a Napoli, che nel calendario di marmo vien ricordata al 13 aprile. Il Mazzocchi la mise in relazione con il "rodismo", la festa pagano-cristiana dei *rosalia*, in analogia ai *lupercalia* e ad altre sagre del medesimo genere, e la considerò propria delle traslazioni delle reliquie dei santi martiri. Personalmente, propenderei a considerarla nient'altro che una specie di cristianizzazione della festa del Calendimaggio. Esempi di analoghe feste ecclesiastiche non mancano entro gli stessi confini della Campania. Il 1° maggio si celebrava nell'abbazia di S. Maria di Materdomini, sino a che l'abate conservò il potere baronale, una cerimonia con sagra ed offerte di fiori detta del "majo" o dei "maji". Nel pomeriggio del 5 maggio si celebrava nel duomo di Salerno il rito detto dei columbri (*colubri rosarum*), durante il quale i parroci della città mandavano trofei di rose e fiori. L'Inghirlandata era, dunque, una specie di sagra in onore del Santo Patrono. La festa, non sappiamo quando, fu resa più folcloristica e popolare con l'aggiunta della sagra detta della "porcula", ricordata dal Pontano nel dialogo Charon. I vassalli della Chiesa napoletana esibivano una gara di corsa di questi animali, dei quali poi si faceva banchetto e si offriva un esemplare all'arcivescovo» (A.A.V.V. 1969, p. 548).

Dal 326 a.C. Neapolis divenne città federata di Roma, non perse la sua autonomia, furono rispettati i culti e tutte le altre forma della sua grecità. Ma nel 90 a.C. fu declassata con la *lex Iulia* a municipio romano. Probabilmente allora i culti romani cominciarono ad innestarsi sulle tradizioni elleniche cittadine per poi, nel tempo, naturalmente confluire nei riti cristiani. È per questo che molte similitudini possono essere riscontrate anche tra i riti ambarvalici (oltre a quelli già menzionati) precedentemente descritti e quelli legati alla processione del Santo patrono. Ma se la trasmissione della leggenda relativa alla basilica partenopea della Pietrasanta riportata dal D'Engenio avesse motivazioni ben diverse da quella di una mera testimonianza di resa ecclesiastica? Renè Guènon suggerisce di scavare nel profondo delle cosiddette tradizioni popolari per scorgervi «frantumi di tradizioni antiche» che il popolo, nella sua funzione "lunare", "passiva", conserva inconsciamente.

Può capitare che «quando una forma tradizionale è sul punto di spegnersi, i suoi ultimi rappresentanti possono benissimo affidare volontariamente alla memoria collettiva ciò che altrimenti si perderebbe irrimediabilmente; (...) l'incomprensione naturale della massa è una garanzia sufficiente che ciò che possedeva un carattere esoterico non ne sarà per questo spogliato, ma permarrà, come una sorta di testimonianza del passato, soltanto a beneficio di coloro che, in altri tempi, saranno capaci di comprenderlo» (Guènon 2005, pp. 34-35). E se leggessimo la storia della fondazione della basilica partenopea come un enigma? Ma procediamo con ordine. Avevamo lasciato il vescovo Pomponio alle prese con «il dimonio in guisa di porca», lì dove l'«infernal serpente» amava sostare e spaventare incauti passanti. Ma come mai il diavolo prediligeva assumere in quel preciso posto le sembianze di una porca?

3.3 - *Il luogo della Vergine*

La tradizione vuole che la basilica di Santa Maria Maggiore sorga sulle rovine del tempio di Diana o poco più in là. Diversi ritrovamenti archeologici documentati nel tempo soprattutto da scrittori partenopei, anche se frammentari e lacunosi, e le più recenti scoperte potrebbero aiutarci a ricostruire e a collocare nella giusta posizione il santuario della "luna del grano" a Napoli. Su progetto di Cosimo Fanzago la chiesa fu riedificata a *fundamentis* (Celano 1792a, p.136). I lavori ebbero inizio nel 1653 ma nel 1656 a causa della peste furono fermati e ripresero nel 1657 grazie all'intervento economico del duca di Flumari Andrea da Ponte (A.A.V.V. 1845, p. 281), l'inaugurazione avvenne nel 1678 (De Frede 2005, p. 33). Della precedente basilica non rimasero che labili tracce tanto da far gridare allo scandalo il Beneduce accusando di vero e proprio atto vandalico l'operazione voluta all'epoca dai Padri Minoriti (Beneduce 1931, p. 33) che nel frattempo avevano preso possesso della struttura. Fino al 1588 la basilica era stata retta da un Abate e dodici Ebdomadari (Celano 1792a, p.135) (come dodici erano i Fratelli Arvali). Un'idea di come dovesse essere l'antico edificio è dato da un affresco a sinistra dell'altare maggiore che ritrae il vescovo Pomponio con la "sua" basilica sul palmo della mano e un puttino ai suoi piedi srotola una pergamena su cui sembra essere disegnata una pianta (figg. 1 e 2): è quella della "terza chiesa matrice" partenopea?

Durante i lavori per la costruzione della nuova chiesa furono rinvenuti a detta del Celano «molte vestigia dell'antico Tempio» attribuito a Diana. È sempre il letterato napoletano ad informarci che scavando le fondamenta per le abitazioni dei Padri furono ritrovati «molti capitelli bene lavorati di marmo, opera greca: ed uno di questi, fino ad ora, serve per piede del Battistero, che sta alla sinistra della Chiesa, quando si entra per la porta maggiore» (Celano 1792a, p. 132). A tutt'oggi è ancora possibile ammirarlo nello stesso luogo. Il Carletti afferma che il tempio, dedicato a Diana Medica, era un periptero esastilo citato in un antichissimo manoscritto di cui però non ci lascia altra memoria (Carletti 1766, pp. 174-175). È sempre il Celano a raccontarci che «cavandosi per far le fondamenta del Refettorio, vi si trovarono, trenta palmi a fondo, due belli stanzoni dipinti a marmi finti, e particolarmente di porfidi. Aveano una incrostatura più di quattro dita massiccia; e sopra di questa vi era una tonaca non più alta della seguente altezza (...); ma con ogni diligenza distesa, e sopra di questa stavan posti i colori; l'umido li manteneva distemperati in modo, che fregandovi le dita, restavan colorite. Io presi alcuni pezzi di detta incrostatura, e postili su 'l fuoco per asciugarli, il colore tornò lucido e bello, come marmo arrotato. Vi si trovarono ancora molte urne greche, e con lettere greche nella bocca: eran queste acuminate nel fondo» (Celano 1792a, p. 133).Potrebbero questi stanzoni essere thesauroi contenenti doni votivi? La descrizione delle "urne" fatta dal Celano farebbe pensare alle antiche anfore di terracotta dal piede appuntito che spesso recavano iscrizioni relative al contenuto e al peso. Il Romanelli riporta il ricordo di Fabio Giordano del ritrovamento nello stesso luogo di un'urna rotonda poi conservata a casa Carafa riportante l'epigrafe latina RVFA POMPONIA DIANAE LOC. H. S. P. S. C. P. S. (Romanelli 1815, pp. 73-74). Nel 1849 fu rinvenuto un antico pavimento a mosaico nel largo Areniello proprio davanti la Porta piccola della "Pietrasanta". Certamente gran parte di quello che doveva essere conservato dalla terra andò distrutto quando le fondamenta della nuova chiesa scesero al disotto del piano antico e ad oggi è possibile solo ammirare resti di antiche pavimentazioni sotto l'altare maggiore e mura reticolate su fondazioni greche nella cripta della basilica. Anche il Mazzarella Farao suppone che il tempio della Luna dovesse corrispondere alla basilica, in più afferma che proprio nei pressi dell'edificio sacro si svolgevano anticamente «i giuochi lampadici o lampadarj» (Mazzarella Farao 1820, pp. 62-65). Come abbiamo precedentemente ricordato gli stessi giochi furono istituiti a Napoli in onore della nostra Sirena e di Cerere Actea (Stazio 2006, libro IV, vv. 50-51).

3.4 - *La* Neapolis *celeste*

Anticamente il decumano maggiore, l'attuale via Tribunali, che si sviluppa da est a ovest, era detto Strada del Sole e della Luna. Una delle domande iniziatiche di cui gli Akusmatici dovevano conoscere la risposta era: «Cosa sono le Isole dei Beati? Il sole e la luna» (Fumagalli 1996, p.56). Nella tradizione indiana la via degli Dei passa per il sole e per la luna ed era detta appunto «porta del cielo». È Porfirio a rammentarci che «i teologi fecero del Sole e della Luna le porte delle anime che risalgono per la porta del Sole e discendono per quella della Luna» (Porfirio 2006, p.77), mentre nei misteri caldei Sole e Luna sono i «padroni dell'iniziazione» e assistono all'ascesa dell'anima. In ambito agricolo e pastorale il Sole e la Luna erano seguiti attentamente, «celebrati nel loro corso annuale che si accompagnava al corso delle messi e al parto delle greggi» (Buttitta 2006, p. 15).

Il prof.AdrianoGaspani,archeoastronomodell'Osservatorio di Brera, basandosi sulla datazione del 470 a.C. (probabile anno della fondazione di Neapolis) ha notato che la direzione del Decumano massimo (via Tribunali) concorda molto bene con la direzione del sorgere della Luna al lunistizio intermedio superiore, nella direzione opposta al tramonto dell'astro al lunistizio intermedio inferiore; concorda molto bene anche con la direzione di tramonto della stella Sirio e della "stella regale" Antares, nello Scorpione; via Tribunali è allineata anche con la direzione di levata eliaca della "stella regale" Regolo, nel Leone, nella prima decade di agosto sempre del V secolo a.C..

Dice il Sanchez che «secondo il linguaggio *mito-astronomico* l'Inferno era il tempo, in cui apparivano i segni dell'orizzonte inferiore, il *levare di quel Serpente* apportatore di tutti i mali» e che «tenevasi l'Ariete o Agnello, come vincitore della costellazione del Serpente a motivo, che questa sparisce all'apparire di quella nei cieli. Quindi fu stimato che all'apparire dell'Ariete avvicinavasi il regno del bene, e che in conseguenza venivano preservati i cieli da' Genii malefici dell'inverno, principalmente da quello dello *Scorpione*, che, versando sovra la terra il suo veleno, vi spande le malattie e vi porta la morte; da quella *grande Biscia*, madre dello inverno. Ecco i due principii di luce e di tenebre: ecco il regno di Proserpina e di Plutone, che non è altro che il tempo della vernata, quando i segni celesti si abbassano sotto l'orizzonte. Il porco che accompagna Tifone dio del male nella storia di Osiride fonte di luce, quello che ammazza Adone, il cignale di Erimanto, non sono che i segni celesti dell'emisfero inferiore, che distruggono la bella stagione estiva» (Sanchez 1833, p. 280-281).

Per quanto riguarda il Sole, sempre secondo l'archeoastronomo Gaspani, i dati mostrano chiaramente che se l'allineamento fu stabilito al solstizio d'estate, allora all'alba di quel giorno venne utilizzato il disco solare quando esso era elevato di circa 10° rispetto alla linea dell'orizzonte astronomico locale, per stabilire la direzione del decumano massimo. L'allineamento del decumano non può essere stato definito usando invece il tramonto del Sole al solstizio d'inverno dalla parte opposta, poiché l'elevazione della collina che ospita Castel Sant'Elmo, che funse da osservatorio, peggiorava in maniera inaccettabile l'azimut di tramonto dell'astro. Il Celano spiegò la toponomastica affermando che lungo l'asse della strada erano presenti il tempio di Apollo (il Sole) e all'opposto quello di Diana (la Luna) (Celano 1858, p. 266).

Esattamente al centro si ergeva il tempio dei Dioscuri, protettori dei naviganti e signori della luce e delle tenebre. I ritrovamenti, documentati dai nostri scrittori, nell'area del Duomo partenopeo lasciano supporre che nella zona esistesse un monumento antico: colonne, mosaici, un rilievo con la rappresentazione del carro del Sole che percorre i segni zodiacali, una vasca battesimale con decorazione di tirsi e teste di baccanti.

Via Duomo era anticamente chiamata *Radii Solis* (Napoli 1959, p. 138). Ma gli elementi in nostro possesso sono ancora troppo esigui per affermare con certezza che lì sorgesse il tempio del dio Sole. Ma se l'intuizione del Celano fosse giusta? Se effettivamente ad est del decumano maggiore ci fosse stato il tempio di Apollo, al centro quello dei Dioscuri (unico tempio del quale, a detta del Napoli, si possiedono sufficienti notizie) e ad ovest il tempio lunare? E se le divinità patrie di cui ci parla Stazio fossero ubicate tutte lungo l'asse di via Tribunali? Il santuario di Diana potrebbe essere quindi quello dedicato a Cerere Actea (l'epiteto Actea fa riferimento alla Demetra eleusina): del resto Diana, o dea Dia, come abbiamo visto è lo stesso che Cerere.

3.5 - *Le due dee neapolitane*

Testimonianza del culto di Cerere, o Demetra, a Napoli ci è data anche da Cicerone che menziona un collegio sacerdotale partenopeo dal quale Roma sceglieva le proprie sacerdotesse preposte al culto della dea (Cicerone 1971, 24,55). Diverse iscrizioni ricordano alcune sacerdotesse neapolitane: Tettia Casta (sacerdotessa di una casa di donne) (Minervini 1845, p. 41), Cominia Plutogenia (sacerdotessa di Demetra *Thesmophoros*) (A.A.V.V. 1772, p. 187), Terenzia Paramone (sacerdotessa di Demetra *Thesmophoros*) (Spallanzani 1841, pp. 245-46) e, forse, Sabina (Napoli 1959, p.140). La tradizione pone il tempio di Cerere con annessa "casa delle donne" presso la chiesa di San Gregorio Armeno (a parte il Giordano che identifica il tempio con la chiesa di S. Giorgio Maggiore), per un bassorilievo murato sotto l'arco della torre omonima che dovrebbe rappresentare una canefora con la fiaccola ed un canestro (Capasso 1978, p. 78). L'archeologo Mario Napoli invece pone il tempio nella parte alta della città, dove parte della tradizione colloca il tempio di Partenope, ricordando che durante gli scavi di fondazione nell'ala meridionale del convento di San Gaudioso furono rinvenute alcune stipi votive contenenti 300 pezzi «nella quasi totalità di terracotta, e per la maggior parte piccoli busti femminili, oltre ad oggetti votivi, statuine di vario soggetto come Apollo, Artemide, Eros, e le cosiddette Poussen, tronetti, i cosiddetti pesi da telaio, e così via" (Napoli 1959, pp. 141-42).

Il materiale va datato dal V al III secolo a.C., con un forte nucleo di IV secolo, ed è di fabbrica locale. È stata rilevata una stretta somiglianza tra il materiale votivo rinvenuto nel santuario di Athena Sicula presso Punta Campanella e quello proveniente da S. Aniello a Caponapoli tanto da far accostare al culto partenopeo di Demetra quello dell'*Athenaion* di Sorrento (Giudice 2007, p. 305, n. 161).È sempre l'archeologo Napoli a riportare il ritrovamento di un'iscrizione greca fuori Porta Capuana nella quale si ricorda una sacerdotessa di Athena Sicula: Domizia Callista. E se anche Neapolis avesse avuto un culto dedicato a questa dea? Dove porre il suo tempio se non nella parte alta della città? Probabilmente proprio nella zona di Caponapoli, lì dove si vuole quello di Demetra. Ritorniamo alla leggenda riportata dal D'Engenio. Cosa rappresenta quella «pezza di panno di color celeste»? Secondo la cosmogonia orfica è Kore-Persefone a tessere il peplo celeste che come abbiamo visto è la dea della Luna, l'astro che sovrintende al regno dei morti, ma anche «luogo di nascita, che dissolve e rigenera i corpi» (Porfirio 2006, p.175). Quel panno celeste rappresenta il processo della genesi, la creazione del cosmo, la luna che sottende ai ritmi della vita. Per Guénon, nel simbolismo della tessitura, i fili dell'ordito e della trama rappresentano le «linee di forza» che definiscono la struttura del Cosmo (Guénon 2005, p.349).

La Vergine ordina a Pomponio di scavare sotto il panno celeste per trovare una pietra di marmo, nello stesso luogo dovrà edificare la Chiesa. Questo passaggio ricorda l'alchemico V.I.T.R.I.O.L. (*Visita Interiora Terrae Rectificando Invenies Occultum Lapidem*): visita l'interno della terra e rettificando troverai la pietra nascosta. Quale significato potrebbe assumere l'acrostico nell'ambito della costruzione di un edificio sacro? «Il primo lavoro era quello di individuare il luogo adatto per elevare l'edificio. Da un lato veniva scelto un luogo simbolicamente rappresentativo come centro spirituale (asse del Mondo). Di seguito, se in tale punto non sorgeva già un edifico sacro (come nel caso di numerose cattedrali gotiche elevate sulle fondazioni di precedenti cattedrali romaniche), veniva asportata la terra superficiale fino a "scoprire il saldo", cioè la pietra o quanto meno il terreno adatto per l'appoggio delle murature e indispensabile base per la stabilità della struttura portante» (http://www.garibaldi140an.it/index.asp?Id=costruzioni).

È probabile che la nuova basilica sorse all'interno del santuario lunare ma non sul tempio vero e proprio e forse molto del materiale dell'edificio pagano fu reimpiegato nella costruzione di quello paleocristiano. Un esempio di tale pratica è la particolarissima torre campanaria che sorge all'esterno della basilica. Molti hanno invece ipotizzato che la pietra di marmo di cui parla la leggenda sia quella, crocesegnata, posta all'esterno della chiesa e oggetto di un vero e proprio culto da parte della popolazione; questo è il motivo per cui S. Maria Maggiore fu detta "Pietrasanta". Usanza non solo napoletana in quanto diversi concili si erano già espressi contro l'ancestrale adorazione di alberi, fonti e pietre anche in altri paesi (Buttitta 2006, p. 25). I partenopei continuarono quindi imperterriti a prestar fede al divino che vive nella pietra ed alle gerarchie ecclesiastiche non rimase altro che apporre il proprio sigillo su un'abitudine dura a morire.

3.6 - *Il sepolcro di Partenope*

Come era strutturato il santuario di Demetra? È proprio la dea a darne la configurazione nell'inno omerico a lei dedicato: un tempio, un'ara e più in basso il pozzo Callicoro (Omero, *Inno a Demetra*, vv. 270-72). Questi sono gli elementi che costituiscono il nucleo dello spazio sacro demetriaco. Il pozzo Callicoro potrebbe rappresentare il Partenio, o pozzo della Vergine, dove Demetra, all'ombra della chioma di un olivo, sostò afflitta per la perdita della figlia. Lì le vergini figlie di Cèleo attingevano le abbondanti acque. Il ritratto della dea avvolta nel peplo scuro che piange presso quel pozzo, seduta sulla pietra Aghelasta, sembra rievocare una madre addolorata presso il sepolcro della figlia, mentre l'immagine del pozzo e dell'ulivo ricorda l'Antro delle Naiadi (le ninfe che presiedono alle fonti) che tessono ad alti telai di pietra manti purpurei e su cui si erge un ulivo dalle ampie foglie. Proprio perché legate all'elemento liquido le Naiadi erano dette figlie di vari fiumi tra cui l'Acheloo, padre anche delle Sirene. Porfirio afferma che queste ninfe sono le anime che discendono nella generazione rivelandoci l'intima connessione tra queste ultime e l'elemento umido (Porfirio 2006, pp. 51-55); infatti per richiamare le anime dei morti, prosciugate del loro fluido vitale, si offrivano libagioni "liquide".

I santuari più adatti ad ospitare queste divinità erano cavità naturali o artificiali in cui era presente l'acqua, antri dove vivono le anime che attendono di rinascere. Questi luoghi sacri sono *imago mundi*, cielo (la volta) e terra (il suolo), l'umido grembo materno nella cui oscurità avviene il passaggio dalla morte alla (ri)nascita. Un *mundus Cereris* che può anche permettere ai popoli di Dite di vedere nuovamente gli dei Superni (Seneca 1993, vv. 556-571). Il periodo della semina, del germoglio primaverile e del raccolto sono i momenti principali attorno a cui ruotano le diverse festività calendariali. Il periodo migliore per la semina, come abbiamo visto, è tra fine ottobre e fine novembre ed esso era affidato alla protezione dei defunti che assicuravano la resurrezione del seme dalla tomba a primavera. La vergine Persefone, il grano da seme preso dal raccolto maturo dell'anno (la madre Demetra), scende nel mondo infero ad autunno per riapparire a primavera (Frazer 1998, p. 507). E così il chicco di grano morendo genera molto frutto (Gv 12,24). È proprio nel periodo critico dell'attesa che l'uomo entra in contatto col soprannaturale e il passaggio tra il mondo dei vivi e quello dei morti si fa più agevole (Buttitta 2006, p. 31).

Il Sannazzaro ci rammenta che proprio nella zona detta dell'Arco (la parte occidentale di via Tribunali), ancora oggi adibita al culto delle anime del Purgatorio, era possibile imbattersi non solo nella demoniaca porca ma anche nel temibile «hoste di Archìa» (Sannazaro 1999, vv. 66-72): quello stesso esercito dei defunti che anticamente accompagnava Dioniso e Kore. Percorrendo l'acquedotto greco-romano della Bolla, esattamente al di sotto dell'attuale via Atri (nei pressi di quello che anticamente era detto Quadrivio d'Arco), lì dove la strada si affaccia su Largo Arianiello, ci siamo imbattuti in un manufatto ipogeo che presenta alcune caratteristiche inconsuete (fig. 1). Si tratta di una cisterna circolare del diametro di circa 3 metri, la cui base è posta alla profondità di 31 metri rispetto al piano stradale che in quel punto è a quota 39.0 metri s.l.m.m., con tre nicchie rettangolari lungo il perimetro ciascuna dell'altezza di circa 1,7 m. (fig. 2) orientate in questo modo: 335°, 65° e 161°. Attualmente nella cisterna sfocia anche un cunicolo con l'ingresso posto a 245°. Le prime due nicchie e l'ingresso del cunicolo sono allineati molto bene con le strade superiori (via Tribunali che incrocia perpendicolarmente via Atri), quella a sud invece si discosta rispetto alla strada soprastante (il prosieguo di via Atri, via Nilo) di circa 6°. L'intera struttura è visibilmente stata manomessa nel tempo: la canna del pozzo o dritto (fig. 3), quadrata, doveva forse avere inizialmente una sezione circolare (l'intonaco, che riveste l'intera cavità, risulta nei pressi del pozzo staccato, segno evidente di un lavoro di scavo eseguito in epoca successiva alla realizzazione dell'intonaco stesso ed in più è stata anche rinvenuta, all'interno della cisterna, parte della probabile vera del pozzo chiaramente circolare (fig. 4). La volta (il cielo), di questo ambiente, è semisferica e risulta parzialmente distrutta dallo scavo di un'ampia cisterna laterale (fig. 5). In due delle tre nicchie laterali (precisamente quella con direzione 335° e quella con direzione 161°), sotto la volta, è presente un foro che doveva spingersi in alto nel banco tufaceo. Attualmente i due fori sono ostruiti da un tappo composto da una pietra di tufo e malta cementizia.

L'ingresso del cunicolo dell'acquedotto sembra essere posteriore alla realizzazione dell'ipogeo che quindi, originariamente, non doveva essere collegato alla rete dei cunicoli (fig. 6). Anche in questo caso tesi avvalorata dalla rottura dell'originale strato di intonaco sui bordi del passaggio. L'ipotesi più probabile sulle motivazioni che hanno indotto, in passato, alla realizzazione di quest'ambiente è quella che lo legava alla falda acquifera sotterranea rendendolo, di fatto, un'indipendente fonte di acqua. Tale tesi è avvalorata dai seguenti fatti:

1) la falda idrica in quel punto è a 9 metri sul livello del mare (il rilievo della falda risale al 1901 ed è stato eseguito dall'ing. A. d'Amelio (A.A.V.V. 1967, tav. V) e quindi l'ambiente è in prossimità del piano di scorrimento della falda acquifera.

2) I due fori nelle volte delle nicchie laterali (335° e 161°) potrebbero essere i fori di adduzione dell'acqua dalla falda. Anche se le ridotte dimensioni di questi ultimi (circa 7 cm. di diametro) lasciano supporre la presenza di ulteriori adduzioni non individuate. Fori che successivamente, con l'apertura del cunicolo di collegamento alla rete dell'acquedotto, sono stati chiusi con tappo di tufo e malta.

Va comunque precisato che l'area analizzata è stata soggetta a diversi cambiamenti geomorfologici ed è quindi probabile che nel tempo ci siano state deviazioni o cambi di quota della suddetta falda. Potrebbe trattarsi del pozzo Callicoro? Questo pozzo come il Partenio, l'Antro delle Ninfe, il *mundus cereris*, la «tomba della sirena» sembra rappresentare un luogo posto al limite, zona di passaggio, *trés d'union* tra il "sotto" e il "sopra", espressione dell'eterno ritorno. È da notare che via Atri anticamente era detta "Trivio" (Carletti 1766, p.181 e p. 242) e come dice Varrone (Varrone, lib. VII): «*Titanis Trivia Diana est, ab eo dicta Trivia, quod in trivio ponitur fere in oppidis graecis*». Lì la dea Triforme (tre sono le fasi della Luna), custode dei passaggi liminali, traghettava le anime dei defunti. Nel Gorgia Platone per bocca di Socrate narra il mito del giudizio dei morti: «E costoro (Minosse, Radamante ed Eaco, n.d.r), appena gli uomini saranno morti, li giudicheranno sul prato, nel trivio da cui partono le due strade, l'una che porta alle Isole dei Beati, l'altra che porta al Tartaro» (Platone, Gorgia, LXXIX 523 a). In questo contesto le tre nicchie dell'ipogeo potrebbero avere la giusta interpretazione. Il Pontano, nel *De bello neapolitano*, affermò che la tomba di Partenope era «*editiore in colle ad ultimum maris sinum* (Pontano 1519, fo. 315) - (*Collis*) *qui subiectae imminebat stationi* (Pontano 1519, fo. 315 tg.)» e quest'espressione come tante altre indicazioni lasciateci nel tempo hanno dato luogo ad una vera e propria ricerca del "Graal".

Quel colle ricorda l'ampio promontorio roccioso, la *Petra Agélastos* del mito (Lippolis 2006, pp. 86-87), su cui sorge il santuario di Eleusi o l'antro amabile e oscuro delle Naiadi «in capo al porto», sacro a Forci (Platone ci dice che le Sirene erano sue figlie), di Itaca e quindi la roccia della Sirena che uno scolio a Dionigi il Periegeta ben identificò con la città di Neapolis «forse perché la città sorge su un rilievo» e «lì infatti era diffuso il culto di Partenope» (Antonelli 2003, p. 39). Ricordiamo anche che la zona dove è stato rinvenuta la cavità presa in esame era detta anticamente Regione Montana poiché «occupava la parte più elevata di Napoli ad occidente, e godeva di un prospetto il più giocondo, e pittoresco» (Romanelli 1815, p. 53).

4 - *Conclusioni*

Un'ultima considerazione: come mai la porchetta era condotta a primavera verso il Duomo? Solo per onorare il Santo patrono? Lì, come abbiamo visto, la tradizione pone il tempio del Sole, ma anche quello di Nettuno o Poseidone (Carletti 1766, pp. 168-70, 198 e 207), divino paredro di Demetra, e ben sappiamo come il mito leghi strettamente il dio del sole e quello del mare. I santuari, intesi come spazi sacri, accoglievano più divinità ed accanto ad ogni aspetto della Dea sembra apparire sempre una divinità maschile nella funzione di figlio o amante. Ricorda il Celano che fino al 1322 era presente dove ora sorge la guglia della Cattedrale un bellissimo ed antichissimo cavallo di bronzo che la leggenda popolare voleva opera di Virgilio mago (Altamura 1974, pp. 72-73 e Celano 1792b, p. 147). Il cavallo è sacro a Poseidone, che sotto le sue sembianze si unì a Demetra, ed alla dea Luna, poiché, come ricorda Graves, le impronte degli zoccoli sul terreno hanno la forma del primo quarto. La Luna era considerata la fonte di ogni acqua e questo è il motivo per cui Pegaso era legato alle sorgenti (Graves 1983, pp. 52-53). Quindi se realmente la zona della basilica arcivescovile, che sorge ad oriente di via Tribunali, fosse stata la sede del santuario solare al suo fianco sarebbe stata adorata anche la Luna "che sorge", così come ad occidente della via probabilmente il divino paredro della Dea nel suo aspetto "di madre terribile" potrebbe essere rappresentato dal Sole "che muore". Forse questo è il senso recondito che il Pontano ha voluto affidarci con l'affresco della Madonna col Bambino e i santi Giovanni Battista (il sole che muore, n.d.r.) e Giovanni Evangelista (il sole che nasce, n.d.r.) presente nella nicchia posta dietro l'altare della sua splendida Cappella nei pressi della "Pietrasanta". Millenni sono trascorsi e la dea-sirena è morta e risorta innumerevoli volte, ma oggi quasi più nessuno ricorda i miti legati alla terra e al cielo, nessuno più sa di essere «nato da una quercia o da una roccia», figlie e figli della Terra, quale potrebbe essere allora il senso (se ne esiste uno) di un'antica leggenda legata alla fondazione di una chiesa che sembra aver indicato la via attraverso labirinti sotterranei fatti di acqua e pietra? Forse quello di rammentarci che Partenope potrebbe non risorgere più, definitivamente uccisa ed avvelenata dai suoi figli. Ricordare la sua storia potrebbe anche aiutarci a proseguire la nostra.

5 - *Partecipazione al lavoro*

Hanno partecipato al lavoro:

Clemente Esposito - Centro Speleologico Meridionale

Daniela Marra - Gruppo di studio " Alessandra"- Napoli Underground

Fulvio Salvi - Napoli Underground

Selene Salvi - Gruppo di studio "Alessandra" – Napoli Underground

Un particolare grazie al prof. Adriano Gaspani che con infinita pazienza ha contemplato l'antico cielo di *Neapolis* decifrando per noi il suo luminoso linguaggio.

6 - *Bibliografia*

A.A.V.V. 1772, *Raccolta di tutti i più rinomati scrittori dell'istoria generale del Regno di Napoli*, tomo XXII, Stamperia di Gravier G., Napoli.

A.A.V.V. 1845, *Napoli e i luoghi celebri delle sue vicinanze*, vol. I, Stab. Tip. di Nobile G., Napoli.

A.A.V.V. 1894, *Philologus*, vol. 53, Akademie-Verlag, Berlino.

A.A.V.V. 1967, Il sottosuolo di Napoli e Atlante, Comune di Napoli, Napoli.

A.A.V.V. 1969, *Storia di Napoli*, vol. III, E.S.I., Napoli.
Altamura A. (a cura di) 1974, *Cronaca di Partenope*, Società Editrice Napoletana, Napoli.

Antonelli L. 2003, *I Piceni. Corpus delle fonti. La documentazione letteraria*, "L'ERMA" di Bretschneider, Roma.

Beneduce G. 1931, *Origine e vicende storiche della chiesa di S. Maria Maggiore in Napoli*, Napoli.

Boccaccio G. 1802, Ameto, Fratelli Amoretti, Parma.

Buttitta I. 2006, *I morti e il grano. Tempi del lavoro e ritmi della festa*, Meltemi Editore, Roma.

Caetani Lovatelli E. 1891, *Miscellanea archeologica*, Tipografia della R. Accad. dei Lincei, Roma.

Calasso R. 1991, *Le nozze di Cadmo e Armonia*, Adelphi, Milano.

Capasso B. 1978, *Napoli greco-romana*, Berisio Arturo Editore, Napoli.

Carletti N. 1766, *Topografia universale della città di Napoli*, Stamperia Raimondiana, Napoli.

Cassola F. (cura di) 2006, *Inni Omerici*, Arnoldo Mondadori, Milano.

Celano C. 1792a, *Delle notizie del bello, dell'antico, e del curioso della città di Napoli (giornata seconda)*, Palermo Salvatore, Napoli.

Celano C. 1792b, *Delle notizie del bello, dell'antico, e del curioso della città di Napoli (giornata terza)*, Palermo Salvatore, Napoli.

Celano C. 1858, *Notizie de bello, dell'antico e del curioso della città di Napoli*, vol. III, Stamperia di De Pascale Agostino, Napoli.

Cicerone M.C. 1971, *Pro Lucio Cornelio Balbo oratio*, Mondadori, Milano.

Clemente Alessandrino 2006, *Gli stromati. Note di vera filosofia*, Paoline editoriale libri, Milano.

D'Arezzo R. 1859, *La composizione del mondo*, Narducci Enrico, Roma.

De Frede C. 2005, *Il decumano maggiore da Castelcapuano* a San Pietro a Maiella, Liguori Editore, Napoli.

D'Engenio Caracciolo C. 1623, *Napoli sacra*, Beltrano Ottavio, Napoli.

Esiodo 2008, *Le opere e i giorni*, Garzanti, Milano.

Floro L.A. 1981, *Epitome di storia romana*, Rusconi libri, Milano.

Frazer J.G. 1998, *Il ramo d'oro*, Ed. Bollati e Boringhieri, Torino.

Fumagalli S. (a cura di) 1996, *Pitagora-Versi aurei*, Mimesis, Milano.

Gellio A. 2007, *Le notti attiche*, UTET, Torino.

Giudice G. 2007, *Il tornio, la nave, le terre lontane*, "L'ERMA" di Bretschneider, Roma.

Graves R. 1983, *I miti greci*, Longanesi, Milano.

Guènon R. 2005, *Simboli della Scienza sacra*, Adelphi, Milano.

Guida P. 1969, *Il restauro della Chiesa e l'isolamento del Campanile del complesso monumentale di S. Maria Maggiore alla Pietrasanta in Napoli: evoluzioni, involuzioni ed iscrizioni del Tempio*, in Atti dell'Accademia Pontaniana, ed. Giannini, Napoli

Leone A. 1934, *Nola (la terra natia)*, Torella, Napoli.

Licofrone 2000, *Alessandra*, BUR Rizzoli, Milano.

Lippolis E. 2006, *Mysteria. Archeologia e culto del santuario di Demetra a Eleusi*, Mondadori, Milano.

Loreto L. 1839, *Memorie storiche de' Vescovi e Arcivescovi della Santa Chiesa Napolitana*, Tipografia arcivescovile de' fratelli De Bonis, Napoli.

Marini L.G. 1795, *Gli atti e monumenti de' fratelli Arvali*, Antonio Fulgoni, Roma.

Martorelli G.O. 1764, *Dell'antiche colonie venute in Napoli ed i primi si furono i Fenici*, vol. I, Fratelli Simoni, Napoli.

Mazzarella Farao F. 1820, *Sulle XII fratrie attico-napolitane*, Stamperia di Angelo Coda, Napoli.

Melisurgo G. 1979, *Napoli sotterranea*, Colonnese editore, Napoli.

Minervini G. 1845, *L'antica lapida napoletana di Tettia Casta*, Da' Torchi del Tramater, Napoli.

Napoli M. 1959, *Napoli greco-romana*, Fiorentino Fausto editore, Napoli.

Omero 2005, *Odissea*, Einaudi, Torino.

Ovidio 1998, *I fasti*, BUR Rizzoli, Milano.

Ovidio 2008, *Metamorfosi*, Garzanti, Milano.

Pestalozza U. 1897, *I caratteri indigeni di Cerere*, Tipografia Cogliati L. F., Milano.

Petronio A. 2007, *Satyricon*, Einaudi, Torino.

Platone 1970, *Gorgia*, Laterza, Bari.

Platone 1997, *Tutte le opere*, Newton Compton, Roma.

Plinio il Vecchio 1984, *Storia naturale*, Einaudi, Torino.

Pontano G. 1519, *De bello neapolitano*, Napoli.

Pontano G. 1918, *L'Asino e Il Caronte*, Carabba R. Editore, Lanciano.

Porfirio 2006, *L'antro delle ninfe*, Adelphi, Milano.

Ricciardelli G. (a cura di) 2000, *Inni orfici*, Fondazione Lorenzo Valla, Milano.

Romanelli D. 1815, *Napoli antica e moderna*, Tipografia Trani A., Napoli.

Sanchez G. 1833, *La Campania sotterranea e brevi notizie degli edificii scavati entro roccia nelle due Sicilie ed in altre regioni*, tomo I, Tipografia Trani A., Napoli.

Sannazzaro J. 1999, *Lo gliommero napoletano: "Licinio, se 'l mio inzegno"*, Libreria Dante & Descartes, Napoli.
Seneca L. A. 1993, *Edipo*, BUR, Milano.

Spallanzani L. 1841, *Lettere di vari illustri italiani e stranieri*, tomo I-II, Torregiani e Compagno, Reggio.

Stazio Publio P. 2006, *Le selve*, Mondadori, Milano.

Summonte G.A. 1748, *Historia della città e regno di Napoli*, tomo I, Napoli.

Varrone T.M., *De lingua latina, Les Belles Lettres*, Parigi.

Virgilio 1989, *Eneide*, Einaudi, Torino.

7 - *Sitografia*

Sito Internet: garibaldi140an.it

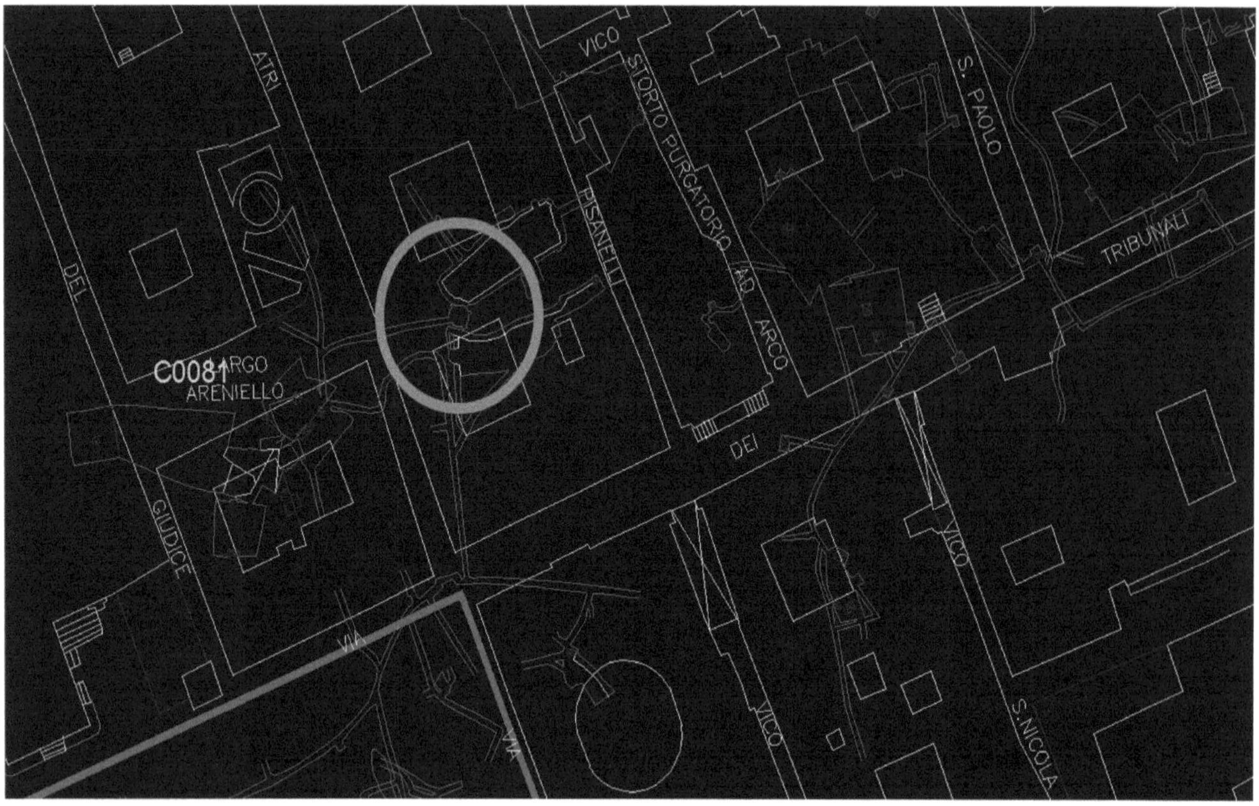

Fig. 1. *Stralcio planimetrico con l'ubicazione della cavità (Rilievo e restituzione in CAD di Clemente Esposito).*

Fig. 2. *Nicchia est a sinistra e nicchia sud al centro dell'immagine (Foto di Fulvio Salvi).*

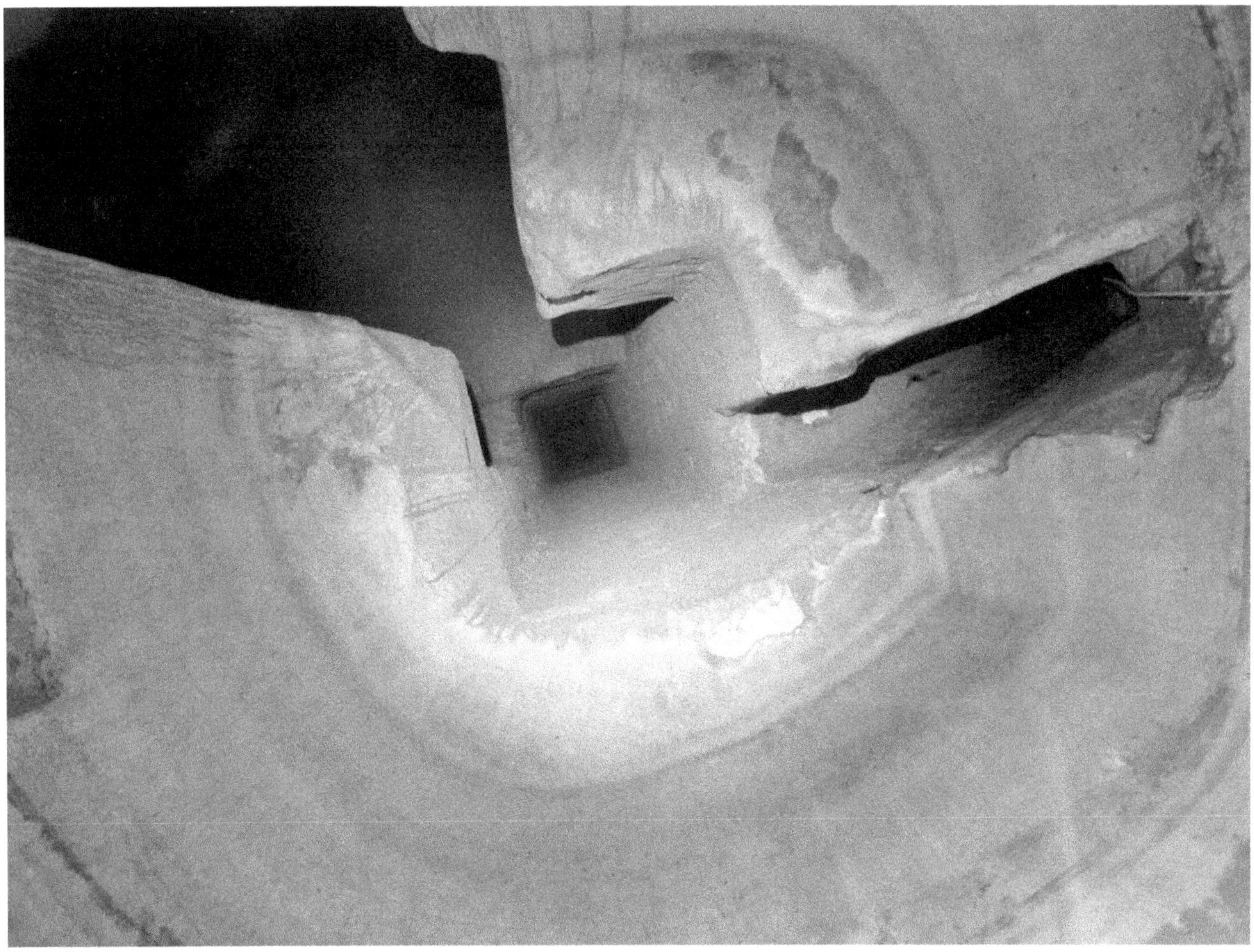

Fig. 3. *Volta dell'ipogeo con pozzo centrale (Foto di Fulvio Salvi).*

Fig. 4. *Due grossi frammenti di pietra Sul fondo dell'ipogeo (Foto di Fulvio Salvi).*

Fig. 5. *Cisterna adiacente a quella analizzata (Foto di Fulvio Salvi).*

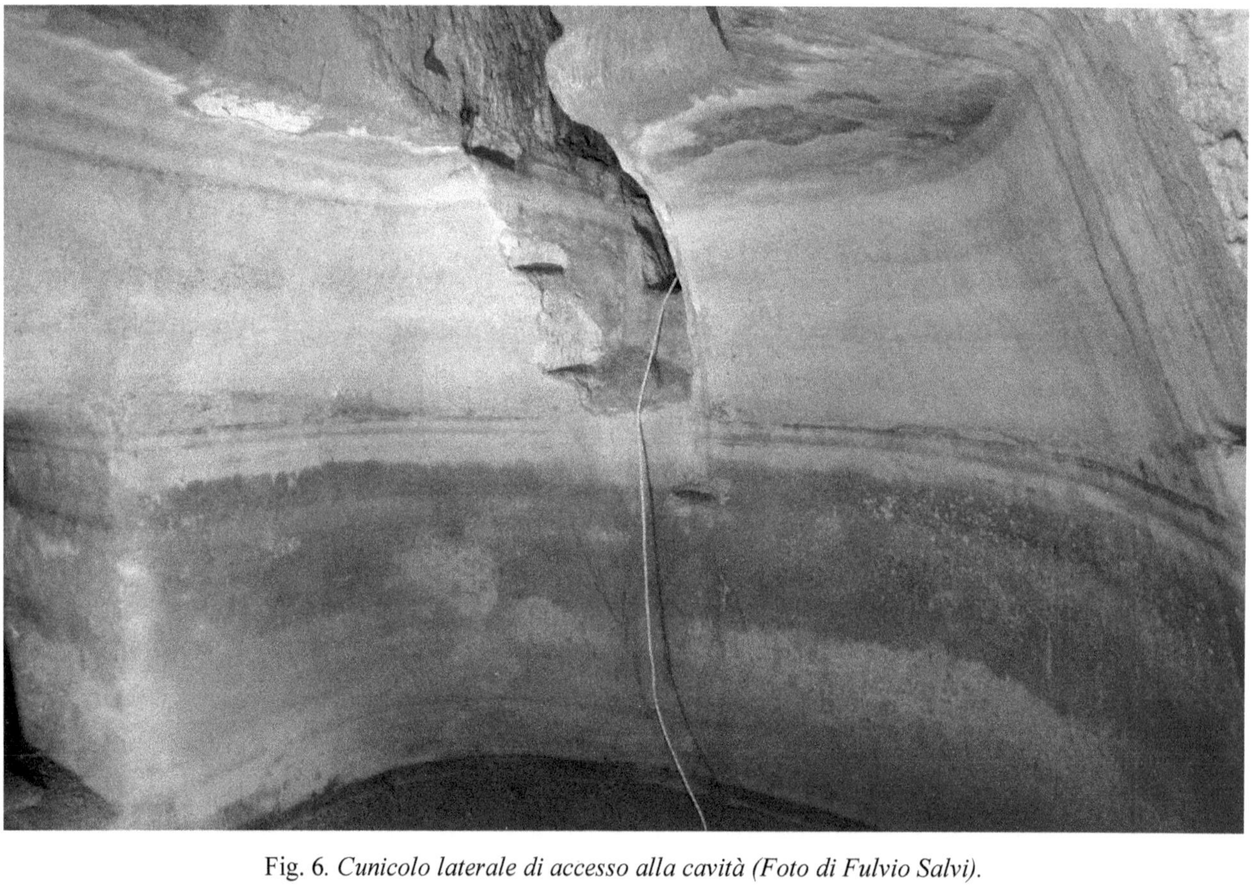

Fig. 6. *Cunicolo laterale di accesso alla cavità (Foto di Fulvio Salvi).*

X

UN ANTICO ACQUEDOTTO SOTTO PALAZZO FRIZZONI A BERGAMO

Autore
Gianluca Padovan — Ass.ne Speleologia Cavità Artificiali Milano – Federazione Nazionale Cavità Artificiali

Foto
Gianluca Padovan — Ass.ne Speleologia Cavità Artificiali Milano – Federazione Nazionale Cavità Artificiali

Sommario

A Bergamo (Lombardia) si è documentato un tratto di antico acquedotto sotterraneo ancora parzialmente attivo. È situato nei locali sotterranei di Palazzo Frizzoni, sede storica del Comune di Bergamo, realizzato sull'impianto di opere almeno quattrocentesche.

Abstract

In Bergamo (Lombardy) a stretch of ancient underground aqueduct has been documented which is still partially active. It is located in the basement of Palazzo Frizzoni, the historic seat of the Municipality of Bergamo, built on the plan of works dating to at least the fifteenth century.

1 - *Il lavoro sul campo*

Fin dall'epoca della dominazione di Roma la città di Bergamo è stata approvvigionata da acquedotti ipogei, pozzi ordinari e cisterne, ma questo è noto (figg. 1, 2). Ogni tanto il passato ci restituisce un frammento di storia da studiare, a beneficio nostro che ce ne interessiamo, a beneficio dei posteri i quali, auspicabilmente, porteranno avanti le indagini dopo di noi. Già dal 1997 l'Associazione Speleologia Cavità Artificiali Milano, in accordo con il Comune di Bergamo, si è occupata dello studio e della documentazione di alcune opere idrauliche cittadine. Valga ad esempio ricordare le operazioni svolte presso il Pozzo Bianco dall'Ass. S.C.A.M. o nella grande cisterna situata al di sotto di Piazza Mercato delle Scarpe, condotte in collaborazione con gli speleosub della Protezione Civile di Milano (Gambini A., Padovan G. 2000, pp. 190-196. Padovan 2005, pp. 65-66) (figg. 3 - 5). Successive operazioni hanno portato a prendere visione anche della Cisterna del Lantro, meglio indicabile come impianto di captazione e stoccaggio dell'acqua di due modeste ma perenni sorgenti. Situato nel centro storico (Bergamo Alta), l'impianto idraulico meriterebbe nuovi studi e lo sgombero totale del materiale che si è accumulato nella parte antistante all'accesso. Secondo recenti ispezioni si è compreso che al di sotto del sedimento vi devono essere i vecchi lavatoi e forse altro ancora (figg. 6, 7).

Tra il 2007 e il 2009, grazie alla disponibilità dell'Amministrazione Comunale e alla cortesia dell'ing. Diego Finazzi e del geom. Roberto Gaspani, si è potuto prendere visione dei locali cantinati di Palazzo Frizzoni, sede storica del Comune di Bergamo situata in via Giacomo Matteotti n. 27. Si desiderava documentare l'eventuale esistenza di locali sotterranei riutilizzati come rifugi antiaerei di circostanza nel corso dell'ultimo conflitto mondiale (figg. 8, 9). Un primo impianto cantinato, situato al di sotto dell'angolo est dell'edificio, non ha restituito le prove che fosse stato adattato a rifugio antiaereo mediante la puntellatura delle volte tramite travi e assi lignee (figg. 10, 11). Come unica nota, oltre all'interesse storico-architettonico di quanto non alterato da moderni interventi,

Figg. 1 e 2. *Sculture in marmo degli anni Trenta, richiamati il tema dell'acqua, in un palazzo di Bergamo.*

Fig. 3. *Operazioni di rilevo e di studio presso la cisterna situata al di sotto di Piazza Mercato delle Scarpe a Bergamo Alta, condotta dall'Associazione S.C.A.M. e da volontari della Protezione Civile di Milano. Attraverso un pozzo d'ispezione si calarono nella cisterna, che presentava ben 5 m d'acqua, un gommone, un piccolo battellino pneumatico, cinque speleosub e quattro speleologi.*

Fig. 4. *Speleosub dell'Associazione S.C.A.M. all'intrno della cisterna Piazza Mercato delle Scarpe: le mani sono appoggiate alla canna del pozzo che attraversa per l'intera altezza la conserva dell'acqua (Foto di A. Gambini).*

Fig. 5. *Interno di una stanza oggi sotterranea, adiacente al Pozzo Bianco, a Bergamo Alta, scoperta nel 1997 dagli speleologi dell'Associazione S.C.A.M.*

Fig. 6. *Interno della camera di conserva della cosiddetta Cisterna del Lantro a Bergamo, ancora alimentata da due modeste sorgenti.*

Fig. 7. *Uno dei due condotti sotterranei per il trasporto dell'acqua sorgiva all'interno della Cisterna del Lantro.*

Fig. 8. *Dettaglio dell'ingresso di Palazzo Frizzoni, che dà su via Giacomo Matteotti.*

Fig. 9. *Ala ovest del cortile interno di Palazzo Frizzoni.*

è il cunicolo oggi destinato a sottoservizio che lo collega con la successiva sede del Comune (figg. 12 - 16). Nel secondo impianto cantinato si è invece notata la presenza di un tratto di acquedotto ipogeo, mai riconosciuto per tale, utilizzato per alloggiarvi le tubature del teleriscaldamento. Si sono quindi intraprese le necessarie operazioni per la documentazione.

2 - *Inquadramento storico – architettonico*

L'edificio si trova nell'area un tempo denominata "Prato di Sant'Alessandro", detta anche "del Rasullo". Per la storia secolare dell'edificio si rimanda alla lettura di una pubblicazione recentemente uscita (Carullo G. 2007). Si può comunque accennare all'esistenza di due complessi appartenenti originariamente agli Umiliati. Trattasi di una società religiosa inizialmente dedita alla lavorazione della lana, poi parzialmente divenuta ordine religioso: «In un documento del XIV secolo, redatto da Lanfranco de' Saliverti, vescovo della città dal 1349 al 1381, è scritto che i primi nuclei organizzati di Umiliati apparvero a Bergamo prima del 1171 e che in pochi decenni fondarono parecchie "magioni" nelle quali trovarono ospitalità e lavoro molte persone. Queste "magioni" erano quasi sempre posti in luoghi dove era possibile utilizzare acqua corrente e per le attività che vi venivano svolte nascevano spesso dei contrasti con le popolazioni confinanti a causa dell'inquinamento delle acque che l'attività provocava» (Carullo G. 2007, p. 9).

Con il declino dell'Ordine degli Umiliati, già nel 1566 il monastero e l'ospedale sorti sulle primitive "magioni" sono abbandonati. A seguito dell'invasione dell'Italia da parte delle truppe francesi agli ordini di Napoleone Bonaparte, nel 1798 il convento di Santa Lucia e Sant'Agata a Bergamo, nell'area di Prato Sant'Alessandro, ai piedi della Città Alta, è soppresso e destinato a caserma. Nel 1799 Antonio Frizzoni acquista gli edifici e l'area dell'ex convento, per farvi erigere il proprio palazzo, su progetto dell'architetto bresciano Rodolfo Vantini: «Venne subito redatto il progetto, che piacque ai Frizzoni, e la costruzione prese avvio già nell'estate del 1836 purtroppo con l'abbattimento della ex-chiesa gotica di santa Lucia e sant'Agata» (Carullo G. 2007, p. 37).

Successivamente, l'ing. Enrico Frizzoni lascia così scritto nel suo testamento, redatto nel 1927, anno della sua morte: «I miei eredi, dovranno, per la durata di un anno dalla data della mia morte lasciar arbitra la Città di Bergamo di acquistare il Palazzo di Piazza Cavour N.8 per la somma di L. 1.000.000 spese a carico dell'acquisitrice, coll'obbligo che esso venga destinato a sede del Municipio e non ad altro scopo» (Carullo G. 2007, p. 42). E così dispone il Podestà di Bergamo: «» (Carullo G. 2007, p. 47). Ciò avvenne, seppure con alterne vicende. Oggi Palazzo Frizzoni si presenta in forme neoclassiche, con un impianto quadrangolare che si sviluppa attorno ad un cortile centrale.

3 - *L'acquedotto ipogeo*

Nel cortile interno del Palazzo, all'angolo ovest, vi è la scalinata d'accesso al secondo impianto sotterraneo (vedere utilmente figg. 10, 11). Giunti in fondo alla seconda rampa, alla sinistra, un piccolo vano tradisce la possibile esistenza di un antico pozzo. I locali cantinati si compongono, sostanzialmente, di una sorta di anticamera assai rimaneggiata e due grandi stanze, la seconda delle quali è stata frazionata in due ambienti, ma in tempi relativamente recenti. Tali stanze sono adibite a locali tecnologici e, in particolare, l'ultimo ospita l'impianto di teleriscaldamento. Il tutto è servito da alcuni lucernai.

Come si può notare nel rilievo (figg. 17, 18), la stanza misura 4,74 x 1,93 m. La parete sud è caratterizzata da un lucernaio che lascia al piede un chiaro cunicolo murato, alto poco meno di un metro (fig. 19). Da qui penetra all'interno dei locali cantinati un modestissimo ma perenne flusso d'acqua, tenuta a livello da una pompa ad immersione. Il pavimento in calcestruzzo alza di poche decine di centimetri il livello originario di calpestio, lasciando al di sotto un gorello che conduce l'acqua all'interno dell'acquedotto ipogeo, aprentesi a metà della parete est (fig. 20).

Il condotto è percorribile per poco più di 33 m, poi le dimensioni ridotte e il passaggio dei tre tubi del teleriscaldamento impediscono la prosecuzione. L'ingresso è parzialmente chiuso da una griglia metallica e si presenta alto 220 cm, come mostra la sezione trasversale n. 1 (veder utilmente fig. 18), per abbassarsi repentinamente dopo poche decine di centimetri (fig. 21). Il fondo, largo poco più di 80 cm, è costituito da un gorello centrale, che almeno nella parte iniziale presenta il fondo in cotto. È sostanzialmente la risultante della costruzione di stretti marciapiedi laterali in muratura, in alcuni punti ancora coperti da mattonelle in cotto (figg. 22, 23), leggermente pendenti verso il centro del condotto. Le pareti laterali sono in mattoni, ciottoli, frammenti di materiale lapideo e frammenti di cotto, il tutto rivestito da intonaco oramai mancante in più punti. La volta a tutto sesto è in mattoni, le cui dimensioni non sono omogenee (figg. 24, 25).

Il condotto si sviluppa rettilineo per poco più di 18 m e poi la volta si abbassa e lo speco si riduce sensibilmente. Sembra che incontri e sfondi o le fondamenta del palazzo o i resti di una preesistente struttura (fig. 26). Da qui in poi la volta è a piattabanda, in lastre di pietra, la maggior parte delle quali di calcare locale. Le pareti sono realizzate quasi interamente in pietra di piccolo e medio pezzame, con rari laterizi e ciottoli. Il fondo si mantiene sostanzialmente identico al tratto iniziale, seppure sempre più stretto mano a mano che si procede in direzione est (fig. 27, 28).

4 - *Considerazioni e conclusioni*

Il condotto idraulico si potrebbe fare risalire almeno al

XV secolo. Rimane chiaro che l'impianto serviva una preesistente costruzione, sottopassandola e venendo poi a giorno una volta superatone il perimetro. Occorrerebbe capire come mai, ad oggi, tale condotto, ancora attivo, non risulti nemmeno all'Ufficio Tecnico del Comune di Bergamo, nonostante lo stesso abbia la chiara conoscenza di ogni impianto idraulico, sia antico sia recente, esistente nell'area del quartiere. Non si esclude a priori che possa trattarsi di un'opera la cui origine vada ancora più indietro nel tempo e che le vicende edilizie del quartiere abbiano, per così dire, obliterato già da lunga data. L'unica indagine immediatamente possibile consisterebbe nello smurare il tratto di condotto a monte, anche e soprattutto per capire da dove provenga l'acqua.

Alle operazioni hanno preso parte, oltre allo scrivente, i seguenti speleologi: Maria Antonietta Breda, Claudia Ninni, Andrea Thum, appartenenti all'Associazione Speleologia Cavità Artificiali Milano e alla Federazione Nazionale Cavità Artificiali. La restituzione su supporto CAD è stata effettuata da Claudia Ninni.

5 - *Bibliografia*

Carullo G. 2007, Palazzo Frizzoni. *Storia di un palazzo, storia di una famiglia, storia di una città*, Comune di Bergamo, Bergamo.

Gambini A., Padovan G. 2000, *Studi di comparazione architettonica presso il Comune di Bergamo*, in Città Alta, nel 1997, in Padovan Gianluca, Riera Italo (a cura di), *Atti del XV Congresso di Speleologia Lombarda. Volume n° 3. Speleologia in Cavità Artificiali*, Sant'Omobono Imagna Terme 2-3 ottobre 1999, Supplemento al n° 4 della Rivista di Speleologia in Cavità Artificiali Specus News, Milano, pp. 190-196.

Padovan G. 2005, *La classificazione per tipologia delle cavità artificiali*, in Padovan Gianluca (a cura di), Archeologia del sottosuolo. Lettura e studio delle cavità artificiali, British Archaeological Reports, International Series 1416, BAR Publishing, Oxford, pp. 11-72.

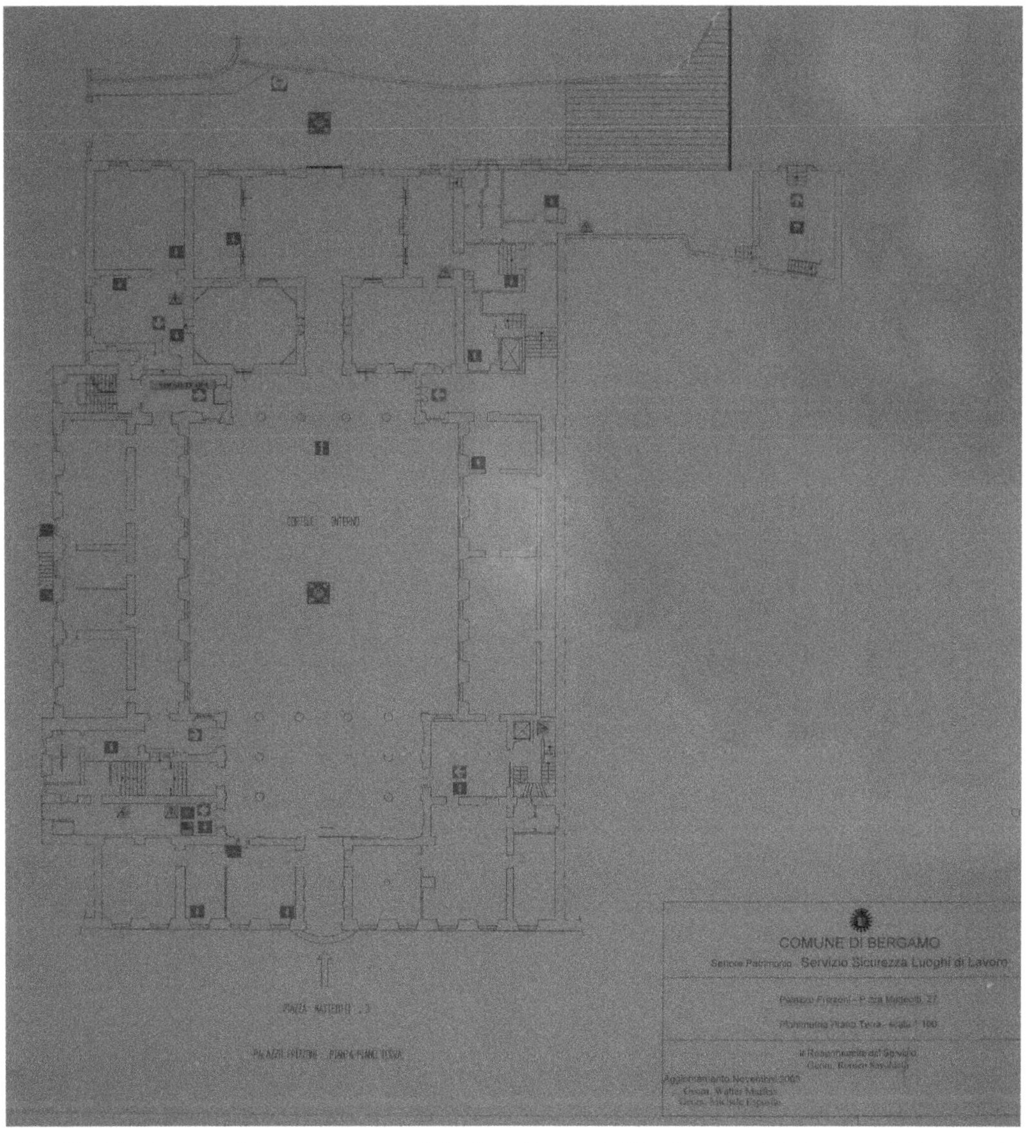

Fig. 10. *Planimetria del piano terreno di Palazo Frizzoni (Planimetria del Comune di Bergamo).*

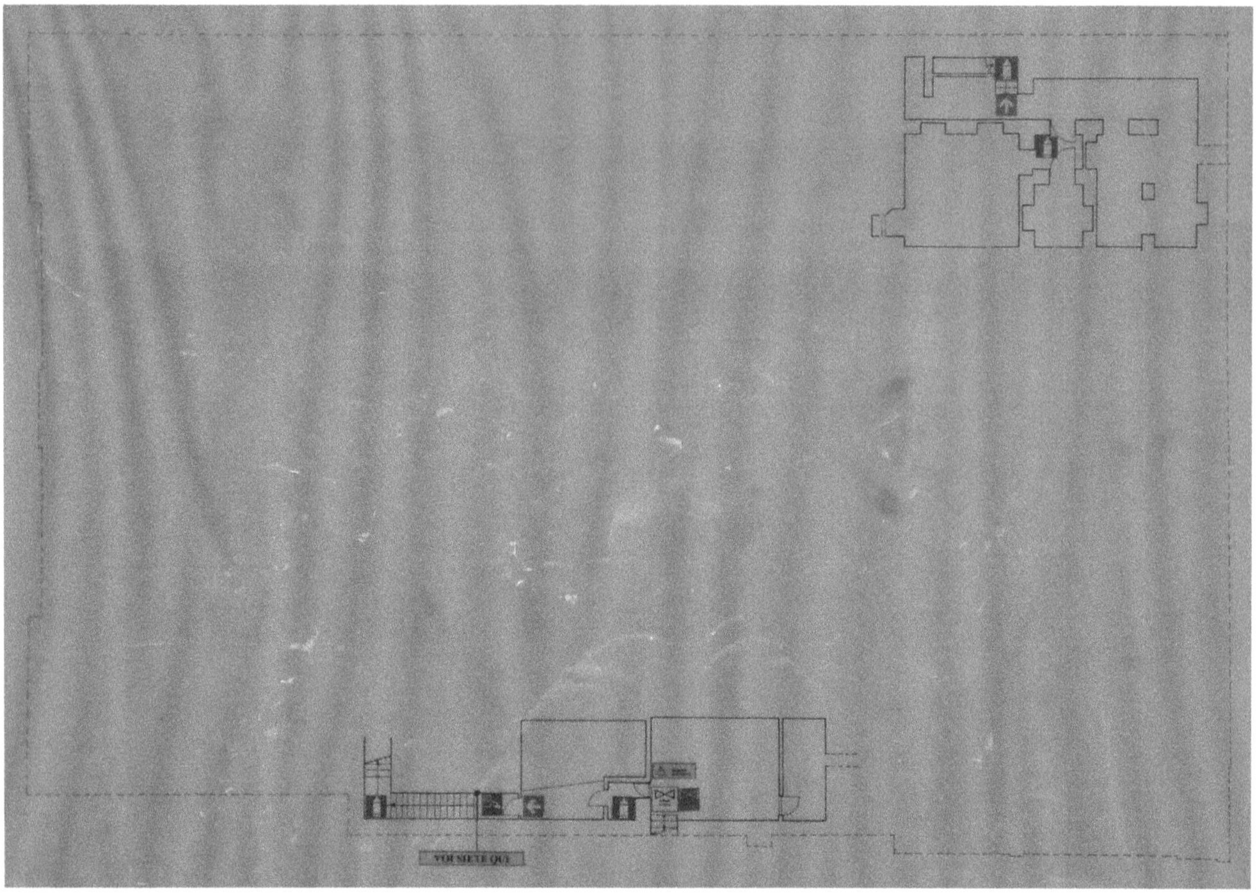

Fig. 11. *Planimetria dei piani cantinati di Palazzo Frizzoni: le stanze ad est sono quelle per le quali si sospettava il riutilizzo come rifugio antiaereo di circostanza, mentre quelle a ovest sono connesse all'acquedotto ipogeo (Planimetria del Comune di Bergamo).*

Fig. 12. *Cunicolo riutilizzato per i sottoservizi.*

Fig. 13. *Pilastro centrale in mattoni di uno dei locali sotterranei dell'angolo est del Palazzo.*

Fig. 14. *Dettaglio di un vano murato in uno dei locali sotterranei dell'angolo est del Palazzo.*

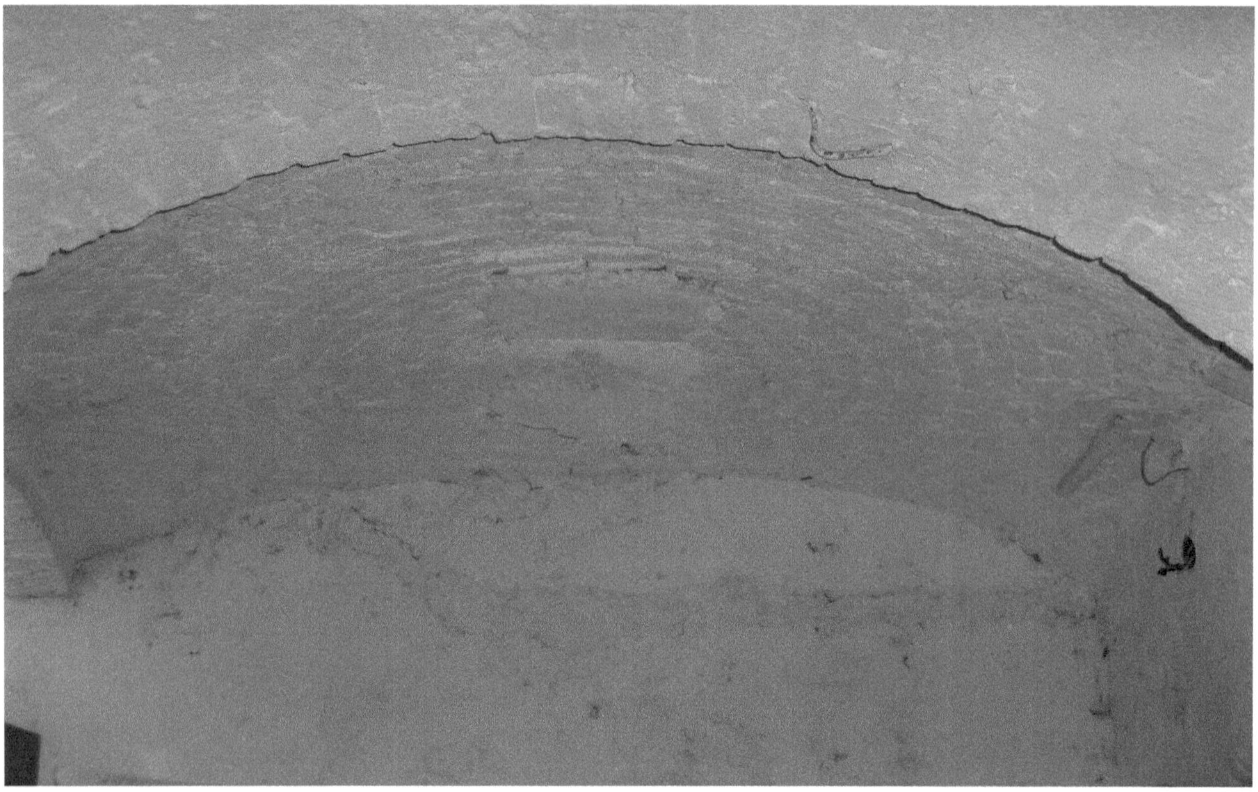

Fig. 15. *Particolare di una delle volte delle cantine, realizzata in mattoni. Non si esclude che in corrispondenza, nel pavimento, si aprisse un pozzo o l'accesso a una cisterna.*

Fig. 16. *Resti di un passato recente: contenitori lignei probabilmente utilizzati per le votazioni di Giunta.*

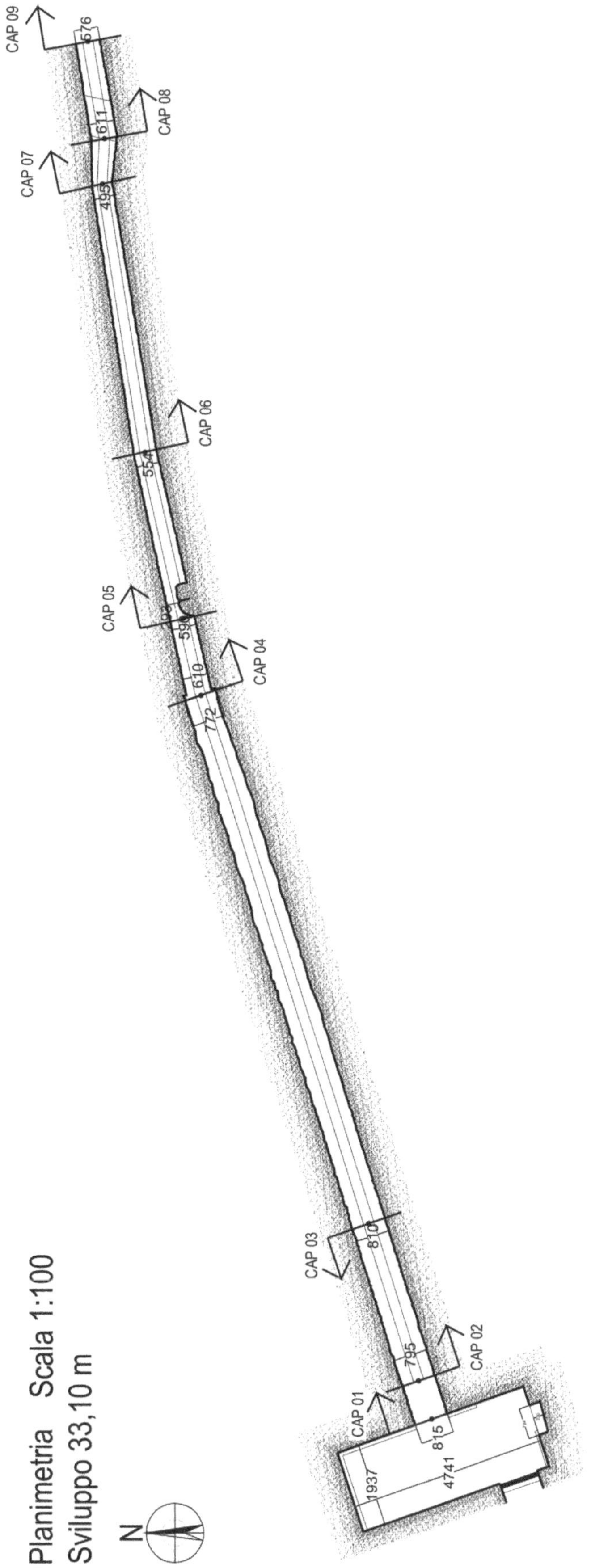

Fig. 17. *Pianta del tratto di acquedotto ipogeo che si sviluppa sotto Palazzo Frizzoni (Restituzione grafica di Claudia Ninni; Archivio Ass.ne S.C.A.M.).*

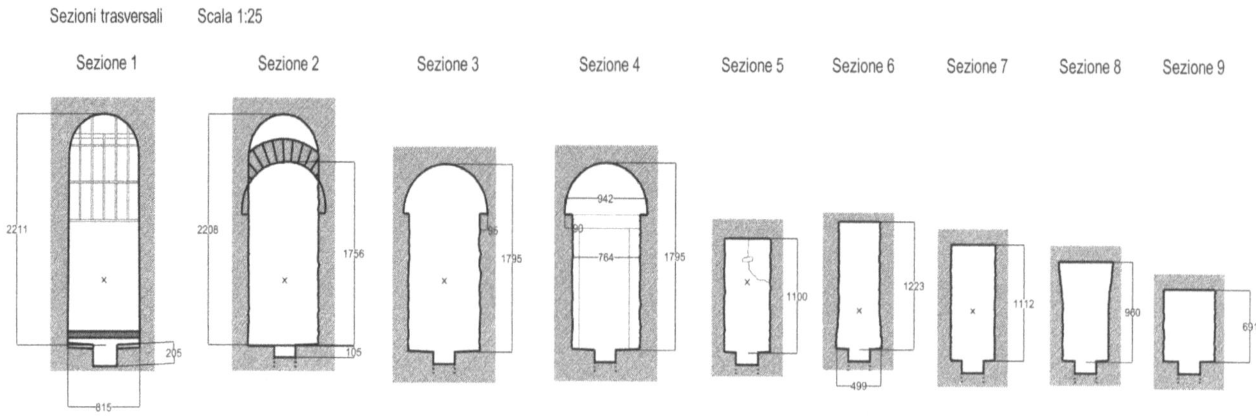

Fig. 18. *Sezioni dell'acquedotto ipogeo (Archivio Ass.ne S.C.A.M.).*

Fig. 19. *Lato sud della stanza con il tratto a monte del condotto idraulico murato.*

Fig. 20. *Tratto iniziale dell'acquedotto ipogeo, con la livella laser posizionata per l'esecuzione del rilievo planimetrico.*

Fig. 21. *Accesso all'acquedotto visto dall'interno: si notino le tubature del teleriscaldamento.*

Fig. 22. *Lato destro del marciapiedino che costeggia il gorello centrale, sommerso dall'acqua a causa del cessato funzionamento della pompa ad immersione che regola il livello dell'acqua; la prima volta che si è percorso si poteva notare la formazione di calcite flottante.*

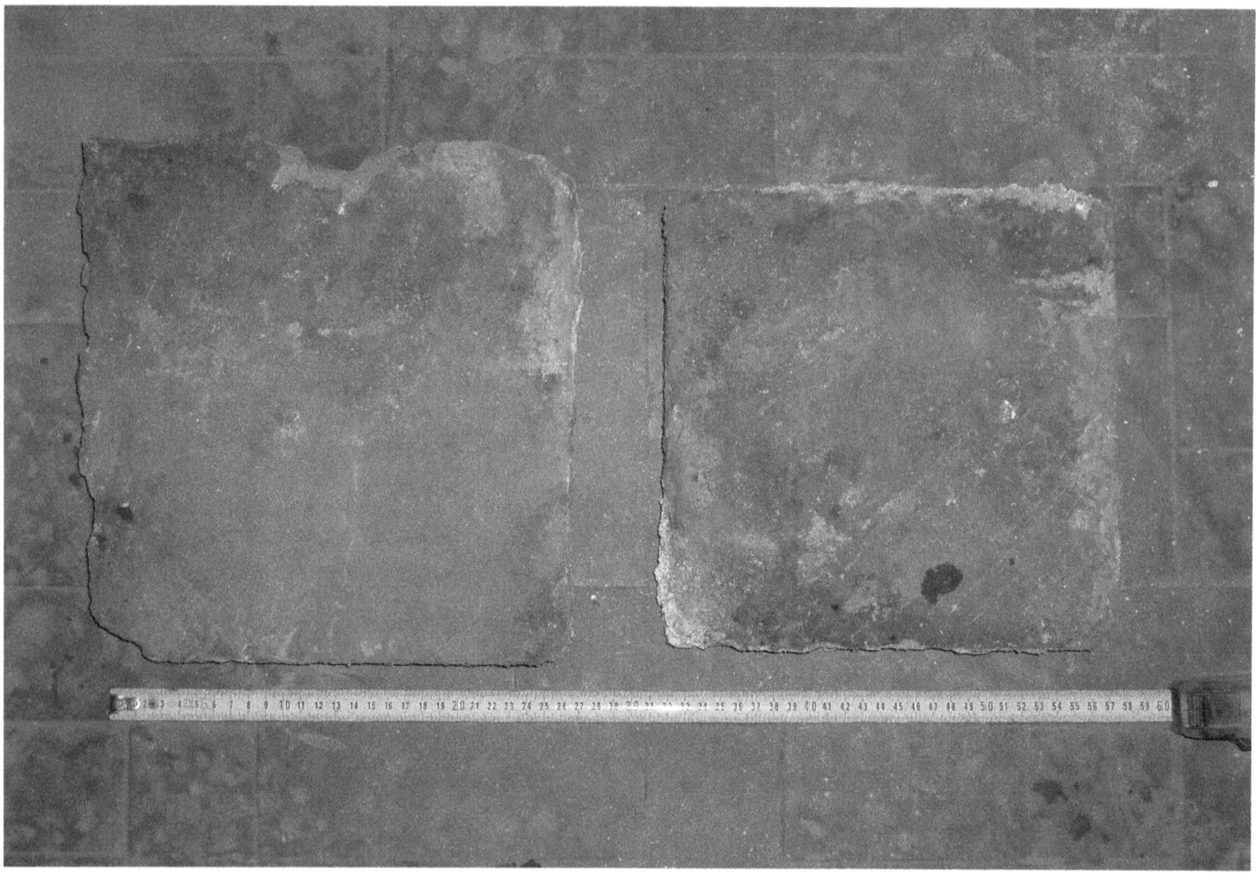

Fig. 23. *Due mattonelle che rivestivano il piano di calpestìo ai lati del gorello.*

Fig. 24. *Tratto del condotto, in prossimità del restringimento.*

Fig. 25. *Particolare della volta in mattoni, lungo il primo tratto del condotto.*

Fig. 26. *Secondo tratto del condotto: si possono vedere chiaramente i conci in pietra che sono stati parzialmente asportati per l'allargamento del condotto, probabilmente in corrispondenza della facciata del palazzo.*

Fig. 27. *Il secondo tratto del condotto presenta la volta a piattabanda in lastre di pietra, mentre le pareti sono in pietrame e rari laterizi.*

Fig. 28. *Ultimo tratto visibile dell'acquedotto, verso valle, con i tubi del teleriscaldamento che salgono.*

XI

GUERRA GRECO – GOTA E OPERE SOTTERRANEE

Autore
Gianluca Padovan — Ass.ne Speleologia Cavità Artificiali Milano - Federazione Nazionale Cavità Artificiali

Foto
Gianluca Padovan — Ass.ne Speleologia Cavità Artificiali Milano - Federazione Nazionale Cavità Artificiali

Sommario

Alcuni autori del passato hanno riportato le cronache storiche italiane descrivendo anche l'utilizzo di talune opere idrauliche sotterranee. In particolare alcune di queste sono state utilizzate a fini militari per entrare in una città assediata. Questo è capitato a Napoli e a Roma nel VI secolo, nel corso della guerra Greco-Gota descritta da Procopio di Cesarea e di cui si riportano i passi. Alcune note sull'aspetto etnografico, storico e politico completano il quadro di un momento assai delicato per la Penisola.

Abstract

Some writers of the past reported historical chronicles of Italy which described the use of certain underground waterworks. Specifically, some of these works had been used for military purposes as a means of entry into besieged cities. This happened both in Naples and Rome in the sixth century, during the Greek-Gothic War described by Procopius of Caesarea. Some ethnographic, historical and political notes complete the picture of a very delicate moment for the Italian Peninsula.

1 - *Le cose della guerra*

«... indicheremo come, con la riduzione di metà delle tasse, i contadini delle province recupereranno la forza loro propria; come, una volta eliminato l'oltraggio derivante dal prelievo fiscale, gli abitanti, protetti dalle fortificazioni militari, renderanno rigogliose le lande desolate dei confini; come, senza aggravio per i contribuenti, la disponibilità di oro e di argento potrà essere raddoppiata, e in che modo il soldato esulterà, ricoperto di onori che superano quelli tradizionalmente concessi».

Anonimo, *Le cose della guerra*, pref. 10.

Nel corso della guerra scatenata dai Bizantini, ovvero dall'Impero Romano d'Oriente, contro i Goti (535-553), alcuni assedi furono conclusi a favore degli assedianti utilizzando le opere idrauliche del passato. In taluni casi la cessazione naturale o indotta dell'erogazione dell'acqua ha causato la resa dell'assediato. In altri casi gli acquedotti ipogei furono usati come cunicoli di mina per giungere indisturbati nel cuore della città assediata. Si assiste quindi a una forma di utilizzo delle opere idrauliche a fini militari che, prescindendo dal tragico singolo fatto d'armi, ci mostra un aspetto poco noto del nostro passato, instillandoci la voglia d'indagare più nel profondo.

Lungo la nostra storia vari autori hanno lasciato trattati militari per spiegare come condurre le battaglie e aggiudicarsi la vittoria della guerra. Uno dei più noti è Sesto Giulio Frontino, con l'opera *Strategemata* in quattro libri, il cui ultimo potrebbe non essere di suo pugno. Frontino nasce attorno al 35 d., diviene governatore della Britannia nel 74 e proconsole d'Asia otto anni dopo. Nel 97 l'imperatore Nerva gli assegna l'incarico di *Curator*

Aquarum, dandogli così la possibilità di redigere il famoso e unico trattato sugli acquedotti dell'antica Roma: *De aquaeductu urbis Romae*. Scrive inoltre il trattato di agrimensura *Gromatica*, giunto a noi in frammenti, e *De re militari*, non pervenuto. Negli antichi libri di storia e nei trattati militari si ritrovano spesso precise indicazioni sull'importanza dell'approvvigionamento idrico e, di contro, sulla necessità di privare l'avversario del prezioso liquido, se si vogliono volgere a proprio favore le sorti della battaglia o dell'intera guerra. Publio Servilio Vatia Isaurico, sostenitore di Silla nelle campagne contro il partito di Mario, così è ricordato da Frontino: «Publio Servilio costrinse alla resa per sete la città di Isaura facendo deviare il corso d'acqua che serviva agli abitanti per bere» (Frontino 1999, p. 249, *III, 7, 1*); la nota riporta che l'episodio, avvenuto in Asia Minore, è collocabile tra il 79 e il 70 a.

Nel Peloponneso, durante la prima decade del VI sec. a., così operò Sicene, il tiranno della città di Sicione: «interruppe l'acquedotto che alimentava la città dei Crisei: poi quando gli abitanti cominciarono a soffrire la sete fece erogare di nuovo l'acqua dopo averla inquinata con l'elleboro: quando gli abitanti ne bevvero, furono colti da diarrea e Clistane li sopraffece» (Frontino 1999, p. 251, *III, 7, 6*). Nel IV secolo un autore anonimo scrive *Le cose della guerra* (Anonimo 2001), trattato redatto probabilmente nel momento in cui a Roma regnava l'imperatore Costanzo II. Curiosamente il libro comincia a enumerare *in primis* i motivi che stanno conducendo l'impero alla rovina: lo svilimento delle classi inferiori, l'accumulo di ricchezze nelle mani di pochi, le tasse smodate, le frodi monetarie, la disonestà dei governatori. Il crollo dell'Impero Romano d'Occidente è dovuto innanzitutto al malcostume diffuso, ma il fattore non si arresta in quanto l'Impero Romano d'Oriente opererà nei suoi confronti, o meglio nei confronti ci ciò che ne rimane, una politica di rapina.

Solo dopo il sesto paragrafo l'Anonimo si occupa delle macchine belliche per ottenere rapide e decise vittorie, soverchiando con la tecnica il valore degli avversari che combattono, generalmente, solo con la forza del loro braccio. Il preambolo è il seguente: «Bisogna anzitutto rendersi conto che il furore di popoli che latrano tutt'intorno stringe in una morsa l'impero romano e che la barbarie infida, protetta dall'ambiente naturale, minaccia da ogni lato i nostri confini. Infatti, questi popoli si nascondono per lo più nelle selve o s'inerpicano sui monti o sono difesi dai ghiacci; alcuni invece vagano e sono protetti dai deserti e dal sole cocente. Ci sono poi popolazioni difese dalle paludi e dai fiumi, che non è facile scovare e che tuttavia lacerano la quiete e la pace con improvvise incursioni. Genti come queste, che si difendono ricorrendo o alla natura dei luoghi o alle mura delle città e delle fortezze, devono essere aggredite con varie e nuove macchine militari» (Anonimo 2001, pp. 19-21, *6, 1-4*).

A ben vedere l'espansione dell'impero romano ha determinato la fine della libertà di tribù, popoli e regni. Basta solo pensare che, prima del termine del I millennio a., entro i nostri confini nazionali le popolazioni di stirpe celta sono state spinte nelle zone montane più impervie, dove per decenni si sono difese strenuamente prima di soccombere o di deporre le armi. Nel tardo periodo imperiale in Europa, Asia e Africa molte genti definite barbare hanno appreso la cosiddetta arte della guerra servendo come truppe ausiliarie nell'esercito romano. Queste stesse hanno costituito, soprattutto presso le popolazioni germane, il nerbo della rivolta contro le legioni di Roma e il potere imperiale. Lo sgretolamento dell'Impero Romano d'Occidente lascia l'Impero Romano d'Oriente padrone del campo e la calata dei Goti in Italia determina un nuovo periodo di guerre, ma pure un momento in cui si ha la speranza che essi riescano a mantenere il possesso della penisola, stornando gli attacchi dell'esercito bizantino e la sua politica meramente coloniale.

2 - *Il teatro dello scontro*

Il teatro dello scontro è la penisola italiana, che a mo' di ago della bilancia si protende nel mare Mediterraneo. Il periodo è il VI sec. e le genti che si affrontano sono Goti e Bizantini, sotto le cui bandiere militano un po' tutte le etnìe presenti all'epoca entro i confini del disgregato Impero Romano d'Occidente e quello d'Oriente. Gli scritti a noi pervenuti dal passato sono stati continuamente ricopiati e tradotti. Qualcosa si può essere perso, altro può essere stato falsato, ma la sostanza parrebbe rimanere. La forma dubitativa usata è d'obbligo, dal momento che tante volte non siamo certi nemmeno di come si siano svolti fatti a noi contemporanei.

Diamo un'occhiata al panorama culturale. Per quanto riguarda l'ipotizzabile unità culturale e religiosa europea, la quale affonderebbe le proprie radici nel cosiddetto megalitismo, il concetto espresso nella vecchia e mai dismessa frase "*ex Oriente lux*" è da riconsiderare e soprattutto da evitarne la pedissequa e acritica applicazione. Si continua a pensare, confortati e supportati da suggestioni che derivano dall'imposizione di testi di origine mediorientale come quelli propri delle religioni ebrea, cristiana e mussulmana, che la cultura e la civiltà pervengano in Europa da Oriente. A ciò si unisce una certa letteratura settecentesca e ottocentesca, la quale vagheggia derivazioni culturali prive di supporto scientifico. Ad oggi si continua a ignorare, soprattutto per motivi politici e quindi economici, l'importanza dei popoli europei a partire almeno dal IV-III millennio avanti l'anno zero. E qui è necessario aprire una parentesi, seppur breve, sui popoli che ancor'oggi vanno sotto il nome ascientifico di "indoeuropei".

In questo XXI secolo occorre imparare a identificare le cose con il proprio nome. I popoli indoeuropei non sono mai esistiti. In antichità non vi è stato alcun popolo proveniente dall'India che sia approdato in Europa apportandovi cultura e conoscenze. I popoli europei si sono spinti in ogni dove, anche verso est e raggiungendo l'India, portandovi la propria solida cultura e le proprie solidissime tradizioni. Quindi che non si parli di popoli indoeuropei, ma di Europei. E gli Europei erano guerrieri. I popoli europei portano con loro cavalli, carri da guerra, l'ascia da combattimento, tra cui la bipenne, carri da trasporto. Mostrano i simboli cosmici e solari, come lo svastica (sia sinistroso, sia destroso) e la ruota; tali simboli li ritroviamo poi, in tempi a noi prossimi, in tutto l'oriente, dall'India al Giappone. Hanno un profondo rispetto per la donna, sono organizzati, determinati. Lasciano senza dubbio poco di scritto in rapporto a quello che in realtà compiono. Pensiamo anche solo agli Etruschi, popolo Europeo, a ciò che hanno impresso nella cultura italiana e continentale. Ricordiamo anche il solo fascio di verghe con la scure bipenne al centro, verosimilmente simbolo di unità presso gli Etruschi, ripreso poi dai Romani e denominato "fascio littorio".

Scriveranno, poi, i conquistati e coloro i quali, dopo generazioni, cercheranno di ricostruire ricordi e tradizioni: si avranno solo deboli echi. Chi fa si preoccupa solo di essere, non di apparire, e il ricordo foss'anche solo ancestrale rimane nel sangue. E sarà sempre questo sangue a svegliare le membra, anche le più intorpidite, a dispetto di dogmi, leggi, imposizioni, ottundimenti d'ogni tipo. Sarà il sangue a prevalere su regole e tradizioni non europee tramandate pedissequamente e acriticamente. «Il potente spirito d'iniziativa, il carattere eroico e pronto all'azione, la prodigiosa perseveranza nell'adempimento di un compito, la generosità, lo sviluppo di forti personalità, l'eccezionale capacità inventiva, la ponderazione e non ultima la freddezza misurata; tutte queste eminenti caratteristiche, formate attraverso un processo selettivo, non sono da interpretarsi se non come il risultato razziale delle dure condizioni dell'età glaciale» (Reche Otto, *Entstehung der nordischen Rasse*, in Romualdi 1978, pp. 153-154). Le tinte sono un po' forti, ma i concetti di base sono chiari.

La nostra fatale attrazione per l'idea di una passata cultura mediterraneocentrica spesso ci trae in inganno. Di contro, si può realisticamente pensare che il bacino del Mediterraneo e le terre che gli fanno da corona abbiano accolto l'apporto vivificante delle popolazioni giunte dalle terre del nord. Si sono così sviluppate le culture che hanno indiscutibilmente segnato la vita e lo sviluppo del mondo Occidentale.

3 - *I Goti*

A seguito della conquista romana di tutte le terre che si affacciano sul bacino del Mediterraneo, si sarebbe propensi a immaginare che la pax romana possa durare, se non in eterno, almeno per lungo tempo. Ma così non è. In Europa le migrazioni non cessano in alcun periodo storico e le pressioni e le infiltrazioni lungo i confini dell'impero sono costanti, soprattutto da nord verso sud. In particolare il popolo dei Goti si sposta dalle terre meridionali della penisola scandinava e in particolare dall'isola di Gothland (attuale Svezia) la quale parrebbe essere la loro isola madre. Se vogliamo osservare le fonti, così ci dice Jordanes nell'opera *De Getarum sive Gothorum origine et rebus gestis*, a proposito della Scansia, ovvero la Scandinavia: «Da questa Scansia, quasi officina di genti, culla di popoli, si ritiene che un tempo uscissero anche i Goti, sotto la guida del loro re Berig. Alla terra che toccarono non appena sbarcati, diedero il loro nome: e tutt'ora si chiama, questa almeno la voce corrente, Gothiscansia. Da lì, movendo immediatamente contro gli Ulmerugi stazionati allora lungo le rive dell'oceano, li attaccarono cacciandoli da quelle regioni. Fu quindi la volta dei confinanti, i Vandali: anche questi vinti e sottomessi» (Jordanes 1991, p. 13, *IV*).

Approdati nelle coste sudest del Mar Baltico attorno al III-II sec. a., in poco meno di un millennio i Goti percorrono tutto il continente e lasciano un segno indelebile nella storia, seppure non realizzino un regno solido e duraturo. Nel II sec. a. sono già stanziati alle foci della Vistola, nell'area del Golfo di Danzica, che risalgono, spostandosi sempre verso sudest, per giungere nell'area del Mar Nero e alle foci del Danubio nel III sec. Nel frattempo sono passati più di cinque secoli. Tra il III e il IV sec. vi sono continui incontri-scontri con l'Impero Romano e nel 250 l'imperatore Decio è vinto e ucciso presso Nicopoli. Penetrano in Asia Minore, in Tracia e in Macedonia, si impadroniscono della Dacia, effettuano scorrerie nell'area danubiana, saccheggiano le coste, bruciano il tempio di Efeso, mettono a sacco Atene, Creta e Rodi. Nel 269 sono sconfitti dall'imperatore Claudio II il Gotico a Naisso. Nel IV sec. il vescovo Ulfia li converte al cristianesimo di confessione ariana (professata dal vescovo libico Ario, bollato come eresiarca in quanto negava la divinità del Verbo).

Dal 270 compaiono sulla scena due stirpi di Goti: «I primi segni di differenziazione vengono offerti dalle regioni in cui i goti hanno preso dimora. Insediatisi a oriente del Dnestr, nella steppa russa meridionale, essi furono chiamati *grutungi austro goti*, perché ivi le pianure erano sabbiose; i goti stanziatisi a occidente del Dnestr (Carpazi e zona antistante) ricevettero il nome di *tervingi*, cioè abitatori delle selve» (Schreiber 1985, p. 75). Oramai le stirpi sono ben distinte e le genti gote occupano il territorio dal Tibisco al Don: «Queste denominazioni restano in vigore fino a poco dopo il 400; in seguito la coppia antitetica *tervingi-greotungi* sopravvisse solo nelle saghe eroiche, mentre quella vesii-ostrogoti rimase invariata finché Cassiodoro, all'inizio del VI secolo, la "migliorò" con *vesigoti-ostrogoti*, nel senso di "goti occidentali" e "goti orientali"» (Wolfram 2005, p. 93). La pressione delle armate di Attila le costringerà a seguire percorsi, ma non destini, differenti.

Nel 350 circa gli Unni invadono l'India e l'Iran e vent'anni dopo sono alle porte dell'Europa, costringendo gli Ostrogoti ad assoggettarsi ed i Visigoti a migrare cercando altri territori ove stanziarsi. Si incontreranno nel 451 nell'odierna Champagne, in Francia, nella Battaglia dei Campi Catalauni, su opposti schieramenti. Nel frattempo i Visigoti infliggono una pesante sconfitta all'imperatore romano Valente, nella battaglia di Adrianopoli avvenuta il 9 agosto 378 e negoziano successivamente lo stanziamento in Pannonia con l'Imperatore Teodosio. Poi è la volta di re Alarico, il quale cala nei Balcani, saccheggia Atene e nel 401 s'insedia nel Veneto, ma viene sconfitto dal generale Stilicone prima a Pollenzo e poi a Verona. Alarico è costretto a ritirarsi in Dalmazia e nel Norico. Tra il 405 e il 406 gli Ostrogoti calano in Italia assieme a tribù germane, ma sono annientati attorno a Firenze, sempre dal generale Stilicone, che due anni più tardi è fatto uccidere dall'imperatore Onorio. Re Alarico non attende oltre, torna in Italia e assedia Roma, che dopo cinque mesi è messa al sacco. Il suo intento è verosimilmente quello di conquistare la Sicilia ed fermarvisi, dando così una terra ben definita al proprio popolo, ma la morte lo coglie in Calabria.

I Visigoti, guidati dal nuovo re Ataulfo, s'insediano in Gallia e successivamente si espandono in Spagna ai danni delle tribù di Alani, Suebi e Vandali. Nel 453 Attila muore, il suo dominio si dissolve e vediamo gli Ostrogoti stanziati lungo il corso medio del Danubio muoversi. Alla fine del V sec. re Teodorico è a Verona con il popolo Ostrogoto e nel 493 costringe Odoacre, re degli Eruli assediato a Ravenna, alla resa. Il regno di Teodorico in Italia è cosa più che nota, ma occorre ricordare che egli è re in quanto della stirpe degli Amali, la sola famiglia che può vantare il diritto di regnare. Nel 535 Teodato fa uccidere la moglie Amalasunta, figlia di Teodorico, dando il pretesto all'imperatore d'oriente Giustiniano per intervenire militarmente in Italia. La guerra greco-gota imperversa a fasi alterne lungo tutta la penisola e le isole fino al 553. L'esercito bizantino, composto da contingenti di varia provenienza, tra cui figurano anche arcieri Unni, è comandato prima dal generale Belisario e poi dal collega Narsete. La penultima battaglia è combattuta nel 552 a *Busta Gallorum*, presso Gualdo Tadino (Perugia), dove muore Tòtila re degli Ostrogoti.

L'anno successivo su di un'altura presso *Stabiae*, il *Mons Lactarius* (Monti Lattari – Salerno), cade in battaglia l'ultimo re ostrogoto, Teia: «A questo punto mi è doveroso celebrare quella battaglia come una delle più degne di nota e soprattutto ricordare l'eroismo, non certo inferiore a quello di nessuno degli eroi leggendari, di cui diede prova un uomo, Teia, nella presente occasione» (Procopio 1977, p. 764, *VIII, IV, 35*). La sua morte non pone termine allo scontro e i suoi uomini continuano a battersi fino a notte, per riprenderla, scudo contro scudo, per tutto il giorno successivo fino nuovamente al calare delle tenebre. Poi i Goti mandano un'ambasciata a trattare la resa, ma con l'onore delle armi. Così ha fine la battaglia e la storia scritta dallo storico Procopio di Cesarea. Gli Ostrogoti saranno, di fatto, gli ultimi difensori di una unità nazionale contro i Bizantini. Passati nei territori dell'attuale Francia e di lì in quelli spagnoli, nella prima metà del VII sec. i re Goti Sisebuto e Suintilia completano l'espulsione dei Bizantini dalla penisola iberica e ne realizzano l'unificazione. La fine del secolo vedrà lo sgretolamento del regno ad opera dei Mussulmani: «"I cronisti arabi sono concordi nell'accennare all'aiuto dato dagli ebrei ai maomettani durante le guerre di conquista e prima di esse" scrive Lévy-Provençal nella sua grande *Histoire de l'Espagne musulmane*» (Schreiber 1981, p. 269).

3.1 - *Paolo Diacono e le genti di stirpe germana*

L'unico testo esaustivo a noi pervenuto scritto da un longobardo sui Longobardi è l'*Historia Longobardorum*. L'autore è Paolo Diacono, vissuto nell'VIII sec. e nativo di Cividale (Friuli). Queste genti imprimono alla storia d'Italia un impulso che durerà nei secoli e che, in un certo modo, ricalcando quello che fecero i Goti pochi decenni prima. Vediamo come il potere della chiesa, sempre più politico e temporale e decisamente poco o affatto spirituale, giochi il ruolo purtroppo determinante che caratterizzerà le sorti della penisola fino ai nostri giorni. La politica cristiana del mettere uno contro l'altro richiamerà in questo frangente i Franchi, di origine tedesca, contro i Longobardi, anch'essi germani, per poter poi mantenere un controllo diretto e occulto che dall'Italia dilagherà in Europa e nel resto del mondo.

Parlando delle genti di stirpe germana così si esprime Diacono: «il numero dei popoli originari dalle terre che sono sotto il polo dell'Orsa è talmente grande da pienamente giustificare per tutta la zona che va dal Don all'Occidente la denominazione comprensiva di Germania: quantunque poi ogni singola regione vi risulti con il proprio nome, e i Romani, al momento dell'occupazione di due provincie al di là del Reno, le abbiano contraddistinte come Germania superiore e Germania inferiore. Schiere infinite di prigionieri, tratte da questa popolosa Germania, andarono spesso vendute e disperse in schiavitù tra i popoli meridionali. Ma con altrettanta frequenza, da una terra in cui vive un così gran numero di uomini che a malapena si possono nutrire, molti popoli uscirono a devastare non solo i paesi dell'Asia, ma anche e soprattutto la confinante Europa. Lo testimoniano, dovunque, le città distrutte per tutto l'Illirico e le Gallie e quelle poi della misera Italia che ha provato il furore di pressoché tutti questi popoli» (Diacono 2002, p. 5, *I, 1*). Non si dimentichi che Diacono è uomo di chiesa e la sua conversione eclisserà la discendenza, ovvero cesserà di essere un longobardo.

A proposito di Goti e della loro terra d'origine così spiega: «Uscirono dalla Germania Goti, Vandali, Rugi, Eruli, Turcilingi, altre feroci e barbare stirpi. E anche la gente dei Vinnili, cioè i Longobardi che poi dominarono con fortuna sull'Italia, germanica pur essa di origine, proviene dalla Scandinavia: benché poi sull'esodo da questa contrada si avanzino ipotesi diverse» (Diacono 2002, p. 5, *I, 1*). Occorre ricordare che sotto il nome di Goti vanno anche altre genti, che nel corso del tempo si sono unite; così ce ne informa Procopio: «Nell'esercito dei Goti c'era un certo Erarico, originario del popolo dei Rugi, che godeva grande rinomanza tra questi barbari. I Rugi sono essi pure di stirpe gotica, ma in antico vivevano indipendenti, finché per primo Teodorico li aveva indotti ad allearsi con lui, unitamente ad altre popolazioni, e così essi si erano assimilati ai Goti e con loro avevano partecipato a tutte le operazioni di guerra contro i nemici. Ma siccome non si erano mai congiunti in matrimonio con donne straniere, anche le successive generazioni di figli non erano di sangue misto, e per tale motivo essi avevano conservato la loro caratteristica di nazione» (Procopio 1977, p. 540, *VII, III, 2*).

4 - *Procopio di Cesarea*

Procopio nasce a Cesarea di Palestina tra la fine del V e gli inizi del VI sec. Nel 527 ottiene la carica di consigliere del generale bizantino Belisario e tra alterne vicende lo segue spesso nelle sue campagne militari. Compone un'opera in sette libri che parla delle guerre condotte da Bisanzio tra il 527 e il 553. Il piano definitivo dell'opera è il seguente (tratto da Marcello Craveri in: Procopio 1977, p. XLV):
Libro I. Rapporti con la Persia prima dell'anno 572. Guerra persiana contro Cabade (527-532).
Libro II. Guerra persiana contro Cosroe (532-549).
Libro III. Rapporti con i Vandali prima dell'anno 533. Inizio della spedizione in Africa (533).
Libro IV. Guerra vandalica contro Gelimero (533-546).
Libro V. Rapporti dei Goti prima dell'anno 535. Prima fase della guerra gotica (535-537).
Libro VI. Guerra gotica contro Vitige (538-539).
Libro VII. Guerra gotica contro Totila (540-549).
Libro VIII. Invasione persiana in Lazica (550-552). Guerra gotica contro Totila e Teia (550-553).

Per quanto riguarda il presente contributo sulla menzione di opere idrauliche, nonché più in generale sulla menzione di cavità artificiali, nel testo di Procopio sulla Guerra Greco-Gota, si sono utilizzate tre distinte pubblicazioni:

1. Procopio di Cesarea, *Le guerre. Persiana, vandalica, Gotica*, Craveri Marcello (a cura di), Giulio Einaudi editore, Torino 1977. Il Curatore ha seguito, per il testo, l'edizione critica di: Haury Jacopo, *Procopius – Opera Omnia*, voll. 3 (testo critico), Leipzig 1905, 1906 e 1913 (ristampato 1963).

2. Procopio di Cesarea, *La guerra gotica*, Pontani Filippo Maria (a cura di), Club del Libro Fratelli Melita, Milano 1981. Il Curatore ha espresso la seguente avvertenza, a p. 16: «La presente versione è stata condotta sul testo critico di Haury – Wirth (Lipsia 1963). Il traduttore se n'è discostato in alcuni punti, per ragioni che non è qui possibile dichiarare. Egli si sforzato di conciliare la scrupolosa aderenza al testo greco con le esigenze d'una dizione italiana attuale (gli sarà perdonato qualche deliberato "anacronismo") e, il più possibile, fluida e comunicativa».

3. Procopio di Cesarea, *La guerra gotica*, revisione dell'edizione originale di Comparetti Domenico a cura di Bartolini Elio, Garzanti, Milano 2005. Il volume presenta una introduzione di Giovannella Cresci Marrone e la prefazione di Elio Bartolini. Come recita la bibliografia, si tratta delle revisione del seguente testo: Comparetti Domenico, La guerra gotica di Procopio di Cesarea, voll. 3 (testo, trad. italiana e note), Istituto Storico Italiano, Roma 1895, 1896 e 1899.

4.1 - *I Manoscritti e i Codici*

Come riferisce Craveri: «I Manoscritti che contengono, completa o frammentaria, l'opera storica di Procopio derivano da due diversi archetipi (con qualche variante l'uno dall'altro) che sono andati perduti. Inoltre, una buona antologia delle *Guerre* si trova, con passi di altri autori, in una raccolta dal titolo *Excerpta de legationibus*, fatta compilare nel secolo X dall'imperatore Costantino Porfirogenito [ed. C. de Boor, Berlino 1903]. Quando è possibile, il confronto tra i passi di Procopio contenuti negli *Excerpta* e il corrispondente testo dei Codici appartenenti all'una o all'altra famiglia permette di stabilire la lezione migliore. I Codici che riproducono *Le Guerre* al completo sono i seguenti:
- *Leidensis a Jos. Scal. Leg. 5* (secolo XIV) con annotazioni di Giuseppe Scaligero, che fu professore all'Università di Leida nel 1593.
- *Monacensis 513* (secolo XVI) – che contiene anche il *De Aedificiis*.
- *Parisinus 1699* (secolo XV).
- *Vaticanus 152* (secoli XIV e XV) – che contiene anche le Storie di Agatia e i Moralia di Plutarco» (tratto da Marcello Craveri in: Procopio 1977, p. XLVII).

Edizioni critiche e traduzioni degli scritti di Procopio ve ne sono stati diversi nel corso di questi ultimi secoli. È utile ricordare che scrisse il *De Aedificiis*, in sei libri, sulle costruzioni erette per volere dell'imperatore Giustiniano. Si parla di opere pubbliche quali la fondazione di nuove città, porti, palazzi, chiese e fortificazioni, con il fine di tramandarne ai posteri la memoria. *Anecdota*, ovvero *Scritti Inediti*, oggi nota anche come *Carte segrete*, è l'opera che taluni faticano ad attribuire a Procopio, ma che ben dipinge, seppure con possibili o probabili esagerazioni e livore, un'epoca dominata da figure di imperatori e imperatrici che di divino non hanno alcunché: «Così andavano le cose con un sovrano del genere. Oltre alle imposte pubbliche, ogni anno incassava dal prefetto del pretorio più di trenta centenari: li aveva chiamati "celesti", per indicare, credo, la loro natura di entrata non regolare e fissa, ma che gli pioveva sempre dal cielo, per un colpo di fortuna: in realtà, avrebbe dovuto chiamarla l'attivo per la sua malvagità» (Procopio 2008, p. 111, *XXI*). Sulla scena politica e sociale si alternano varie figure, tra cui

Fig. 1. *Scuri litiche rinvenute sull'isola di Gotland (Svezia) ed esposte a Visby presso il Museo Storico di Gotland.*

quella di Belisario e di sua moglie, dimostrando l'anima peggiore di un'epoca violenta, corrotta e all'insegna dell'intrigo politico per l'acquisizione di potere e oro ad ogni costo. Sostanzialmente sembra di ripercorrere la nostra storia recentissima, dall'ultimo dopoguerra ad oggi. Pare, in effetti, che l'essere umano non cambi nel tempo e sia destinato a ripercorrere le medesime nefandezze e gli stessi errori. Fortunatamente qualcuno, ogni tanto, ce lo ricorda e ci permette almeno di fare un esame di coscienza per cercare una via migliore e senza dubbio luminosa.

5 - *Anno 536: l'assedio di Napoli da parte di Bizantini*

L'esercito bizantino, guidato dal generale Belisario, lascia la Sicilia, approda nel Bruzio, odierna Calabria, marcia attraverso la Lucania ed entra in Campania: «raggiunsero la città sul mare, di nome Napoli, molto sicura per natura del luogo e dotata di un forte presidio di Goti. Belisario diede ordine che le navi andassero a gettare l'ancora nel porto, fuori dalla gittata delle frecce, mentre egli stesso si accampava con la fanteria nei pressi della città» (Procopio 1977, p. 365, *V, I, 8*). Dopo vari tentennamenti i cittadini decidono di non arrendersi e comunque i Goti non intendono lasciare il presidio; così comincia l'assedio. I Goti sono comandati da Teodato, che sarà destituito da Vitige dopo la caduta di Napoli.

Belisario fa le sue mosse: «Diverse volte tentò di prendere le mura d'assalto, ma fu sempre respinto, con la perdita di molti uomini, specialmente di quelli che avevano dato prova di valore. Le mura di Napoli, infatti, da una parte per la presenza del mare, dall'altra per certe accidentalità del terreno, erano praticamente inattaccabili, e oltre a ciò, chi tentava di scalarle, non trova alcun punto di presa, perché erano estremamente ripide. Allora Belisario fece tagliare l'acquedotto che portava l'acqua nella città. Ma neanche questo espediente recò gravi disagi ai Napoletani, in quanto all'interno delle mura c'erano molti pozzi e attingendo da quelli il fabbisogno di acqua, i cittadini non risentirono molto danno per l'interruzione dell'acquedotto» (Procopio 1977, p. 368, *V, I, 8*).

Rimane chiaro che l'acquedotto fosse quello realizzato in epoca romana, anche stando ai passi successivi. Si può invece ipotizzare che l'acquedotto più antico, scavato nel sottosuolo dai Greci, funzionasse ancora e servisse egregiamente la città e i suoi serbatoi ipogei. Belisario sta già pensando di togliere l'infruttuoso assedio quando accade un fatto insperato e fortunato: «Uno degli Isauri fu preso dalla curiosità di vedere com'era costruito l'acquedotto e in che modo esso aveva fornito alla città il fabbisogno di acqua. Partì quindi dal punto, abbastanza distante dalla città, in cui Belisario lo aveva fatto tagliare, e poté camminare su di esso senza difficoltà perché ormai, essendo stato interrotto, si era prosciugato. Giunto vicino alle mura della città, s'imbatté in un masso di pietra, non ricavato da mano d'uomo, ma posto lì dalla natura del luogo. A tale masso, coloro che anni prima avevano edificato l'acquedotto, avevano fatto terminare la costruzione, scavando poi, da quel punto, un cunicolo, che non era sufficiente mente ampio per lasciar passare una persona, ma abbastanza per permettere all'acqua di scorrere. Per questo motivo accadeva che la larghezza dell'acquedotto non fosse uguale per tutta la sua estensione, ma a partire da quel masso di pietra continuava con una stretta conduttura, impraticabile per un uomo, specialmente se indossasse la corazza o portasse lo scudo. Ma l'Isauro, osservando attentamente, ebbe l'idea che non sarebbe stato impossibile per l'esercito entrare di lì in città, se fossero riusciti ad allargare un poco il cunicolo in quel punto» (Procopio 1977, p. 370, *V, I, 9*).

Belisario dà ordine di procedere e Paucari, una delle sue guardie del corpo isaure, sceglie alcuni commilitoni e si accinge all'opera: «Giunti nel punto in cui il masso obbligava la conduttura a restringersi, cominciarono il lavoro, non tagliando la roccia con mazze e picconi, perché i colpi non rivelassero ai nemici ciò che stavano facendo, ma incavandola pazientemente con aguzzi strumenti di ferro. In breve tempo il lavoro fu terminato, in modo che per quell'imboccatura fosse possibile passare anche ad un uomo vestito di corazza o fornito di scudo» (Procopio 1977, p. 370, *V, I, 9*). La roccia in questione non era senz'altro tufo litoide, assai duro da rompere, ma tufo granulare o materiale piroclastico facilmente scavabile con strumenti a punta.

Si fanno preparare circa quattrocento uomini, armati e dotati di lanterne, per entrare in città attraverso il cunicolo d'acquedotto. Si fanno entrare anche alcuni fanti che sappiano suonare le trombe, per dare il convenuto segnale una volta sbucati all'interno della città. Ma non tutti i cuori sono saldi e una metà torna indietro. Belisario li redarguisce aspramente e invia altri duecento armati all'interno del condotto, poi seguiti anche da quanti si erano ritirati, che nel frattempo avevano ripreso animo, o temevano le giuste conseguenze per la defezione.

Il colpo di mano va a buon fine, ma lo lasciamo narrare alle parole di un altro traduttore: «L'acquedotto di Napoli è coperto, non solo fino alle mura: attraversa gran parte della città sotto alte volte di mattoni cotti, per cui i soldati di Magno ed Enne, una volta dentro la cinta, non erano in grado di figurarsi dove si trovassero, e tanto meno potevano uscire fuori. Finché i primi arrivarono in un punto dove l'acquedotto era allo0 scoperto. C'era lì presso una casa in abbandono: dentro ci abitava una donna; era sola e viveva in miseria. Al di sopra della conduttura era nata una pianta d'olivo. Quando quelli videro il cielo e s'accorsero di stare nel cuore della città, pensarono di uscire, ma, armati com'erano, non avevano modo di venire su dal condotto, perché lì la costruzione era alta e non offriva appigli per salire. I soldati erano in gravi ambasce e s'ammassavano in quella strettoia, perché via via arrivavano altri da dietro e l'afflusso cresceva, quando a uno venne l'idea di tentare la scalata. Depose le armi e si sforzò d'arrampicarsi con le mani e coi piedi, finché arrivò alla casa della donna: come la vide lì, minacciò d'ucciderla se non teneva la bocca chiusa. Quella s'impaurì e restò senza fiatare. L'uomo attaccò alla cinghia dell'ulivo una cinghia robusta, gettandone l'altro capo dentro il condotto. Ognuno dei soldati, aggrappati a quella, riuscì faticosamente a salire. Quando furono saliti tutti (della notte restava ormai solo un quarto), si dirigono al muro e uccidono le sentinelle di due torri, che non s'erano accorte di nulla, nella parte Nord della cinta, dove Belisario, con Bessa e Fozio, stava ad aspettare gli eventi. Quelli, con le trombe, chiamavano le truppe alle mura; Belisario fece appoggiare alla cinta le scale e ordinò la scalata» (Procopio 1981, pp. 60-61, *V, I, 10*). Così Napoli è presa dalle truppe di Bisanzio e i cittadini di Roma penseranno bene di aprire loro le porte, quando li vedranno appresso alle loro mura.

Questo passo (tradotto da Pontani e analogo per Comparetti) lascia capire che l'acquedotto, ad un certo punto, prende luce verosimilmente da un pozzo. Quindi il fante vi si arrampica e poi getta ai sottostanti commilitoni una correggia per aiutarli a salire. Nella traduzione di Craveri è invece inteso che i soldati vengano a trovarsi al di sopra del suolo, ovvero nello speco d'acquedotto su arcate. Quindi per procedere alla volta delle mura devono calarsi.

6 - *Anno 537: l'assedio di Roma da parte dei Goti*

I Goti guidati dal loro re Vitige si dislocano in sei capisaldi attorno alle mura di Roma, non essendo in grado di cingerla completamente d'assedio, provvedendo innanzitutto a tagliare gli acquedotti: «Una volta sistemati in questo schieramento, i Goti decisero d'interrompere completamente il rifornimento d'acqua alla città, tagliando tutti gli acquedotti, che a Roma sono in numero di quattordici e sono stati costruiti fin dai tempi più antichi in tali dimensioni di larghezza e di altezza che in essi può benissimo passare un uomo a cavallo» (Procopio 1977, p. 402, *V, I, 19*). Nell'edizione del 2005, il traduttore Comparetti così scrive in nota relativamente a questo passo: «Secondo il testo che va sotto il nome di Publio Vettore, gli acquedotti invece erano undici: Acqua Appia, Aniene vecchio, Marcia, Tepula, Giulia, Vergine, Alseatina, Claudia, Aniene nuovo, Traiana e Alessandrina» (Procopio 2005, p. 674, *V, I, 19*). Belisario, di contro, fa in modo che i condotti non siano percorribili: «Bloccò poi ciascuno degli acquedotti con opere murarie, nel modo più sicuro possibile, per evitare che v'entrasse qualcuno da fuori a far danni» (Procopio 1981, p. 87, *V, I, 19*).

Procopio fa accenno ai mulini romani alimentati da un acquedotto e situati sul Gianicolo: «di fronte al Tevere, si trovava un monte abbastanza alto, sui cui fianchi sorgevano anticamente tutti i mulini della città, perché di là una grande quantità di acqua, ammassata in un acquedotto sulla sommità del monte, scorreva poi lungo il pendio con grande forza» (Procopio 1977, p. 402, *V, I, 19*).

Gli assediati sembra non patiscano la sete, seppure siano costretti a limitare l'uso dell'acqua: «Dovettero invece rinunciare del tutto ai bagni pubblici per la scarsità dell'acqua. Tuttavia avevano a sufficienza acqua potabile, perché anche coloro che abitavano molto distante dal fiume potevano attingere da pozzi. Quanto alle fognature che portavano via dalla città i rifiuti di scarico, Belisario non dovette prendere alcuna particolare misura di sicurezza, perché tutte si versavano nel fiume Tevere e perciò era impossibile che i nemici pensassero di tentare qualcosa ai danni della città da quella parte» (Procopio 1977, p. 404, *V, I, 19*).

Per quanto riguarda i pozzi, questi dovevano essere numerosi all'interno dell'Urbe e un accenno lo si può trovare nel testo di Frontino sugli acquedotti: «Per quattrocentoquarantuno anni dalla fondazione della loro città, i Romani si contentarono dell'acqua che attingevano dal Tevere, dai pozzi o dalle fonti. Il ricordo di queste ultime è ancora vivo e si conserva con venerazione: si crede che guariscano gli infermi, come le fonti delle Camene, di Apollo e di Giuturna» (Frontino 1997, p. 25, *4*).

Un episodio curioso avviene nel corso di uno dei tanti scontri: «Peranio guidò un reparto di Romani fuori dalla Porta Salaria contro i nemici, e questi fuggirono di corsa. Ma al calar del sole fecero un contrattacco di sorpresa e uno dei fanti romani, travolto dalla confusione, precipitò in una buca profonda, di quelle, credo, che gli antichi usavano scavare in gran numero nella zona per deporvi il grano» (Procopio 1977, p. 440, *VI, II, 1*). Il giorno seguente vi cade anche un goto e i due uomini si scambiano la promessa di aiutarsi l'uno con l'altro ad uscire dall'impiccio. Così avviene e ognuno può rientrare indenne nelle proprie fila. Dev'essersi trattato di una fossa frumentaria (o granaio a pozzo).

L'assedio giunge al solstizio d'estate e per gli assediati si profilano carestia e peste. I Goti, dal canto loro, non desiderano più accettare scontri campali e pensano che una stretta sorveglianza per evitare l'ingresso di viveri in città sia la cosa migliore. Pensano quindi a realizzare almeno un forte in aggiunta ai loro accampamenti trincerati: «Tra la via Latina e la Via Appia vi sono due acquedotti, molto elevati, sorretti da una lunga serie di arcate. I due acquedotti vengono ad incrociarsi in una località distante cinquanta stadi da Roma, e per un breve tratto si scambiano di posizione, perché quello di prima scorreva alla destra, da quel punto continua a procedere sulla sinistra; Però poi subito dopo s'incontrano di nuovo, per riprendere il corso precedente, rimanendo da allora sempre separati. Orbene, lo spazio che viene a trovarsi racchiuso tra questi due acquedotti si presenta ben riparato, e i barbari, riempita la parte inferiore delle arcate con pietre e fango, gli diedero la forma di un fortilizio, e vi si accamparono in non meno di settemila, facendo la guardia perché nessun vettovagliamento venisse introdotto in città per i nemici» (Procopio 1977, p. 445, *VI, II, 3*). Comparetti così commenta in nota: «Non vi ha altro crocicchio di acquedotti corrispondente a quello descritto da Procopio se non presso la così detta "Torre del Fiscale". Questo però trovasi lungo o presso la via Latina, non fra questa e l'Appia, come inesattamente dice Procopio, ed anche la sua distanza da Roma non è di cinquanta stadi ma appena di trenta. Certamente in memoria di questo fatto dei Goti in quel luogo rimase a questo il nome di *Campus Barbaricus* che portava ancora 'a tempi di Sergio I e di Gregorio II, men di due secoli dopo questi fatti [Comparetti, *La guerra gotica*, vol. III, p. 286, n. 1]» (Procopio 2005, p. 676).

L'assedio prosegue nel disagio e nell'inazione, tanto che i Goti pensano di tentare un colpo di mano, ovvero entrare in città attraverso il percorso sotterraneo dell'acquedotto Vergine: «I Goti, non molto tempo dopo, pensarono a colpire la cinta muraria di Roma. Prima fecero scendere, di notte, alcuni uomini in una delle condutture da cui, al principio della guerra, avevano tolto l'acqua. Quelli, con lumi e fiaccole, tentavano l'accesso in città per quella via. Senonché, non lontano da Porta Pinciana, nella volta della conduttura c'era un buco. Di lì una delle sentinelle vide il fuoco e lo segnalò ai compagni di guardia. Questi gli risposero che aveva visto passare un lupo: la costruzione del condotto in quel luogo non sporgeva da terra, e ritennero che gli occhi del lupo potessero essere scambiati per fuoco» (Procopio 1981, p. 139, *VI, II, 9*).

«Intanto i barbari che ispezionavano l'acquedotto giunsero fino all'interno della città e sbucarono in uno stretto passaggio che esisteva fin dai tempi antichi, il quale conduceva al Palazzo; ma si trovarono di fronte ad uno sbarramento che non permetteva più a loro di andare avanti, né eras possibile scavalcare. Quello sbarramento era stato costruito, per precauzione, da Belisario fin dall'inizio dell'assedio, come ho già riferito a suo luogo. Allora essi decisero di togliere di lì una pietra e di tornare subito indietro a mostrarla a Vitige, riferendogli tutto l'accaduto. Mentre Vitige insieme ai capi goti stava esaminando ciò che era possibile fare in quella contingenza, i Romani di guardia presso la Porta Pinciana tornarono a discutere fra loro, anche il giorno seguente, la probabilità di aver visto un lupo. Ma quando questa storia cominciò a divulgarsi e giunse alle orecchie di Belisario, il generale non l'accolse con leggerezza, ma spedì subito alcuni degli uomini più valenti che aveva nell'esercito, insieme alla sua guardia del corpo Diogene, perché scendessero nell'acquedotto ed esaminassero con cura ogni cosa. Costoro trovarono sparse lungo l'acquedotto le lucerne abbandonate dai nemici e le ceneri cadute dalle loro torce, e notarono il punto in cui i Goti avevano tolto una pietra dallo sbarramento. Essi riferirono ogni cosa a Belisario, ed egli allora fece tenere l'acquedotto sotto più stretta sorveglianza. I Goti, accortisi di queste misure, desistettero dal loro progetto» (Procopio 1977, pp. 464-465, *VI, II, 9*). L'anno seguente i Goti tolgono l'assedio, anche e soprattutto a causa della conquista di Rimini da parte bizantina: «Si era all'incirca all'equinozio di primavera, ed era trascorso un anno più nove giorni dall'inizio dell'assedio, quando i Goti, dato fuoco a tutti i loro accampamenti, all'alba si misero in marcia» (Procopio 1977, p. 467, *VI, II, 10*).

7 - *Anno 538: l'assedio di Urbino da parte dei Romani*

Il nuovo anno di guerra vede il prefetto dell'erario bizantino Narsete, eunuco di origine armena assurto alla carica di generale, giungere in Italia con un nuovo esercito come collaboratore di Belisario, almeno sulla carta. Successivamente prenderà l'intero comando nelle sue mani. Intanto Belisario nota come Narsete disattenda le sue istruzioni e vari ufficiali preferiscano i favori dell'eunuco all'esecuzione dei suoi ordini. Si risolverà a tenere un discorso a questi ultimi sulla rilassatezza della disciplina e sull'andamento della guerra, così sottolineando: «coloro che insuperbiscono credendosi vincitori, più facilmente vanno a male che quelli i quali, inaspettatamente caduti, procedono in seguito contro i nemici con assai titubanza e circospezione. La trascuratezza infatti mandò a male parecchi che prosperavano, mentre la sollecita operosità a molti men fortunati recò giovamento; ché la forza per lo più suol venir meno a chi si abbandona alla negligenza; l'esercizio invece suole aggiunger vigore» (Procopio 2005, p. 231, *VI, II, 18*).

Belisario e Narsete pongono l'assedio a Urbino, ma successivamente l'eunuco leva le tende con il proprio esercito: «I barbari, col loro comandante Mora, quando l'indomani mattina videro che una metà dei nemici se ne erano andati, si diedero a sbeffeggiare dall'alto delle mura i rimasti, con parole di scherno. Belisario allora decise di prendere d'assalto la città con le forze che gli erano state lasciate. E mentre faceva piani a questo scopo, gli capitò uno straordinario colpo di fortuna. C'era in Urbino un'unica fontana, da cui erano costretti ad attingere acqua tutti gli abitanti della città. Ma proprio allora, improvvisamente, la fontana cominciò ad esaurirsi e a disseccarsi. In tre giorni si ebbe una tale penuria di acqua, che i barbari erano costretti a berla insieme col fango che ne tiravano. Di conseguenza decisero di capitolare ai Romani» (Procopio 1977, pp. 492-493, *VI, II, 19*).

8 - *Anno 539: l'assedio di Osimo da parte dei Romani*

Osimo è assediata e Vitige non ha potuto portarvi soccorso, a causa di vari attacchi, non ultimo quello dei Franchi. Belisario intanto stringe la morsa: «visto che i barbari continuavano nonostante tutto nella loro resistenza alle tribolazioni, escogitò un piano per interrompere il loro rifornimento d'acqua, pensando che in tal modo gli sarebbe stato più facile e spedito ottenere la resa. C'era ad Ausimo una sorgente, posta in una zona accidentata a nord della città, distante appena un tiro di pietra dalle mura, la quale scaricava le sue scarse acque in una piccola cisterna, collocata lì fin dai tempi antichi. Quando la cisterna era finalmente riempita da quel lento defluire, non esisteva più alcuna difficoltà per gli abitanti di Ausimo ad attingervi acqua. A Belisario venne in mente che, se l'acqua non fosse stata raccolta in quel modo, i barbari non sarebbero stati più in grado di rifornirsene, perché avrebbero dovuto attendere troppo tempo che si riempissero le anfore, sempre esposti ai tiri dei nemici» (Procopio 1977, p. 515, *VI, II, 27*).

I Bizantini attaccano le mura nel punto dove si trova la cisterna allo scopo di consentire a cinque soldati isauri di penetrarvi armati di picconi e altri strumenti per sfondare i fianchi dell'opera. I Goti attendono sugli spalti, ma quando si accorgono della manovra reagiscono con decisione: «Tutti gli altri Romani si ritirarono di corsa, ma i cinque Isauri continuarono ugualmente da soli il lavoro, perché si trovavano al riparo, in quanto già dai tempi antichi era stata costruita sopra la cisterna una specie di tettoia per proteggere l'acqua. Così, una volta entrati sotto quella tettoia, non ebbero affatto a preoccuparsi dei nemici, sebbene questi continuassero a scagliare dardi senza posa» (Procopio 1977, p. 515, *VI, II, 27*). I Goti rompono l'indugio e tramite una pusterla escono in campo aperto correndo verso gli Isauri, ma i soldati di Belisario tornano precipitosamente indietro ad affrontarli. Lo scontro si protrae per tutta la mattina.

«I Romani erano convinti che la cisterna fosse stata distrutta e che gli Isauri avessero completamente portato a termine il loro lavoro; in realtà essi non erano riusciti nemmeno a smuovere un tale blocco di pietra. Gli antichi artigiani, infatti, dando prova di grande perizia nella loro arte, avevano costruito la cisterna di tale solidità, da non poter essere distrutta né dal tempo né dagli uomini. Perciò gli Isauri, senza essere stati in grado di far nulla, quando videro che i Romani avevano sgombrato il campo dai nemici, lasciarono la cisterna e ritornarono all'accampamento. Belisario allora diede ordine di gettare nell'acqua carogne di animali morti e quelle erbe che per natura hanno potere di essere velenose per gli uomini; inoltre, di cercare di quel materiale fortemente caustico, che in antico veniva chiamato *títanos* e oggi si chiama *ásbestos* [calce viva], e metterlo a spegnere nella cisterna. I soldati fecero in quel modo, ma allora i barbari cominciarono a servirsi di un pozzo situato nell'interno delle mura, e siccome esso aveva soltanto una piccolissima riserva d'acqua, da quel momento si misero a usarne il minimo indispensabile per i loro bisogni» (Procopio 1977, pp. 516-517, *VI, II, 27*).

Belisario fa rafforzare l'assedio e conta di prendere la città per fame. Intanto riesce a fare cadere per fame la città di Fiesole, ma si preoccupa per un eventuale arrivo di rinforzi a favore dei Goti, tanto che con gli occupanti di Osimo giunge ad un accordo: «In base ad esso i Romani si sarebbero divisa fra loro metà dei beni, e i Goti si sarebbero tenuta l'altra metà e sarebbero diventati sudditi dell'imperatore» (Procopio 1977, p. 518, *VI, II, 27*). Questi soldati goti furono così incorporati nell'esercito di Belisario. L'anno successivo si arrende l'esercito goto di stanza a Ravenna e Vitige esce di scena. Così commenta Procopio: «Nel vedere allora l'ingresso a Ravenna dell'esercito romano, a me veniva in pensiero che gli avvenimenti non si compiono né per coraggio, né pel numero, né pel senno, né per altro valore degli uomini, ma esservi un qualche nume che volge la loro mente per modo di menarli a tal pensiero che senza ostacolo possa effettuarsi» (Procopio 2004, p. 287, *VI, II, 29*).

9 - *Le cose della vita*

Intanto alcuni ufficiali dell'esercito imperiale bizantino accusano Belisario di tirannide e questi è costretto, ma non solo per questo, a tornare a Bisanzio. Siamo nei primi mesi del 540 e Belisario rincasa portandosi appresso Vitige e la moglie, numerosi ottimati goti e il tesoro che fu di Teodorico. La guida dei Goti passa così a Totila. Belisario tornerà ancora in Italia, ma con minor successo; si riporta un fatto curioso, legato alla sua vita privata e in particolar modo alla sua cantina: «Avea Belisario certo possesso ereditato nel suburbio di Bisanzio che chiamasi Pantichio e trovasi sul continente opposto. Colà, poco prima che Belisario menasse l'esercito romano contro Gelimero in Africa, avvenne che le viti dessero frutto ad esuberanza. I servi empirono del vino ricavatone una grandissima quantità di orci e li deposero nella cantina piantandone a terra l'estremità inferiore e chiudendone la parte superiore diligentemente con luto. Otto mesi appresso il vino in alcuni degli orci ribollendo, ruppe il luto con cui ciascuno era chiuso e, sboccando fuori in gran quantità, tanto inondò il suolo adiacente da formar nel pavimento come un grande stagno. Visto ciò, i servi molto meravigliati ne riempirono molte anfore e, turati con luto nuovamente quegli orci, della cosa nulla dissero. Ma, visto che ciò più volte si ripeteva nello stesso tempo, ne avvertirono il padrone; e questi, raccolti colà molti de' suoi, mostrò loro ciò che avveniva. Essi, traendone augurio, predicevano grandi beni per quella casa» (Procopio 2004, p. 447-448, *VII, III, 35*).

Il fatto che al timone del popolo Goto vi sia Totila si fa presto sentire e le sorti cambiano. Artabaze, uno dei generali di Belisario, arringa i propri uomini, inducendoli alla prudenza nell'affrontare nuovamente un avversario già vinto: «è meglio per noi aspettare quando i barbari cercheranno di attraversare il fiume, e appena sarà passata una metà, venire a battaglia con quella, senza attendere che siano di nuovo tutti raccolti insieme. Né si deve credere che sia in questo modo una vittoria ingloriosa: solo il risultato dei fatti può permettere di definire gloriosa o ingloriosa un'azione, e la gente usa inneggiare sempre chi vince, senza chiedersi come è stata ottenuta la vittoria» (Procopio 1977, p. 544, *VII, III, 4*). In Italia le faccende per gli Italiani proseguono penose e a causa dei Bizantini volgono al peggio: «Quando Totila si fu impossessato di Napoli, mostrò verso gli sconfitti una generosità di modi che nessuno si sarebbe aspettato da un nemico, e per di più barbaro. Trovando i Romani gravemente stremati dai digiuni, tanto che le loro forze fisiche erano ormai ridotte

Fig. 2. *Grandi coltelli in selce rinvenuti sull'isola di Gotland (Svezia) ed esposti a Visby presso il Museo Storico di Gotland.*

Fig. 3. *Riproduzione di una fucina in occasione di una festa medievale a Visby (Gotland).*

al minimo, per timore che, se si fossero immediatamente saziati di cibo, probabilmente sarebbero rimasti soffocati, prese le seguenti misure. Fece porre delle sentinelle nel porto e davanti agli9 ingressi della città, con l'ordine di non lasciare uscire nessuno; poi egli stesso provvide a far distribuire i viveri a tutti, con saggia parsimonia, in quantità molto minore a quanto avrebbero desiderato, continuando ogni giorno ad aggiungervi solo una piccola razione, in modo che non si accorgessero nemmeno del progressivo aumento di cibo. Solo quando le loro forze si fossero ristorate, permise che le porte venissero di nuovo aperte e che ognuno andasse dove voleva» (Procopio 1977, pp. 553-554, *VII, III, 8*).

I Bizantini, dal canto loro, si fanno così "apprezzare": «Mentre Totila stava occupandosi di queste faccende, intanto gli ufficiali dell'esercito romano insieme coi soldati continuavano a saccheggiare le proprietà dei loro sudditi italiani, non astenendosi nemmeno da soprusi e scostumatezze. Gli ufficiali, entro le stesse mura delle città, si davano a baldorie con donne di malaffare, e i soldati si dimostravano sempre più insubordinati verso i loro superiori e si abbandonavano ad ogni genere di licenze. Così agli Italiani toccava sopportare gravissimi disagi per colpa dell'uno e dell'altro esercito. Mentre, infatti, erano privati delle loro terre dai nemici, dall'esercito dell'imperatore venivano depredati dei loro beni personali, e inoltre capitava loro di subire anche violenze fisiche e persino di essere uccisi senza alcun motivo, oltre a dover patire la penuria di viveri. I soldati, incapaci di difendersi dalle offese che ricevevano dai nemici, non solo non provavano vergogna per le condizioni in cui erano venuti essi stessi a trovarsi, ma col loro deprecabile comportamento costringevano la gente a rimpiangere di non essere più dominata dai barbari» (Procopio 1977, p. 556, *VII, III, 9*). Si ricorda che quando si parla di esercito romano s'intende quello dell'Impero Romano d'Oriente, inviato da Bisanzio e costituito da uomini di varie etnìe.

Belisario, tornato in Italia al comando di un esercito, cerca di risollevare almeno le sorti dell'esercito e di spezzare l'assedio che nuovamente Roma sta patendo assieme alla fame. Purtroppo il suo generale Bessa, al comando delle truppe bizantine assediate in Roma, trova che lo stato di cose debba proseguire così: «Belisario fin dal giorno prima aveva mandato a dire a Bessa che l'indomani avrebbe dovuto compiere una sortita con un buon nerbo di soldati e mettere scompiglio nel campo nemico. Quest'ordine glielo aveva dato anche prima parecchie volte, ma Bessa nemmeno durante questa azione, come d'altra parte già in precedenza, volle ubbidire agli ordini ricevuti. Ormai egli era l'unico cui fosse rimasta una riserva di frumento, perché di tutto quello che i magistrati della Sicialia avevano tempo prima mandato a Roma per rifornire sia i soldati che la popolazione, egli aveva lasciato per i cittadini solamente una piccolissima parte, e tutto il resto l'aveva tenuto per sé, facendolo nascondere, col pretesto di volerlo conservare per i soldati, mentre in realtà lo andava vendendo a caro, prezzo ai senatori, e perciò non aveva alcun interesse che l'assedio finisse» (Procopio 1977, p. 586, *VII, III, 19*). «Bessa continuava ad arricchire sempre di più, vendendo grano, poiché il prezzo era ormai fissato dal bisogno di quanti ne erano privi. Tutto preso da quel commercio, non si curava più né della difesa delle mura né di alcuna altra misura di sicurezza, ma lasciava che i soldati, se volevano, trascurassero i propri doveri.» (Procopio 1977, p. 588, *VII, III, 20*). Alcuni Isauri, soldati dell'esercito bizantino, decidono che la situazione si è protratta anche troppo e fanno entrare i Goti in Roma, ponendo termine all'assedio, ai soprusi e ai patimenti. Anni più tardi la guerra si concluderà con la morte di Totila prima e di Teia dopo. L'Italia rimarrà sotto il tallone dei Bizantini, che la spoglieranno fino a quando una buona parte del territorio italiano verrà conquistata dai Longobardi.

10 - *Bibliografia*

Anonimo 2001, *Le cose della guerra*, Giardina Andrea (a cura di), Fondazione Lorenzo Valla, Arnoldo Mondadori Editore, Milano.

Diacono Paolo 2002, *Storia dei Longobardi*, Bartolini Elio (a cura di), Tea, Milano.

Frontino Sesto Giulio 1997, *Gli acquedotti di Roma*, Galli Francesco (introduzione e traduzione), Argo, Lecce.

Frontino Sesto Giulio 1999, *Gli stratagemmi*, Galli Francesco (introduzione, traduzione e note), Argo, Lecce.

Jordanes 1991, *Storia dei Goti*, Bartolini Elio (a cura di), TEA, Milano.

Procopio di Cesarea 1977, *Le guerre. Persiana, vandalica, Gotica*, Craveri Marcello (a cura di), Giulio Einaudi editore, Torino.

Procopio di Cesarea 1981, *La guerra gotica*, Pontani Filippo Maria (a cura di), Club del Libro Fratelli Melita, Milano.

Procopio di Cesarea 2000, *La guerra gotica*, revisione dell'edizione originale di Comparetti Domenico a cura di Bartolini Elio, Garzanti, Milano.

Procopio di Cesarea 2008, *Carte segrete*, Cresci Sacchini Lia Raffaella (traduzione dal greco di), Garzanti Editore, Milano .

Romualdi Adriano 1978, *Gli Indoeuropei*, Edizioni di Ar, Padova.

Schreiber Hermann 1985, *I Goti*, Garzanti, Milano.

Wolfram Herwig 2005, *I Germani*, il Mulino, Bologna.

Fig. 4. *Parte superiore della Pietra di Smiss, datata tra il 400 e il 600, esposta in copia al Museo Storico di Gotland.*

Fig. 5. *Spada, punta di lancia, umbone e manico di uno scudo rinvenuti sull'isola di Gotland ed esposti a Visby presso il Museo Storico di Gotland.*

XII

LIQUIDI NEL SOTTOSUOLO NAPOLETANO: LA STORIA DELL'AMBIENTE INTERPRETA I CUNICOLI INTERRATI DI PARTENOPE

Autore
Roberta Varriale — Consiglio Nazionale delle Ricerche - Istituto di Studi delle Società del Mediterraneo

Sommario

Il lavoro, frutto di una ricerca decennale, illustra il ruolo dei condotti interrati nella definizione della città di Napoli come cellula a alta complessità. Partendo da un inquadramento disciplinare, si studia il passaggio, avvenuto durante l'Ottocento, da un approccio empirico a uno scientifico rispetto ai problemi sanitari della città. Si analizza il percorso che ha portato alla fognazione di Napoli con particolare attenzione al dibattito politico e accademico rispetto alle scelte tecnologiche disponibili sottolineando le opportunità e i vincoli che la nazionalizzazione del problema napoletano ha portato e gli effetti di lungo periodo delle scelte operate sulla città.

Abstract

This paper, which draws on ten years of research, reveals the role played by underground networks in shaping Naples into a highly complex urban cell. Starting from a description of the environmental approach, the study analyses the development, which took place in the nineteenth century, from an empirical to a scientific approach to the sanitation problems of the city. The process which led to the construction of the Neapolitan sewers is studied alongside the political and the academic debate about the technological alternatives available in the period, underlining the opportunities and the connections established upon the unification of Italy and the long term effects on the city of the choices made in that period.

1 - La storia ambientale e l'ecosistema napoletano, un'introduzione all'approccio di studio

Napoli è una città partorita dalle sue viscere e che dalle modalità in cui queste sono state scolpite e modellate fa emergere i suoi caratteri identitari. È questa la suggestione che emerge dalla lettura del sottosuolo come luogo della storia e come custode di quelle memorie che possono essere analizzate attraverso le stratificazioni che ne segnano tutte le tappe.

Nonostante lo studio del sottosuolo in chiave storica sia stato più frequentemente visto come il punto di partenza per indagini di natura archeologica - come del resto testimonia il contesto in cui questo scritto viene pubblicato - quegli stessi luoghi sotterranei possono prestarsi anche a letture differenti. Per esempio, le tracce sotterranee di Napoli sono state il punto di partenza per un'analisi della dicotomica relazione fra l'ambiente naturale partenopeo e i suoi punti di frizione con l'agglomerato urbano in un'ottica di storia dell'ambiente. In linea con quanto già cominciato con il coordinamento del gruppo di studi *Underground* in *Naples-I sottosuoli napoletani* e la pubblicazione dell'omonimo volume (R.Varriale, 2009), l'esperienza di ricerca di cui in questa sede si tiene conto ha voluto individuare nelle viscere della città il luogo che testimonia, attraverso l'intricato reticolo di canali e passaggi sotterranei - le sue reti per lo scorrimento di liquidi - le tappe di una relazione difficile, quella fra la il mondo della natura e la città di Napoli e del suo modo unico di configurarsi come paesaggio urbano secondo la definizione che ne danno gli studiosi che si sono occupati del tema (C. Tosti, 2007).

Questo studio si va a collocare nell'ambito di un più ampio dibattito incentrato sulla valutazione, secondo la prospettiva offerta dalla storia dell'ambiente (M. Armiero, S. Barca, 2004), del continuo avvicendamento di momenti di successo e di frizione fra le risorse naturali e la città di Napoli come realtà urbana altamente complessa. Una riflessione sulla città di Napoli vista come ecosistema (G. Corona, 2004) che da anni si cerca di portare avanti grazie all'intuizione di Gabriella Corona che ha introdotto il tema della sostenibilità a Napoli portando in questa città le sollecitazioni di una ricca storiografia internazionale (G. Corona, 2001a). Fra le tante possibili prospettive di analisi che si sono aperte in seguito all'inaugurazione al nuovo corso di studi di *urban environmental history*, una particolare attenzione si è da subito posta sulle peculiarità attraverso le quali Napoli si è trasformata in un sistema entropico (J. Rifkin, 1993) e dissipativo (V. Bettini, 1996). Il sottosuolo, fungendo da strumento per la movimentazione dei liquidi, ha permesso tanti successi e il superamento di tanti ostacoli ma, in tanti casi, il suo utilizzo ha contribuito in maniera significativa al declino in termini ambientali dell'intera città.

E' per riflettere su questa dualità che si è dato il via a una ricerca che si basa sulla constatazione che Napoli può essere vista come una cellula vivente con un suo proprio ciclo vitale che nasce dagli intrecci con il mondo naturale, sopravvive, cresce e si evolve e alla fine di questi processi restituisce al mondo naturale che la circonda solo scorie e rifiuti. In questo contesto la rete di infrastrutture cittadine interrate è quel groviglio di canali attraverso il quale gli elementi liquidi vengono introdotti in ambito urbano, trasformati in beni fruibili per i cittadini, utilizzati dagli stessi, per poi essere espulsi sotto forma di scarti mediante un complesso meccanismo attivato dalle amministrazioni pubbliche (R. Varriale, 2007). In linea con una ricca storiografia internazionale, il sottosuolo è stato considerato come il luogo dove è avvenuto nel corso dei secoli una sorta di interscambio fra i conflitti igienico sanitari generati in superficie e la loro soluzione attraverso la dotazione dei servizi interrati di pubblica utilità (G. Corona, 2001b).

Il processo che ha portato a questa definizione dei ruoli fra il sopra e il sotto della città non è stato semplice e la presente trattazione cercherà di seguirlo individuando le fasi salienti di questo percorso seguendo una periodizzazione che è stata fortemente influenzata dalle tecnologie disponibili e dalla loro applicazione al sottosuolo partenopeo. Si esamineranno tre fasi distinte fra loro: una prima durante la quale il sottosuolo è stato luogo di conservazione e veicolazione dall'esterno di risorse, una seconda nella quale ai flussi in ingresso si sono aggiunti quelli in uscita e si è instaurato un doppio canale di comunicazione fra la cellula urbana e il suo esterno e una terza durante la quale si è verificato un collasso del sistema urbano in cui lo scollamento fra la crescita disordinata della città superficiale e il sottosuolo ha avuto un ruolo molto rilevante.

2 - Dagli esordi della Magna Grecia alla crisi sanitaria dell'Età Moderna

Da sempre il sottosuolo di Napoli è stato luogo deputato alla gestione della risorsa idrica. Già durante la fase ellenica si possono individuare due fasi distinte di questo processo: una prima, durante la quale i vuoti preesistenti vennero utilizzati per l'appropriazione, lo stoccaggio e la distribuzione dell'acqua e una seconda durante la quale si realizzarono le canalizzazione sotterranee delle prime reti idriche. L'utilizzo del sottosuolo in relazione alla raccolta e alla conservazione nell'ambito del perimetro urbano della necessaria risorsa riguardò la trasformazione delle cavità scavate nel tufo per scopo estrattivo in pozzi e cisterne per uso domestico. A questo primo approccio, che si può facilmente definire *statico*, seguì ben presto, sempre in epoca greca, un approccio *dinamico,* volto, cioè, a veicolare un flusso costante di acqua dall'esterno del perimetro urbano verso il suo interno, privo di falde sufficienti al sostentamento di una popolazione in costante, rapido incremento.

La storia delle infrastrutture sotterranee è poi proseguita in epoca romana: i nuovi coloni, con la loro nota competenza ingegneristica, completarono l'opera dei greci e, soprattutto, realizzarono durante il periodo augusteo un secondo acquedotto, conosciuto ai più con il nome di Claudio. Sotto il profilo indicato non furono molto significativi i periodi ducale (753-1139), normanno (1140-1194) e svevo (1194-1266) durante i quali la stasi sotterranea è speculare alla sostanziale staticità superficiale. È solo durante la dominazione angioina (1266-1442) che si intensificò l'attività di scavo volta a garantire una migliore distribuzione di un'acqua la cui fruizione era oramai contesa fra la popolazione che cresceva e lo sviluppo di nuove attività manifatturiere che sottraevano acqua all'uso civico cui era deputata. Si trattò di scavi per avere cisterne più capienti in grado di raccogliere scorte per i periodi di magra e il ritorno a una staticità del sistema era il sintomo di quello che stava accadendo sulla superficie: attività altamente impattanti incominciavano a insinuarsi nel perimetro più densamente abitato e acqua vitale veniva sottratta agli usi civili. Nell'ottica del presente lavoro si può individuare nell'interruzione del processo di estensione delle reti per il trasporto dei fluidi il segnale di un periodo in cui il rapporto fra la città e la natura ha incominciato a peggiorare dal punto di vista sanitario.

Il momento più grave dal punto di vista epidemiologico fu senza dubbio quello della dominazione spagnola (1502-1707). La città crebbe all'interno delle mura in seguito al dissennato uso del materiale edilizio sotterraneo indotto da una disciplina poco accorta in materia di edilizia che aveva proibito l'ingresso in città di materiale edile. Nella totale incapacità da parte degli spagnoli di venire incontro alla penuria di acqua della città, prese vita l'esperienza di un terzo acquedotto finanziato e progettato esclusivamente grazie all'iniziativa di alcuni privati: l'acquedotto del Carmignano. La vicenda della progettazione e della proposta attuativa rivolta all'amministrazione comunale da parte del Cavaliere napoletano del Sedile di Montagna Cesare Carmignano è illustrata nel contributo firmato da Clemente Esposito e Antonella Feola in questo stesso volume e si basa sullo studio di un prezioso documento coevo di recente acquisizione nell'archivio privato di Clemente Esposito redatto in data 18 ottobre 1627 alla presenza del notaio Giavanni Scalesi di Napoli dal titolo: *Instrumento della fondazione delle moline tra l'Ecc.ma Città e Cesare Carmignano ma coll'Instrumento dal Sap. Cesare e Alesandro Cimminiello nel 1627.*

L'iniziativa ebbe un cattivo esito per una serie di problemi tecnici e legali ma, soprattutto, perché l'intera impresa non era sostenuta da una domanda sufficiente del servizio di *molinatura* cui era tutto collegato. Fra i problemi tecnici si segnala la vicenda relativa alla bronzatura dei canali che dovevano condurre le nuove acque alle fontane e le cui fasi sono riportate in una relazione redatta in data 21 luglio 1722 da Gennaro de Bello dal titolo: *Instrumento dell'anno 1700 per la bronzatura dell'acqua delle fontane.* Fra i problemi legali, invece, vi furono numerose controversie con i titolari dei diritti sui terreni sui quali erano stati costruiti i canali di scorrimento esterni al perimetro urbano.

Dal punto di vista della storia ambientale la rilevanza di questo episodio risiede nel fatto che, essendo stato l'unico tentativo di gestione della risorsa idrica mediante lo sviluppo delle reti interrate in questo periodo, la sua progettazione da parte di un privato dimostra l'indifferenza verso uno sviluppo sostenibile da parte dell'amministrazione vicereale. Con questo atteggiamento gli spagnoli destinarono Napoli a un inevitabile declino ambientale il cui prezzo si pagò, ben presto, in termini epidemiologici (I. Fusco, 2007).

La città disordinata e sporca fu il luogo dove si svilupparono molte epidemie (S. De Renzi 1832): l'Età Moderna fu segnata da una vera e propria emergenza sanitaria (M. Turchi, 1861) connessa alla mancanza di acqua potabile e all'enorme quantità di rifiuti prodotti all'interno del perimetro urbano. Le strade più strette della città, quelle dove non passava aria data l'altezza degli edifici, si presentavano perennemente ricoperte da uno strato melmoso e maleodorante i cui relativi umori non avevano nemmeno sfogo aereo, vista la configurazione urbana che si è delineata. La situazione sanitaria di Napoli, alla pari di tutte le città preindustriali, era veramente pesante (E. Sori, 2001). Difatti, pur se il termine *cloaca* compare nella letteratura coeva (M. Turchi, 1863), il ruolo dei condotti interrati e semi-interrati cittadini era sostanzialmente quello della gestione dei flussi idrici pluviali urbani e solo marginalmente vi confluivano alcuni scarti urbani. Le reti sotterranee non contribuivano ancora a alleggerire la città dal disagio sanitario superficiale.

Fu durante il Decennio francese che, con la fondazione del Corpo di Ponti e Strade, si incominciarono a posare le premesse per quella svolta nello sviluppo del sottosuolo che sarebbe avvenuta negli anni successivi. Il Corpo, nato con finalità di bonifica superficiali e, soprattutto, extraurbane (C. D'Elia, 1994), fu, come noto (R. Varriale, 2002), il punto di partenza per il passaggio da un approccio di tipo empirico a uno scientifico dei problemi di gestione dei liquidi sotterranei. Da quell'istituzione sarebbe nata la Scuola di Applicazione, un istituto di alta formazione all'interno del quale sarebbe stata educata tutta la classe dirigenziale che avrebbe trasformato negli anni a venire la città a partire dal disotto.

Nonostante queste prospettive, tuttavia, il coinvolgimento del sottosuolo rispetto alle vicende sanitarie della città fu caratterizzato da una rottura delle reti mediante la costruzione di pozzi assorbenti. In un periodo in cui i problemi sanitari venivano affrontati solo in base alle teorie miasmatiche - che individuavano nella diffusione dei cattivi odori la causa del diffondersi delle malattie (R.

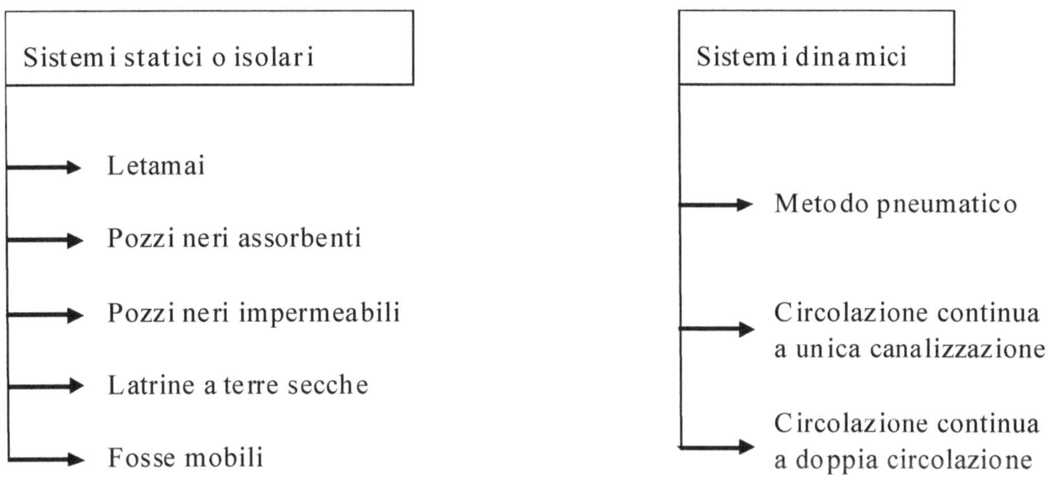

Fig. 1. *Sistemi di fognatura. Elaborazione dell'autore.*

Salvemini, 2004) - la città incominciò a scavare sotto di sé con lo scopo di riempire i vuoti dei suoi scarti, occultarli alla vista, sopprimerne gli odori. I pozzi neri provvidero con la loro verticalità a ostruire, intaccare, contaminare l'orizzontalità sotterranea delle già esistenti reti idriche: sarebbe stata una catastrofe.

3 - Primi studi e prime proposte per la soluzione del problema sanitario napoletano

La situazione sanitaria della Napoli di sopra e di sotto durante il XIX secolo fu la causa principale del diffondersi di numerose epidemie di colera (G. Russo, 1966); focolai si accesero negli anni 1836, 1837, 1854, 1855, 1865, 1866, 1873 e 1884 per un totale di 45.256 morti (F. Colonna, 1898). La scansione temporale offerta dalle epidemie, tuttavia, non può essere adottata per l'analisi degli eventi a essi correlati nell'ottica che ci si prefigge nel presente testo. L'Ottocento, sotto il punto di vista della storia ambientale, deve essere diviso in tre diversi periodi che corrispondono a tre diversi modi in cui il problema sanitario fu affrontato, studiato e dibattuto rispetto al generale rapporto fra la città e il suo ambiente naturale. In un primo periodo, che durò approssimativamente fino all'Unità, i problemi d'igiene urbana continuarono a essere affrontati in termini di cancellazione e occultamento dalla superficie mediante l'uso del sottosuolo come nascondiglio. In un secondo, che si può far partire dall'Unità d'Italia e terminare con l'epidemia del 1884, si verificò un cambiamento di prospettiva in seguito alle diffusione delle nuove conoscenze sulla batteriologia e in un terzo, che accompagnò la città fino al nuovo secolo durante il quale la costruzione delle fognature e dell'acquedotto presero forma in seguito alla grande opera di Risanamento urbano, un gigantesco impianto urbanistico che ridisegnò i contorni della città in una nuova prospettiva di equilibrio con la natura.

Visto che il primo periodo fu caratterizzato da una stasi nel processo di costruzione di condotti per la conduzione dei liquidi urbani, nel presente paragrafo si studierà quello successivo demandando al prossimo lo studio del terzo. Durante tutta la trattazione si terrà conto di come l'applicazione di queste tecnologie avrebbe influito sul ciclo dei rifiuti della città e, soprattutto, quanto questo elemento sia stato preso in considerazione dai *decisori*.
Dal periodo successivo all'Unità fino al 1884 fu molto fervido il dibattito sulle soluzioni da adottare per affrontare e risolvere il problema della sanità urbana a Napoli da scegliere nell'ampia gamma di possibilità offerte dalla tecnologia coeva (fig. 1).
Questo avvenne perché erano oramai accreditati i risultati delle teorie batteriologiche che avevano svelato quanto la diffusione delle malattie fossero legate alle contaminazioni di acqua e cibo con agenti infettanti. Da quel momento in poi il sottosuolo si trasformò dal luogo dell'occultamento a quello dove gestire in maniera nettamente separata le acque destinate all'uso civico e gli scarti prodotti nella città. In relazione a questo secondo punto - che era stato il nodo intorno al quale le nefaste vicende sanitarie della città erano girate fino a allora - vi fu una tendenza generalizzata a preferire l'impianto fisso rispetto a quello dinamico. Queste soluzioni tecniche, definite *statiche* erano state classificate dall'ingegneria sanitaria ottocentesca in sei tecnologie di base, adattabili poi di volta in volta alle singole caratteristiche morfologiche regionali: letamai, pozzi neri assorbenti, pozzi neri impermeabili, pozzi neri a cenere, latrine a terre secche e fogne mobili (D. Spataro, 1887).

Per loro natura, tutti questi metodi avevano, oltre che finalità sanitarie, la caratteristica di essere indirizzati al recupero in agricoltura dei materiali di scarto; alcuni, tuttavia, furono subito accantonati per la loro incompatibilità con la realtà urbana napoletana. Primo fra questi il letamaio, che era il tipico sistema di riciclo del materiale immondo della società contadina meridionale (Biuso, 1884) nel quale confluivano, sia le deiezioni umane, che quelle degli animali da allevamento, i cascami delle varie produzioni familiari e tutti gli altri rifiuti organici di origine domestica (E. Sereni, 1972). Di natura quindi propriamente rurale, questo metodo era un esempio di equilibrio nella gestione degli sprechi e di tutto il materiale refluo (G. Corona, G. Masullo, 1989) la cui efficienza, però, si limitava a quell'ambiente e non riproponibile fra le mura cittadine. Stessa sorte per i pozzi assorbenti che, se accettabili in contesti extra urbani, erano additati unanimemente come *assassini* se adoperati all'interno delle mura delle città le cui risorse idriche erano estratte da falde sotterranee urbane. A Napoli, poi, oltre al rischio di contaminazione delle sorgenti, comune a tutti gli agglomerati, le difficoltà erano amplificate da problemi di ordine geologico che erano stati ulteriormente aggravati dall'opera dell'uomo.

Difatti, la consistenza tufacea del sottosuolo lo avrebbe reso particolarmente permeabile e potenzialmente adatto a assorbire il materiale ma l'interruzione di quel flusso mediante la cementificazione del litorale aveva escluso la possibilità che i liquami potessero essere filtrati dalle sabbie costiere prima dell'immissione nelle acque del golfo. Negli anni passati si era, difatti, provveduto a privilegiare l'aspetto esteriore della città costruendo la strada costiera di Via Caracciolo. Quella che era stata un'invenzione urbanistica di grande pregio ebbe l'effetto però di impedire per sempre il perpetuarsi dell'antica funzione della spiaggia, filtro naturale degli scoli sotterranei di quanto i pozzi cittadini erano andati assorbendo nell'espletamento della loro funzione. Al posto di un setaccio naturale, oramai gli scoli trovavano una barriera impenetrabile la cui esistenza provocava la creazione di bacini sotterranei che, oltre a minare la stabilità dell'operato urbanistico, costituiva una bomba batterica di rilevanti proporzioni.

Dunque, esclusa per sempre la possibilità di mantenere in vita il sistema dei pozzi assorbenti, le alternative, sempre nel panorama delle fognature fisse, non mancavano come, per esempio, il pozzo nero a cenere e la latrina a terra secca. Entrambi, però si prestavano più a un uso rurale che urbano. Il primo prevedeva la costruzione di una fossa impermeabile, sia sul fondo, che sui lati, ma il suo funzionamento ruotava soprattutto sull'alternanza fra strati di cenere e residui domestici. La fossa, per garantire la trasformazione del materiale introdotto in concime avrebbe dovuto avere una capacità semestrale. L'impossibilità di importare questo sistema in città era dovuta quindi, sia alle dimensioni richieste alla fossa di raccolta, che alla disponibilità della cenere necessaria. Riguardo a quest'ultimo punto si deve ricordare che, difatti, in questo periodo si stava assistendo a un processo di conversione verso il gas quale combustibile per uso civile e quindi si andava verso un esaurimento della materia prima intorno alla quale ruotava il funzionamento del metodo. Ancor più complicata sarebbe stata l'applicazione dell'idea del pozzo a terra secca. In questo caso sarebbe stata la terra secca, con il suo alto potere assorbente, a svolgere la funzione di isolamento e compressione del materiale fecale. Il metodo avrebbe comportato un duplice trasporto della terra secca dalle compagne all'interno delle città dalle quali sarebbero ripartite, appesantite e più voluminose verso le zone dell'ingrasso. Alla luce di queste brevi illustrazioni, è facile comprendere il perché dell'esclusione di questi due metodi dalle discussioni consiliari della città, le cui caratteristiche morfologiche indussero piuttosto gli operatori a focalizzare la loro attenzione sull'idea delle fosse impermeabili e delle fosse mobili.

A favore del primo fra i due tipi di intervento giocavano senza dubbio i criteri di convenienza economica: sarebbe bastato impermeabilizzare il fondo dei pozzi esistenti e provvedere a una loro integrazione. I sostenitori del metodo indugiarono a lungo sul fatto che la raccolta dei residui organici in latrine fisse avrebbe permesso una loro ridotta diluizione e, quindi, sarebbe stato facilitato il mantenimento in vita della vecchia pratica del reimpiego agricolo, cosa quanto mai auspicabile nel contesto meridionale, da sempre svantaggiato rispetto all'approvvigionamento dell'ingrasso (P. Malanima, 2002). Se però queste potenzialità avrebbero mantenuto in vita la relazione fra la cellula urbana e il paesaggio rurale dal quale attingeva le sue risorse mantenendo in vita una sorta di circuito energetico e delle risorse in continua attività, non mancavano le perplessità rispetto a questa tecnologia. Difatti, le questioni che il metodo lasciava aperte erano quelle legate alle esalazioni gassose provenienti dal trasporto del materiale fecale, nonché quelle della loro disinfezione, essiccazione e riutilizzo. Per scoraggiare il mantenimento di un sistema che «bisogna ammetterlo, essere desso un processo barbaro, … di creare al di sotto di un'abitazione una causa di pestilenza continuamente in attività» (P. Boubée 1867) veniva dipinto a fosche tinte dai commentatori contemporanei il sistema delle *vidanges* parigine dove, a differenza di quanto avveniva nelle province meridionali, il sistema di svuotamento delle fosse avveniva già con regolarità. Indipendentemente dalla opportunità della formalizzazione del metodo delle fosse come sistema definitivo di smaltimento dei rifiuti organici napoletani, non dovette sfuggire al commentatore contemporaneo che anche motivi di natura pratica e logistica si frapponevano fra la teorica idea della sua adozione e la sua pratica realizzazione.

Le pubblicazioni ottocentesche ripropongono con dovizia di illustrazioni tutte le varianti tecnologiche, anche le più fantasiose, che la scienza era in grado di mettere al servizio della collettività per rendere più agevoli tutte le fasi del funzionamento del metodo delle fosse e che possono essere sostanzialmente così classificate: raccolta nella fase della deposizione, convogliamento nei punti di raccolta familiari o condominiali, stivaggio, prelievo, trasporto, riutilizzo (fig. 2). Ma, anche solo considerando la necessità che le ritirate delle abitazioni si trovassero sulla stessa verticale e garantissero quella ventilazione necessaria in un metodo che presupponeva la minima diluizione possibile del materiale, le caratteristiche del patrimonio edilizio napoletano erano già un ostacolo insormontabile di per sé. Ancor più difficile sarebbe stato, poi, istallare delle fosse sotterranee impermeabili senza minare l'equilibrio del sottosuolo. Anche se si fosse fatto ricorso alle botti mobili, soluzione alternativa a quella dei pozzi impermeabili nei casi in cui fosse stato impossibile o pericoloso effettuale ulteriori scavi, rimaneva il problema del loro alloggiamento. Le botti, intercambiabili e di misura standard, sarebbero state dotate di ruote per essere caricate e scaricate con più facilità e avrebbero trovato sistemazioni in portici sottostanti le civili abitazioni. Vista la notoria propensione all'utilizzo abitativo, oltre che ovviamente commerciale, dei locali a piano terra del popolo partenopeo, l'ipotesi era ovviamente inapplicabile al caso in esame. Ma, anche qualora il problema dello stivaggio fosse stato risolto, ne rimaneva un altro altrettanto spinoso. Difatti, i campi di manovra per i mezzi di trasporto che avrebbero condotto verso la loro ultima destinazione il carico di letame erano obiettivamente troppo stretti in una città fatta di dedali e budelli, di vicoli inerpicati sulle colline e di scalinate interminabili. I sofisticati carri trainati da cavalli, muniti di botti aspiranti e di contenitori a tenuta stagna, presupponevano l'esistenza di una rete viaria cittadina che era difficile pensare di poter costruire a Napoli in tempi brevi.

Nonostante le innegabili difficoltà, la spinta verso il tentativo di garantire il riciclaggio delle materie luride rimaneva molto pressante e la strada del *sistema statico*, quello che lo avrebbe permesso più facilmente perché ad esso naturalmente finalizzato, continuò a essere battuta per buona parte dell'Ottocento. L'equilibrio sembrò essere raggiunto con l'idea d'impermeabilizzare i pozzi agendo contemporaneamente anche sulla qualità e sulla quantità del loro contenuto per evitare di aggravare il dissesto geologico cittadino. Dal punto di vista strettamente igienico-sanitario gli igienisti della Commissione Sanitaria Municipale (composta all'epoca da Tommasi, Tanturri,

Zinno, Cantani e Vizioli) ritennero che i maggiori difetti di questo metodo potessero essere affrontati con il ricorso alle nuove sostanze antisettiche e antiputride.

A favore del mantenimento del vecchio sistema, opportunamente modificato mediante l'impermeabilizzazione dei pozzi e il ricorso alla chimica, si schierarono anche l'assessore Buonuomo, l'ing. Ferrara e il colonnello Novi, l'ingegnere Flauti, membro della nuova Commissione Sanitaria e gli assessori del ramo delle opere pubbliche della Giunta municipale. Albini, un igienista di matrice accademica, propose di adottare la cremazione degli escrementi, la *coprocresi,* come fase terminale del processo, ma l'idea fu apostrofata come una «massima di scienziato, di pensatore, d'igienista, di chi sa che la distruzione e non il nascondiglio, più o meno ignorante, può eliminare i mali della materia di cui si teme» (G. C. A. Melisurgo) e venne così accantonata dai più pragmatici ingegneri.

Per risolvere i problemi di disinfezione delle fosse che erano emersi nella tornata del 31 gennaio 1881 all'Accademia delle Scienze di Parigi - Pasteur dimostrò esservi dei germi che resistono all'azione degli agenti naturali di distruzione - non rimaneva quindi che affidarsi al potere disinfettante della chimica. L'idea di fare ricorso a quest'ultima, d'altronde, aveva già un suo credito: Depérais se ne era già fatto portavoce anni addietro quando indicò nel cloruro di alluminio ferruginoso la possibile soluzione (C. Depérais, 1866). L'elemento innovativo era piuttosto il fatto che venisse sottolineato come questo tipo di fognatura permettesse il mantenimento della salubrità del litorale e contemporaneamente un contenimento delle spese (figg. 2, 3, 4 e 5).

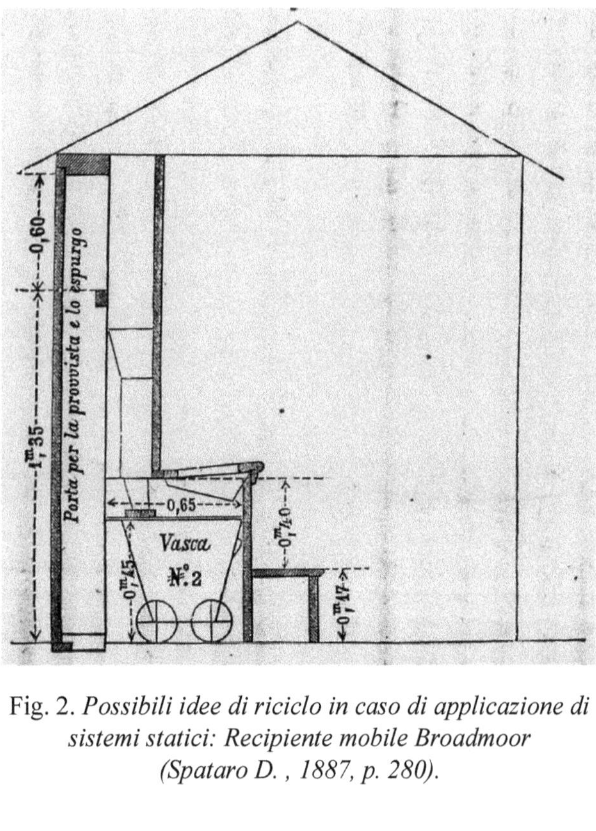

Fig. 2. *Possibili idee di riciclo in caso di applicazione di sistemi statici: Recipiente mobile Broadmoor (Spataro D. , 1887, p. 280).*

Fig. 3. *Possibili idee di riciclo in caso di applicazione di sistemi statici. Setaccio Broadmoor (Spataro D., 1887, p. 281).*

L'aspetto economico, che aveva un ruolo imprescindibile nell'aula municipale, aveva beneficiato poi del fatto che i nuovi metodi di trattamento e conservazione avevano accresciuto enormemente il valore di scambio dei liquami, oramai trasportabili e conservabili. Nei calcoli di fattibilità facevano il loro ingresso per la prima volta le voci attive relative alla nuova risorsa che avrebbe potuto essere impiegata come succedaneo del *guano* o come combustibile. In questo contesto va letto l'impegno accademico di Carmine Curci che calcolò, con il metodo che Way e Lawes avevano adottato per il caso londinese, il possibile valore di mercato delle deiezioni napoletane (C. Curci, 1869). Come si è brevemente illustrato fino a ora, l'idea di cercare una soluzione per Napoli fra i *sistemi statici* trovava molti sostenitori. Fu l'epidemia del 1884 a interrompere la riflessione su questi metodi e a dirottarla definitivamente verso i *sistemi dinamici.*

4 - Verso le reti per la conduzione dei liquidi

In seguito all'epidemia del 1884 si aprì una fase nuova per la città: il Risanamento (G. Russo, 1960; G. Alisio, 1980). La ricostruzione di Napoli in una veste sanitaria è stata il risultato dell'avvenuto accreditamento delle nuove conoscenze sulla batteriologia, del clima favorevole rispetto alle questioni meridionali e della fase della

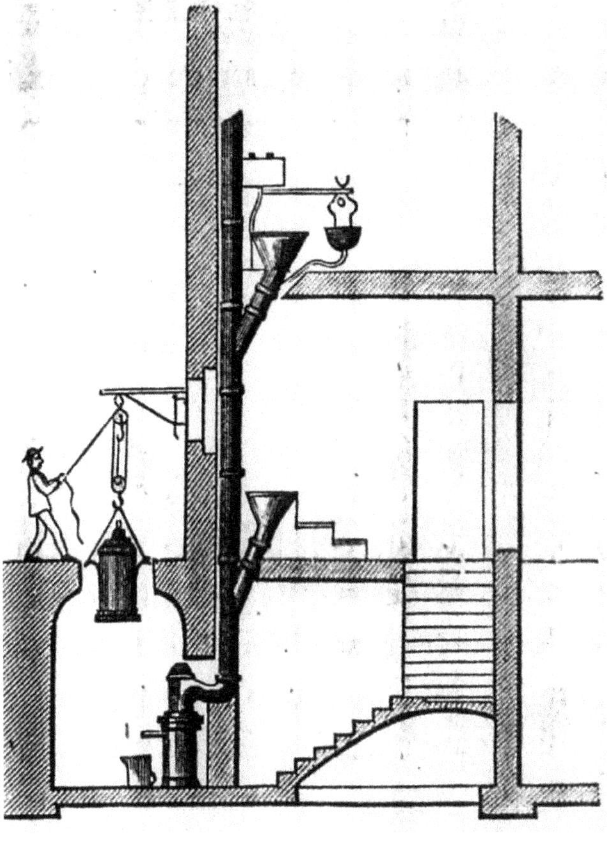

Fig. 4. *Possibili idee di riciclo in caso di applicazione di sistemi statici.Impianto a fogne mobili della città di Heidelberg (Spataro D. , 1887, p. 283).*

Fig. 5. *Possibili idee di riciclo in caso di applicazione di sistemi statici. Cassetta metallica di A.Roberts (Bentivegna R. 1889 n°587).*

costituzione della nuova identità nazionale alle spalle dell'unificazione del 1860. È così che nel periodo in esame è avvenuto il passaggio dell'igiene preventiva da bisogno individuale a bisogno collettivo, è così che è nata una città che è diventata un modello a livello nazionale e internazionale (C. Giovannini, 1996) perché ha individuato nel sottosuolo il luogo dove difendere la sua salute attraverso l'ampliamento dei sistemi idrico e fognario interrati (G. Zucconi, 1989). L'acquedotto del Serino fu inaugurato nel 1885 e finalmente portò nelle case dei napoletani acqua potabile in abbondanza, grazie a una capillare rete interrata. La costruzione delle nuove fognature, invece, richiese un aggiornamento e una revisione degli studi condotti fino a allora.

Siccome alle spalle del Risanamento la priorità assoluta era diventata quella di allontanare il più velocemente possibile dall'abitato il materiale organico di risulta, fu proprio sulla creazione di un circuito fognario con queste caratteristiche che fu posta l'attenzione dei decisori. È per questo motivo che dal 1884 in poi il dibattito sui *sistemi dinamici* prese il posto di quello sui *sistemi statici.*

Le alternative tecnologiche riconducibili alla categoria dei sistemi statici erano nell'Ottocento riconducibili a tre tipologie: sistema tubolare a aspirazione pneumatica (Liernur), unica canalizzazione e doppia canalizzazione.

La fognatura pneumatica rappresentava una via intermedia fra la possibilità di ridurre al minimo l'output urbano e garantire l'uscita veloce dal nucleo cittadino dei materiali putridi e per questo motivo la sua possibile applicazione a Napoli fu molto popolare fra gli studiosi. Questo sistema, derivato dall'originale firmato da Liernur, era basato sul principio dei vuoti d'aria e della pressione esercitata contemporaneamente dal peso del materiale e dall'aria immessa nelle tubature. Il metodo, azionato da macchine di pompaggio, si completava con un serbatoio speciale in grado di ridurre in *poudrette* tutto gli scarti. L'uscita pubblica della nuova formula avvenne in occasione dell'Esposizione Mondiale di Vienna del 1873, sulla quale relazionò al Municipio di Napoli Gaetano Bruno secondo il quale si trattava di un sistema che avrebbe reso invisibile e continuo (G. Bruno, 1873) il già noto metodo delle botti aspiranti. L'applicazione di questo sistema di fognature a Napoli, anche se sotto il nome diverso di sistema Danchell, fu sottoposta al voto ragionato dell'allora Consigliere Comunale Del Carretto, dal signor De Monteiro in nome di una nota società inglese. Secondo il proponente, il sistema pneumatico si sarebbe adattato perfettamente alla morfologia cittadina e avrebbe garantito il reimpiego nel rispetto di quelle peculiarità del sottosuolo che erano state evidenziate in più occasioni da Federico Cortese, il quale, però, vide nella costruzione dei fognotti di raccolta la migliore garanzia per la sua tutela (F. Cortese, 1883). Alle innegabili potenzialità di questo metodo, che fra l'altro aveva l'impareggiabile vantaggio di non necessitare dello sversamento in mare, si contrapponevano, come sottolineò Nicola Laurenzana, i potenziali danni connessi agli scarichi gassosi delle macchine a vapore necessarie al suo funzionamento: «Certamente si possono costruire macchine a vapore sicure da ogni scoppio e con fornelli fumivori, ma in una città ad anfiteatro come la nostra, ed in cui la popolazione è si agglomerata, i prodotti della combustione, anche ben bruciati, saranno sempre molesti, e dal vento saranno spinti ora in un'abitazione, or in un'altra:

né poi è possibile bruciare combustibili puri o condensare in verun modo i detti prodotti» (N. Laurenzana, 1877).

A questo inconveniente si sarebbe potuto sopperire con il *sistema a scorrimento forzato intermittente a pressione d'acqua* che era già stato sottoposto al vaglio di Padula, importante nome della Scuola di Applicazione che aveva ricoperto incarichi di prestigio in seno al Collegio municipale. Questa variazione si scontrava, però, con l'annoso problema della scarsa disponibilità di acqua che era, ovviamente, il nodo intorno al quale ruotava il funzionamento del metodo.

Dal punto economico la fattibilità del progetto riproponeva le stesse voci attive della soluzione a pozzi impermeabili ma le amministrazioni Sandonato e Giusso questa volta dovevano fare i conti con un ben più sostanzioso preventivo di spese d'impianto fisse. Solo quelle di esercizio sarebbero state minori, ma alla fine l'impegno richiesto per la realizzazione dell'opera sarebbe stato veramente più oneroso di quanto si riteneva di poter investire nell'ambito del più complesso piano di risanamento cittadino. Ciò almeno in fase preventiva, perché la spesa finale che la collettività fu chiamata a sostenere per la realizzazione dell'opera prescelta non si discostò molto dal budget preventivo relativo al sistema pneumatico.

Alla demolizione delle illusioni di Bruno e Del Carretto provvide Gennaro Pepe che dal 1893 sarebbe divenuto il direttore del maggiore organo di informazione della categoria (Bollettino dell'ordine degli Ingegneri ed architetti di Napoli). Pepe pubblicò nel '77 un lavoro nel quale sviscerò l'ipotesi dell'importazione a Napoli del metodo pneumatico. L'autore partì dai consensi ottenuti dal metodo pneumatico presso igienisti del calibro di Virchow in seno al Congresso medico tenutosi a Dresda nel '68 e ne elogiò, sia i principi ispiratori che le tecnologie. Espresse invece dei seri dubbi sull'opportunità di importare quell'idea a Napoli e infine giunse a sposare la tesi di Padula, Rocco, del Giudice, Fiocca e Tessitore che lo bocciarono, sia per quanto riguarda l'ipotesi di fattibilità tecnica, che per le supposte potenzialità in campo agricolo. Accantonata l'ipotesi dell'adozione dell'avveniristico sistema a pressione pneumatica, dovevano essere ancora vagliati i sistemi a circolazione continua con unica tubatura e quello a doppia tubatura.

L'ipotesi dell'adozione di un siffatto sistema incominciò a prendere piede durante l'amministrazione Amore e, soprattutto, all'indomani dell'inaugurazione dell'acquedotto del Serino alle cui acque sarebbe stato affidato il compito di diluire e far scorrere le deiezioni cittadine attraverso condutture interrate. Le commissioni e le sottocommissioni incominciarono a valutare le proposte d'intervento che possono essere brevemente distinte in due grandi categorie: circolazione continua ad unica e doppia conduttura. La prima - sul modello londinese - si basava sul principio che sia le acque *meteoriche* che quelle da *lavamento* dovessero unirsi ai residui organici diluiti per confluire in un unico fognone da sottoporre a trattamento e quindi destinare all'ingrasso delle terre limitrofe. Il sistema a doppia circolazione prevedeva, invece, due reticoli separati già nella fase della raccolta.

In entrambi i casi l'efficienza del funzionamento della fognatura sarebbe stato misurato dalla capacità del reticolo di gallerie sotterranee predisposte, dallo studio dei calcoli delle pendenze e, dal punto di vista storico-ambientale, dalla scelta della destinazione finale dei flussi in uscita. Analizzando la ricca documentazione prodotta durante il periodo successivo al colera del 1884 si percepisce come, all'improvviso, ci sia stata una svolta quasi collettiva verso la soluzione rapida e definitiva del problema: il Consiglio comunale si sentì investito di un'opera di grande rilevanza e della cui gestione, per la prima volta, avrebbe dovuto rendere conto a livello nazionale. In questa fase, però, piuttosto che soffermarsi sulla gestione del materiale refluo cittadino, che era stata la caratteristica comune a tutte le proposte operative formulate durante il periodo interlocutorio precedente all'84, si cominciò, piuttosto, a privilegiare gli aspetti della raccolta e del veloce allontanamento. In questo meccanismo vennero sacrificati anni di studi e discussioni e un'improvvisa frenesia demolitrice prese corpo velocemente. Inutile dirlo, in questo contesto, non c'erano più spazi per le voci che si levano a favore del rispetto del sottosuolo cittadino e del suo già precario equilibrio geologico. Demolita anche l'immagine iconografica di una Napoli città saluberrima per eccellenza (G. C. A. Melisurgo, 1885), utilizzati in maniera strumentale i problemi di quell'utilizzo agricolo che si era già dimostrato un fallimento nel caso londinese, la parola d'ordine divenne: sventrare Napoli!

Le prime avvisaglie della svolta verso la circolazione continua si erano avute già l'anno precedente all'epidemia negli esiti dei lavori della Commissione Tommasi (AA. VV., 1883) che nel documento finale auspicava l'adozione del sistema a conduzione unica. A presiedere la Commissione era lo stesso Tommasi che, in seno alla vecchia Commissione Sanitaria Municipale (i componenti con lui erano: Tanturri, Zinno, Cantani e Vizioli), si era dichiarato possibilista sul ripristino del sistema dei pozzi neri. Nonostante il documento che ne sancì la presa di posizione non fosse privo di leggerezze e inesattezze, il fatto inquietante fu che nella trattazione fosse posto l'accento sul reimpiego, fattore che, anche ai contemporanei, era chiaro essere una chimera. Come ci ricorda, difatti, un ignoto commentatore coevo «gl'igienisti si riferivano alla depurazione con l'irrigazione e non hanno mai dichiarato tra i liquidi di materia l'acqua che trascina seco e sabbia e fanghiglia». La Commissione, in pratica, si era fatta scudo di quelle suggestioni per giustificare un intervento che aveva ben altre motivazioni. A nulla valsero le voci di autorevoli personaggi che denunciarono la pericolosità di un'opera che avrebbe compromesso definitivamente la salubrità di un'ampia fetta di litorale che sarebbe stato destinato agli scoli e lo spreco definitivo di una potenziale risorsa. Fra queste voci fu di particolare peso quella di Ambrogio Mendia, personaggio di spicco della Scuola di Applicazione per Ingegneri (A. Mendia, 1884). Mendia, che pur aveva in principio sposato la tesi dell'applicabilità del sistema londinese al caso napoletano, fu autore di un discusso *disparere* in seno al Consiglio municipale. La sua strenua opposizione alla maggioranza fu motivo di imbarazzo diffuso e il suo ripensamento fu preso di mira dai mille commentatori che si sentirono in diritto di ridimensionarne la portata.

Mendia fu uno dei pochi a ravvedersi in tempo: vide nella circolazione a doppia conduttura, che era stato oramai individuata come la soluzione per il centro città, un sistema incompatibile con le esigenze di una città di mare, in più caratterizzata da forti pendii naturali e con una densità di abitanti ben superire alle medie europee. Questo ultimo elemento, poi, aggiunto alle estensioni di terreno potenzialmente irrigabile con le deiezioni diluite, creava le precondizioni per il sicuro fallimento del reimpiego in agricoltura. Il rapporto fra rifiuti diluiti producibili dalla città di Napoli e l'estensione territoriale irrigabile era talmente squilibrato da rendere comunque grave il problema dello smaltimento. Ciò era soprattutto vero alla luce del fallimento dell'esperienza londinese per la quale il sistema a circolazione continua era stato adottato sulla base di ben altre premesse. Se il riutilizzo in agricoltura era stato rinviato nella città in cui sembravano esserci tutte le caratteristiche perché ciò avvenisse da subito, a cosa si ispiravano i relatori del progetto quando ne propugnavano l'adozione nel contesto napoletano? A queste domande, che Mendia sottopose all'assemblea consiliare in ben quattro sedute, non fu data risposta. Mendia, tuttavia, non fu quel demolitore che ironicamente Melisurgo (G. C. A. Melisurgo, 1885) descrisse, si limitò ad essere possibilista nei confronti del sistema Vitale-Tessitore: una via di mezzo tra il quello tubolare e quello pneumatico e che sommava, alle innegabili prerogative igieniche del primo, la facilità di riutilizzo del materiale offerta dal secondo. Tuttavia la sua posizione era divenuta oramai impopolare e l'idea del riciclo si era allontanata, nel frattempo, dagli interessi della Commissione Sanitaria. Per quell'organo oramai quella che avrebbe potuto essere una risorsa, era solo con disprezzo dipinta come *merce di Stercuzio* che taluni vorrebbero *trasportata in Silver cars (*G. C. A. Melisurgo, 1885).

Fu questo il contesto dialettico all'interno del quale maturò l'idea di adottare la circolazione continua a doppia conduttura nella zona antica e quella a conduttura unica nel resto. Per tacitare coloro che continuavano a sostenere l'idea del riutilizzo fu sempre lasciato aperto lo spiraglio, seppure ormai manifestamente velleitario, del possibile recupero postumo delle acque di scarto. Il percorso che condusse alla conclusione dei lavori non fu semplice. Vi furono difficoltà in tutte le fasi della realizzazione dell'opera: dalla determinazione della capacità da attribuire ai vari canali di raccolta, ai materiali da utilizzare nelle costruzioni; dal calcolo delle pendenze alla gestione ottimale della risorsa idrica del nuovo acquedotto di Serino. Quanto al primo punto, si può fare brevemente cenno al fatto che tutti i calcoli andavano fatti seguendo le tecniche amministrative proprie delle aziende esercenti pubblici esercizi e che impongono di tarare sulla punta massima della richiesta del servizio la capacità del sistema da approntare. Il calcolo, che doveva tenere conto anche della variabile meteorologica, non poteva che essere approssimativo per difetto in una città che stava vivendo un velocissimo sviluppo urbanistico, concentrato soprattutto nelle zone collinari. Numerosi problemi pose anche l'abbondante acqua che durante tutto il non breve periodo dei lavori continuò a giungere in città. Si calcolò che nel 1881 l'eccedenza fosse di circa 45000 metri cubi che, non essendo canalizzati, erano assorbiti dal terreno minandone l'equilibrio e intralciando il ritmo degli scavi. Questi ultimi, poi, procedevano, secondo scadenzari diversi fra zona e zona e erano interrotti, qua e là, da vicende di vario tipo.

In base ai brevi accenni fatti sulle vicende che accompagnarono il Risanamento del sottosuolo di Napoli, è comprensibile l'entusiasmo che accompagnò, nel 1896, l'inaugurazione della prima tratta dell'opera. L'avvenimento segnava, difatti, il punto di arrivo di un lungo e difficile percorso e di certo dotò la città di una fognatura più adeguata alle esigenze igienico sanitarie della cittadinanza. Che quella fosse oramai divenuta una priorità imprescindibile è indubbio; da quel momento in poi, difatti, incominciò ad avere senso anche quel Risanamento urbano che, nonostante Campodisola -come emerge dagli Atti del consiglio comunale relativi alla seduta del 5 febbraio 1885 - avesse con orgoglio presentato nell'aula consiliare come il risultato del superamento del vecchio piano regolatore del 1872 che mirava esclusivamente all'abbellimento della città, senza una fognatura efficiente sarebbe stato un mero palliativo.

Ciò che di nuovo forse emerge da queste brevi pagine è come, a monte di quella che forse era una decisione inevitabile, vi sia stata più di una voce dissenziente che ha preconizzato i rischi di quell'intervento: sacrificio del litorale domizio, squilibrio geologico del sottosuolo e rinuncia definitiva a qualsiasi possibilità di riciclo del materiale refluo che, come timidamente alcuni avevano previsto, era prodotto in quantità tali e talmente diluite da rendere impossibile tutte le forme di riutilizzo conosciute.

Il processo di fognazione avrebbe portato a un sistema di infrastrutturazione sotterranea molto complesso (V. Varriale, 1915) e il progressivo estendersi delle reti interrate accompagnò una città che riscoprì mano mano, pur nei limiti descritti, un suo nuovo equilibrio con la natura, che ospitò l'esposizione d'Igiene nel 900, che ridisegnò i suoi contorni in un'ottica di ritrovata armonia con il mondo delle risorse naturali che la circondavano e ne facevano parte.

5 - Dalla ricostruzione ai giorni nostri

Durante la Seconda Guerra Mondiale la città superficiale venne devastata: le incursioni aeree su Napoli provocarono molti danni a edifici storici, chiese e civili abitazioni che furono rasi al suolo. Durante i bombardamenti parte delle ramificazioni degli acquedotti dismessi, oramai prosciugati, servirono da ricovero per la popolazione. Al termine della guerra gli accessi verso quei condotti furono poi ostruiti dalle macerie della città superficiale per permettere la sua ricostruzione; è durante quest'ultima che la città visse la sua fase più dura in termini di sostenibilità ambientale e le modalità con cui si sono sviluppati i condotti per i liquidi cittadini sono un elemento per valutarne la gravità.

Vezio De Lucia ha scritto che l'edificazione post bellica è avvenuta senza l'urbanistica (V. De Lucia, 2006). Questo vuole dire che interi quartieri furono costruiti in verticale con palazzi addossati l'uno all'altro in zone collinari disboscate senza ritegno e, soprattutto, senza provvedere preventivamente alla realizzazione delle infrastrutture necessarie. Non furono potenziati i trasporti pubblici e le reti stradali, non furono costruiti acquedotti e fognature in maniera preventiva rispetto all'aumento della densità di popolazione; in più questa crescita piratesca ha visto la città superficiale perdere il contatto con il suo sottosuolo: colate di asfalto e di cemento hanno ostruito la permeabilità del livello zero e impedito per sempre la fisiologica traspirazione.

Durante la ricostruzione le vie sotterranee della città non sono state di supporto allo sviluppo urbanistico, al contrario le strade che i flussi in uscita a un certo punto hanno preso sono state tali da definire uno scenario di correità del sottosuolo rispetto alla devastazione superficiale. Nel 1959 l'Ufficio delle fognature all'Amministrazione Comunale di Napoli ricevette la richiesta di utilizzo delle acque cloacali da parte della Società Italsider di Bagnoli per un utilizzo industriale. La richiesta fu accordata (Convenzione n. 9071, del 27/9/1959) e parte delle acque reflue incominciarono ben presto a essere dirottate verso l'impianto: è l'unica operazione di riciclo andata a buon fine ma la sua applicazione, invece di costituire un buon esempio in termini di sostenibilità, ha rappresentato una sconfitta dal punto di vista ambientale. I flussi in uscita dalla città venivano deviati in pieno centro cittadino presso l'impianto «M» dove avvenivano le operazioni di depurazione e di demineralizzazione.

Le acque così trattate erano un'importante risorsa a basso costo per l'impianto siderurgico partenopeo e venivano utilizzate nel processo di raffreddamento. Questo sistema funzionò così bene che, a fronte di una nuova richiesta, l'Italsider fu autorizzata, grazie a una nuova convenzione, a passare da una fornitura di 400 mc/h del primo contratto a una più consi stente di 1900 mc/h. Valutato dal punto di vista dell'impatto ambientale questo processo di reimpiego può essere visto da due punti di vista differenti. Dal punto di vista del ciclo dei rifiuti il bilancio era positivo, difatti, la deviazione verso Bagnoli comportava un alleggerimento dell'immissione nell'ecosistema metropolitano in quanto le acque utilizzate per il raffreddamento, non rientravano più nel circuito venoso della città ma si esaurivano all'interno del processo produttivo. Se si analizza lo stesso processo in una prospettiva più ampia, però, emerge come quelle acque abbiano finito con l'alimentare l'attività di un'industria che è stata alla base del percorso di degenerazione urbanistica e ambientale di una significativa fetta dell'area metropolitana. In conclusione, quindi, l'unica esperienza di riciclo dei materiali fognari che ha avuto successo ha finito con il sostenere, indirettamente, uno degli impianti più insostenibili di Napoli.

Successivamente all'inconsapevole coinvolgimento nel disegno di criminalità ambientale descritto da parte del sottosuolo, si è aperta per Napoli la lunga e sofferta stagione dei crolli e delle voragini descritta da Eleonora Puntillo (E. Puntillo, 2001). Strade e palazzi inghiottiti in voragini provocate dal collasso di strutture sotterranee inadeguate a reggere il peso di una città che cresceva a dismisura e che avrebbe, di contro, avuto bisogno dello sviluppo e del consolidamento delle sue reti per la conduzione dei fluidi urbani. Un processo che era avvenuto fino a allora solo per fare fronte alle emergenze, mai a livello di programmazione e di prevenzione del danno ambientale.

L'eco di tale disastro ambientale ebbe il potere di svelare quanto la mancata conoscenza dei reticoli sotterranei in uso e in disuso potesse essere rischioso per la sopravvivenza della città emersa. Ci si rese finalmente conto che se si voleva evitare che questi dissesti continuassero non si potevano più ignorare le porosità del sottosuolo e in virtù di questa consapevolezza venne costituita nel 1966 una Commissione comunale per il loro censimento e studio.

La commissione era costituita da studiosi di varia estrazione (Lelio Saccani, Mario Sgarrella, Francesco Saverio Verde, Sabbatino Meneganti, Arrigo Croce, Vincenzo Franciosi, Pasquale Nicotera, Dante Bardi, Roberto Di Stefano, Pietro Parenzan, Carlo Galateri e Guido Vinaccia), si avvaleva della consulenza di speleologi e aveva un approccio di studio molto articolato. Accanto alla ricostruzione cartografica avvenne anche un primo tentativo di storicizzare i problemi del mondo sommerso rispetto alle vicende superficiali e insieme allo studio geologico fu curata una rassegna bibliografica sul tema in oggetto. Un modello di studio, quello integrato proposto e pubblicato nella Relazione conclusiva, che ha visto nelle radici sotterranee della città le possibili soluzioni per i suoi problemi più generali (Comune di Napoli, 1967).

I risultati dei lavori della Commissione non sono stati definitivi: a quarant'anni di distanza il censimento non è ancora completo nonostante il succedersi tanti altri studi e l'attività di un ufficio comunale apposito (Ufficio Sicurezza Geologica e Sottosuolo). Tuttavia, quell'esperienza segnò l'accreditamento di un approccio cognitivo che ha svelato come la conoscenza delle dimensioni, della localizzazione e delle condizioni di stabilità dei cunicoli sotterranei per la conduzione dei liquidi sia fondamentale in termini di prevenzione dei rischi da dissesto idrogeologico.

Quello che si spera emerga dalla lettura del presente lavoro è che lo studio di quegli stessi condotti possa offrire un contributo originale alla storia dello sviluppo urbano della città con una particolare attenzione ai meccanismi di interazione fra questa e le sue risorse naturali.

6 - Bibliografia

AA.VV. 1883, *Fognatura cloacale della città di Napoli. Relazione all'Ill. signor sindaco del progetto compilato dalle direzioni tecniche 1 e 4*, Regio Stabilimento Tipografico F. Giannini e figli Napoli.

Alisio G., 1980, *Napoli e il risanamento: recupero di una struttura,* ESI, Napoli.

Armiero, M., Barca, S. 2004, *Storia dell'ambiente. Una introduzione*, Carocci, Roma.

Bentivegna, R. 1889, *Trattato della fognatura cittadina*, Ulrico Hoepli, Milano.

Bettini, V. 1996, *Elementi di ecologia urbana*, Einaudi, Torino.

Biblioteca ANIAI, NA, coll. G. II, 1, XXX).

Biuso, 1884, *Precetti d'igiene rurale*, p. 47.

Boubée, P. 1867, *Sulla bonifica delle città e delle fabbriche*, Tipografia di G. Fabbricatore fu Gennaro, Napoli, p. 21.

Bruno, G. 1873, *Relazione all'Assessore Municipale Prof. Buonuomo*, Napoli, p. 19.

Colonna, F. 1898, *Scoperte di antichità in Napoli dal 1876 a tutto il 1897*, R. tip. Francesco Giannini e f., Napoli.

Corona, G. 2001, *Inquinati e inquinatori nella storia d'Europa. Note in margine ad un convegno*, in *Meridiana, Rivista di storia e scienze sociali*, 40, Roma, pp. 99-118.

Corona, G. 2001, *La sostenibilità urbana a Napoli. Caratteri strutturali e dinamiche storiche*, in: *Meridiana. Rivista di Storia e Scienze sociali,* 42, pp. 15-52.

Corona, G. 2004, "Ecosistema città", in: *i frutti di Demetra*, 4, pp. 59-64.

Corona, G., Masullo, G. 1989, *La terra e le tecniche, innovazioni produttive e lavoro agricolo nei secoli XIX e XX*, in Bevilacqua, P. (a cura di) 1989, *Storia dell'agricoltura italiana in età contemporanea, spazi e paesaggi*, I, Marsilio, Venezia, p. 354.

Cortese, F. 1883, *Progetto pel Sottosuolo di Napoli*, Tipografia di N. Mencia, Napoli.

Curci, C. 1869, *Sulle fogne e sulla utilizzazione delle sue acque*, Napoli, 1869.

D'Elia, C. 1994, *Bonifiche e Stato nel Mezzogiorno* (1815-1860), Edizioni Scientifiche Italiane, Napoli.

Depérais, C. 1866, *Note e chiarimenti sui mezzi adoperati a disinfettare le materie organiche*, Napoli.

De Renzi, S. 1832, *Topografia e statistica medica della città di Napoli*, Tip. Filiate Sebezio, II edizione, Napoli.

Fusco, I. 2007, *Peste, demografia e fiscalità nel Regno di Napoli*, Franco Angeli, Milano.

Giovannini, C. 1996, *Risanare le città. L'utopia igienista di fine Ottocento*, Milano, Franco Angeli, p. 14.

Laurenzana, N. 1877, *Sulle fognature della città di Napoli*, Stabilimento Tipografico dell'Unione, Napoli, p. 11.

Malanima, P. 2002, *La ricchezza e la povertà dell'Italia, Le risorse naturali,* in Ciocca, P., Toniolo, G. (a cura di), *Storia Economica d'Italia*, vol. 3, pp. 3-37.

Melisurgo, G. C. A. 1885, *Pareri e comenti sulla fognatura di Napoli*, Regio Stabilimento Tipografico F. Giannini e figli, Napoli, p. IX-XII.

Mendia, A. 1884, *Considerazioni di massima e di modalità sul progetto Municipale riguardante la fognatura della Città di Napoli*, Tipografia Commerciale, Napoli.

Puntillo, E. 2001, *Le catastrofi innaturali*, Tullio Pironti, Napoli.

Rasulo, G., Rasulo, M., *Il sottosuolo di Napoli e l'infrastrutturazione urbana: il caso degli acquedotti storici*, in Varriale, R., (a cura di) *Undergrounds in Naples – I sottosuoli napoletani*, op. cit., pp. 63-72.

Relazione della Commissione di Studio, Comune di Napoli (a cura di) 1967, *Il Sottosuolo di Napoli*, Aversa, Stabilimento Tipografico A.G.I.F.

Rifkin, J. 1993, *Entropia*, Baldini Castoldi Dalai, Milano.

Russo, G. 1960, *Il Risanamento e l'ampliamento della città di Napoli*, L'Arte Tipografica, Napoli.

Russo, G. 1966, *Napoli come città*, Edizioni Scientifiche Italiane, Napoli.

Russo, S. 1881, *Il paesaggio agrario della Capitanata nel XIX secolo*, in Massafra, A., (a cura di), *Problemi di storia delle campagne meridionali nell'età moderna e contemporanea*, Bari, p. 458.

Salvemini, R., 2004, *La «salubrità dell'aria».Pulizia, polizia e salute nella Napoli di ancien régime*, in Zilli, I. (a cura di), *La natura e la città. Per una storia ambientale di Napoli fra '800 e '900*, Edizioni Scientifiche Italiane, Napoli, pp. 69-108.

Sereni, E. 1972, *Agricoltura e mondo rurale*, in *Storia d'Italia*, I, Torino, p. 217.

Sori, E. 2001, *La città e i rifiuti. Ecologia urbana dal Medioevo al primo Novecento*, Bologna, Il Mulino.

Spataro, D. 1887, *Igiene delle abitazioni, Fognatura domestica*, I, Milano, pp. 261-357.

Tosti, C. 2007, *Il paesaggio come storia*, Mulino, Bologna.

Turchi, M. 1861, *Sulla igiene pubblica della città di Napoli: osservazioni e proposte di Marino Turchi*, Tip. della vedova Migliaccio, Napoli.

Turchi, M. 1863, *Sulle acque e sulle cloache della città di Napoli*, Napoli.

Varriale, R., 2002, *L'ingegnere delle acque al servizio del Mezzogiorno fra Otto e Novecento: una risorsa per lo sviluppo*, in Zaninelli, S., Taccolini, M. (a cura di), *Il lavoro come fattore produttivo e come risorsa nella storia economica italiana*, Milano, V&P Università, pp. 407-414.

Varriale, R., 2007, *La mano pubblica nel sottosuolo di Napoli*, in *Storia urbana*, n.116, pp. 57-76.

Varriale, R. 2009, *Il sottosuolo e l'ecosistema a Napoli. La parte più nascosta della città contribuisce alla sua storia ambientale*, in: Varriale, R., (a cura di) 2009, *Undergrounds in Naples. I sottosuoli napoletani*, CNR-ISSM, Napoli, pp. 7-37.

Varriale, R., (a cura di) 2009, *Undergrounds in Naples. I sottosuoli napoletani*, Napoli, CNR-ISSM.

Varriale, V. 1915, *La fognatura di Napoli. Studi-Progetti-Esecuzione-Funzionamento*, Napoli, Regio Stabilimento Tipografico Comm. Francesco Giannini & Figli.

Zilli, I., (a cura di) 2004, *La natura e la città. Per una storia ambientale di Napoli fra '800 e '900*, Napoli, Edizioni Scientifiche Italiane.

Zucconi, G. 1989, *La città contesa. Dagli ingegneri sanitari agli urbanisti (1855-1942)*, Milano, Jaka Book, 1989.

XIII

WATER SUPPLY SYSTEM OF PALMYRA, ANCIENT CITY ON THE SYRIAN DESERT

Author
Marta Żuchowska Institute of Archeology, University of Warsaw (Poland)

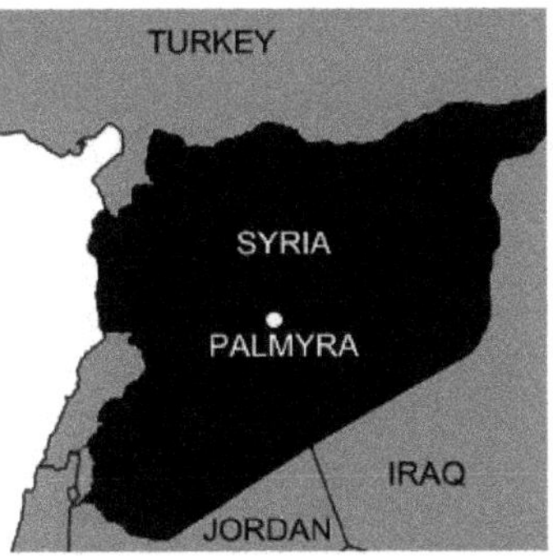

Abstract

Palmyra, present day Tadmor, is located in the center of the Syrian Desert, over 200 km northeast of Damascus. In Roman times, the city developed as a major center of long distance trade between the Roman Empire and the East. One of the most important factors that contributed to the rapid development of the city was access to nearby water sources. Control over it not only resulted in Palmyra becoming the 'must stop' place for all caravans crossing the desert, but also let the city develop quickly in a relatively short time. Based on archaeological data from old and new excavations and prospection, I would like to present in this paper the city system of water supply distribution and evacuation.

1 - *Water sources*

In the southern part of the city lies a source called Efqa. It was still in use in the 1980s, but it has completely dried since then. Its water had a high content of sulphur, so it had an extremely bad taste, but after settling for a long time in a water container, the water became potable. It was always considered as an important water source that enabled the development of the city, however recent research involving the urban development of Palmyra suggests that this theory is true only for the Paleolithic and Neolithic periods.

Traces of human activity from these prehistoric periods were found in the source's proximity while the bronze-age period settlement of Palmyra was located far in the east, in present day Bel Temenos.

The lack of any special water distribution installations during the Hellenistic, Roman and later periods suggests that the Efqa water source was never used for home purposes and not for garden irrigation around the city either.

On the contrary, this source seems to have had religious significance, a notion supported by the presence of numerous sacrificial altars found within the proximity of the Eqfa grotto (Gawlikowski, 1974, no 106–127). Some scholars suggest also that this was the place of the temple of Yarhibol, the Palmyrean god of Moon (Du Mesnil Du Buisson, 1966, str. 162), but this theory was never proved via archeological data.

It seems possible that the grotto with sulphuric water was used as a public bath, as it was still 20 years ago. The sulphuric water is known for its medicinal use and we do not know of any other public baths from early Roman Palmyra, which makes the above hypothesis plausible.

2 - *Sweet water sources*

The *Palmyrean Tariff* text (bilingual Greek – Aramaic document relating to custom, from 137 A.D.) mentions two sources of water in the city. J. Teixidor suggests that these two sources are Efqa and the sweet water source in Rueisat, 7 km west from the city (Teixidor, 1984, p.75 - 76). It seems the latter was indeed in use during Roman Period, and even if it was not inside the city, it supplied water for at least a big part of the aqueduct called Abu el Fawares. The *Palmyrean Tariff* text mentions the high salary paid for administration of these water sources (*Palmyrean Tariff*, 58 line of aramaic text). This implies the constant and abundant use of water for city and domestic purposes as well as for gardens irrigations. As I mentioned above, the Efqa source has never been exploited in that way so it is rather doubtful it is one of the two mentioned in the text.

In modern times there was at least one more source of water. It was located somewhere north of the city. Water from this source was conducted to the city by the so-called foggara – hypogean aqueduct constructed by hollowing out vertical shafts and then connecting them on the level of water flow. It was still in use in 1975 when D.P. Crouch conducted her research on the water system of Palmyra. She believed the place, considered to be a source, was in fact a hole in a dilapidated ancient aqueduct. Recently these installations have been destroyed, so any theories must be based on previous research (Crouch, 1975, p. 156–158). It is however possible that this northern source was the second one mentioned in Palmyrean Tariff. However, in order to confirm this hypothesis some excavations in proximity to the Northern part of the city walls are necessary. Another water source, which was used in recent times is the Qanat al Haluwah – canal of fresh water. It is also impossible to conduct any research on it now, because it was completely destroyed by the garden's cultivation (Al – As'ad, Bounni, 2000, p. 63).

3 - *Aqueducts*

The only source of fresh water, of which we know it was in use during ancient times, is that in Rueisat, 7 kilometers west of the city. It was connected with the city by an aqueduct and then distributed to the houses by ceramic pipes. The source is now completely dried and constructions on the hill from which water flowed are in very bad state, some rests are however still visible. At the beginning of the 20th century Carle described it saying that water flowed through five separated channels hollowed out in the rock to the bottom of the pool and from there it was conducted to the city by an aqueduct having an inclination of about 0,5 m every kilometer (Carle, 1923, p. 153–160).

A surface prospection done in 2007 shows most of this aqueduct's elements are still visible. The most western part of it is located underground and impossible to analyze without further excavations, but a few kilometers away from the city, we can observe the hypogean corridor. It was first found by Wood in XVIII century and then described by Barański in the 90's. This vaulted corridor is made of stone blocks 2 meters high and 88 cm long and has a water channel 0.45 meter large and 0.5 m. deep in the middle. Every 30 meters in the vault is an air aperture (Barański, 1997, p. 14-15). Wood described staircases that were used probably for some conservation work (Wood, Dawkins, 1753, p. 35). Further east, in order to equalize the level of the terrain, the form of the aqueduct changes, and rises to the surface. In that part, it looks like an open stone channel in which lie ceramic pipes. Finally, nearby the city, the channel is placed on the top of the wall equalizing the level of the terrain. The last two parts of the aqueduct were damaged because they were not protected by the stone vault. It had to be fixed often and broken water pipes were replaced by new ones. That is probably the reason why we find only the rest of late phase of utilization of this aqueduct.Then, water pipes cross the terrain of Diocletian Camp and then followed the line of the Great Colonnade. Another branch of the aqueduct followed the line of the wadi and distributed water probably to the south part of the city.

The architectural analysis of the construction ruins in Rueisat, done by M. Baranski in the 90's, suggests the first time, this source is used, was during the middle of the second century a.d. (Barański, 1997, p. 12-15). At the beginning of the present century, the new excavations in the Great Colonnade street, seems to prove that the aqueduct would have been in use half a century earlier. Under the oldest surface of the street, water pipes conducting water from west to east were found. The context material dates these pipes from the end of the first century to the beginning of the second century a.d. (Żuchowska, 2002, p. 291-294). In later times water from Rueisat was distributed exclusively by pipes in the Great Colonnade, it is therefore very plausible that these older water pipes had the same function. The use of the aqueduct was probably anterior to the construction of decorative buildings at the top of the hill. The main problem for studying this aqueduct is its central part. It seems the western, subterranean part of it was well protected and often repaired, therefore it was in use from the beginning to the end of the utilization of the Rueisat source. In the Great Colonnade portion the water pipes were usually placed under the street level. As excavations conducted in the western part of the Great Colonnade suggests, these pipes were also often repaired and during few hundred years of utilization of the source, the new courses of water pipes were installed a few times, without removing the old ones, so we can easily watch the chronology and changes in these installations. But the central part was the most endangered and also the least protected and as a result we can say nothing about its Roman phase.

The biggest conservation problem for the aqueduct was dust and sand that entered the water probably by the air apertures in the subterranean parts of the aqueduct. The water pipes found in the Great Colonnade were almost completely blocked by the sand sediments.There should be an alternative aqueduct leading water from the northern source, at least in the Late Roman period, as suggested by the fragments of water pipes found in the northern quarter of the city, but no traces of these fragments were preserved.

4 - *Distribution of water*

The main problem of the research on the water distribution system connected with the western aqueduct is the chronological incoherence of the archaeological data we dispose. Excavations in few points of the city supported the relics from different periods of utilization. In many cases all remains were accidentally discovered during early conservation works in the Great Colonnade, and their context have never been documented. We can however make some interesting observations.

Even if the oldest evidence of using water from Abu el-Fawares comes from I/II century AD, the relics of the water distribution from corresponding periods were found only in one trench in the Western part of the Great Colonnade street. This is only a small surface of the excavated terrain, and it does not let us determine exactly how water from the Great Colonnade pipes was distributed to the quarters laying on both sides of the central street. A very interesting feature of this oldest installation is the red dipinti on each and every segment of pipe.

This dipinti is formed by Aramaic letters, some of them, probably consisting of abbreviations, are impossible to understand, but we can recognize the word "bl" – god Bel, repeated a few times (Żuchowska, 2002, p. 291 - 294). Analogical dipinti was found on the pipe discovered in a trench in the Hellenistic quarter of the city (Courtesy information from A. Shmidt-Colinet), which can be considered as proof of an existing second line of aqueduct leading water from Abu el-Fawares to the Southern part of the city, as well as in the temenos of Baalshamin (Fellman – Dunant, 1975, p. 120, fig. 1, 2, 3).

The pipes of this first installation have a very big diameter, compared to later ones. They were connected with the calcareous mortar and put into a dip trench filled with clay. During the II and III century AD this system was frequently repaired and remade a few times during the city history; the old water pipes were replaced by the new. Sometimes only some segments of the pipes were replaced by new ones, and some small breaks were fixed with calcareous mortar. During excavations under the street of the Great Colonnade, eight successive systems of water pipes were found, which were used from I/II till IV/V century AD. All of them have a small inclination in the direction from the West to East.

An alternative system can be observed in the surrounding trench in the street of Diogenes, perpendicular to the Great Colonnade. Smaller bell – shaped water pipes, lying in shallow trench filled with grey, hydraulic mortar, have an inclination from North to South and probably were used to lead water from northern aqueduct mentioned above. These kinds of pipes were also found in the Diocletian Camp, so this system, dated by ceramic material and stratigraphical context on III – V cent. AD, were probably used also for supplying a big part of the city, if not all of it (Barański 1997, p. 10, Żuchowska, 2000, fig 2, str. 189).

5 - *Cisterns and wells*

In the early phase of the city existence, before the construction of the Western Aqueduct, the population of Palmyra probably used water from the Efqa source, but also from wells and cisterns. The level of subsoil water had

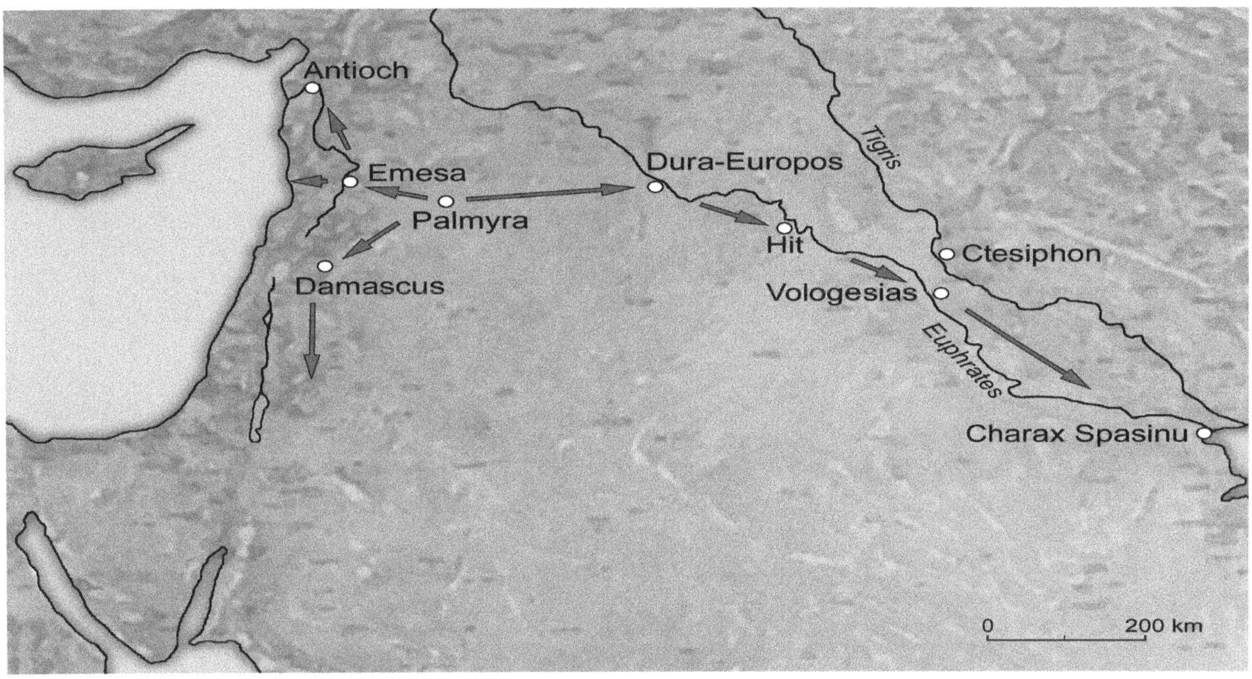

Fig. 1. *Palmyra and the trade routes.*

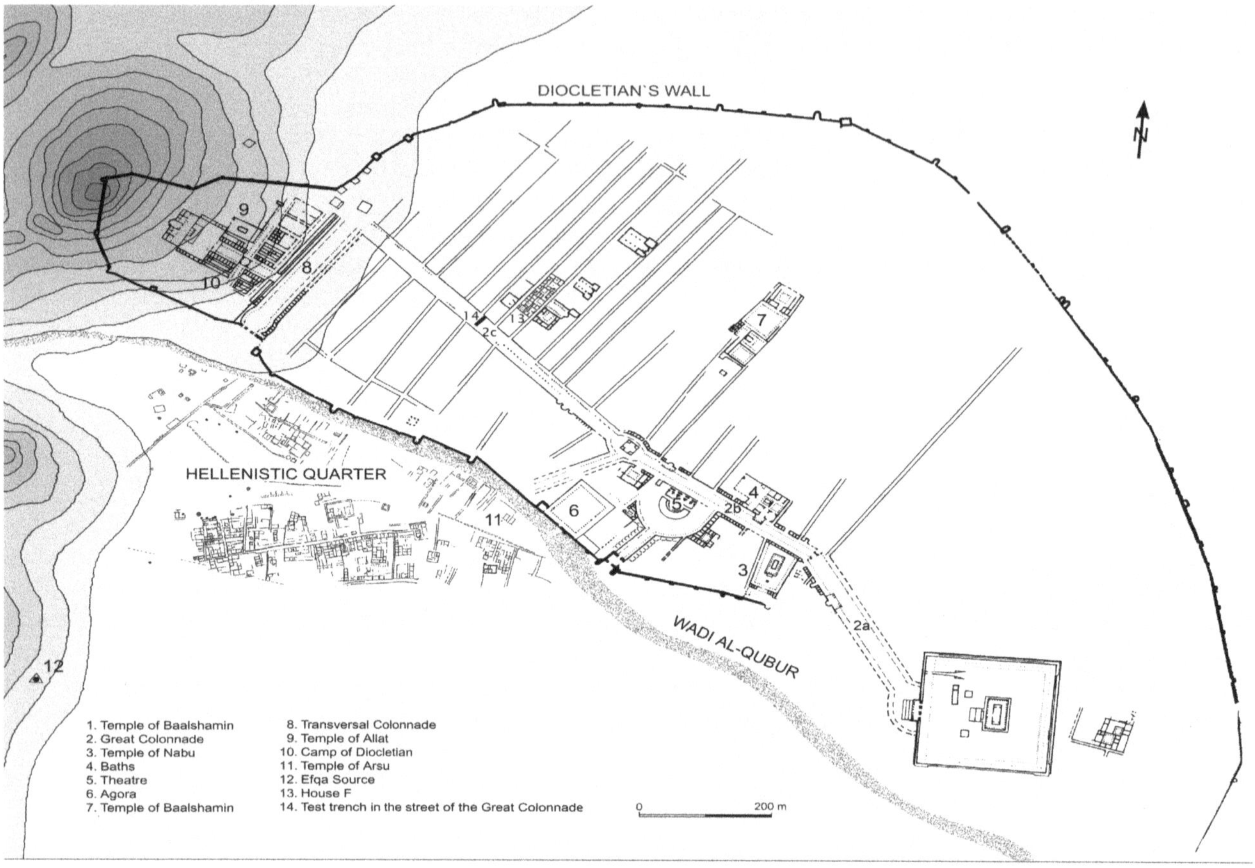

Fig. 2: *Plan of Palmyra (compiled by author and R. Żukowski, based on following publications: M. Gawlikowski, "Les defenses de Palmyre".*

to be relatively high and shallow wells used to give quite good access to water.A big well, in a very good state of preservation, has been found by a German Archaeological Mission in Hellenistic Quarter in 2001. It was over a dozen meters deep, 1.5 meters in diameter and has a well-constructed stone lining (Schmidt – Colinet, 2001).

A smaller well, found by a Polish archaeological mission in the southern portico of the Great Colonnade, was in use until Byzantine times, after which it probably dried up and then was filled with desert sand. This well was probably public, and all inhabitants of the neighborhood quarter could use it (Żuchowska, 2002, p. 291 - 294).

There should be a lot of this kind of wells in the city. Two were found in the Diocletian Camp, one in Agora, one in Agora Annex and one in the Bel temenos area. Usually we are not able to figure out precisely when a well was in use. It is possible that most of them were dug in the period before the construction of the Abu el-Fawares aqueduct, but they could also function as a supplementary sources of water in later times. The aqueduct's water pipes, especially those in the Great Colonnade, were broken and fixed many times, so it is impossible that the city was functioning without any alternative water supply system.

It seems the owners of big houses used to make private wells. In the house F, excavated by the Polish archaeological mission from 1989 – 1996, two small 5 meters deep, pear-shaped wells were found. Those small wells had no well lining, only stone framing on the surface. They were located on the courtyards and their openings were blocked during later times, probably because the level of subsoil water lowered and wells dried out. In the city area, one can also observe the traces of large cisterns, probably storing water reserves for the entire city. One of them was located in the proximity of Tetrapyle, and one under a present-day asphalt road near the Ethnographic Museum. Their construction used some spolia – especially columns, so it seems probable they were made relatively late (Crouch, 1975, p. 160). It was also suggested by some scholars that in the city existed some open cisterns, being visible on the present surface as a spacious depression of terrain filled by relatively abundant vegetation even in the dry season (*Loc.cit.*).

This hypothesis was never proved by any archaeological nor geological works, thus it is impossible to consider if the accumulation of water in certain places is the result of geological structure of terrain or intentional human activity or if they were really used as water reservoirs.

6 - *Sewage evacuation*

In the Roman period in Palmyra there also existed a sewage system. The main sewer collector was placed under the street of the Great Colonnade. It was a canal built of stone,

50 cm wide and 70 cm high. Its bottom was made of slabs of volcanic rock with a 10 cm deep channel in the center. The side walls were composed of irregular stones and the sewer was covered by the limestone slabs. Frequent works connected with necessity of fixing the blocked or collapsed part of this sewer or lying just near broken water pipes disturbed stratigraphy and it is almost impossible to decide what was the exact date of construction of this sewer, it seems however probable that it was contemporary to the construction of porticoes of the Great Colonnade itself. In the central part of the Great Colonnade the sewer had ventilation openings so it was accessible from the level of the street. In this part of the city, sewer construction was much more solid, the side walls were built of regular stone blocks instead of irregular stones as observed in the western part. All were built without using any kind of mortar, stones were joined with clay. Used water was probably evacuated from houses by the ceramic pipes to the small sewers going under the streets perpendicular to Great Collonade. The only example of such installations was found in the so called "Olive Street" west of Basilica I. It was built of small stones, without any mortar. The pottery material and stratigraphy context enable us to date its construction to the III century AD. The comparison of this small channel's levels and the main sewer collector also shows that the end of the channel is more inclined than could be explained by the necessity of easy flow of water, what let us make an interesting observation: the main sewer collector was built as an integral part of the Great Colonnade in the time of its construction, and then, when new houses appeared in the northern quarter, some small evacuation channels were also added. The used water was probably evacuated outside the city, but the exact place has not been found up to now. The main collector line had to deviate from the line of the Great Collonade because it led to the Bel Temple, the main sanctuary of the city, built on a slight elevation. We also do not know if the other parts of the city also had this kind of installations and if so, whether these installations were connected or independent.

7 - *Conclusions*

The systems of water supply and evacuation in Palmyra seem to be quite advanced and changes with the city development and progresses according to the needs and requirement of its inhabitants. Until the end of II century AD the water supply was based only on wells, cisterns and the sulphuric water source. The sulphuric water was rather used for hygienic and cult purposes than for drinking. The level of subsoil water had to be high enough to create such a possibility. It was not until the end of the I century AD that inhabitants of Palmyra started to exploit the fresh water source at Rueisat, lying 7 km far from the city. In the same period the aqueduct and the system of water pipes conducting the water were built. We don't know if the system covered the entire surface of the city, but it, at least, reached Bel temenos where the complicated system of canals proves the large utilization of water, temple of Baalshamin and southern, so called "Hellenistic" quarter. It is also possible than the permanent access to water from the aqueduct was very costly and only the wealthiest citizens were able to pay for such installations in their houses. The rest of the population was using water from wells and public fountains. It seems that, at least in late Roman period, Palmyra had two water supply systems – one from the Rueisat source and one from the northern, non-localized source. In the Roman period, water was conducted to many houses in the northern, as well as in the southern quarter. In the house F, excavated by the Polish Archaeological Mission, even a private latrine, in which water was flowing permanently, was found. Used water was evacuated to the sewer collector in the Great Colonnade.All water systems were often renovated and fixed until the Umajjad times.

8 - *Bibliography*

As'ad (Al) KH., Bounni A. 2000, *Palmyra. History, Monuments and Museum*, Damascus.

Barański M. 1997, *The western aqueduct in Palmyra* , Studia Palmyreńskie X, p. 7- 17.

Carle G. 1923, *De l'alimentation en eau de Palmyre dans les temps actuels et anciens*, La Géographie XL, VII/VIII 1923, str. 153 – 160.

Crouch D.P. 1975, *The Water System of Palmyra*, Studia Palmyreńskie VI/VII, str. 151–186.

Fellmann R., Dunant CH. 1975, *Le sanctuaire de Baalshamin à Palmyre VI: Kleinfunde*, Rome.

Gawlikowski M. 1974, *Recueil d'Inscriptions Palmyréniennes provenant de fouilles syriennes et polonaises recentes a Palmyre*, Paris 1974, pp. 51-62.

Mesnil Du Buisson (Du) R. 1966, *Première Campaigne de fouilles à Palmyre*, CRAI, str. 158 –187.

Teixidor J. 1984, *Un port romain du desert: Palmyre*, Semitica XXXIV.

Wood R., Dawkins H. 1753, *Les ruines de Palmyre, autrement dite Tedmor au Desert,* Londres 1753.

Żuchowska M. 2000, *Quelques remarques sur la Grande Colonnade de Palmyre*, BEtOr str. 187–193.

Żuchowska M. 2002, *Palmyra: Test trench in the street of the Great Colonnade,* Polish Archaeology in the Mediterranean XIV, Reports 2002, pp. 291–294.
Palmyrean Tariff CIS 3913.

marta _zuch@yahoo.uk, marta_archeo@tlen.pl

Fig. 3. *Ancient entrance to the Efqa source (Photography by M. Żuchowska).*

Fig. 4. *Abu el Fawares,present state (Photography by M. Żuchowska).*

Fig. 5. *Western aqueduct, western part, view from the East (Photography by M. Żuchowska).*

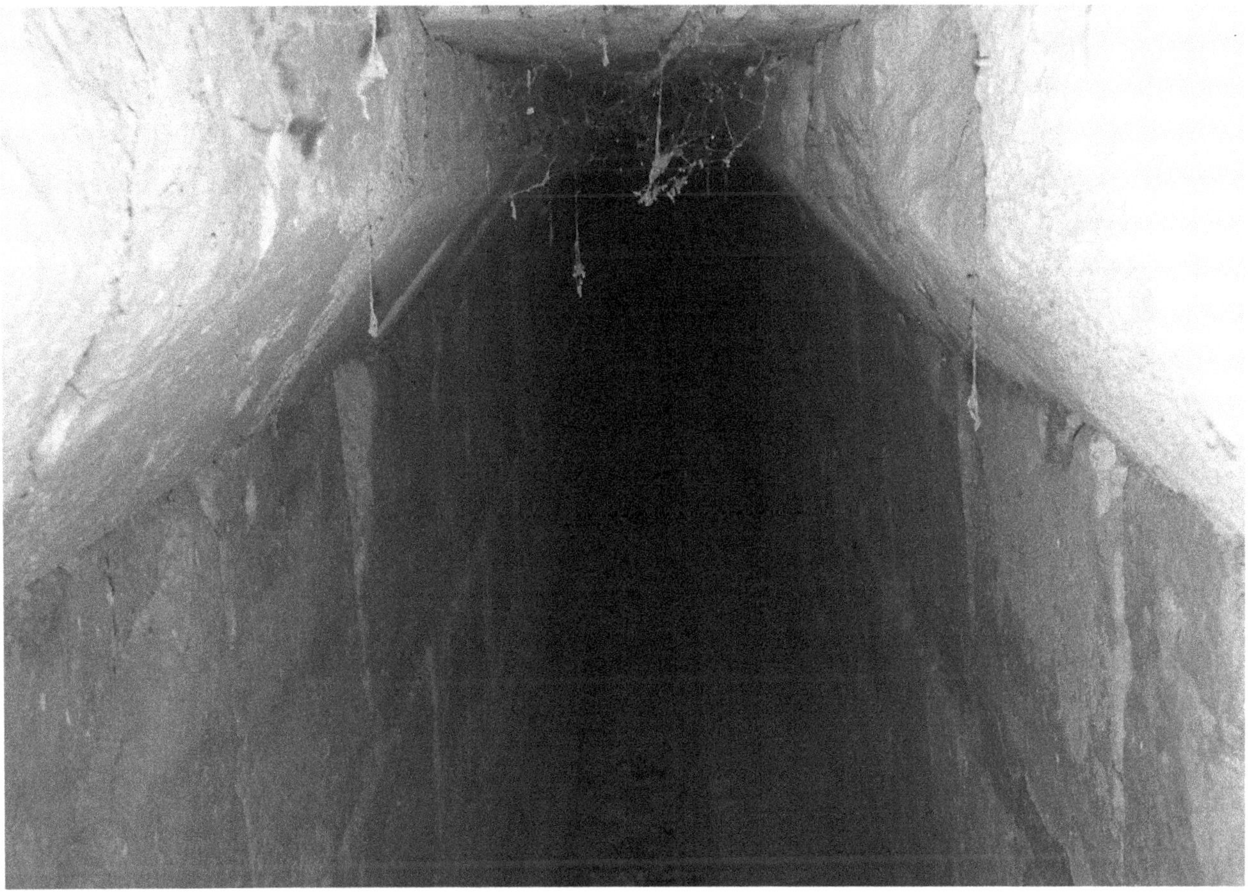

Fig. 6. *Western aqueduct, western part, channel's interior, view from the East (Photography by K. Juchniewicz).*

Fig. 7. *Western aqueduct, eastern part, view from the West (Photography by M. Żuchowska).*

Fig. 8. *Water pipes and evacuation sewer in the test trench in the street of the Great Colonnade, view from the North (Photography by M. Żuchowska).*

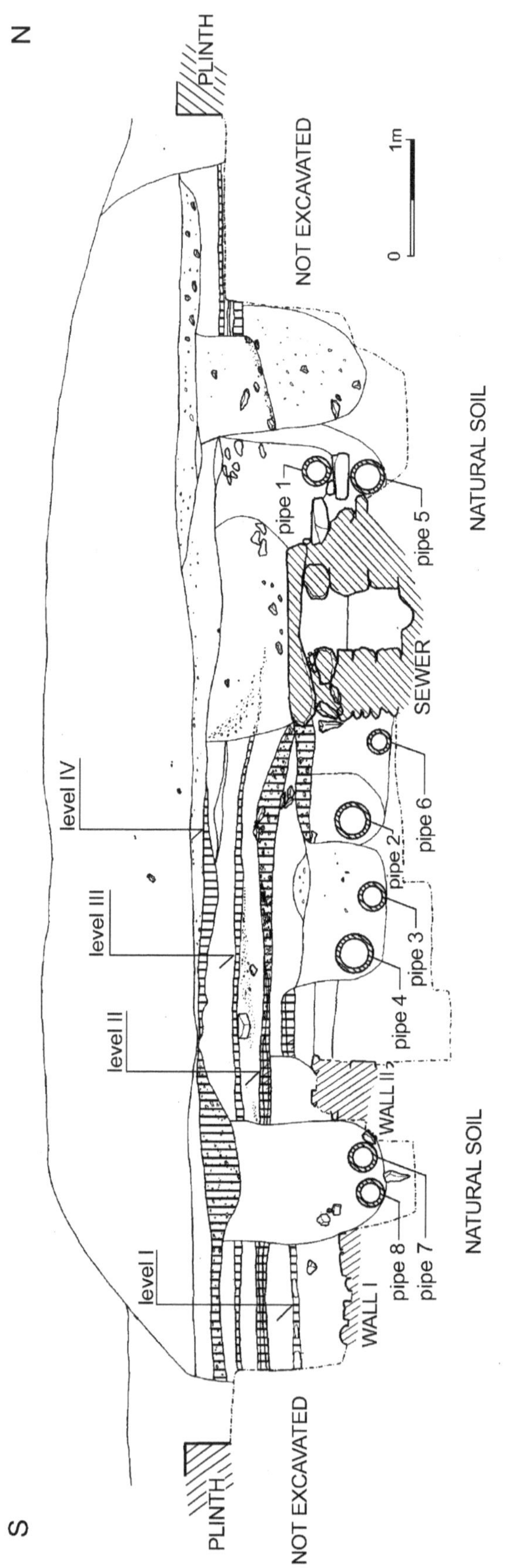

Fig. 9. *Cross- section through the test trench in the street of the Western section of the Great Colonnade, looking West (Draw by M. Żuchowska).*

Fig. 10. *The water pipe with painted inscription, found in the test trench in the street of the Western section of the Great Colonnade (Photography by M. Żuchowska).*

Fig. 11. *Evacuation sewer in the test trench in the street of the Western section of the Great Colonnade (Photography by M. Żuchowska).*

Fig. 12. *Well discovered in the South portico of the Western section of the Great Colonnade (Photography by M. Żuchowska).*

Fig. 13. *Well discovered in the portico of the house F in the north – western quarter of the city (Photography by K. Juchniewicz).*

Fig. 14. *Well discovered in the portico of the house F in the north – western quarter of the city (Photography by K. Juchniewicz).*

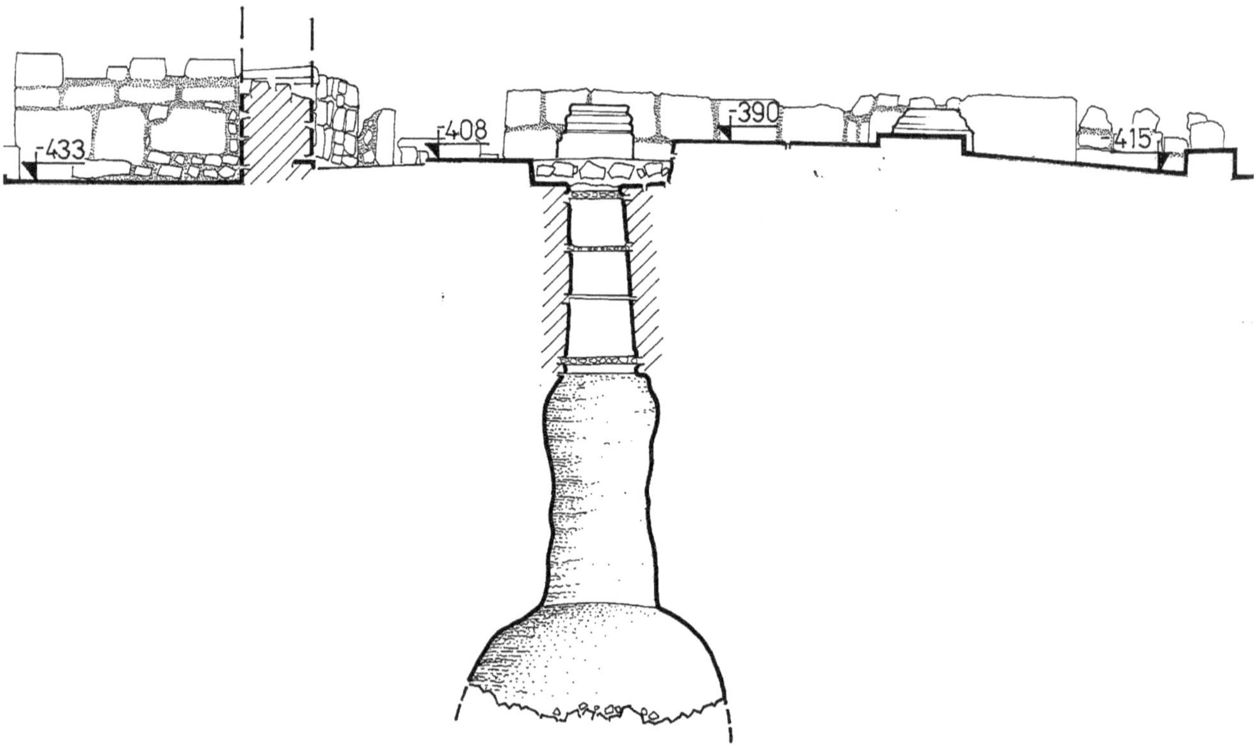

Fig. 15. *Section of the well in the portico of the house F in the north – western quarter of the city (Draw by M. Barański).*

Fig. 16. *Entrance to the so-called cistern near the Tetrapyle (Photography by M. Żuchowska).*

XIV

BOLSENA – VOLSINII (VITERBO): DOCUMENTAZIONE DI UN TRATTO D'ACQUEDOTTO IPOGEO

Autore
Gianluca Padovan Ass.ne Speleologia Cavità Artificiali Milano - Federazione Nazionale Cavità Artificiali

Foto
Archivio Ass.ne Speleologia Cavità Artificiali Milano - Federazione Nazionale Cavità Artificiali

Sommario

Nel corso delle indagini per la catalogazione delle opere ipogee esistenti nell'Alto Lazio, la Federazione Nazionale Cavità Artificiali, in collaborazione con la Soprintendenza per i Beni Archeologici dell'Etruria Meridionale, ha svolto alcune campagne di ricognizione nel territorio di Bolsena (VT). A nord del borgo di Bolsena (Viterbo) è stato esplorato e documentato un tratto di acquedotto ipogeo, il quale presenta alcune parti restaurate nel I secolo.

Abstract

In the course of the cataloguing of existing subterranean features in Northern Latium, the National Federation for Artificial Cavities (F.N.C.A.), together with the Superintendence for Archaeological Resources of Southern Etruria, carried out reconnaisance campaigns in the territory of Bolsena (Viterbo). To the north of the village of Bolsena (Viterbo) an underground section of the aqueduct has been explored and documented, which includes some parts restored in the first century.

1 - *Introduzione*

Tra il 2004 e il 2007 si sono condotte numerose campagne di Archeologia del Sottosuolo nel territorio di Bolsena (Viterbo), in collaborazione con la Soprintendenza per i Beni Archeologici dell'Etruria Meridionale. Una prima parte dei risultati è stata presentata al I Congresso Nazionale di Archeologia del Sottosuolo (Bolsena 8-11 dicembre 2005) e pubblicata nel Vol. n. 2 della collana Hypogean Archaeology (Basilico R. *et alii* 2007, pp. 47-74. Padovan D., Padovan G. 2007, pp. 733-746). Nel corso del 2006 il Comune di Bolsena ha fatto eseguire alcuni lavori di ripristino alle sponde del soprastante torrente, a seguito di una piccola alluvione. La benna della ruspa ha così scoperto e parzialmente sollevato il tappo di cemento che sigillava un pozzo a sezione rettangolare. Disceso dagli speleologi Roberto Basilico, Gianluca Luongo e Gianluca Padovan, il pozzo si è constatato essere connesso ad un acquedotto ipogeo (fig. 1). L'opera è stata esplorata fino a dove gli interri lo consentivano e parzialmente rilevata successivamente.

Scavato nella trachite, l'impianto idraulico è quanto rimane del classico condotto che capta le acque di una o più sorgenti e le conduce ai luoghi di fruizione sfruttando la legge di gravità terrestre. Il tratto esaminato è anch'esso l'esempio classico del pozzo praticato sino a raggiungere la quota prefissata per lo scorrimento del liquido: da qui si è proceduto in due direzioni divergenti ad incontrare le squadre procedenti da un analogo pozzo, oppure da una discenderia o da una finestratura. L'impianto si è lesionato nel tempo ed è stato oggetto di manutenzioni straorinarie e di restauri, comunque sempre in epoca antica. L'impressione è che il pozzo sia stato incamiciato a posteriori, in concomitanza con uno degli interventi. Il condotto è stato rivestito in più punti, utilizzando tecniche differenti. Per quanto riguarda lo speco, la cosa singolare è che si è preferito costruire un secondo condotto all'interno del primo, sia in muratura costituita prevalentemente da pietrisco legato con malta (*opus caementicium*), sia in conci appena sbozzati, sia in elementi lapidei ben squadrati e altrettanto bene messi in opera.

Nei tratti in cui la matrice trachitica è stata lasciata a vista si è provveduto a impermeabilizzare con malta idraulica perfettamente lisciata le parti inferiori delle spallette (fig. 2). Non è stato possibile capire come fosse stato sistemato il fondo, dato il discreto accumulo di sedimento argilloso assai plastico e la presenza d'acqua.

2 - *Il pozzo*

Si tratta di uno scavo praticato verticalmente nella trachite e successivamente rivestito in *opus caementicium*, in modo abbastanza regolare, stondandone gli angoli (fig. 3). Ha sezione rettangolare, con i lati minori che passano da una lunghezza di 0,7 a 0,63 verso il fondo, mentre i lati maggiori sono lunghi fino a un metro; è profondo 7,5 m al conoide detritico. Alla base misura 0,87x0,57x94x0,58. Lungo le pareti vi sono numerose pedarole poste in modo irregolare e di differente ampiezza e profondità.

La parte superiore è interessata da un cedimento del paramento, imputabile allo scoperchiamento avvenuto nel corso dei lavori di ripristino dell'alveo. La chiusura del pozzo è costituita da una gettata, abbastanza spessa, di cemento. Verso il fondo l'opera in *opus caementicium* si appoggia ad una muratura in conci abbastanza regolari, con volte a doppio spiovente che consentono il passaggio nei due tronconi contrapposti di acquedotto.

3 - *Il ramo sud-est*

Il ramo sud-est dell'acquedotto è impostato in direzione media di 125° e si sviluppa prevalentemente rettilineo. Superata la parete del pozzo, che copre parzialmente la luce dello speco (sez. 1), s'imbocca il ramo che procede in direzione 126°. Un tratto di mezzo metro mostra come il cunicolo sia qui alto 2,11 m, senza che il fondo originario sia visibile in quanto ricoperto da un abbondante strato di sedimento argilloso ed acqua (sez. 2).

Poi il cunicolo si sdoppia: nella metà inferiore è stato realizzato a posteriori dello scavo uno speco di ridotte dimensioni, rivestito in *opus caementicium*, con volta a doppio spiovente in cui si leggono i segni lasciati dalle palanche in legno.

Le spallette sono rivestite con malta idraulica, non sempre in buono stato di conservazione. La parte superiore ha il fondo in *opus caementicium* ricoperto da un abbondante strato di argilla, mentre le pareti sono in trachite a vista. Le tracce lasciate dagli attrezzi di scavo sulla matrice rocciosa indicano che si è scavato dal pozzo in direzione sud-est. Il tratto "sospeso" chiude su di un riempimento argilloso dopo quasi 9 m (sez. K).

Fig. 1. *Preparativi per la discesa all'interno del pozzo d'acquedotto. Da destra abbiamo gli speleologi Gianluca Luongo, Gianluca Padovan e Roberto Basilico.*

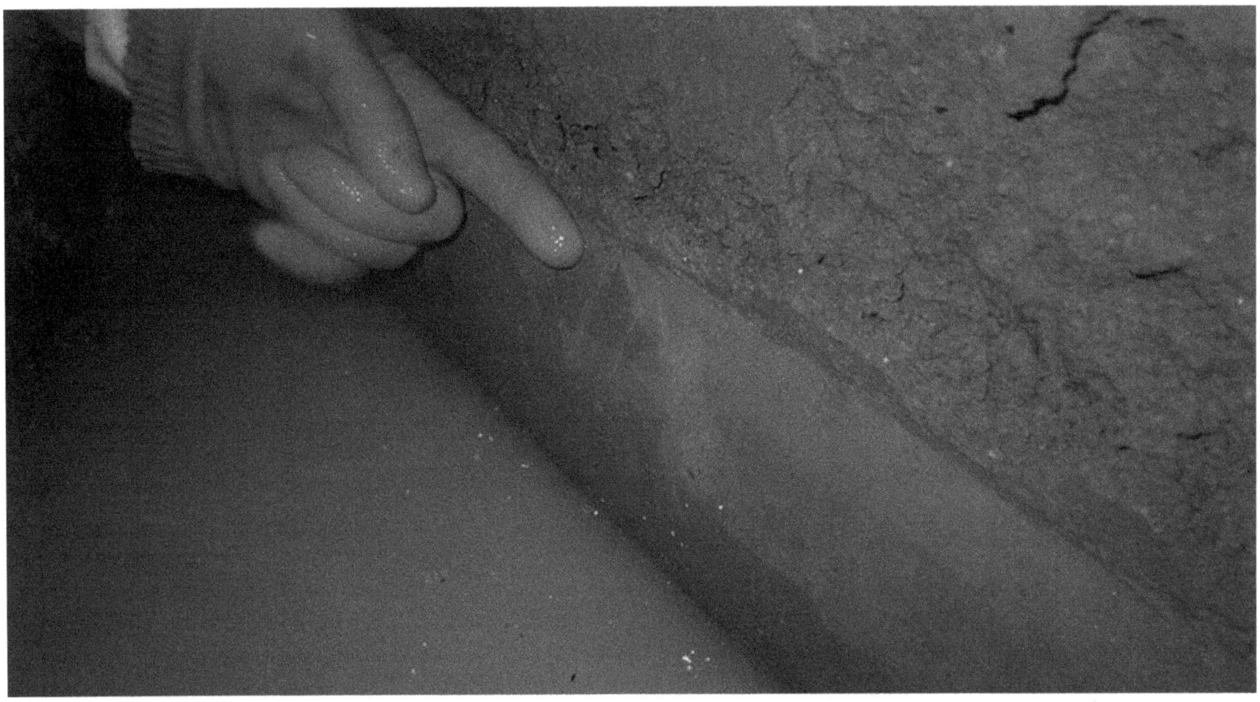

Fig. 2. *Tratto di malta idraulica applicato alla parte inferiore della spalletta del condotto in trachite a vista, ancora perfettamente integro.*

Proseguendo lungo la parte inferiore, vediamo che dal caposaldo n. 1 al caposaldo n. 4 il condotto è in *opus caementicium*, sempre con volta a doppio spiovente, per un tratto complessivo di 35,39 m e con un'altezza che non supera mai il metro (sez. 3, 4, 5).

Occorre ricordare che nel corso della prima esplorazione, a seguito di un lungo periodo di pioggia, il condotto presentava il fondo sommerso da alcuni decimetri d'acqua. In un paio di punti si era notato che dalle fratture della malta idraulica usciva acqua d'infiltrazione con un breve ma netto zampillo.

Un secondo tratto, non rivestito, mostra la matrice rocciosa tra i capisaldi n. 4 e n. 5, per una lunghezza di 11,88 m dove lo speco raggiunge un'altezza di 1,17 m (sez. 6, 7); il senso di scavo è sempre in direzione sud-est. Poi torna ad abbassarsi repentinamente in quanto è nuovamente "intubato" nel rivestimento in *opus caementicium* con volta a doppio spiovente, non sempre regolare (fig. 4).

In particolare, si notano leggerissime curvature e una non perfetta messa in opera del rivestimento soprattutto nel tratto compreso tra i capisaldi n. 10 e n. 10/A (fig. 5). Si sviluppa poi più regolare fino al caposaldo n. 11 (fig. 6). Tra i capisaldi 5 e 11 abbiamo uno sviluppo complessivo di 79,52 m (sez. 8, 9, 10, 11, 12), sull'asse medio di 125°. Da qui, per 11,89 m, fino al successivo caposaldo n. 12, l'architettura dell'opera è senza dubbio singolare. Sempre all'interno dell'originario cunicolo scavato nella trachite, si è realizzato un rivestimento in lastre di pietra appositamente tagliate e dimensionate, come visibile nelle sez. 13 e 14. Dal caposaldo n. 12 fino al caposaldo n. 14 il cunicolo non è rivestito, è abbastanza rettilineo e agevole da percorrere in quanto l'altezza varia da 1,7 a 1,3 metri, per uno sviluppo di 55,77 m.

Il senso di scavo è sempre in direzione sud-est e presenta nicchie di varie dimensioni alle pareti. In corrispondenza del caposaldo n. 13, come visibile nella sez. 15, la parete di sinistra mostra una nicchia perfettamente conservata, larga 1 m, posta a 0,3 m dal fondo. Dal caposaldo n. 14 (sez. 16) il condotto comincia a presentare fessurazioni e lievi cedimenti delle spallette. Compie inoltre una breve, ma netta, curvatura fino al caposaldo n. 19 (sez. 20), mantenendo il senso di scavo in direzione sud-est.

Il percorso tra il caposaldo n. 14 e il caposaldo n. 19 è di 20,8 m. Tra quest'ultimo caposaldo e il n. 20 (sez. 21), abbiamo il chiaro punto d'incontro con chi ha scavato in senso opposto; lo spazio tra i due capisaldi è di 2,29 m.

In particolare, tra il caposaldo n. 19 e il caposaldo n. 22 le dimensioni sono decisamente ridotte: le due squadre si sono senza dubbio "udite" e hanno condotto gli opposti fronti ad incontrarsi (fig. 7).

A giunzione avvenuta non si sono poi preoccupati di alzare lo spazio tra pavimento e volta. Sarebbe qui interessante capire quale sia l'andamento del fondo, ovvero con quale scarto di errore nella pendenza si sia avanzati. Si ricorda che il fondo del condotto è ovunque ricoperto da sedimento argilloso e acqua.

Osservando come sia avanzata la squadra che procedeva in senso opposto, ovvero in direzione nord-ovest, si nota

Fig. 3. *Interno del pozzo, rivestito in* opus caementicium.

Fig. 4. *Nell'immagine di percepisce bene la messa in opera della volta a doppio spiovente in* opus caementicium.

Fig. 5. *Tratto dello speco tra il caposaldo n. 10/A e il caposaldo n. 11.*

Fig. 6. *Particolare dell'accesso al tratto rivestito in conci di pietra, al caposaldo n. 11.*

come dal caposaldo n. 23 (sez. 22) si sia non solo ridotto repentinamente lo speco, ma si sia piegato quasi ad angolo retto in direzione sud-ovest a partire dal caposaldo n. 21. Percorsi pochi metri gli scavatori sono poi tornati sui propri passi e, sempre dal caposaldo n. 21, hanno perforato in direzione nord fino ad incontrare, come già detto, l'altra squadra.

Come nota di rilievo si segnala che alla sezione 22 si sono notati alcuni segni rossi tracciati tra le due volte: non si tratta di vernice propriamente detta, ma di un pigmento non chimico. Fino al caposaldo n. 24 lo scavo si mantiene in trachite, alzando progressivamente la volta (sez. 23, 24, 25); dopo lo speco diviene anche più largo, fino al caposaldo n. 25 (sez. 26). Tra i capisaldi n. 20 e n. 25 abbiamo complessivamente, compreso il ramo cieco, uno sviluppo di 68,36 m tutti scavati nella medesima direzione.

Dal caposaldo n. 25 a poco oltre il caposaldo n. 27 lo speco è stato ridotto mediante la costruzione di un condotto minore in *opus caementicium*, che ha lasciato però libera la parte superiore del cunicolo. Tra i capisaldi n. 25 e n. 27 vi è uno sviluppo di 22,37 m; poi lo speco è così interrato da non consentire che il passaggio strisciando ventre a terra e senza casco in testa.

Si percorrono così altri sette metri circa, sotto il cervello di volta, per sbucare nuovamente nel condotto non rivestito, il quale dopo pochi metri si riduce talmente di dimensioni da obbligare a strisciare lentamente nel fango fino a coprire all'incirca uno spazio di una ventina di metri. Il senso di scavo parrebbe essere sempre in direzione nord-ovest.

Come nota curiosa, si segnala la presenza di un frammento di manico d'anfora all'interno di una nicchia scavata nella trachite, da noi lasciato ovviamente in situ. Azionando il distanziometro laser si possono agevolmente misurare altri trenta metri di condotto ostruito dal sedimento fin quasi al cervello di volta. Ma, a questo punto, si percepisce un leggero soffio di aria fredda e si notano, nel sedimento, tracce di foglie marcescenti. In buona sostanza, dal caposaldo n. 27 si possono riconoscere altri sessanta metri circa, senza ancora arrivare ad un *puteus,* ovvero al pozzo di servizio.

In corrispondenza del caposaldo n. 26, nella parete nord-nordest, vi è una lucerna inglobata nell'*opus caementicium*. Si tratta di una lucerna fittile a cui manca il beccuccio, inquadrabile per la forma e il disegno al I secolo. La cosa curiosa è che è stata gettata nell'impasto cementizio, finendo con lo scodellino a completo contatto della palanca lignea. Quando questa è stata tolta la lucerna è rimasta sì coperta da un velo di malta, ma visibile. Non solo: nel corso della prima esplorazione lo speleologo (Gianluca Luongo) che procedeva in testa si è fermato per riprendere fiato esattamente all'altezza della lucerna murata, illuminandola con la luce frontale del proprio casco e, quindi, vedendola (fig. 8). Invece, all'altezza del caposaldo n. 26, tra la parete nord-nordest e l'estradosso del condotto in *opus caementicium*, nel corso della successiva uscita si è rinvenuto un frammento verosimilmente della medesima lucerna. L'ipotesi più che plausibile è che nel corso della costruzione del condotto si sia rotta la lucerna e la si sia gettata nell'impasto.

Questa daterebbe con una buona approssimazione la manutenzione straordinaria dell'acquedotto ipogeo, ovvero la realizzazione del condotto in *opus caementicium* all'interno dello speco semplicemente scavato nella trachite. L'acquedotto sarebbe quindi anteriore al I secolo e solo in questo restaurato e rimesso in funzione.

4 - *Il ramo nord-ovest*

In direzione opposta il condotto si presenta rivestito solamente per un primo e breve tratto, poi prosegue nella trachite a vista. Il percorso si presenta non rettilineo e lascia intendere che a breve distanza dal *puteus* le opposte direttrici di scavo si cono incontrate con un errore minimo. Purtroppo il forte interro e la presenza d'acqua hanno compromesso l'efficacia del rilievo planimetrico (fig. 9). Il primo tratto è impostato in direzione 305°, per mezzo metro oltre la luce del pozzo, piegando poi quasi ad angolo retto e procedendo diritto per pochi metri e piegare ancora repentinamente.

5 - *Considerazioni*

Il tratto in direzione sud-est ha uno sviluppo rilevato di 308,77 m, ai quali si possono aggiungere altri 60 m circa, percorsi ma non rilevati. A 215,75 m dalla luce del *puteus* il condotto si stringe in corrispondenza del caposaldo n. 19. Tra i capisaldi n. 19 e n. 20 vi è lo spazio di 2,29 m che costituisce la giunzione delle due direttrici di scavo. Dal caposaldo n. 20 al caposaldo n. 27 vi sono altri 86,73 m, escludendo i 4 m del ramo cieco (dal caposaldo n. 21 al caposaldo n. 22). A questi 86,73 m se ne possono aggiungere un'altra sessantina, non rilevati, portando così lo sviluppo a quasi centocinquanta metri, senza giungere al successivo *puteus*. Tratte così lunghe tra pozzo e pozzo sono abbastanza inusuali e viene da domandarsi se un eventuale altro pozzo non sia stato obliterato dal rivestimento esistente tra i capisaldi n. 5 e n. 12. Rimane comunque indicativo il senso di scavo progressivo, da una parte all'altra dei due tronconi dove non vi è rifacimento del condotto, nonché il chiaro punto di giunzione, a fare propendere per la tratta molto lunga.
Quanto esplorato si presenta in buone condizioni statiche e potrebbe tranquillamente essere svuotato dall'interro e apprezzato nella sua completezza. In ogni caso l'acquedotto parrebbe non essere più attivo, almeno in questo tratto: segno che in qualche punto il flusso d'acqua di sorgente è interrotto o la stessa non eroga più liquido. Occorre comunque rilevare che in caso di pioggia l'acquedotto presenta vistose infiltrazioni, che determinano la presenza d'acqua al suo interno (fig. 10).

Fig. 7. *Imbocco del tratto in cui vi è la netta giunzione tra i due fronti di scavo.*

6 - *Bibliografia*

Basilico R., Bianchi S., Carità P., Del Lungo S., Ninni C., Padovan G., Verdiani A., *Contributo al censimento delle opere ipogee del territorio di Bolsena*, in Basilico R., Bavagnoli L., Del Lungo S., Padovan G., Wilke K.P. (a cura di), Atti I Congresso Nazionale di Archeologia del Sottosuolo: Bolsena 8-11 Dicembre 2005. Archeologia del Sottosuolo: Metodologie a Confronto, Hypogean Archaeology n. 2, Vol. 1, B.A.R. International Series 1611, Oxford 2007, pp. 47-74.

Padovan D., Padovan G., *Operazioni speleosubacquee nel Lago di Bolsena: ritrovamenti nei pressi dell' Isola Martana*, in Basilico R., Bavagnoli L., Del Lungo S., Padovan G., Wilke K.P. (a cura di), Atti I Congresso Nazionale di Archeologia del Sottosuolo: Bolsena 8-11 Dicembre 2005. Archeologia del Sottosuolo: Metodologie a Confronto, Hypogean Archaeology n. 2, Vol. 1, British Archaeological Reports, International Series 1611, BAR Publishing, Oxford 2007, pp. 733-746.

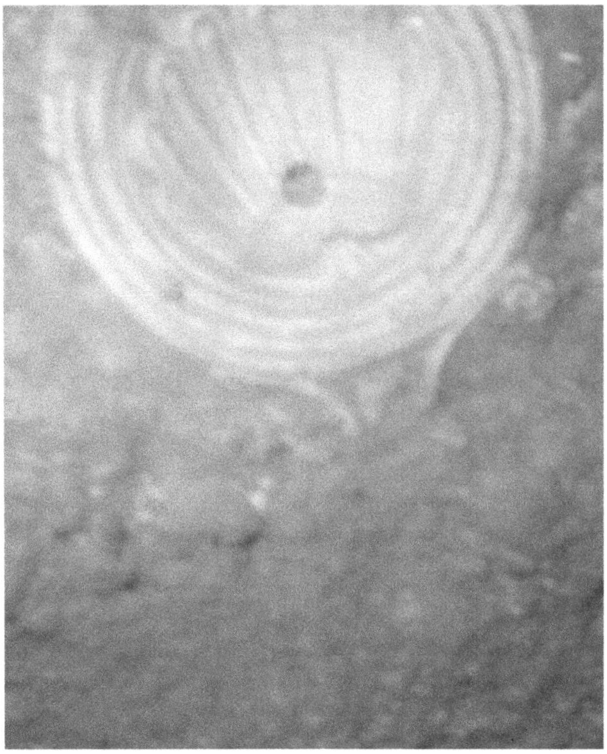

Fig. 8. *Immagine della lucerna murata all'interno della spalletta del condotto in* opus caementicium. *Purtroppo l'immagine non è di buona qualità, ma l'angustia dello spazio e la presenza dell'acqua non hanno permesso scatti migliori.*

Fig. 9. *Tratto scavato nella trachite, quasi completamente riempito di sedimento.*

Fig. 10. *Termine delle operazioni di esplorazione dell'Acquedotto della Lucerna, sempre sotto la pioggia battente. A sinistra abbiamo Roberto Basilico e a destra Gianluca Luongo; in fondo, di schiena, c'è Gianluca Padovan.*

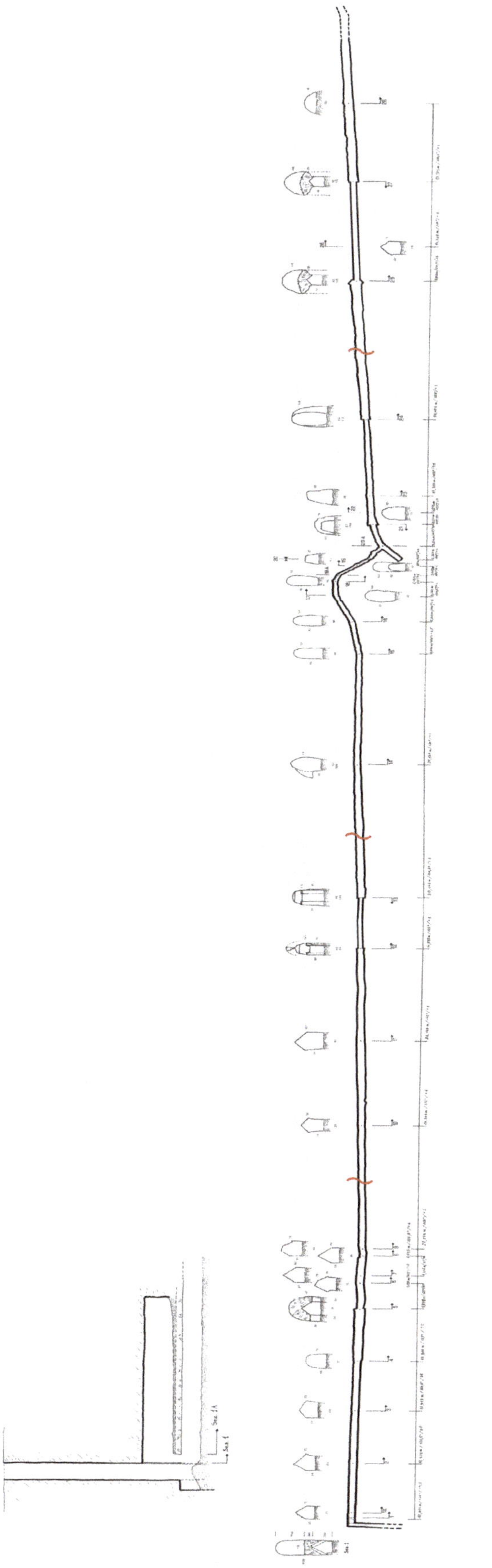

Rilievo planimetrico dell'Acquedotto della Lucerna (CA 00033 LA VT). Esplorazione: Roberto Basilico, Gianluca Luongo, Gianluca Padovan. Rilievo planimetrico: Claudia Ninni, Gianluca Padovan. Restituzione grafica:Gianluca Padovan.

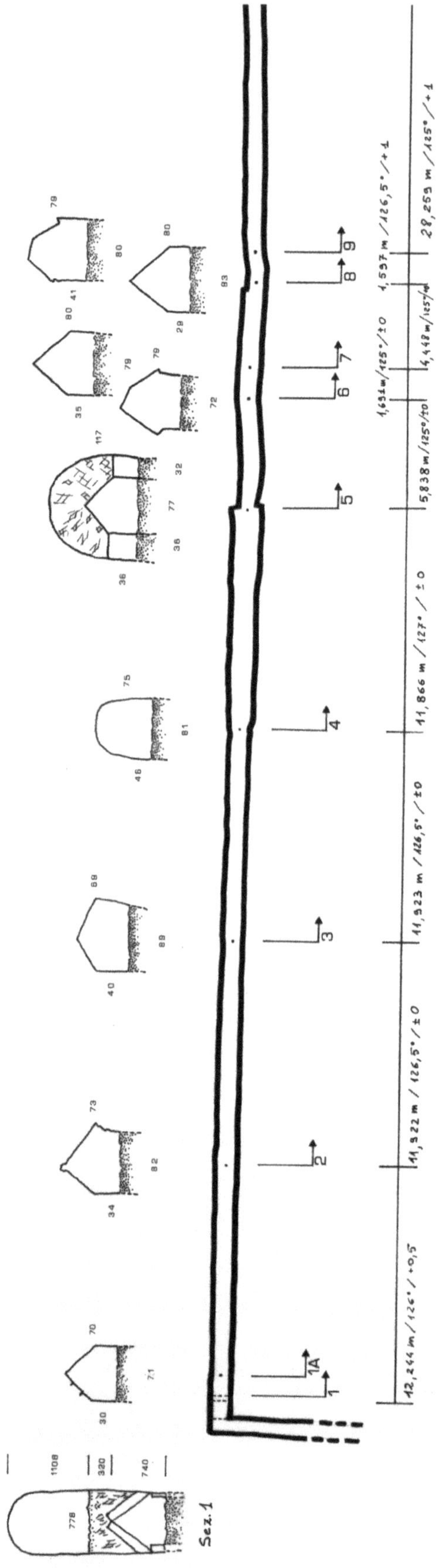

Parte I.

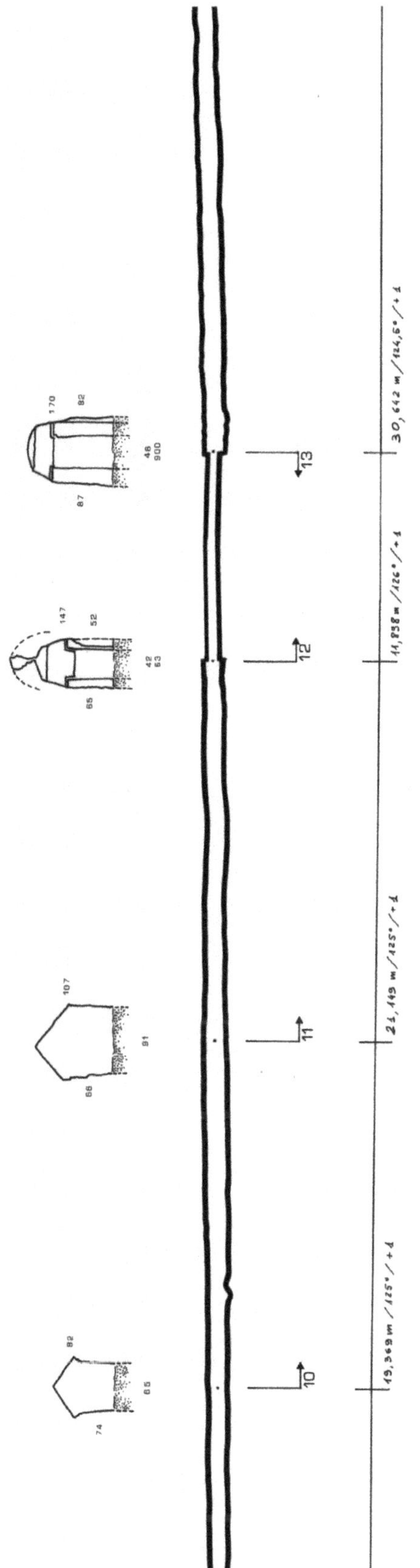

Parte II.

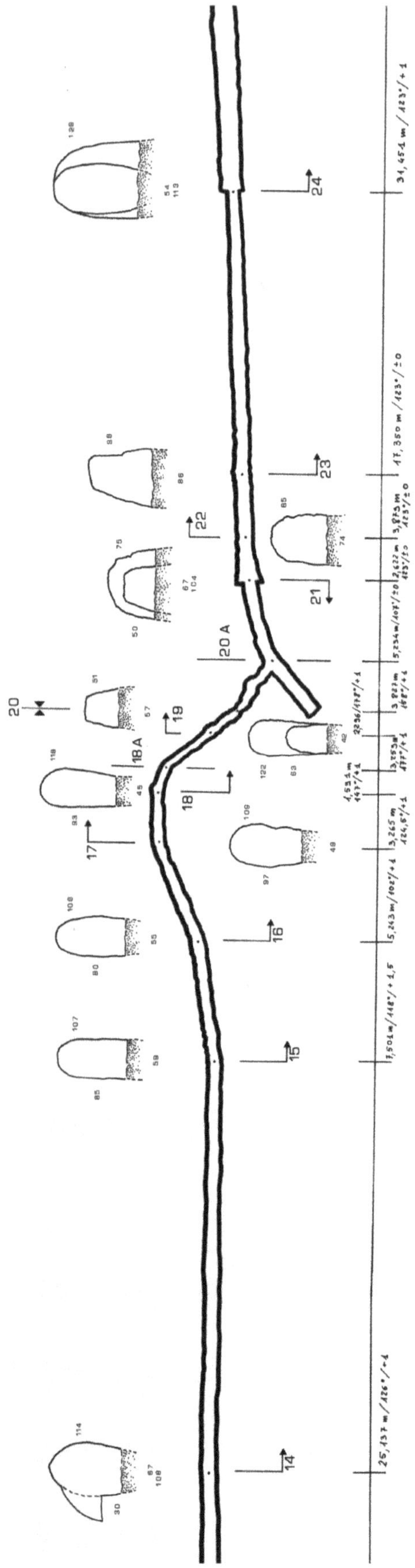

Parte III.

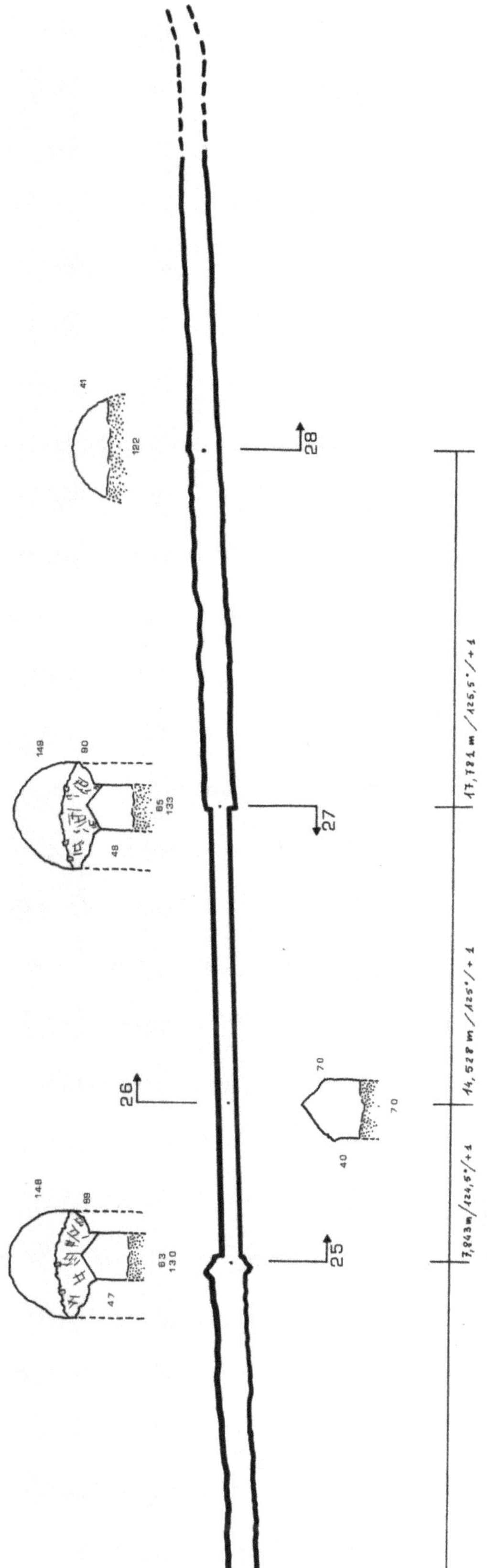

Parte IV.

AREA DI POGGIO MOSCINI PRIMA
DEGLI SCAVI ARCHEOLOGICI

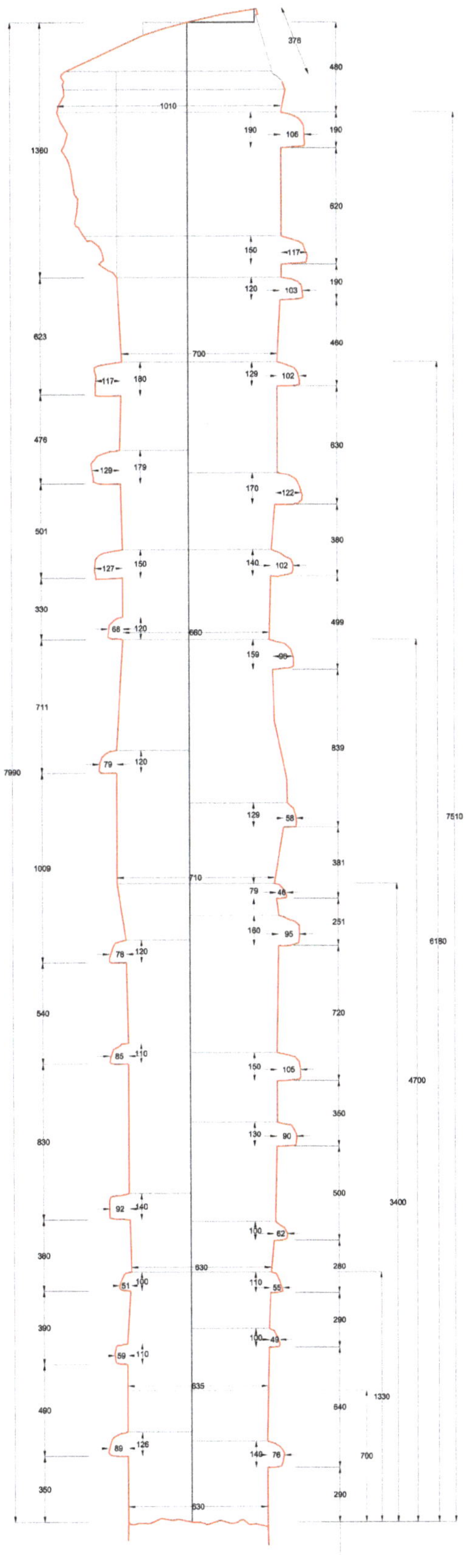

Rilievo planimetrico del pozzo d'accesso all'Acquedotto della Lucerna (CA 00033 LA VT). Restituzione grafica su CAD: Roberto Basilico.

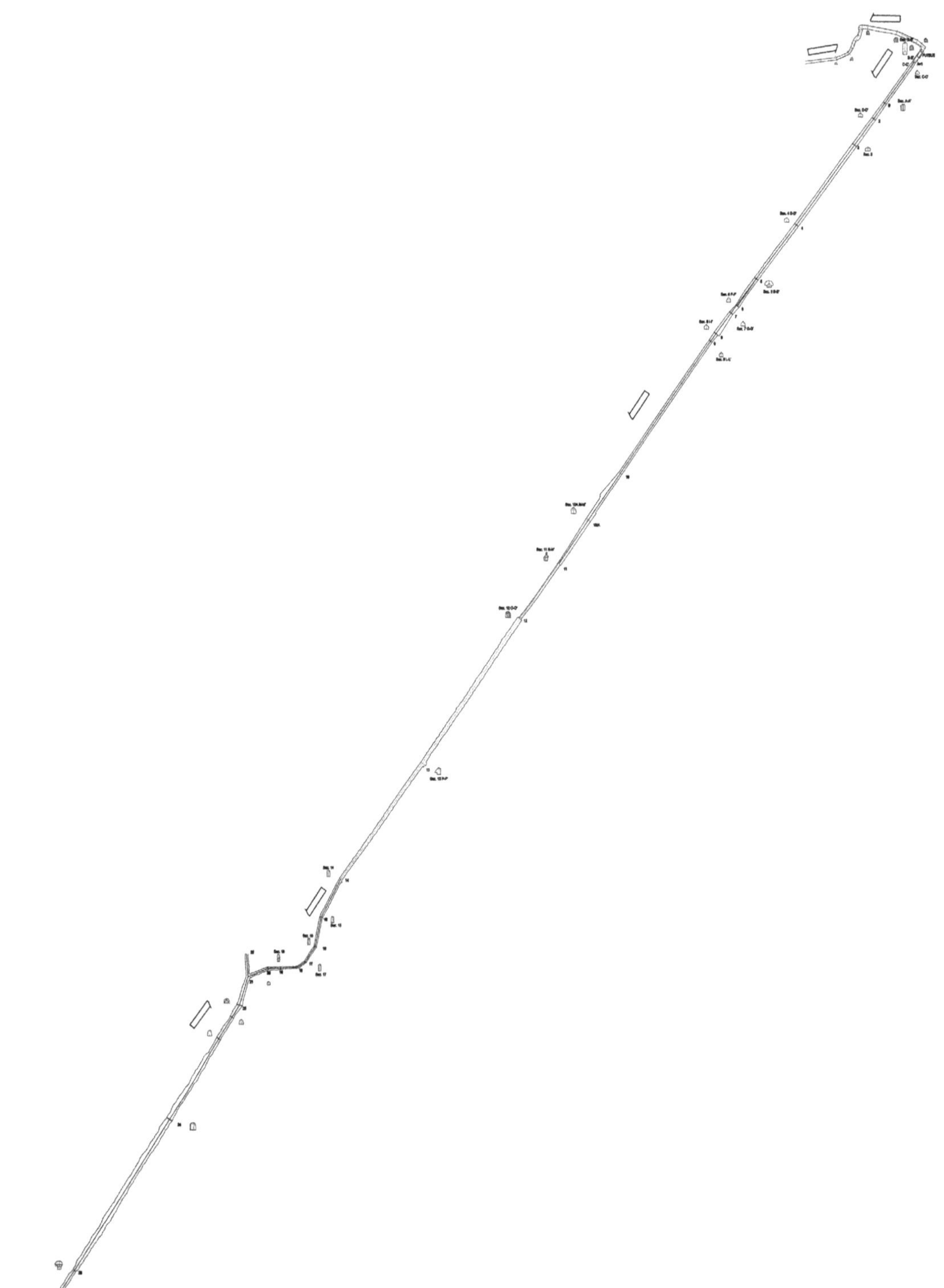

Rilievo planimetrico dell'Acquedotto della Lucerna (CA 00033 LA VT). Esplorazione: Roberto Basilico, Gianluca Luongo, Gianluca Padovan. Rilievo planimetrico: Claudia Ninni, Gianluca Padovan e Valerio Chiaraluce (nella sola parte sud-ovest oltre il pozzo). Restituzione grafica su CAD: Claudia Ninni.

HYPOGEAN ARCHAEOLOGY

Research and Documentation of Underground Structures
Edited under the aegis of the Federazione Nazionale Cavità Artificiali
(F.N.C.A.)

N° 1. *Italian Cadastre of Artificial Cavities, Part 1 (Including introductory comments and a classification)*, di Roberto Basilico, Luigi Bavagnoli, Stefano Del Lungo, Gianluca Padovan, Klaus Peter Wilke, translation by Ivana Micheli, (British Archaeological Reports, International Series 1599), 2007.

N° 2. *Atti I Congresso Nazionale di Archeologia del Sottosuolo: Bolsena 8-11 Dicembre 2005, Archeologia del Sottosuolo: Metodologie a Confronto, Volumi 1 e 2,* a cura di Roberto Basilico, Luigi Bavagnoli, Stefano Del Lungo, Gianluca Padovan, Klaus Peter Wilke, (British Archaeological Reports, International Series 1611), 2007.

N° 3. *Bibliografia archeologica, speleologica e tecnica delle cavità artificiali italiane ed estere. Primo Contributo (2000 titoli con abstract)*, di Luigi Bavagnoli, Gianluca Padovan, (British Archaeological Reports, International Series 1827), 2008.

N° 4. *Il Trou de Touilles in Val di Susa, Piemonte, Italia. Indagini Archeologiche in un Acquedotto Alpino del XVI Sec.*, di Roberto Basilico, Sara Bianchi, (British Archaeological Reports, International Series 1933), 2009.

N° 5. *Atti II Congresso Nazionale di Archeologia del Sottosuolo: Orte 6-9 Aprile 2007, L'acqua, il fuoco e i luoghi del sacro in cavità,* a cura di Roberto Basilico, Sara Bianchi, Maria Antonietta Breda, Claudia Ninni, Davide Padovan, Gianluca Padovan, Alessandro Verdiani, (British Archaeological Reports, International Series 2067), 2010.

N° 6. *Atti III Congresso Nazionale di Archeologia del Sottosuolo: Massa 5-7 Ottobre 2007, Archeologia del rifugio antiaereo: utilizzo di opere ipogee antiche e moderne per la protezione dei civili,* a cura di Roberto Basilico, Maria Antonietta Breda, Gianluca Padovan, (British Archaeological Reports, International Series 2218), 2011.

N° 7. *Luoghi e Architetture della Grande Guerra in Europa. I sistemi difensivi dalle teorizzazioni di Karl von Clausewitz alla realtà della Prima Guerra Mondiale*, a cura di Maria Antonietta Breda (British Archaeological Reports, International Series 2438), 2012.

N° 8. *Luoghi e Architetture della transizione: 1919 – 1939. I sistemi difensivi di confine e la protezione antiaerea nelle città. Storia, conservazione, riuso / Sites and Architectural Structures of the Transition Period:1919 – 1939. Border defense system and air raid protection in the cities. History, conservation, reuse*, a cura di Maria Antonietta Breda (British Archaeological Reports, International Series 2675), 2014.

N° 9. *Luoghi e Architetture del secondo conflitto mondiale: 1939 – 1945. Sistemi difensivi e cemento armato: archeologia, architettura e progettazione per il riuso / Sites and Architectural Structures of the Second World War: 1939 – 1945. Defence systems and reinforced concrete: archaeology, architecture and reuse project*, a cura di Maria Antonietta Breda, Gianluca Padovan (British Archaeological Reports, International Series 2805), 2016.

N° 10. *Archeologia dell'Acqua potabile a Milano. Dagli antichi pozzi ordinari al moderno sistema di acquedotto urbano,* di Maria Antonietta Breda, Gianluca Padovan (British Archaeological Reports, International Series 2894), 2018.

www.ingramcontent.com/pod-product-compliance
Lightning Source LLC
LaVergne TN
LVHW072252300926
849160LV00018B/1649